PVC助剂：性能、化学特性、发展及可持续性

PVC Additives：
Performance,Chemistry,Developments,and Sustainability

（奥） 迈克尔·席勒（Michael Schiller） 著
乔辉 丁筠 等 译

化学工业出版社
·北京·

内容简介

本书主要从PVC助剂以及应用角度出发，首先对PVC稳定剂的生产、配方、性能测试、润滑剂、功能性填料、增塑剂、抗冲改性剂的特性和作用、表征与测试、主要生产商等进行介绍；然后对PVC助剂的析出、光效应等进行论述；最后概述了PVC和可持续性的关系。可供从事PVC研发、生产及应用的各类技术人员参考。

PVC additives: Performance, Chemistry, Developments, and Sustainability 1st edition/by Michael Schiller
ISBN 978-1-56990-543-2

北京市版权局著作权合同登记号：01-2016-6353

图书在版编目（CIP）数据

PVC助剂 ：性能、化学特性、发展及可持续性 / （奥）迈克尔·席勒（Michael Schiller）著 ；乔辉等译. 北京 ：化学工业出版社，2025. 5. -- ISBN 978-7-122-47543-5

Ⅰ. TQ047.1

中国国家版本馆CIP数据核字第2025EV2339号

责任编辑：赵卫娟　　文字编辑：刘　璐
责任校对：李露洁　　装帧设计：王晓宇

出版发行：化学工业出版社
（北京市东城区青年湖南街13号　邮政编码100011）
印　　装：北京盛通数码印刷有限公司
710mm×1000mm　1/16　印张21　彩插4　字数406千字
2025年11月北京第1版第1次印刷

购书咨询：010-64518888　　售后服务：010-64518899
网　　址：http://www.cip.com.cn
凡购买本书，如有缺损质量问题，本社销售中心负责调换。

定　　价：168.00元　

PREFACE

前言

我考虑了很久要在《PVC 助剂》英文版前言中写些什么内容。在我看来，过去的五年里，尽管从铅盐稳定剂变换为钙锌稳定剂在欧洲有了某些进展（在本书的最后部分进行讨论），但整个 PVC 工业几乎没有发生什么变化。希望英文版《PVC 助剂》能帮助读者对 PVC 领域有更加透彻的了解。我打算把这本书写成外行人也能读懂的书，即使这个人不是化学家，不是塑料工程师，也不是 PVC 加工的从业者，我甚至奢望能有一些从事财会工作的人也来读读这本书。我沿用了轻松有趣的写作风格来阐述“PVC 助剂”这样的科学话题，尽管并不总是成功，为此敬请大家谅解。当然这本书也不可能像《哈利·波特》那样畅销。

我想利用前言对所有直接或间接支持我的人表示感谢。再次感谢我的妻子——Annette。尽管我们工作远隔千里，但我总能得到来自她的全力支持。我还要感谢我的孩子们，我为我两个漂亮聪明的女儿 Sarah 和 Maria 感到骄傲，她们都是品学兼优的好学生。当然，我还要感谢我的双亲和祖母，我期待着这本书出版后能送给他们。毕竟，我的一切成就都应归功于他们。

除了我在德文版前言中提到的人之外，我还要感谢那些影响了我、给我谆谆教诲的人，也许他们自己并未意识到他们的影响。当然，提及的顺序并不意味着排序。首先，我要感谢 Ünal Heris 先生，他在 38 年前创建了 Akdeniz Kimya 公司并一直运营至今。我感谢他在阿克德尼兹公司给我提供的职位，这不仅把我带进了一家卓越的和有吸引力的公司，也让我进入了土耳其这个人文荟萃的国家。尽管从人文角度（从广义的人性角度），这可能微不足道，但对我来说却是迈出的人生一大步。在土耳其的伊兹密尔，我与 Tarkan Uysal 先生在应用技术领域共事多年，他是一位非常优秀且值得信赖的朋友。我对润滑剂及其对流变学的影响方面的许多知识、理解及新经验都归功于他。读者可能觉得我的新同事和朋友主要是从我对 PVC 技术的经验、知识和理解中了解到许多东西，但是这种印象是不正确的。如果没有他们和这里没有提到的许多其他人的支持，我不可能在胜任 Akdeniz Kimya 公司工作的同时，还有时间修改和补充这本书。

我要将“iTouch”加到我要感谢的名单里，他的真名是 Aytac Sahin，我衷心感谢他在开发新型“一包化”助剂方面的合作以及在解决许多困难方面提供的帮助。还有 Bugra Aldanmaz 先生，在我们的行业和公司中他确实是个新手，但他就像一块海绵：不停地汲取新知识，提出好问题，并且总是像我的其他朋友 Aytac、Mahir 和 Özge 一样积极乐观。在此我也一并对他们表示感谢。

理论上，没有什么能把我和 Mahir Dadas 先生联系起来，因为 Mahir 的英语与我的土耳其语都相当有限（令我尴尬的是尽管我在土耳其待了很长时间，我却不会说土耳其语）。但我和 Mahir 享有的友谊无需同一种语言的沟通。无论在工作中作为生产经理以及后来的 QC 经理（质量控制经理），还是在生活中从事冲浪和攀岩运动，Mahir 都给了我巨大的支持。

Özge Aksin-Artok 博士不仅是一位杰出的化学家，也是我的一位好朋友。我该如何感谢她呢？她集条理性、创造性、判断力和可靠性于一身，是真正伟大的科学家、妻子、母亲和朋友。所以继续保持，Özge!

实际上，在应用技术团队中还有更多的人需要感谢。例如分析实验室和 QC 的 Alptug、Kemal、Süleyman、Ercan、Serkan、Tugfan、Müserref 和 Türkhan；化学实验室的 Mehmet、Deniz、Begüm；负责最激动人心的事务［如安全数据表（SDS）和化学品注册、评估、许可和限制（REACH）］的 Volkan。从逻辑上讲，我也要由衷感谢 Gerd Pack 先生与我多年的友谊，甚至可以说是患难之交；特别感谢他在技术方面给予我的很多帮助。Gerd 的工作领域也是我和 Volkan 这几年来的工作领域之一，我从他那里学到了许多东西。

非常感谢 Herbert Schrunner 博士，我离开 Chemson 公司后与他结谊；我也要感谢 Hanser 出版社，尤其是 Nadine Warkotsch 博士和 Cheryl Hamilton 女士，他们的名字在德文版前言中没有提及。

我还要感谢 Mark Everard 博士，他是德文版第 5 章的合著者。在德文版中，我把第 5 章翻译成德文，在这个英文版中我又将其翻译回英文。非常感谢我们多年的友谊及合作。我也非常感谢尊敬的 Jörg-Dieter Klamann 博士将本书翻译成英语并进行了一些有意义的补充。

好了，我希望我没有忘记任何对我提供帮助的人。如有遗漏，我也真诚地请你们原谅。

在这篇前言中我最后要说的是：Akdeniz Kimya 公司的女士们、先生们，即使在这里你没有读到自己的名字，但令人荣幸和愉悦的是我们曾一起工作、生活和学习。

迈克尔·席勒博士

（Dr. Michael Schiller）

阿诺德斯坦（Arnoldstein，奥地利）/

伊兹密尔（Izmir，土耳其），2015 年 1 月

PREFACE

德文版前言

1992年，我完成了大学学业后即加入PVC行业，当时我想“多无聊啊，但至少还是一份研发工作”。我的一位同事对我说，你不会在PVC行业一直干到退休的。销售和营销方面的同事也经常说“PVC不同寻常”，许多现象永远无法解释。我们都错了。尽管PVC有着80年的工业应用历史，但这种原材料从来都没让我感到无聊。在我过去十八年的工作中，几乎每天都面临着新的、有吸引力的挑战。不仅开发了弃用铅和锡并转向可替代的稳定剂系统的新技术，“一包化”稳定剂也变得更好且更具成本效益。我们还科学地解释了以前的几种神秘现象，如光致蓝和析出，并由此打破了“PVC不同寻常”的神话。我们从化学家和科学家的角度解释了（复合）稳定剂的结构/性质关系和相互作用。我们的做法一直是“要真正地理解”而不是仅解决眼前的问题。像我们这个行业的其他人一样，我们也为PVC产品的可持续性发展做出了一定的贡献。

我要解决的最大的问题是，有助于研发人员解决日常问题的文献非常少。大多数文章都是为塑料技术人员服务的，通常对化学家没有什么帮助；反过来有些文章更注重阐述基本科学原理，因此这类文章对塑料技术人员没有什么帮助而是有助于化学家理解问题。而Hanser Verlag组织的PVC研讨会则是很好的折中方案。根据参与者的反馈，他们在理论知识和实际实践的需要之间达到了很好的平衡。诚然，“涉及过多化学”有时仍被诟病，但是我们PVC工业也属于化学工业。基于研讨会的经验，编写这本书的想法逐渐形成。第1章主要阐述配方和化学，在写作上我努力确保这些内容对于外行来说也能理解，希望我成功地做到了这一点。其他章节也有科学基础，但“化学负担”较少。令人难过的是，我并不是一个天才的作家，难以始终保持用轻松有趣的写作风格来阐述科学主题。为此，我请求大家谅解。

当然，这本书的所有素材并不是仅仅基于我自己的经验，如果有些来自于文献，则被适当引用。为此，我也要感谢许多人。

首先，我要感谢我的家人，我的妻子Annette和我的女儿Sarah和Maria，感谢他们的陪伴和爱支持了我的工作，同时，在最积极的意义上，也感谢他们分散了我的注意力。当然，我也感谢我亲爱的父母和祖母让我接受了最好的教育，而当我们需要他们的时候他们又远离家乡和我们在一起。我还要感谢我的前 Chemson 集团同事们的支持，我们之间不仅有经验的相互交流还有许多讨论，这种讨论有时甚至是很热烈的。我还要感谢 Alfred Egger 工程师的支持，特别是在“配方导引”一节中所做的贡献。感谢 Walter Fischer 博士为“饮用水和食品接触添加剂”一节所做的贡献，在解决各种 PVC 问题时，感谢 Bernhard Pelzl 博士的友谊和我们享有的快乐。此外，我想感谢我的朋友，生态学家、摇滚音乐家、垂钓爱好者和图书作者 Mark Everard 博士为“可持续性”章节做的贡献。我还要感谢 Carl Hanser Verlag 出版社的 Petra Ziegler 先生的友谊和 PVC 研讨会的出色组织。最后，也很重要的是，我要真诚地感谢本书的编辑——Carl Hanser Verlag 出版社的 Monika Stüve，她是如此耐心细致，我们之间建立了开放式的合作关系。

迈克尔·席勒博士

（Dr. Michael Schiller）

伊兹密尔（Izmir，土耳其）/

阿诺德斯坦（Arnoldstein，奥地利），2010 年 10 月

CONTENTS

目录

第 1 章　**PVC 稳定剂**　001

1.1　聚氯乙烯的生产　002
1.2　PVC 的热降解　005
1.3　“一包化”助剂　006
1.4　热稳定剂　007
　1.4.1　无金属稳定剂　008
　1.4.2　金属皂类稳定剂　012
　1.4.3　有机锡类稳定剂　016
　1.4.4　铅类稳定剂　020
　1.4.5　稀土类稳定剂　023
1.5　辅助稳定剂　023
　1.5.1　无机辅助稳定剂　023
　1.5.2　抗氧剂　027
　1.5.3　β-二酮及其衍生物　029
　1.5.4　环氧化合物　032
　1.5.5　有机亚磷酸酯　033
　1.5.6　多元醇　035
　1.5.7　高氯酸盐　036
1.6　指导配方　037
　1.6.1　饮用水和食品级 PVC 制品用助剂　037
　1.6.2　PVC 制品配方　037
1.7　性能测试方法　053
　1.7.1　混合　053
　1.7.2　分散性　055
　1.7.3　压延片材的制备　055

1.7.4 流变性 056
1.7.5 凝胶化程度 058
1.7.6 软化温度 059
1.7.7 热稳定性 060
1.7.8 光稳定性 064
1.7.9 颜色 067
1.7.10 光泽度 068
1.7.11 体积电阻和电容 069
1.7.12 雾化 069
1.7.13 析出 070
1.7.14 邵氏硬度 070
1.7.15 冲击强度 071
1.8 动态和趋势 073
1.8.1 PVC 生产商、生产能力和消耗量 073
1.8.2 铅替代：欧洲 PVC 行业的自愿承诺和其他国家规定 074
1.8.3 PVC 产品的回收利用 075
1.8.4 PVC 木塑复合材料 076
1.9 PVC 加工过程中的技术问题以及解决方案 078
1.9.1 析出 078
1.9.2 光效应 078
1.9.3 挤出故障诊断指南 078
1.10 稳定剂生产商 085
参考文献 085

第 2 章 **其他 PVC 助剂** 092

2.1 润滑剂 093
2.1.1 引言 093
2.1.2 化学特性和机械行为 094
2.1.3 润滑剂的表征与测试 106
2.1.4 润滑剂生产商 107
2.2 功能性填料 108
2.2.1 引言 108
2.2.2 填料的化学性质及其作用 109

2.2.3 功能性填料的表征与测试 127
2.2.4 填料生产商 128
2.3 增塑剂 130
2.3.1 引言 130
2.3.2 化学特性和作用机制 132
2.3.3 增塑剂的表征与测试 147
2.3.4 增塑剂生产商 148
2.4 二氧化钛 150
2.4.1 引言 150
2.4.2 物理和化学性质 150
2.4.3 二氧化钛的表征与测试 158
2.4.4 二氧化钛生产商 159
2.5 加工助剂及抗冲改性剂 160
2.5.1 引言 160
2.5.2 化学性质及作用 160
2.5.3 加工助剂和抗冲改性剂的表征与测试 175
2.5.4 加工助剂和抗冲改性剂生产商 179
参考文献 180

第 3 章 **PVC 加工的未知领域：析出** 185

3.1 有关析出的文献综述 186
3.2 排气装置中的析出 189
3.3 模具和模头接套中的析出 190
3.3.1 模具中析出的典型组分 190
3.3.2 实验室试验 191
3.3.3 关于模具和模头接套中析出的总结 214
3.4 定型模中的析出 215
3.4.1 定型模中析出样品的典型组分 215
3.4.2 定型模析出形成机理 216
3.4.3 定型模析出形成分析 218
3.5 预防析出的主要措施 220
参考文献 221

第 4 章　PVC 产品使用的未知领域：光效应　223

4.1　PVC 产品光化学降解的文献综述　224

4.1.1　PVC 的光化学降解　224

4.1.2　在气候老化过程中含邻苯二甲酸酯类增塑剂的 PVC 的降解　229

4.2　光致蓝　230

4.2.1　基础试验　230

4.2.2　结果与讨论　230

4.2.3　光致蓝结论　237

4.2.4　展望　238

4.3　光致粉　238

4.4　光致灰　240

4.4.1　真正的光致灰　240

4.4.2　表观光致灰　240

4.5　环境对塑料窗框耐候性能的影响　243

4.5.1　引言　243

4.5.2　锈膜　245

4.5.3　烟尘　246

4.5.4　花粉　247

4.5.5　模拟环境效应　248

4.5.6　Xeno 测试　266

4.5.7　修复　268

4.5.8　回顾门窗型材的变化　269

4.6　硬质 PVC 产品中碳酸钙填料对型材耐候性能的影响　273

4.6.1　草酸钙的形成　273

4.6.2　白垩中微量元素对气候老化的影响　277

4.6.3　碳酸钙填料和 PVC 管的粉化　281

参考文献　288

第 5 章　PVC 和可持续性　292

5.1　变化中的世界　293

5.2　从商业到商业　294

5.3　从商业到社会　295
5.4　变化世界中的化学物质　297
5.5　与 PVC 的相关性　298
5.6　科学评估视角下的 PVC　299
5.7　欧洲 PVC 工业参与可持续发展　300
5.8　源于 TNS 构架的可持续性挑战　302
5.9　生物多样性——第六个挑战?　304
5.10　可持续未来计划　304
5.11　我们接受挑战吗?　308
5.12　Vinyl 2010 和 VinylPlus 的协同发展　309
5.13　创新的进步　310
5.14　积极促进可持续发展的进一步优势　312
5.15　PVC 的起源　314
5.16　真实的可持续性　318
5.17　PVC 和未来　319
参考文献　319

PVC Additives

Performance, Chemistry, Developments, and Sustainability

第1章 PVC稳定剂

1.1 聚氯乙烯的生产
1.2 PVC的热降解
1.3 “一包化”助剂
1.4 热稳定剂
1.5 辅助稳定剂
1.6 指导配方
1.7 性能测试方法
1.8 动态和趋势
1.9 PVC加工过程中的技术问题以及解决方案
1.10 稳定剂生产商
参考文献

聚氯乙烯（PVC）是最受欢迎、用途最广、最古老的热塑性聚合物之一。现在，一个人在出生后的几分钟内就可能会接触到这种聚合物，因为带有新生儿名字和出生日期的塑料手环通常是由 PVC 制成的。从玩具到饮用水管，PVC 制品在我们的生活中随处可见。PVC 最优良的性能之一就是具有较长的使用寿命且其性能几乎不变。

1.1 聚氯乙烯的生产

PVC 的生产分为老工艺电石乙炔法与新工艺石油天然气裂解乙烯法，两者之间存在明显差别。电石法已逐渐淘汰，所以本章将不再谈及。现代 PVC 生产流程可用简化方式进行描述（图 1.1）。图 1.1 左侧图示为石油或天然气裂解制备乙烯，右侧为粗盐电解制备氯气和氢氧化钠。早期，人们认为氯气是一种无用的副产物，而用于制备玻璃的原材料氢氧化钠才是主产物。如今，氯气也因其自身价值被认定为目标产物。乙烯和氯气反应生成二氯乙烷，二氯乙烷进一步生成氯乙烯单体（VCM）。在高压釜内，随着引发剂的加入，氯乙烯单体活性增大，从而完成聚合过程形成 PVC。其中引发剂的作用是生成自由基 R· 来引发聚合反应（图 1.2）。

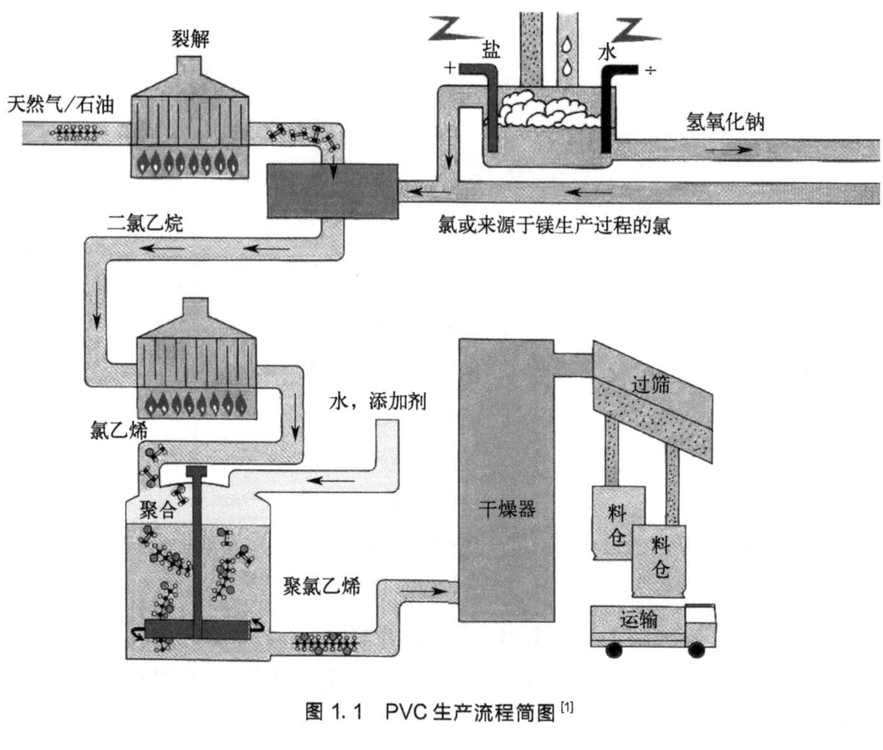

图 1.1 PVC 生产流程简图[1]

反应温度范围是 50～70℃，而压力范围是 7～12bar（1bar＝10^5Pa）。反应产物在干燥前，通常要加入预稳定剂，其中大多数是抗氧剂。干燥之后的 PVC 就可准备发货了。

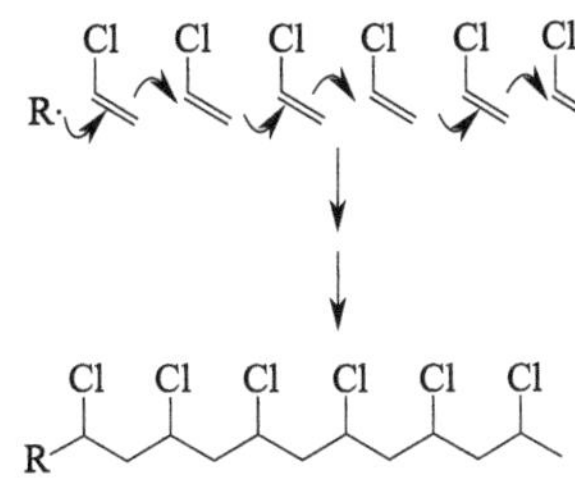

图 1.2 氯乙烯单体聚合成 PVC

对所有的聚合反应来说，最终产物不尽相同，它们的链长和支化程度各有差异。*K* 值是聚合物平均链长的参考值：平均链长越短，*K* 值越小。在聚合过程中，平均链长由聚合过程中反应条件所控制。总的来说，PVC 的 *K* 值随着聚合温度和压力的升高而减小。一方面，*K* 值与聚合物链的分子量有关；另一方面，*K* 值与聚合物性能也存在一定关系，如软化温度、刚度、硬度、内部稳定性以及弹性模量。因此有个简单规律：*K* 值越高，熔体黏度越高、越硬，最终产物（如异型材、管材、膜）的强度和硬度越高，加工时需要的能量越多，且加工温度越接近 PVC 的降解温度，所以 *K* 值越大，PVC 加工越困难。因此若不提前加入增塑剂，加工 *K* 值为 70～74 之间的 PVC 几乎不可能。加入增塑剂之后的 PVC 被称为“软质 PVC”或者“增塑 PVC”（P-PVC 或 PVC-P）；当 *K* 值在 54～68 之间时，不加增塑剂也可以对 PVC 进行加工，这种制品叫“硬质 PVC”或“非增塑”PVC（U-PVC 或 PVC-U）。

由于 VCM 不溶于水，所以在 PVC 的聚合过程中必须使用辅助引发剂才能使 VCM 单体均匀地分散在水中。

历史上乳液聚合是最古老的方法，并且在 1929 年首次使用，其中使用的引发剂（如过氧化氢和其他的过氧化合物）都是水溶性的。乳液聚合既可以是连续聚合也可以是间歇聚合。间歇式乳液聚合，需要加入 1%的乳化剂，而连续式乳液聚合则需要加入 2.5%～3%的乳化剂。乳化剂是一种表面活性物质，如烷基磺酸盐、烷基硫酸盐或脂肪酸的铵盐。由于干燥后乳化剂会存留在 PVC 中，所以最终聚合产物称为 E-PVC，由 1～2μm 的微小粒子组成，残留的乳化剂可起到一定的润滑作用，并且使 E-PVC 制品具有一定的抗静电性能。

在 PVC 悬浮聚合过程中，VCM 主要通过剧烈搅拌分散在水中，而自由基引发剂如偶氮二异丁腈（AIBN）则溶于单体，悬浮剂（使用量在 0.05%～0.5%），如聚乙烯醇或者水溶性纤维素，主要防止 VCM 液滴聚集，这种间歇式工艺生产的 PVC 颗粒粒径范围为 50～200μm，称为 S-PVC。若将 0.01%～0.03%的乳化剂与悬浮剂一起加入，那么 VCM 会分散得更细密，呈微悬浮状，产物粒径在 5～10μm 之间，称为 MS-PVC，比 S-PVC 颗粒更细。纯 S-PVC 具有高纯度、低吸水性和良好的电性能。

如果聚合过程中没有水，那么最终产物叫作本体聚氯乙烯或者 M-PVC[1]。由于引发剂溶解于 VCM，整个聚合过程无需过滤和干燥。M-PVC 制品比 S-PVC 制品更透明，性能更好。PVC 的粒径和 *K* 值不同，其所应用的领域则不同，见表 1.1 和表 1.2。

表 1.1 PVC 类型以及应用领域

PVC 类型	粒径	主要应用
E-PVC	1～2μm	增塑溶胶，硬质和软质应用
MS-PVC	5～10μm	增塑溶胶
MS/S-PVC	约 50μm	用在增塑溶胶中的掺混(降黏)树脂
S-PVC	50～200μm	硬质和软质应用
M-PVC	—	用于生产透明性或者多功能性产品

表 1.2 S-PVC 的 *K* 值以及应用领域

应用领域	不同 *K* 值 S-PVC 的应用领域			
	57～60	63～65	65～68	70～74
管材(压缩管材或者表层包装)		+++	++	
管材(泡沫层)	+++			
管材配件(注塑件)	+++			
吊灯/护墙板，卷帘百叶	+	+++	++	
封边(0.4mm 板材)	+++			
封边(2mm 异型材)		+++		
发泡型材	+++	++	+	
泡沫板	+++	+		
地膜和防水带			++	+++
门/窗型材		+	+++	
侧板		+	+++	
电缆、软管、桌布、鞋底				+++
电缆槽		+++	++	
雨水槽		++	+++	

注：+表示适合；++表示较适合；+++表示非常适合。

其他聚合物如醋酸乙烯酯或丙烯酸酯也可以和氯乙烯聚合，生成共聚物。不同的聚合物链也可以接枝到 PVC 链上（接枝 PVC）。另外，通过后期氯化过程向聚合物中加入更多氯元素的方法也为 PVC 的改性提供了更大的可能，这种 PVC 比纯 PVC 含有更多的氯元素，称为 C-PVC。C-PVC 的软化温度较高，从而导致其加工

[1] 英语缩写 M-PVC 也用于（冲击）改性 PVC。而 O-PVC（或 PVC-O）则通常为取向 PVC 压力管的名称。

性能较差。

评价 PVC 质量的另一个指标就是 PVC 颗粒的形态。PVC 颗粒呈不规则多孔状，表面积应尽可能地大。具备这些性能的 PVC，能够确保“一包化”稳定剂和其他添加剂的良好吸收和分散。PVC 颗粒的表面过于平坦时，对添加剂的吸收性能就会降低，会导致自身分解，从而造成表面缺陷（坑印、孔洞、污渍、凹痕、斑点、条纹等）。

严格来讲，PVC 中不应该含有杂质。对于给定的 PVC 样本，可以根据 TSE EN 1265 标准来检测其纯度。依据此标准，每个样本可接受的最多黑点数为 60，然而从应用角度来说，这个上限太高，人们认为每个样本的黑点数最好少于 25。除此之外，还有一个更简单更实用的检测杂质数量的方法：在一个装满水或酒精或水和酒精混合物的透明烧杯中，加入少量待测的 PVC 粉末样本，然后通过搅拌使 PVC 粉末均匀分散，随后 PVC 沉积在烧杯底部，通过估算 PVC 沉淀中黑点的数量（用镜子或者放大镜可以更好地观察到），可以评估 PVC 的质量。多次重复实验，取其平均值，然后与之前通过相同方法测试的标准 PVC 等级进行对比。

1.2 PVC 的热降解

若 PVC 的生产过程能像图 1.2 那样理想，并且生成无任何缺陷的线型聚合物链，那么 PVC 粉料将会非常容易加工[2]。然而在聚合过程中，缺陷是很有可能发生的[3]，其中最重要的缺陷有以下两种（图 1.3）：

① 在聚合过程中由于支化形成的叔氯原子；

② 聚合反应终止时形成的烯丙基氯原子。

PVC 的降解会在这些缺陷部位开始[4-5]。因此，这些氯原子又被称为不稳定氯原子，而这些缺陷所在部位也称为降解起始点。PVC 的降解也叫作脱氯化氢反应，因为在加工过程中氢氯酸会发生分解，并产生新的缺陷。如果没有稳定剂则会以链式反应的方式一直持续下去，并生成氯化氢和共轭双键，其中后者也叫作多烯烃序列。一旦生成六到七个共轭双键，就可以观察到轻微黄变现象，随着共轭长度继续增加，PVC 树脂的颜色也逐渐由黄色变成红色、褐色，直至变成黑色，称为 PVC 碳化。

关于 PVC 的降解，除了以上讨论过的比较简化的离子机理（图 1.3）之外，还有其他作用方式，比如自由基降解过程。

关于所产生盐酸的自身催化活性的影响已经进行了研究，进一步讨论了较长的共轭双键体系可以结合盐酸以形成鎓盐，这会导致变色的加深，也称作加酸显色。除了 PVC 的热降解之外，加工过程中的剪切作用以及最终产品在户外使用时的光、空气、天气等都是 PVC 降解的影响因素。

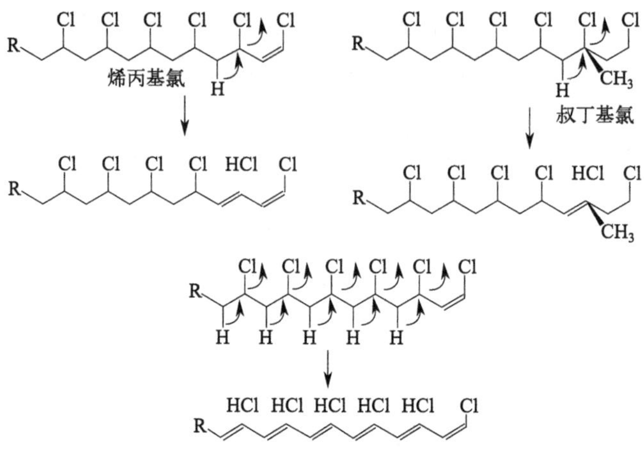

图 1.3　加热和剪切作用下 PVC 在烯丙基氯和叔氯原子处的降解

这些作用和机理对塑料加工者来说不太重要，详细的科学讨论可以查阅相关文献[2-55]。相比较而言，加工者更看重使用添加剂来阻止、减缓或者逆转在加工过程中引起的聚合物降解作用。

这就是 PVC 稳定剂的作用。然而，一种稳定剂不能满足所有需求。多数情况下，稳定剂是多种单一添加剂的共混物，它们之间彼此辅助，常常产生协效（协同）作用，当然有时也会产生相互抵消（非协同）作用。因此，接下来将会介绍有关单一化合物在 PVC 加工过程中所发挥或可能会发挥的作用。

1.3　“一包化”助剂

在大多数情况下，需要复配稳定剂实现最佳的 PVC 加工性能及其产品的使用性能。这些添加剂的作用包括：

① 替代不稳定氯原子。

② 中和 HCl。

③ 防止氧化。

除了完善自己的 PVC 稳定剂解决方案外，生产者也可以选择由稳定剂和润滑剂配制的“一包化”助剂。这些“一包化”助剂有以下优点：

① 包括所有组分（主稳定剂、润滑剂、流动改性剂以及其他组分）。在多数情况下，“一包化”助剂都是特制的、独一无二的。

② 质量控制的成本非常低，因为只需要对“一包化”助剂进行测试，无需对其单一组分分别进行测试。

③ 存储方便，生产中的计量和混合也更加方便。

④ 由于微量组分（单一添加剂）是预混合的，所以共混物的可变性降低。相比于使用高润滑性单一添加剂产生的误差，预混合物的称重误差的影响要小得多。

⑤ 低尘或者无尘的“一包化”助剂在运输和混合过程中改善了车间环境卫生。

⑥ 所需的包装材料更少。

⑦ 新开发成本更低。

⑧ 除了“一包化”助剂的供应外，其供应商还能提供优质的配套服务。

“一包化”助剂，除了具有适合于特定要求的多种组分之外，其供应形式也多种多样。最简单的一种形式是粉末共混物。这种形式几乎允许添加剂以任何组成方式组合，并且粉末很容易用几乎任何混合技术分散。甚至液体也可以在一定程度上被掺入。不足的是，在运输和配料时会产生粉尘，但是这个问题可以通过一些简单的措施得到改善。一种方法是将粉末共混物打包成袋，一般袋子要与共混物的重量相匹配，而且可以整袋混入搅拌机。此外，包装袋材质的选择需要与最终制品相兼容并留在制品中。另一种方法是将粉料加工成粒料，可以明显改善粉尘的问题。另外，需选择合适的制粒条件来达到低尘环境且制品易分散的要求。很显然，这种产品形式（粒状）将不再适用于低转速搅拌机。糊状是粉末共混物与增塑剂混合之后达到的一种稳定且高黏度的形态。因此，浆料的配制需要特殊的技术。

多数情况下，这些“一包化”助剂要经过熔融过程。由于这个原因，原材料的组合和不熔融产品的总量，比在粉末共混物中更受限制。分散过程在高速搅拌机中完成（图 1.4）。除了锡稳定剂，液体稳定剂通常是添加剂溶解在溶剂中形成的复杂溶液，主要用于增塑溶胶和压延工艺中。

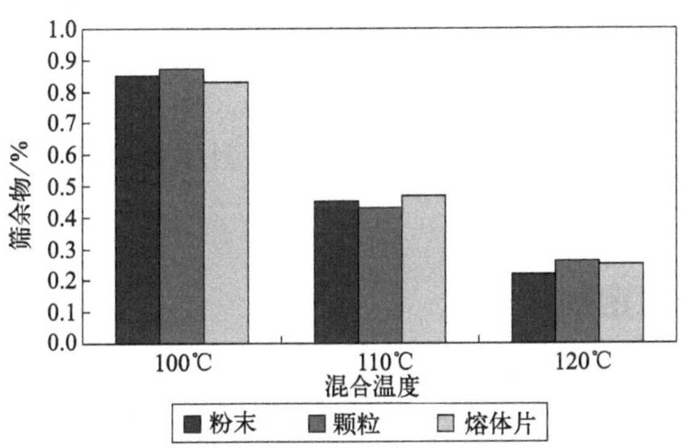

图 1.4　形态和混合温度对分散性的影响

1.4　热稳定剂

热稳定剂有以下几种：

① 不含金属的有机化合物。

② 结合镉或锌盐（混合-金属稳定剂）的碱土金属（主要是钙或钡）。

③ 有机锡化合物。

④ 稀土金属的盐，主要基于镧系元素。

⑤ 碱性和中性铅盐。

20 世纪 90 年代对于使用重金属作为 PVC 稳定剂存在相当多的讨论，因此我们想在这里探讨有关此问题的更多细节：什么是真正的重金属？

苏格兰人对“雨”有很多种表达[56]。因纽特人对“雪”有 27 种称呼[57]。与此相似，目前人类已经对“重金属”这个术语有了超过 40 种的定义[58]：

① 公众将重金属视为对整个人类和环境都有危害的材料。

② 目前有 13 种基于金属密度的定义，其密度大小在 3.5～7.0g/cm^3 之间。最常用的科学的定义是：密度大于 4.5g/cm^3 的是重金属[59]。在这种情况下，即使是密度为 4.506～4.508g/cm^3 的钛，也被认为是重金属。

③ 有 11 种基于原子量的定义。在极端情况下，原子量高于钠的一切金属都被认为是重金属[60]。根据这个定义，镁、铝和钙都被认为是重金属。

④ 从一个化学家的视角来看，重金属有 5 种定义，而在生物学家来看只有两种，与元素在元素周期表中的位置——原子序数有关。

⑤ 重金属的另外 5 种定义与其他化学性能有关。

⑥ 有两种定义基于毒理学原理。

⑦ 最古老的定义可能出现在 1884 年，而且有个非常形象的描述：“大尺寸的枪支或弹丸”。

⑧ 根据 67/548/EEC 指令的定义，元素锑、砷、镉、铬（Ⅵ）、铜、铅、汞、镍、硒、碲、铊、锡以及其化合物是重金属。

⑨“重金属”也是一种音乐风格。

其实人们对重金属还存在误解，并不是每一种重金属都有毒，像铁和锌都是至关重要的元素。

1.4.1 无金属稳定剂

近年来不含金属的稳定剂有了复兴的趋势，出现这种现象的原因就是关于含重金属稳定剂体系的讨论。与此同时，不含金属的有机稳定剂作为前沿稳定剂被建议用于 PVC[61-62]，脲及其衍生物作为 PVC 的稳定剂于 1937 年开始使用[63]（图 1.5）。除了研究普通的脲稳定剂，含有硫的脲稳定剂（图 1.5）也被研究。之后，二苯基硫脲作为 E-PVC 膜用稳定剂具有重要的商业价值。钙-锌体系可以保证 PVC 的基本稳定性，以其为标准，将各种脲或硫脲稳定剂进行对比测试（表 1.3）。

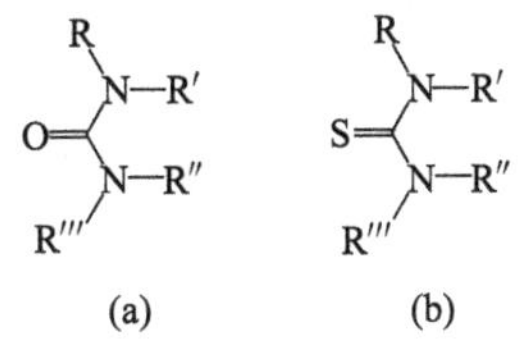

图 1.5 脲（a）和硫脲（b）的一般结构 R、R′、R″和 R‴可以是相同或不同的取代基

表 1.3 不同取代基的（硫）脲的热稳定性的比较

脲	热烘箱稳定性/min	YI 0(初期颜色)	YI 30(保持颜色)
无	60	18.4	44.6
未取代的脲	45	17.0	35.5
N-乙基脲	25	20.6	
N,*N*′-二甲基脲	30	12.3	59.6
N-苄基脲	30	13.5	68.4
N-苯基脲	40	9.7	41.2
吗啉基脲	30	18.1	64.2
N,*N*′-二苯基脲	35	18.5	41.2
N,*N*′-二乙基硫脲	15	31.8	
N,*N*′-二苄基硫脲	20	16.5	
N,*N*′-二苯基硫脲	25	11.4	
N,*N*′-二正丁基硫脲	20	22.4	
双氰胺	45	11.4	55.1

注：100 份 PVC（$K=68$）、2 份碳酸钙、1 份二氧化钛、1 份硬脂酸钙、1 份硬脂酸锌、0.5 份季戊四醇、1 份石蜡[64]，热烘箱试验数分钟。YI 0 和 YI 30 分别指在 0 和 30min 时的黄色指数（在热烘箱中）。

如表 1.3 所示，一些（硫）脲与锌结合使用可改善早期颜色或颜色保持性，但会降低长期热稳定性。还应该指出的是，硫脲和含有铅的稳定剂结合会使成品变为黑色，其原因是生成了黑色的硫化铅。

$$Pb^{2+} + S^{2-} \longrightarrow PbS(\text{黑色})$$

双氰胺是氨基氰的二聚体，最早在 1942 年被化学家提出并用作 PVC 稳定剂[65]，双氰胺（图 1.6）可以被看作尿素的衍生物。它与胍及 6-氨基尿嘧啶的结构相似。双氰胺也是三聚氰胺的化学前体，三聚氰胺（图 1.6）是氨基氰的三聚体。在 PVC 生产中它的效果类似于脲，见表 1.3。另外，以三聚氰胺衍生物作为稳定剂生产的 PVC，主要应用在地板方面。

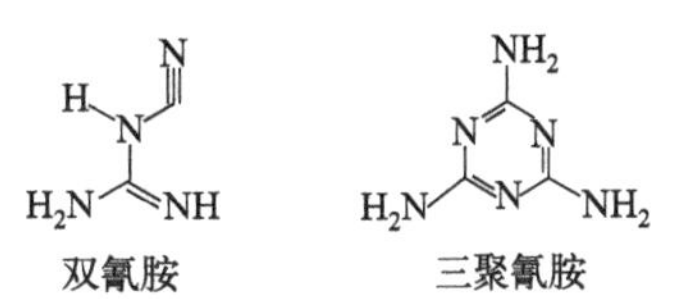

图 1.6 双氰胺和三聚氰胺的结构

β-氨基丁烯酸衍生物（图 1.7）用作 PVC 稳定剂很可能在 1961 年前就已经被提出[66]。它们不仅可用于 E-PVC，同样可用于 S-PVC 和 M-PVC。根据理论模型，氨基丁烯酸及其衍生物可替代 PVC 链中不稳定的氯原子，见图 1.8[67]。文献表明[68]，除之前提到的效果，氨基丁烯酸衍生物也可与逸出的盐酸反应。氨基丁烯酸衍生物作为稳定剂的效果是比较好的，但是对初始色泽的稳定性改善却收效甚微。理论上，氨基丁烯酸衍生物可以看作是含氮的 1,3-二羰基化合物衍生物，另见 1.5.3 小节。典型的例子是丁二醇二氨基丁烯酸酯（BGAC）和硫代乙二醇二氨基丁烯酸酯（TGAC）。氨基丁烯酸酯的效率可通过与钙-锌皂或环氧化物增效剂组合来得到显著提高。氨基丁烯酸衍生物的一个潜在缺点是，在加工过程中会产生少量的氨[69]。

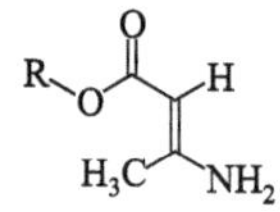

图 1.7 氨基丁烯酸酯的结构

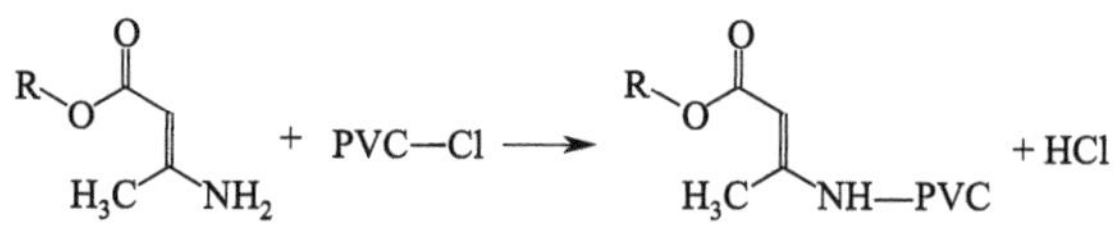

图 1.8 氨基丁烯酸酯的稳定机理

相较而言，二氢吡啶（DHP）类物质是属于比较“年轻”的用于 PVC 的无金属稳定剂[70]。根据所应用的化学视角，它们可以被识别为 δ-二酮、β-氨基丁烯酸酯、1,3-二羰基化合物（即 β-二酮）衍生物（由于其由 1,3-二羰基化合物、甲醛和氨合成），见图 1.9。其用作 PVC 稳定剂的机理可能类似于氨基丁烯酸酯或尿嘧啶。

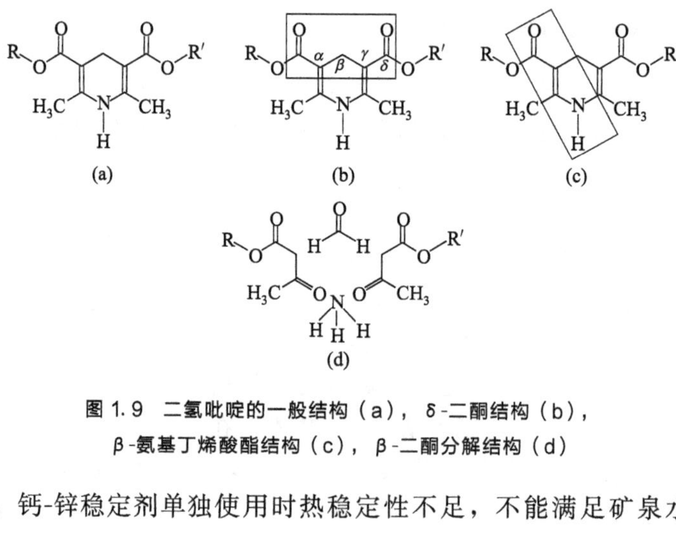

图 1.9 二氢吡啶的一般结构（a），δ-二酮结构（b），
β-氨基丁烯酸酯结构（c），β-二酮分解结构（d）

在早期，钙-锌稳定剂单独使用时热稳定性不足，不能满足矿泉水瓶的生产要

求。因此，加入 2-苯基吲哚（2-PI，图 1.10）作为共稳定剂，尤其在法国应用较为普遍[71]，见图 1.10。2-苯基吲哚不需要额外的催化剂便可替代聚氯乙烯聚合物的不稳定氯原子，然而其缺点是即使受到短暂的辐射作用也会有强烈变色的趋势，例如太阳光作用。2-苯基吲哚的迁移同样也会引起问题。与光敏感性相比，可以通过在分子中引入烷基取代基较容易地解决迁移问题。

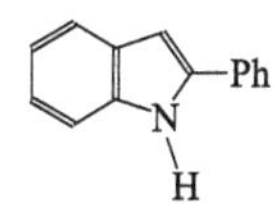

图 1.10 2-苯基吲哚的化学结构式

图 1.11 所示的 *N*-取代 6-氨基尿嘧啶于 1966 年首次被提及作为 PVC 的稳定剂[72]。在某种程度上，它们是令人着迷的化合物，因为它们结合了尿素和氨基丁烯酸酯的结构（图 1.11）。对此稳定剂抱有悲观态度的人认为会产生反协同作用：氨基丁烯酸酯的初期颜色不佳，尿素的长期热稳定性弱。但实际上，此类物质综合了两种化合物对稳定性的积极作用：尿素的良好初期颜色和氨基丁烯酸酯的良好长期热稳定性。尿嘧啶构成了分子内的，或用更简单的术语来说，构成了分子内两种结构间的协同作用。尿嘧啶与氨基丁烯酸酯类似，能替代聚氯乙烯链上不稳定的氯原子。这种机制在文献[73]（图 1.12）中得以证实。

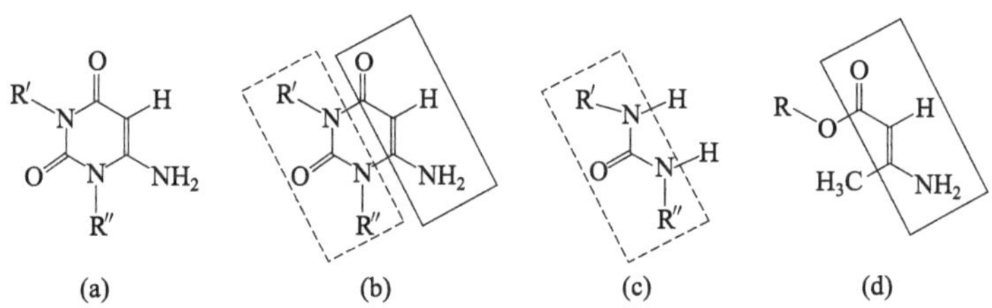

图 1.11 *N*-取代 6-氨基尿嘧啶的一般结构（a），其分子内两种结构的划分（b）以及 *N*-取代尿素（c）和氨基丁烯酸酯（d）结构示意

（R、R′和 R″可以是相同或不同的取代基）

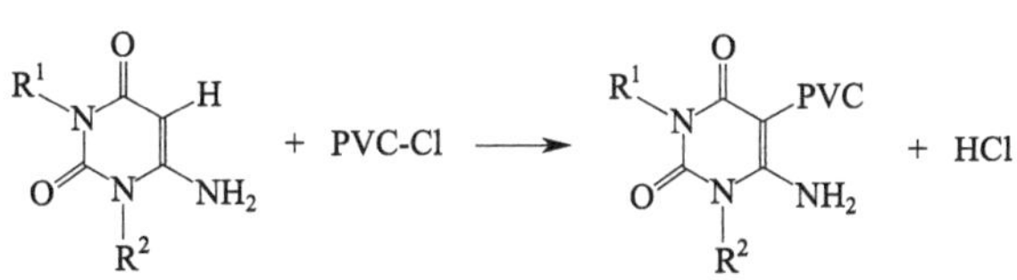

图 1.12 1,3-取代-6-氨基尿嘧啶的稳定机理

虽然三（羟基乙基）异氰脲酸酯（THEIC）并不是经典的多元醇，但是它常常被称为多元醇，因为它包含 3 个羟基（—OH）。下面描述的稳定机制尚未经科学证实，尽管如此，已知的是 THEIC 在碱性环境中可以生成噁唑烷酮。进一步假设该噁唑烷酮在游离盐酸作用下发生开环反应[74]，见图 1.13。真正意义上多元醇的稳定机制则与其不同，我们将在 1.5.6 小节对其进行讨论。

很多年来，胺类化合物不被认为是 PVC 的稳定剂，因为它们是公认的能分解 PVC 的化合物[75]。然而在最近几年，发现三乙醇胺（TEA）和它的“结构衍生物”（图 1.14）是对软质和硬质 PVC 相当有效的稳定剂[76-77]。

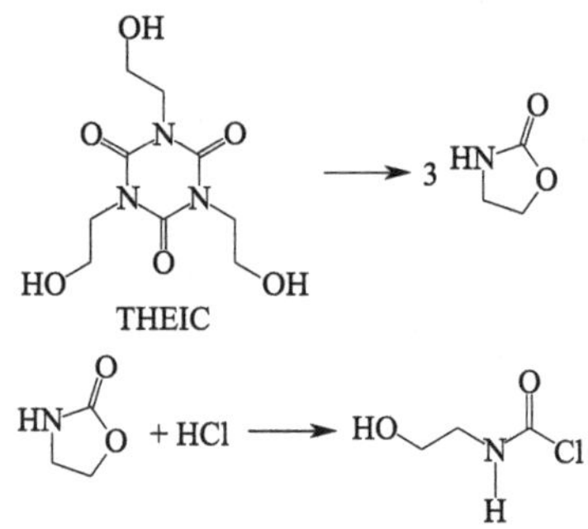

图 1.13 THEIC 的稳定机理

值得注意的是，与高氯酸盐复配的优良的稳定剂系统可设计为固体或液体形态。其中，TEA 稳定剂是一个颇具应用价值的体系。TEA 的独特之处在于，高浓度的液态 TEA 会与高氯酸盐形成新的晶体化合物。TEA 及其复合物在无铅和无锌配方中显示出明显的优势。它们也被证实在对 P-PVC 的处理过程中有很大的作用，在增塑溶胶和人造革的配方中有很重要的地位。由于它们的电性能差，所以其作为稳定剂在电缆中应用范围很有限。令人惊喜的是，可以用来制造高度透明和对水敏感性低的制品，从而避免在潮湿、温暖的气候中表面起水雾或白雾。如果 TEA 分子中一个或两个羟乙基基团被长链烷基取代，那么所得到的胺类物质稳定性降低，但抗静电性能升高（图 1.14）。这些稳定剂通常本身会有抗静电性，不需要在配方中再加入抗静电剂。并且，三乙醇胺及其衍生物在有机稳定剂系统中是具有“抗粉化”性能的[78]。最后应当提到的是，上述的许多构思、混配物和配方都是受专利保护的，在使用它们之前应予以考虑。因为稳定剂领域是不断发展的，且前面提到的引用文献仅选择了文献其中的一部分，并不是完整的。用户有责任充分了解专利情况。

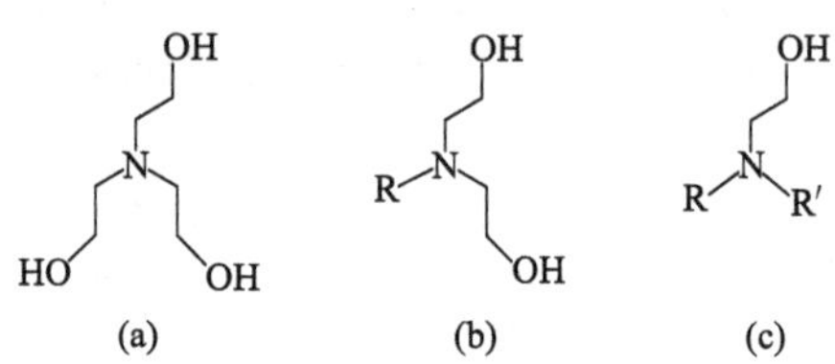

图 1.14 三乙醇胺（a）及其衍生物（b、c）的一般结构

（R 和 R′可以是相同或不同的取代基）

1.4.2 金属皂类稳定剂

下面不介绍单组分稳定剂，主要介绍由有机酸和金属反应生成的盐的混合物，所述金属包括钡、钙、镁、锌、镉等。表 1.4 总结了几种金属皂的一些化学和物理参数。

表 1.4 各种中性、工业金属皂的物理和化学参数

金属皂	熔点/℃	分子量	金属质量分数/%	酸根质量分数/%
工业硬脂酸	64	275.0		
苯甲酸钡	100	379.3	36.2	64.3
辛酸钡		367.3	37.4	63.1
月桂酸钡	260	535.3	25.6	74.7
油酸钡		421.8	32.6	67.4
硬脂酸钡		685.3	20.0	80.3
苯甲酸钙	110	282.0	14.2	86.5
辛酸钙		326.0	12.3	88.3
月桂酸钙	183	438.0	9.1	91.3
油酸钙	84	602.0	6.6	93.7
硬脂酸钙	180	588.0	6.8	93.2
月桂酸镁	150	422.0	5.7	94.8
油酸镁		586.0	4.1	96.2
硬脂酸镁	88	572.0	4.2	96.2
苯甲酸锌		307.4	21.3	79.4
辛酸锌		351.4	18.6	82.0
月桂酸锌	128	464.0	14.1	85.9
油酸锌	70	627.4	10.4	89.9
硬脂酸锌	130	613.4	10.7	89.7

在 PVC 的商业应用之初，作为 PVC 固体稳定剂的这些组合物都获得了专利[79]。而金属盐的液体在这之后才被开发出来[80]。在一般情况下，有机酸可以是脂肪酸或者芳香酸，也有可能是酚。在实际应用中，与固体稳定剂组合使用的有机酸主要是苯甲酸、正辛酸、月桂酸和工业硬脂酸。在液体体系中，主要使用的是乙基己酸、工业油酸、烷基苯甲酸和苯酚。

根据 Frye 的理论[81]，锌皂和镉皂赋予 PVC 良好的初期颜色，因为它们能够取代不稳定氯原子（图 1.15）。值得一提的是，Onozuka 的工作[82] 证实了，只有烯丙基氯原子可以被羧酸基团取代，叔氯原子不行。这些发现有力地支持了离子反应机理。反应生成氯化锌或氯化镉，这两种氯化物被化学家称为路易斯酸。这些金属还能与两个以上的氯离子结合（图 1.16），所形成的化合物称为配合物。基于这种机理，这两种氯化物都可以催化 PVC 的降解，从而降低 PVC 的长期热稳定性。氯化锌与钙皂反应可以实现锌皂的“再生”（图 1.17）。

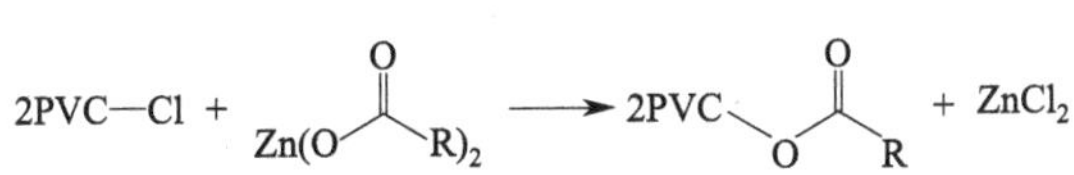

图 1.15 取代 PVC 中氯原子的锌皂和氯化锌的生成过程

$$ZnCl_2 + 2HCl \longrightarrow H_2(ZnCl_4)$$

图 1.16 氯化锌与盐酸（HCl）的反应

图 1.17 氯化锌与钙皂反应

碱性金属皂的进一步反应是用盐酸代替金属盐中的脂肪酸（图 1.18），这种现象是化学家众所周知的：在盐中较强的酸（HCl）取代较弱的酸（脂肪酸）。

图 1.18 盐酸（HCl）与钙皂反应生成脂肪酸和氯化钙

理论上，对于初期着色和长期热稳定性的所有需求都可以通过调整碱性金属皂和锌/镉皂的比例来实现。参照图 1.19，如果碱性金属皂占据主导地位，将达到良好的长期热稳定性和中等的初期着色。锌/镉金属皂的使用比例越高，初期着色性越好，且通常兼具可接受的长期热稳定性。真正的反应机制远比这里所描述的复杂得多，类似于锡稳定剂的作用机理。一些科学家已经研究了其作用机理以及这些反应之间的协同作用[83-87]。

氯化锌的生成会促进 PVC 的降解，因此需要使用共稳定剂。共稳定剂与盐酸或路易斯酸（$ZnCl_2$）其中之一结合，科学家称这种反应为配位反应。所使用的共稳定剂既有积极作用又有负面效果（表 1.5）。它们的作用方式细节将在 1.5.3 小节进行更详细的讨论。

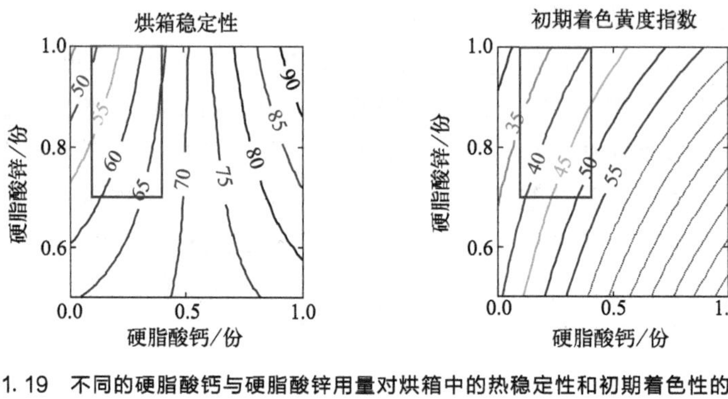

图 1.19 不同的硬脂酸钙与硬脂酸锌用量对烘箱中的热稳定性和初期着色性的改变

表 1.5 常见助稳定剂的优点与缺点

类型	优点	缺点/潜在问题
水滑石	稳定性助剂	昂贵,初期着色差
沸石	良好的长期稳定性	初期着色差,吸水

续表

类型	优点	缺点/潜在问题
金属(氢)氧化物	良好的长期稳定性	初期着色差,吸水,腐蚀性
多元醇	良好的长期稳定性	初期着色差,吸水,易析出
β-二酮	初期着色改进剂	十分昂贵
有机亚磷酸酯	初期着色改进剂	带来析出,有气味
抗氧剂	稳定性助剂	一部分有刺激性
环氧化物	稳定性助剂	一部分有刺激性
共稳定剂的组合物	协同剂	第三方专利所有

注：100 份聚氯乙烯（$K=68$）、2 份白垩、0.25 份硬脂酸镁、0.25 份季戊四醇、1 份石蜡[64]。

自世纪之交，镉系稳定剂已经完全丧失了其在欧盟的重要性（见 5.10）。从此，欧盟不再使用镉系稳定剂或生产含有镉的产品。这些稳定剂和它们的历史详细信息可以在文献[88] 中找到。与此同时，液体钡/锌稳定剂已被开发，用来替代镉系稳定剂。

基于锶的稳定剂目前只用于学术研究，还没有应用到商业。纵使钡系化合物作为 PVC 稳定剂具有一定的积极效果，但因其自身特性，一直以来备受争议。一方面，钡密度为 3.65g/cm^3，有时被认为是一种重金属。另一方面，稳定 PVC 的过程中，氯化钡的生成类似于氯化钙（如图 1.17 和图 1.18 所描述），被认为是有毒的。钡化合物的毒性取决于各种因素：一些被归类为有毒，另一些仅被归类为有害。钡的高度不溶性化合物，如硫酸钡是无毒的。硫酸钡被用作 X 射线成像的造影剂。

液态钡/锌盐，与辅助稳定剂结合后，主要用于增塑 PVC。增塑 PVC 主要用来生产 PVC 壁纸、人造革、薄膜、防水油布、压延柔性和半刚性的薄膜。最初，商业上的考虑阻碍了钙/锌稳定剂产品替代液体钡/镉和钡/锌稳定剂。如今，出于毒性和成本的考虑，多倾向于使用液态钙/锌稳定剂。在过去，钙和锌的组合被认为是不重要和无效的[89]，然而今天，液体和固体钙/锌“一包化”稳定剂已经在市场中显现了重要性（见第 5 章）。

在 1994 年，生产白色窗框时需要加入约 5 份基于钙/锌的“一包化”稳定剂。五年之后，平均仅需 4 份便可达到相同的效果。两年后，市场提供的稳定剂产品中，仅添加了 3.5 份。2003 年，钙/锌“一包化”稳定剂与含铅稳定剂（=100%）相比较，额外的成本为：

① 每千克干混料中，约增加 7%；

② 每米挤出型材中，考虑密度变化，约增加 3%；

③ 每个窗户，约增加 0.1%。

所以真正的成本差异是很小的。奥地利在 20 世纪 90 年代实现从含铅稳定剂到钙/锌稳定剂的转换，并未表现出显著的成本劣势，因为大多数型材挤出公司也生产窗户。因此，世纪之交时在奥地利生产的90%的窗框是无铅的。

发泡片材和发泡型材的情况可总结如下：根据对挤出物的要求，可以使用钙/锌稳定剂或有机稳定剂等无铅替代品，其成本差别不大。

对于绝缘性要求较低的电缆护套，钙/锌稳定剂可在不增加成本的前提下取代铅稳定剂。但是这仅适用于不要求低吸水率的情况。

相比于20年前，今天的钙/锌稳定剂和有机稳定剂有什么改进吗？化学家们已经使用统计学实验方法，力求找到现有原材料更有效和更智能的组合方式。然而，对于铅稳定剂来说，铅的含量越高则稳定性越高；对于钙/锌和有机体系稳定剂来说，理解它们的化学性质和稳定机理是最重要的。经验法则“大量铅等于良好稳定性”已被稳定剂生产商 Akdeniz Kimya 所挑战。这家创新的土耳其公司已经开发和销售的用于窗户型材和管道的铅稳定剂，其铅含量仅是普通铅稳定剂的一半或更少。因此使用此类铅稳定剂可以生产出高质量的型材和管道[90]。

金属盐不仅影响长期稳定性和保色性，它们还强烈影响聚合物熔体的流变性和流动行为。硬脂酸锌和硬脂酸镉的性能类似于中性硬脂酸铅：它们延迟塑化并降低挤出中的扭矩。硬脂酸钙以相反的方式作用：塑化更快。这些性质通常不会产生问题，因为金属皂的流变行为可以通过调节润滑剂的用量来补偿。在北美（和世界上其他一些地方），锡稳定剂是最常用的。

不同金属盐和PVC的相容性不同，它们在加工温度下的溶解性、挥发性、折射率千差万别，加之整体“一包化”稳定剂配方的综合作用，导致PVC的透明度、光泽度及耐候性均会受到影响，并伴有析出及起雾倾向，同时也影响到其回收及许多其他性能。

锌和镉盐还通过催化发泡剂的活性而在发泡过程中作为催化剂，例如偶氮二甲酰胺。分解温度以及分解速度可以在一定限度内变化。因此，在发泡配方中若使用了含锌体系可以不需要额外的活化剂。

1.4.3 有机锡类稳定剂

有机锡类化合物作为PVC稳定剂的使用最早出现在19世纪30年代[91]。因为锡和铅位于元素周期表同一主族，所以也应该有相似的特性。然而，当它们作为稳定剂使用时，却有着显著的不同之处：

铅在氧化物中的主要存在形式为+2价，而锡为+4价。最重要的铅类稳定剂大多数是碱性的、无机的固体。锡类稳定剂主要是中性的、有机的液体。铅类体系与硫化物反应形成灰色或者黑色的变色物质，而很多锡类稳定剂本身就包含硫成分。这类稳定剂被称为硫醇有机锡或含硫有机锡稳定剂[92]。直到2010年铅基类稳定剂还在欧洲占主导地位，而北美应用最多的是锡基类稳定剂。

硫醇有机锡是一类高效的、应用最普遍的锡类稳定剂。图 1.20 展示了含硫有机锡类热稳定剂的一般通式。单烷基和二烷基锡类化合物很容易区分。烷基可能是甲基（CH_3）、正丁基（C_4H_9）、正辛基（C_8H_{17}）和正十二烷基（$C_{12}H_{25}$）。正十二烷基就是我们所熟知的月桂基。

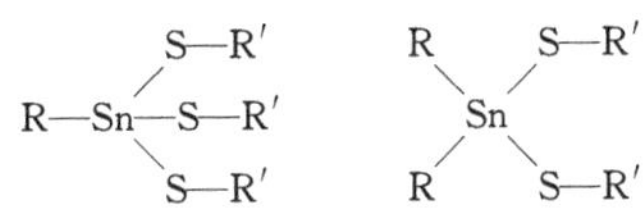

R=CH_3—，C_4H_9—，C_8H_{17}—，$C_{12}H_{25}$—

R′=—CH_2—CO—O—C_nH_{2n+1}（C_nH_{2n+1} 通常为异辛基或乙基己基）

—CH_2—CH_2—CO—O—C_nH_{2n+1}

—CH_2—CH_2—O—CO—C_nH_{2n+1}（逆酯）

—C_nH_{2n+1}

图 1.20 含硫有机锡类稳定剂的常见结构

含硫成分通常基于巯基乙酸异辛酯或稍长链的 β-巯基丙酸异辛酯。在这两种情况下，锡都与巯基酸的硫结合在一起。同样，2-巯基乙醇（HS—CH_2—CH_2—OH）的油酸酯也可以使用。在此情况下，锡与醇组分的硫原子相连（此类按“锡-醇-酸”顺序连接的结构，也被称为“逆酯”）。

除了这些化合物，其他化学基团也可能作为酸或醇成分参与其中。由于这些变化在商业上的重要性较低，因此在这不予讨论。图 1.21 展示了锡类稳定剂的反应原理。

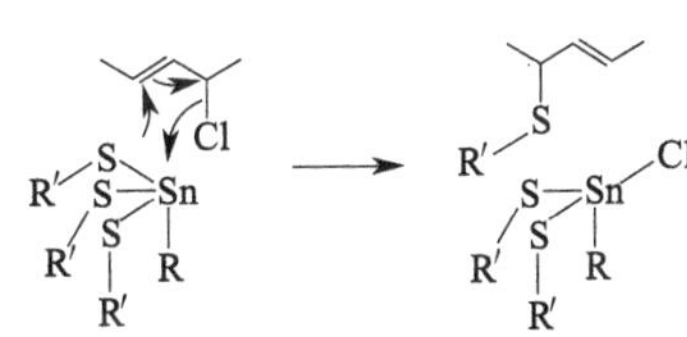

图 1.21 锡类稳定剂的反应原理

锡类稳定剂与氯结合，抑制了氯化氢的产生。它们替代了聚合物链中的不稳定氯原子[27]，从而抑制了聚合物的变色，并且延迟了降解。当氯化氢被中和时，产生的含硫化合物可以插入多烯序列中，因而可以使导致变色的共轭双键断裂，改善了 PVC 制品的色泽。另外，它们可以抑制 PVC 的自氧化[93]。

二烷基锡化合物可以使 PVC 保持长期的稳定性和最适度的初期着色。单烷基衍生物则有不同的影响：可以使 PVC 的初期颜色更好，但是长期稳定性不如二烷基锡化合物。外行人会认为将两者结合可能会产生更好的作用，往往忽略了他们的负面影响（图 1.22）。这种现象叫作协同作用。在这部分内容中，三烷基锡类化合物也应该提及。由于这类稳定剂具有极高的毒性，所以用量非常低（$<0.1\%$），在混合物中很难检测或定量描述，所以不会达到限定值。

接下来，我们将介绍单烷基锡化合物的应用。甲基取代的衍生物比长链同族化合物更容易挥发。鉴于此，在车间中标明法定允许的空气中锡最大浓度非常重要，通常为 $0.1mg/m^3$。甲基锡类化合物在美国一直被应用，并且被引进到日本

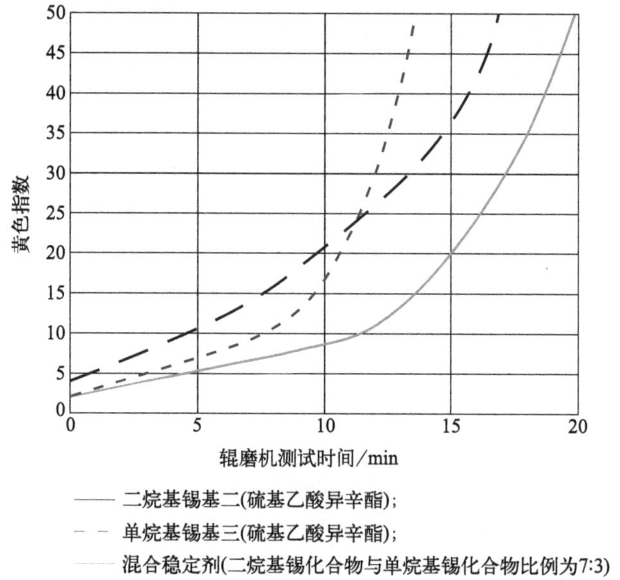

图 1.22 在长期研磨试验中，单烷基锡和二烷基锡化合物在 205℃的双辊研磨机上的协同效应

应用于挤出管材。在美国，这类稳定剂在挤出型材方面也发挥着一定作用。目前，还没有确定使用甲基锡化合物热稳定剂在稳定化过程中是否会释放高毒性的二氯化二甲基锡。

丁基锡衍生物作为稳定剂也有多种应用，比如墙板、注塑制品、薄膜、薄片、地板、壁纸以及管材，这些应用主要在美国，其使用量在亚洲也在增加。但是目前还没有被应用在与食品和饮用水接触的产品中，这是因为丁基锡衍生物从未在毒理学上被定义为无害。欧洲对二丁基锡化合物潜在危险的重新评估，使得丁基锡稳定剂的市场份额一直在下降。

有机锡稳定剂在硬质 PVC 中迁移性很低[94-96]，因此一些单烷基和二烷基锡类化合物已广泛应用于和食品及饮用水相接触的材料中。在甲基锡、辛基锡和十二烷基锡类化合物中，辛基锡类稳定剂占据了主要的市场。这种局势最近在欧洲发生了改变：随着全球化学品统一分类和标签制度（GHS）的引入，几种烷基锡稳定剂目前正在重新评估和改变其分类[97]。

可替代锡类稳定剂的是钙/锌稳定剂。即使这些稳定剂中不含润滑剂，也会影响材料的流变性能（见 1.4.2）。许多生产商已经开发了自有的润滑剂组合物或使用专为锡系稳定剂额外提供的“一包化”润滑剂。从锡到钙/锌稳定剂的转换，假如只有锡稳定剂被更换而锡基润滑剂保持不变，可能会出现问题，因为金属皂会影响流变行为。稳定剂制造商 Akdeniz Kimya 已经研制出了钙/锌核芯包，对整体流变影响很小甚至没有影响（见表 1.6）。

表 1.6　用锡和钙/锌稳定剂体系和相同的“一包化”润滑剂挤出的窗用型材的比较[98]

稳定剂	用量/份	光泽度/%	DHC①	*L* 值	*a* 值	*b* 值	Charpy 冲击强度②
低速挤出							
丁基锡	3.8	65	55	91.2	−0.6	1.3	62
钙/锌	3.4	71	69	91.3	−0.7	1.2	61
高速挤出							
丁基锡	3.8	51	57	91.6	−0.6	0.8	63
钙/锌	3.4	57	70	91.4	−0.7	0.8	63
动态条件下的最佳保色性							
丁基锡	3.8	51	57	91.4	−0.6	0.8	63
钙/锌③	4.2	57	70	91.6	−0.7	0.8	63

① 原文没有说明此缩写含义。

② 原文没有说明此列数据的单位。

③ 非优化实验室开发。

注：100 份 PVC（*K*＝68）、9 份二氧化钛、5 份丙烯酸类抗冲改性剂。*L* 值、*a* 值、*b* 值为国际照明委员会（CIE）规定的 Lab 色度系统中 *L*、*a*、*b* 三个坐标轴的数值。

除线型硫基酯之外，环状硫基酯对 PVC 稳定性也发挥了一定的作用。这类稳定剂是 3-巯基丙酸和有机硫代锡酸的反应产物（见图 1.23）。

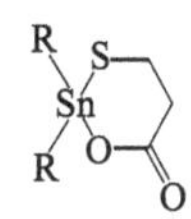

图 1.23　环锡醇

锡类稳定剂在保持最终产品良好的透明性能方面表现突出，但是其光稳定性比其他的稳定剂差（见图 1.24），这就需要添加更多的二氧化钛或者紫外线吸收剂。在与含铅稳定剂的材料混合循环使用时的另一个缺点就是所谓的硫交叉染色。硫基酯中硫与铅类稳定剂的循环使用形成了黑色的硫化铅。

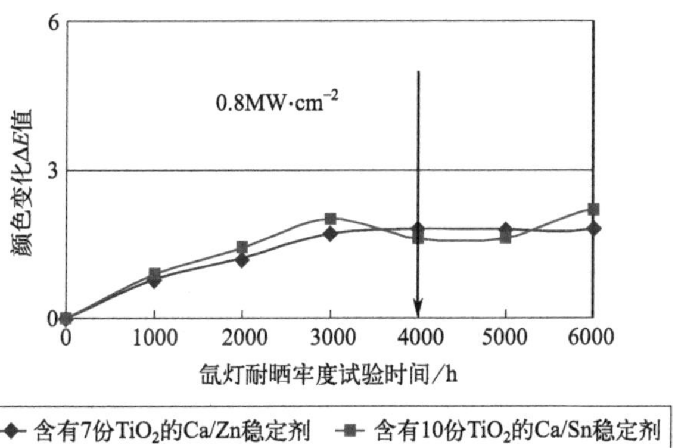

图 1.24　含有 7 份二氧化钛的钙/锌稳定剂和含有 10 份二氧化钛的钙/锡稳定剂氙灯耐候性能测试比较

使用不含硫的锡类稳定剂可以避免交叉染色。商业化产品大多是马来酸和月桂酸的衍生品（见图 1.25）。然而，与含硫的产品相比，不含硫的锡类稳定剂在某些性能方面差一些。含马来酸的锡类稳定剂也会对眼睛和黏膜产生刺激。因此，很多尝试替代这类产品的稳定剂，通常是一些含硫的锡类稳定剂[99]。除了以上对锡类稳定剂的稳定机理的讨论外，马来酸基热稳定剂可以通过狄尔斯-阿尔德（Diels-Alder）反应来实现（见图 1.26）。

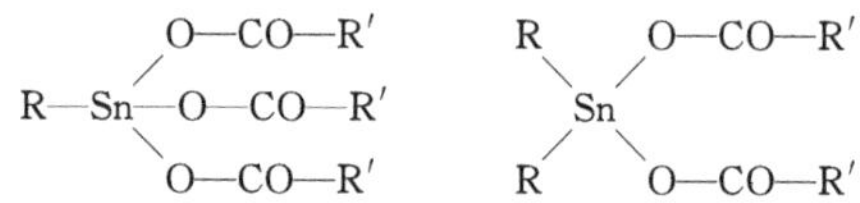

R=C_4H_9—，C_8H_{17}—

R′=—CH=CH—CO—O—C_nH_{2n+1}，—C_nH_{2n+1}（如月桂基）

图 1.25 不含硫的有机锡稳定剂的一般结构

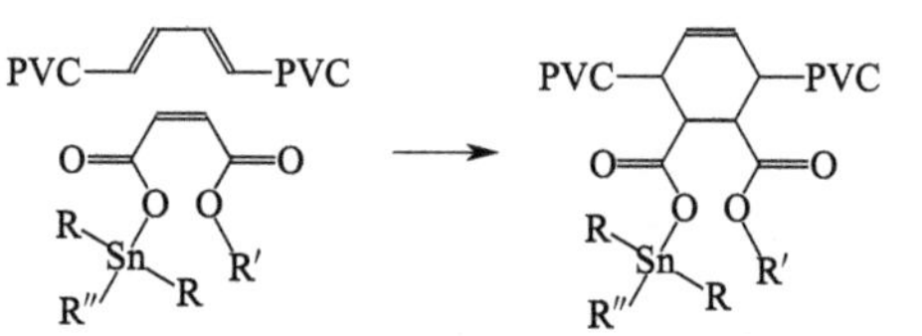

图 1.26 PVC 中烷基锡马来酸酯的稳定机理

1.4.4 铅类稳定剂

铅类稳定剂可能是使用最早的 PVC 稳定剂[61-62]。铅类稳定剂与分解出来的 HCl 反应形成具有一定着色性的氯化铅。这也是铅类稳定剂不能应用在透明产品上的原因。铅皂类与锌皂类相似，也能催化聚合物分子链上不稳定氯原子的取代反应（见图 1.27）。

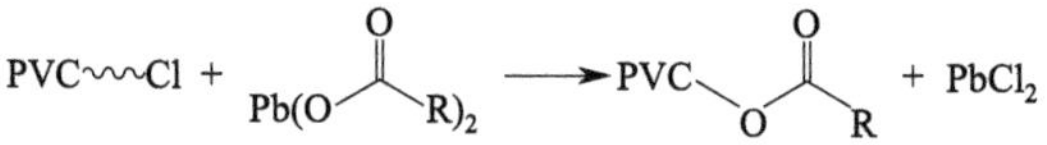

图 1.27 铅皂催化 PVC 分子中不稳定氯原子的取代反应，形成氯化铅

与氯化锌相比，氯化铅对 PVC 没有失稳效应，因此，在铅基的稳定剂配方中不需要 β-二酮和多元醇等复杂的辅助稳定剂。

黄色的氧化铅（PbO，铅丹，litharge）很多年前就被用作电缆料的稳定剂。[使用铅丹这词可能会引起困惑，因为铅丹是红色氧化铅的统称，但通常用于主要由黄色氧化铅改性而成的市售铅氧化物；黄色、正交晶系氧化铅的正确科学术语是铅黄（massicot）；铅丹是红色、四方晶系氧化铅的统称] 与氯化氢的高效反应会因一些缺陷而有所抵消，使得其固有的黄色难以掩盖，在光线的影响下，颜色会变黑，这主要是由于在 PbO 晶粒表面形成了金属铅，由此产生的化合物也被称为黑铅粉。色泽问题可通过部分中和氧化铅来解决。白铅（铅白）也就是我们所熟知的碱式碳酸铅，氧化铅含量较高（见表 1.7）。该物质中大部分氧化铅需在碳酸根分解（即释放二氧化碳）之后才能参与稳定化反应。这一特性会带来实际应用问题，因为白铅与释放出来的氯化氢反应会导致 PVC 产品出现气泡，理论上当温度达到200℃时就会降解产生气泡。白铅过去常常用于制造黑胶唱片和电缆，前一种用途用量已急剧下降。

当氧化铅与磷酸反应时，会产生白色针状的二碱式亚磷酸铅（DBLP）晶体。其氧化铅的含量为 92.8%（见表 1.7），非常接近氧化铅。DBLP 是少数具有光稳定性的铅类稳定剂之一。因此，它主要用于户外，比如门窗异型材、墙板和覆层板。纯化合物随时会发生分解，并且会释放热量，是这类铅盐的缺点，因此，DBLP 配方中会经常加入阻燃剂。DBLP 也有着优越的导电性能，因此与其他合适的铅盐相比，如果其成本不是特别高的话会更多地被应用在电缆料中。二碱式亚磷酸铅/亚硫酸铅是两种单盐的沉淀物，与二碱式亚磷酸铅相似，适用于户外。亚硫酸盐的含量降低了亚磷酸盐的发热趋势，甚至起到内部阻燃剂的作用。

表 1.7　纯铅化合物中铅、氧化铅和其他成分的理论含量

名称	分子式	分子量	Pb 含量/%	PbO 含量/%	其他成分含量/%
铅黄	PbO	223.2	92.8	100	O 7.2
二碱式亚磷酸铅(DBLP)	$2PbO \cdot PbHPO_3 \cdot 0.5H_2O$	742.6	83.7	90.2	P 4.2
二碱式亚磷酸铅/亚硫酸铅	$2PbO \cdot PbHPO_3/PbSO_3$	752.6	82.6	89.0	P 4.1,S 4.3
碱式碳酸铅(白铅)	$2PbCO_3 \cdot PbO \cdot H_2O$	775.6	80.1	86.3	CO_2 11.3
三碱式硫酸铅(TBLS)	$3PbO \cdot PbSO_4 \cdot H_2O$	990.8	83.6	90.1	S 3.2
四碱式硫酸铅	$4PbO \cdot PbSO_4 \cdot H_2O$	1196.0	86.6	93.3	S 2.7
中性硬脂酸铅(NLS)	$Pb(C_{18}H_{35}O_2)_2$	755.2	27.4	29.6	硬脂酸根 72.8
二碱式硬脂酸铅(DBLS)	$2PbO \cdot Pb(C_{18}H_{35}O_2)_2$	1201.6	51.7	55.7	硬脂酸根 45.8
二碱式邻苯二甲酸铅	$2PbO \cdot Pb(C_8H_4O_4) \cdot 0.5H_2O$	826.6	75.2	81.2	邻苯二甲酸根 19.9
四碱式富马酸铅	$4PbO \cdot Pb(C_4H_2O_4) \cdot 2H_2O$	1250.0	82.9	89.3	反丁烯二酸根 9.1
三碱式马来酸铅	$3PbO \cdot Pb(C_4H_2O_4) \cdot 0.5H_2O$	999.8	82.9	89.3	顺丁烯二酸根 11.4
氯化铅	$PbCl_2$	278.2	74.5		

注：因使用的工业产品是棕榈酸和硬脂酸混合物，故硬脂酸根的分子量按照 275 计算，相当于混合物的平均分子量。

三碱式硫酸铅（TBLS）具有良好的热稳定性。与白铅相比，在加工过程中不会产生气泡。但是，它并没有像亚磷酸铅一样的光稳定性，因此优先应用于室内材料中，比如电缆、管道、配件、（发泡）板材、型材等。

四碱式硫酸铅与三碱式硫酸铅相似，可以为 PVC 制品提供更好的热稳定性，简单说是因为其氧化铅含量更高。

接下来介绍有机酸的铅盐，其中最重要的是基于脂肪酸的产品，常用的有中性硬脂酸铅（NLS）和二碱式硬脂酸铅（DBLS）。这两种化合物都非常有趣。中性硬脂酸铅的脂肪酸含量较高，因此只能作为适度的稳定剂使用。由于高含量的脂肪酸，中性硬脂酸铅也是一种强有力的外部润滑剂。

脂肪酸铅盐的作用是把脂肪酸转移到 PVC 分子链中不稳定的氯原子上，除此之外还可以把氯化物转移到上述提到的碱性稳定剂上[100]。这种转移的功能很好地阐释了与碱性稳定剂结合后的协同作用。由于这些性能，中性硬脂酸铅盐广泛地应用在铅类稳定剂的配方和应用中。

二碱式硬脂酸铅由于 PbO 的含量更高，因此，热稳定性比中性硬脂酸铅好。但是，作为外润滑剂的作用显著降低。NLS 在 126℃时熔化，并且在 PVC 熔体中呈液体状态；而 DBLS 则在 250℃时熔化，并且在 PVC 熔体中为固体状态。碱式铅盐广泛用作各种 PVC 的铅稳定剂。这两类硬脂酸铅都有良好的耐候性能。

二碱式邻苯二甲酸铅是一种众所周知但仍然相当有代表性的有机铅盐，因其良好的热稳定性和电性能，主要应用于耐高温的电缆中。

四碱式富马酸铅与三碱式马来酸铅中的铅含量都很高（见表 1.7），但是，两者在耐候性和电性能方面是不同的。与马来酸相比，富马酸具有更好的稳定性能和更高的电阻率。由于马来酸盐具有与氧化铅相似的黄色，在光照下会形成金属铅，因此其着色性以及光敏性极大地限制了马来酸铅的应用。

除此之外，还有很多不是很重要的铅盐，比如碱式硅酸铅、水杨酸铅、乙基己酸铅等，乙基乙酸铅常用作液体稳定剂。

有一个古老的经验法则：铅的含量高就意味着具有良好的稳定性和初期着色性。随着更高效的稳定剂的出现，这类稳定剂受到了严峻的挑战。商业窗用型材稳定剂，铅的含量由传统的 50%降为现在的 35%[101]。并且，下一代的产品中，铅的含量可能会远远低于 35%。随着技术发展，一些新的门窗型材产品中，“一包化”的铅稳定剂添加量由五份降为四份。铅类稳定剂与其他新的或者熟知的稳定剂相结合可以获得更好的性能。使用含铅量降低的稳定剂并不会影响产品的生产、加工或者门窗的使用周期。尽管初步尝试显示，降低用于管材的稳定剂中的铅含量具有很大的挑战性。但是门窗型材的稳定剂中含铅量降低的成功应用，说明将来也可应用到异型材、片材和管材中[102]。

由于铅与硫反应形成黑色的硫化铅，因此在含硫锡稳定剂存在的情况下，对含铅类稳定剂的 PVC 的回收利用就存在一定困难。此外，在欧洲，由于即将出台的法律法规和自愿协议，铅类稳定剂的未来不容乐观（见第 5 章）。

1.4.5 稀土类稳定剂

RES 作为一个新的名词从亚洲引入欧洲，并且，在一段时间内引起了不小的轰动[90]。RES 是稀土类稳定剂的简称，这类稳定剂是基于元素周期表中的稀土金属元素的，便宜，性能甚至好于铅类稳定剂。

稀土金属元素包括钪（21，原子序数，下同）、钇（39）、镧系（57～71），其中镧系元素有镧（57）、铈（58）、镨（59）、钕（60）、钷（61）、钐（62）、铕（63）、钆（64）、铽（65）、镝（66）、钬（67）、铒（68）、铥（69）、镱（70）和镥（71）。稀土这个名字或许有点误导，这是因为铈、镨、钕在地壳中比铅、钼、砷更常见，并且黄金比上述金属稀少得多。

稀土金属存在于矿物质独居石、氟碳铈矿、磷钇矿、硅铍钇矿、黑稀金矿、铌钛铀矿和钪钇石中。1t 独居石砂可以分离出大约 220kg 铈、120kg 镧和 100kg 钕。中国稀土金属的产量自 20 世纪 80 年代中期起一直保持着持续的增长。2004 年，中国稀土金属氧化物的产量占全球的 93%，大约 102000t。

基于稀土金属的稳定剂主要使用镧。“一包化” RES 组成中仅仅含有少量的镧，有时也会含有铈。与镧相结合的阴离子可能是脂肪酸根，最有可能的是硬脂酸根。稀土金属氧化物，尤其是 La（Ⅲ）的氧化物，很容易与盐酸反应，但是它的稳定性却不高。稀土金属中除了镧，都不可以用作稳定剂，因为它们本身具有很强烈的固有颜色。稀土金属氯化物很容易溶于水，这可能导致使用这些金属稳定剂的 PVC 制品的吸水率增加。

通过对各种 RES 样品分析发现，其中含有大量的铅，含量高达 50%[103]。由于含铅量较高，这些 RES 样品均不能作为钙/锌或者有机稳定剂的替代品。即使是不含铅的稀土金属稳定剂也不能用来替代钙/锌稳定剂（尤其是有机稳定剂），因为含有重金属。RES 相对于我们所熟知的酸吸收剂来说，并没有任何优势。对于户外应用，它们似乎不如欧洲配方产品，因为其中没有阻止“光致粉”的组分。在人工或者自然老化试验完成之前，这类稳定剂的商业化应用可能被忽略。

对于欧洲运营商来说，有个普遍存在的问题，那就是 RES 配方中的组分在新制定的《化学品的注册、评估、授权和限制》（REACH）中能否登记注册。尽管有很多不足之处，但是，RES 依然作为替代铅稳定剂的环境友好材料被中国的一些新的消费者使用。

1.5 辅助稳定剂

1.5.1 无机辅助稳定剂

一些同铅盐类稳定剂类似的无机碱性稳定剂，可以中和释放的盐酸，从而提高

PVC的热稳定性。其中被大家所熟知的是水滑石。水滑石是天然存在的矿物，每个分子包括6个镁原子和2个铝原子，分子式是 $Mg_6Al_2(OH)_{16}CO_3 \cdot 4H_2O$。两种金属离子的离子半径大致相同，因此可以很容易地排列在一个平面上（图1.28）。每个金属离子在金属离子层上下分别连接一个氢氧根离子。天然水滑石在每两个金属/羟基层之间有一个碳酸根离子和两个水分子。镁离子和铝离子在这些板层之间呈统计分布。由此产生的结构被称为层状晶格结构。

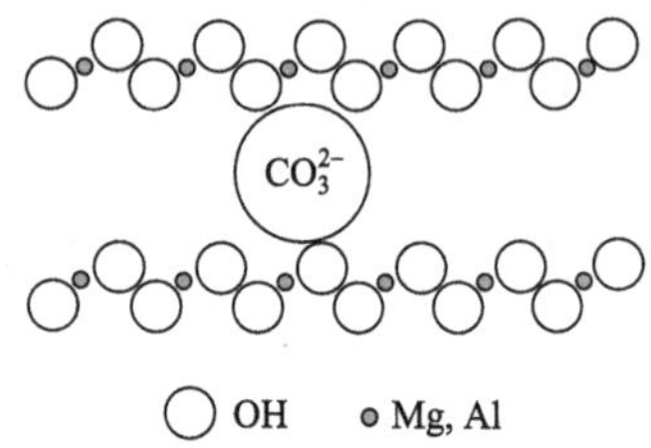

图1.28 水滑石的晶格结构示意图

主要用于PVC稳定剂的水滑石开始时是应用于药物的。它的结构和自然水滑石相比缺乏两个镁离子，但具有同样的晶格结构 $[Mg_4Al_2(OH)_{12}CO_3 \cdot 3H_2O]$，最初被开发来应用于中和胃酸。

$$Mg_4Al_2(OH)_{12}CO_3 \cdot 3H_2O + 14HCl \longrightarrow 4MgCl_2 + 2AlCl_3 + 16H_2O + CO_2$$

在这个中和反应中，首先碳酸盐和胃酸反应生成氯化物，并且生成二氧化碳（气体）和水。当整个碳酸盐层被耗尽时，氯化物就会攻击金属氢氧化物层，与对PVC起稳定作用时发生的反应是相同的[104]。镁和锌离子半径近似，因此镁在水滑石中很容易被锌置换，由此产生的含锌的水滑石分子式为 $Mg_3ZnAl_2(OH)_{12}CO_3 \cdot 3H_2O$[105]。尽管锌含量高达13%（表1.8），对于长期热稳定性并没有不利影响。塑料技术人员根据其长期的工作经验，可能认为"锌含量太多反而会降低热稳定性"。

表1.8 无机碱稳定剂的金属元素理论含量

组成	分子量	金属元素理论含量/%	其他成分理论含量/%
$Ca(OH)_2$	74.0	Ca 54.0	
$Mg(OH)_2$	58.0	Mg 41.1	
$Mg_4Al_2(OH)_{12}CO_3 \cdot 3H_2O$	468.0	Mg 20.5, Al 11.5	CO_2 9.4
$Mg_3ZnAl_2(OH)_{12}CO_3 \cdot 3H_2O$	509.4	Mg 14.1, Al 10.6, Zn 12.8	CO_2 8.6
$Ca_4Al_2(OH)_{12}CO_3 \cdot 5H_2O$	568.0	Ca 28.2, Al 9.5	CO_2 7.7
$Ca_4Al_2(OH)_{12}HPO_3 \cdot 3H_2O$	552.0	Ca 29.0, Al 9.8	P 5.6
$NaAlSiO_4 \cdot 2.25H_2O$	182.6	Na 12.6, Al 14.8	Si 15.4

在某种意义上来说，锌、镁、铝没有什么区别，在晶格结构中有一定的化学均匀性。

水滑石能够使PVC具有较高的长期稳定性，且使PVC吸水率降低，具有优异的耐候性能，以及良好的电气性能，因此经常应用于室外及电缆配方中。但是其原材料成本相对较高，从而限制了其在电缆护套、低压家庭电缆、管道、配件配方中的应用。水滑石更大的一个缺点是，它的加入恶化 PVC 的初期颜色并且不利于其颜色保持，但是这可以通过加入颜色改善剂来得到补偿。从经验来看，水滑石中的结晶水对于在正常加工温度下进行加工的 PVC 不会产生任何影响。

值得注意的是，类似于铅稳定剂的水滑石 $Mg_4Al_2(OH)_{12}CO_3 \cdot 3H_2O$ 可以看成是 $3Mg(OH)_2 \cdot 2Al(OH)_3 \cdot MgCO_3 \cdot 3H_2O$。然而，在提高稳定性方面，通过物理共混混合在一起的单一氢氧化物和碳酸盐所达到的效果，明显比相同量的水滑石所达到的效果要差很多。

同时水滑石与锌皂的协同效应也是值得关注的。例如在软质 PVC 配方中加入约 3%的 $Mg_4Al_2(OH)_{12}CO_3 \cdot 3H_2O$ 和少量的锌皂（例如硬脂酸锌），那么生产出来的 PVC 用刚果红法进行测试，就会发现其热稳定性有显著提高。

和预期的一样，随着锌皂的添加量增加，PVC 的热稳定性能不断提高且达到一个最大值，之后继续加入锌皂则 PVC 热稳定性开始降低（图 1.29）。同时，加入锌皂会改善聚氯乙烯样品的初期颜色。像 $Mg_3ZnAl_2(OH)_{12}CO_3 \cdot 3H_2O$ 这种含锌水滑石也具有类似的作用。

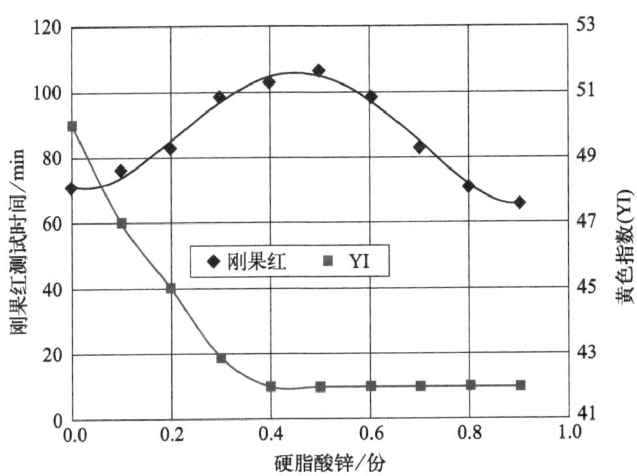

图 1.29 刚果红稳定性（VDE）和黄色指数（YI）与硬脂酸锌含量的关系

[100 份聚氯乙烯（$K=71$）、50 份增塑剂、50 份白垩粉、3 份 $Mg_4Al_2(OH)_{12}CO_3 \cdot 3H_2O$]

在 20 世纪 90 年代初，兴起了一场关于进一步提高水滑石对 PVC 应用的热潮。包括对水滑石进行标准型脱水[106]。脱水使水滑石中的活性组分的含量提高了 15%，但可惜的是，脱水后的水滑石会在很短的时间后吸收周围空气中的水再次生成结晶水。同时还包括将水滑石中的碳酸根替换成高氯酸根[107]。因为锂的离子半径与镁和铝的离子半径相近，所以含锂水滑石得到开发[108-109]。Schiller 等开发了含有四价金属的水滑石，如钛、锡、锆[110]。Henne[98] 等成功地将有机锡分子混入层状晶格中。通过这些努力，至少在欧洲，$Mg_4Al_2(OH)_{12}CO_3 \cdot 3H_2O$ 和

$Mg_3ZnAl_2(OH)_{12}CO_3 \cdot 3H_2O$ 使水滑石保持了它在 PVC 行业中的最大的商业重要性。

钙具有比铝更大的离子直径。如果用钙替换镁的话，晶格结构会保持不变，但是钙和铝不再呈统计学分布。替换后的这些分子层呈波浪状结构，由此产生的产品不再被称为水滑石而是称为水铝钙石。在水铝钙石中，只有分子式为 $Ca_4Al_2(OH)_{12}HPO_3 \cdot 3H_2O$ 的碱性钙铝亚磷酸盐具有商业应用[112]，应用于型材和电缆料。

除了钙铝亚磷酸盐类水铝钙石，钙铝碳酸盐类水铝钙石［CAHC，$Ca_4Al_2(OH)_{12}CO_3 \cdot 5H_2O$］也具有一定的市场。用作 PVC 的稳定剂，碳酸盐类水铝钙石结晶水的含量比水滑石更高。由于 CAHC 含水量高并且倾向于吸收更多的水，所以仅在电缆配方中使用时具有一定的限制。优良的耐候性能和很好的初期颜色使得 CAHC 非常适合应用于 U-PVC 的户外配方中，比如铝塑门窗或墙板。钙铝碳酸盐类水铝钙石也可以被用作增效助剂，在含锡配方中替代部分锡稳定剂，用于（发泡）板材、型材和透明的硬质 PVC 膜（例如吸塑膜）[113]。

水滑石和水铝钙石可用作阻燃剂氢氧化铝（ATH）和氢氧化镁（MDH）的协效剂。将 ATH、硼酸锌和 CAHC 添加到 PVC 中，所得 PVC 燃烧时的发烟量依次降低。在 PVC 加工过程中，硼酸锌会促进锌的燃烧从而降低 PVC 热稳定性。酸清除剂的配合使用可以帮助抵消这种负面影响并且不影响发烟量或其他阻燃性能标准［例如，热释放，极限氧指数值（LOI）］。除了这些矿物已成功地应用于聚氯乙烯配方中以外，还有许多无机物质也已经获得了专利，有钙矾石、铝酸钙、片钠铝石[100] 和石榴石[114]，这些化合物并没有水滑石和水铝钙石一样的技术或商业优势。

氢氧化钙，又称熟石灰或消石灰（也可用作 PVC 的稳定剂），主要用于生产具有较低电气要求的电缆护套和绝缘层，这主要是由于熟石灰具有良好的成本效益比。由于氢氧化钙的高吸水性，其在许多高品质电缆产品中得不到应用。当然吸水的不是熟石灰本身，而是其起稳定作用的反应产物：氯化钙（$CaCl_2$）。氯化钙极强的吸水性，使其成为化学实验室中常用的干燥剂，它最多能吸收六个水分子成为水合物。

$$Ca(OH)_2 + 2HCl \longrightarrow CaCl_2 \cdot 2H_2O \xrightarrow{+4H_2O} CaCl_2 \cdot 6H_2O$$

一些不熟悉熟石灰吸水特性的稳定剂生产商，通常会在电缆配方中将硬脂酸作为附加润滑剂与熟石灰配合使用，这可能会导致严重的问题，例如起泡、流变学变化和析出等。这是由于酸和熟石灰（碱）在加工过程中会发生酸碱反应。反应产物是硬脂酸钙和水，后者在加工温度下是气态的。由于其强烈的流变活性，熟石灰不常应用在硬质聚氯乙烯中。

氧化钙，也称为生石灰，以类似于熟石灰的方式影响着产品的吸水性（类似于氧化镁和氢氧化镁的关系），因此在稳定剂中起着有限的作用。值得一提的是，某些填料例如滑石粉，以及阻燃剂如氧化锑、氢氧化铝（ATH）和氢氧化镁，也能提高 PVC 的热稳定性，因为它们具有碱性特征和中和酸的能力（图 1.30）。

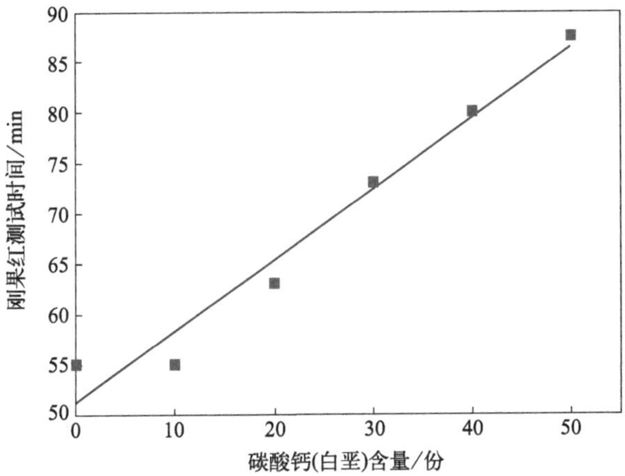

图 1.30　碳酸钙的含量对稳定性的影响

除了迄今为止涉及的化合物之外，沸石，尤其是简化式为 $NaAlSiO_4 \cdot xH_2O$ 的 4Å（$1Å=10^{-10}m$）沸石，作为基础稳定剂在软质和硬质 PVC 中有较大规模的应用。与水滑石相比较，沸石是阳离子交换剂，但有时仍被视为水滑石的替代品，并且和 THEIC 具有协同效应[115]。沸石可以通过中和游离盐酸或者通过离子交换反应与锌稳定剂中的锌配位等方式来起到稳定作用。

$$2NaAlSiO_4 \cdot xH_2O + ZnCl_2 \longrightarrow 2NaCl + Zn(AlSiO_4 \cdot xH_2O)_2$$

1.5.2　抗氧剂

抗氧剂是许多塑料，尤其是聚烯烃所需的。在第 1.2 节中提到过聚氯乙烯加工过程中会发生离子降解或者自由基降解，是由强烈的剪切作用或受热引发的，这一原理适用于硬质和软质的聚氯乙烯。因此，多数 PVC 生产厂家会添加抗氧剂作为预稳定剂到 PVC 粉中。另外是否在硬质聚氯乙烯加工中添加更多的抗氧剂，需要以案例为基础进行分析。对于软质聚氯乙烯而言，即使增塑剂中已经含有了 0.5% 的抗氧剂，也需要额外添加抗氧剂。图 1.31 显示加入少量抗氧剂（0.1%）能显著提高材料的热稳定性，并且会达到一个最大值。

抗氧剂的典型结构如图 1.32 所示。它们是二叔丁基羟基甲苯（BHT，也叫紫罗兰醇或食品添加剂 E321）、双酚 A（BPA）和通常称为 Irganox 1010 和 Irganox 1076 的抗氧剂。后两者的化学名称是非常复杂的，甚至连化学家们要记住它们都

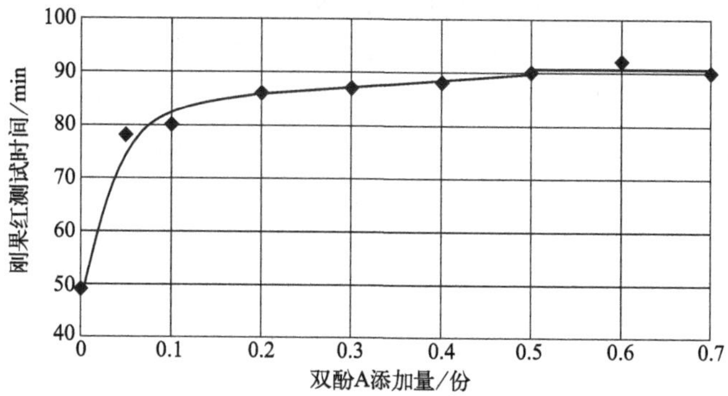

图 1.31 双酚 A 的添加量对 PVC 热稳定性的影响

很困难，因此我们不在这里给出它们的化学名称，而是用它们的商品名来指代它们。并且应注意：它们可能还有其他商品名。酚类抗氧剂与空间位阻酚或磷酸酯类（有机亚磷酸酯）的巧妙组合，可在 PVC 中实现协同效应，这一点类似于其他已知的聚合物。

使用抗氧剂也会有一定的副作用。例如，BHT 可能会析出，BPA 可能对健康具有一定的危害性。由于这些潜在的副作用，在欧洲增塑剂中已不含 BPA，并且“一包化”稳定剂配方中也已不含 BPA。由于其化学构成，大多数酚类抗氧剂可以形成醌式结构（图 1.33）[116]。

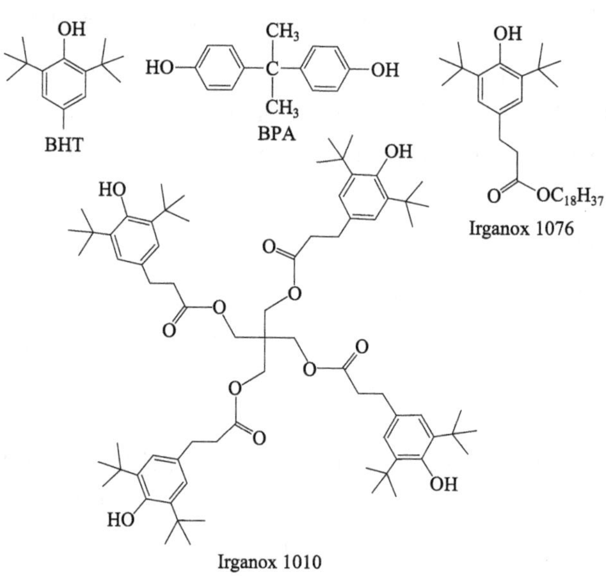

图 1.32 典型酚类抗氧剂的结构

这些醌式结构的颜色可以从黄色变到红色并且可能引起材料的变色，尤其是在

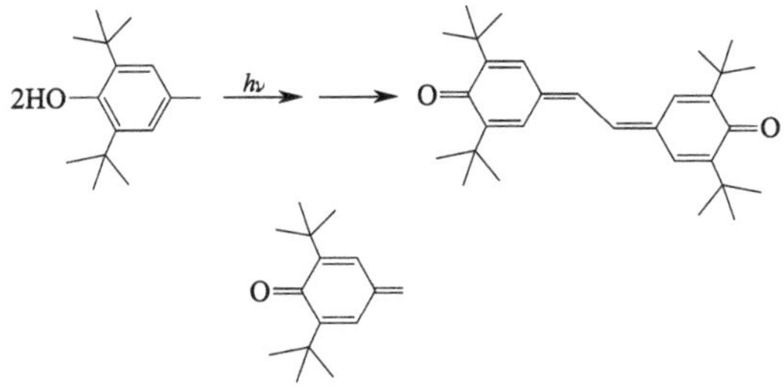

图 1.33 形成醌式结构的酚类抗氧剂

一定的储存条件下的软 PVC 产品中。尽管有一些持相反观点的文献，但是 BPA 不太可能发生这种变色[117]。Nomiyama 等[117] 描述了在二氧化钛存在下 BPA 的光氧化降解过程中，会形成氢醌和其他中间体，然后它们能够氧化成有色的醌式结构。在第 4.3 节中对这些现象进行了详细的讨论。

只有少数例外，如 HALS（受阻胺光稳定剂）对 PVC 的稳定性无影响。原因是它会立即与游离盐酸反应而失去抗氧化性能（图 1.34）。如果图 1.34 中的 N—H 基团被一个 N—O—R 官能团取代，那么所得产品称为 NOR 化合物。它们在结构上和 TEMPO［(2,2,6,6-四甲基哌啶-1-基)氧自由基］氧化剂十分相似。NOR 和 TEMPO 一样，在软质聚氯乙烯中表现出抗氧化作用。NOR 产品相比较于具有强染色性的 TEMPO 产品来说，它的优点是本身是无色的。

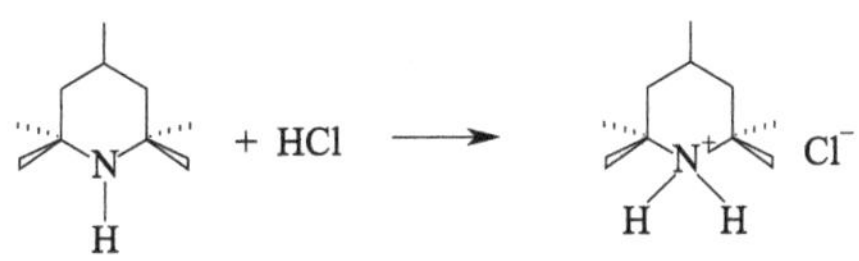

图 1.34 HALS 化合物与盐酸（HCl）反应

1.5.3 β-二酮及其衍生物

基于铅、锡或有机配方的稳定剂体系通常的特征是使产品具有良好的初期颜色。其他稳定剂体系可能因无法提供良好的初期颜色，而无法满足所有客户的需求。因此人们将能够改进颜色性能的助稳定剂添加到了 PVC 的稳定剂体系中。在这一小节中将介绍含有二酮结构的有机化合物。

如果两个 C═O（羰基）基团彼此相邻，则该化合物被称为 α-二酮或 1,2-二酮。如果一个 CH_2（亚甲基）基团在两个 C═O 基团之间，那么形成的化合物称为 β-二酮或 1,3-二酮。如果两个亚甲基基团在两个羰基之间，那么形成的化合物称为 γ-二酮或 1,4-二酮。在 PVC 加工中只有添加了 β-二酮作为助稳定剂的产品在技术上取得了重要的突破性。

二酮结构可以在两种不同形式之间平衡存在，即通常所说的互变异构体（图 1.35）。选择哪一种结构形式则取决于整个体系状态，这对于下面的讨论是不重要的。但是值得注意的是，氢是可以结合到碳原子或者氧原子上的。由于这个原因，该化合物被认为具有一定的酸性。而最简单的β-二酮——乙酰丙酮的酸度可以与乙酸相提并论。

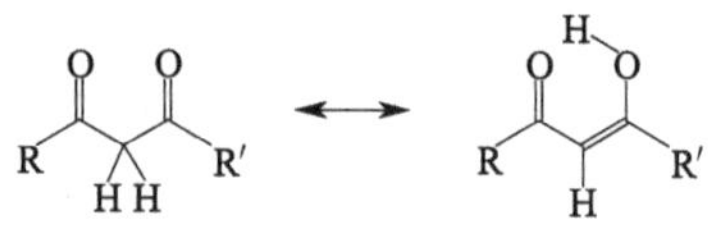

图 1.35　β-二酮的互变异构平衡

在本小节中，我们讨论β-二酮、β-酮碳酸、丙二酸衍生物和“P24D”化合物。将图 1.35 中一个氧原子用一个 N—H 基团取代，那么就会得到含氮的β-二酮。这一点我们已经在第 1.4.2 小节中讨论过。

Minsker 等[118] 和 Michel 等[119] 在β-二酮起稳定作用的基础上已经研究了 1,3-二羰基化合物的稳定功能。他们发现β-二酮可以替代 PVC 链中的活性氯原子（图 1.36）。

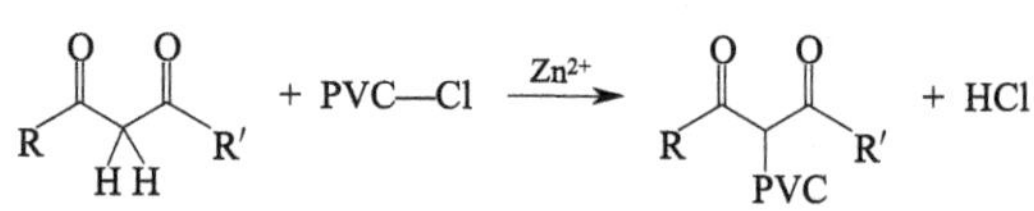

图 1.36　在锌盐的条件下，PVC 中的活性氯原子被β-二酮取代

但是，β-二酮和无金属稳定剂在稳定功能上有一个根本性的区别：β-二酮与 PVC 链反应需要金属催化剂，而无金属稳定剂则不需要。正因为如此，在无锌或无镉的配方中β-二酮很少或几乎不起稳定作用。β-二酮的进一步稳定功能是通过形成配合物来抑制金属离子。这些反应通常被称为“配位”（图 1.37）。

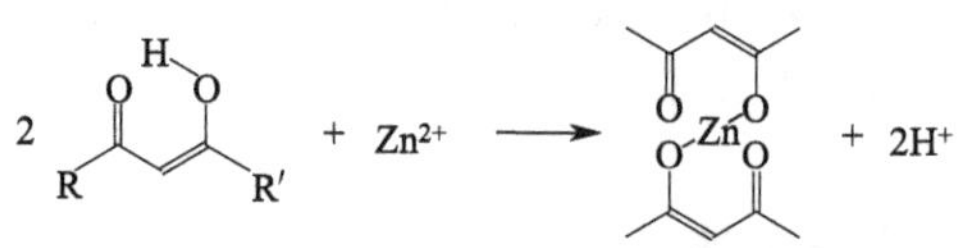

图 1.37　锌原子的β-二酮配位

在钙/锌稳定剂体系中氯化锌可被配位从而抑制其不稳定性。根据氯化锌剂量加入适量 1,3-二羰基化合物，可以使产品具有更好的初期颜色和更好的颜色保持性，也可以观察到较好的长期热稳定性。

典型的 1,3-二羰基化合物如下。

① β-二酮（图 1.38）；

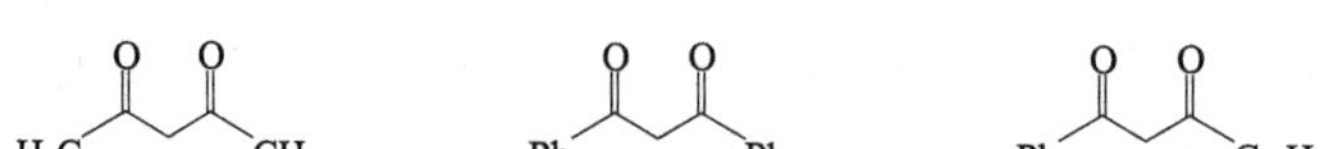

乙酰丙酮(acac)　二苯甲酰甲烷(DBM)　硬脂酰苯甲酰甲烷(StBM, SBM)

图 1.38　β-二酮

② β-酮酯，如脱氢乙酸（DHA）、乙酰乙酸酯[120-121]（图 1.39）；

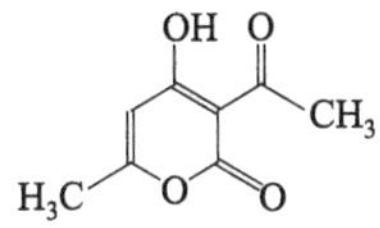

脱氢乙酸

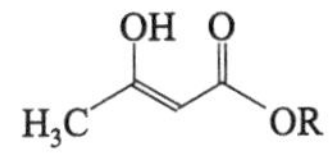

乙酰乙酸酯

图 1.39　β-酮酯

③ 丙二酸及其衍生物（图 1.40）；

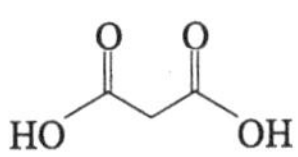

丙二酸

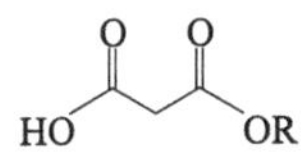

丙二酸单酯

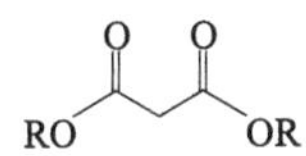

丙二酸酯

图 1.40　丙二酸及其衍生物

④ *N*-苯基-3-乙酰基吡咯烷-2,4-二酮（P24D）[122]（图 1.41）。

实际试验结合理论计算得出的结论是：在给定浓度下，乙酰丙酮应该是最有效和最经济的 β-二酮[64]。由于其沸点为 138℃，在 PVC 加工过程中，乙酰丙酮的极高挥发性对于任何实际应用都是一个禁忌。一个 PVC 加工者使用乙酰丙酮不会看到 PVC 有任何颜色或热稳定性的改善，因为所有的乙酰丙酮都已经在挤出机的排气区挥发“逃逸”了。一种减小挥发性的方法是改变图 1.35 所示结构中的 R 和 R′ 取代基。相应的化学修饰和随后的应用试验表明，就稳定性和稳定效率而言，β-二酮类是优于其他 1,3-二羰基化合物的。而“P24D”是唯一的例外。

另一种减小挥发性的方法是生成乙酰丙酮金属盐。如先前所解释，在理论上这种金属盐可以看成是一种酸。在理论上，几乎可以用任意金属来制备这类盐。在这一点上，我们当然把重点放在对 PVC 的稳定性具有最大商业意义的化合物上，如乙酰丙酮钙、乙酰丙酮镁和乙酰丙酮锌。它们的总体结构示于图 1.42。

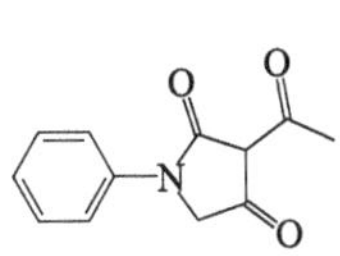

图 1.41　P24D

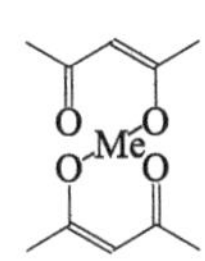

图 1.42　金属（Me）-乙酰丙酮化合物的化学结构

乙酰丙酮金属盐的理论组成汇总于表 1.9。下面将定性给出三种乙酰丙酮金属盐的同浓度测试结果[64]：

① 乙酰丙酮钙既有利于提高产品的长期稳定性又有利于产品的初期颜色和颜色保持。原理大致是 β-二酮和钙皂的内部协同作用。

② 乙酰丙酮锌能够比乙酰丙酮钙催生出更好的初期颜色，但是产品的长期稳

定性降低。

③ 乙酰丙酮镁行为类似于乙酰丙酮钙，但对热稳定性的影响不明显，而对产品初期颜色改善的效果较好。乙酰丙酮镁类似于乙酰丙酮钙，可以看作是镁皂和β-二酮的内部协同作用。

表 1.9 金属（Ⅱ)-乙酰丙酮的分子量和理论组成物质

材料	分子量	金属含量/%	乙酰丙酮含量/%
乙酰丙酮钙	238.0	16.8	83.3
乙酰丙酮镁	222.0	10.9	89.3
乙酰丙酮锌	263.4	24.8	75.2

三种乙酰丙酮盐在温度高于 100℃时开始分解（不同程度），并且释放可以被视为酸的乙酰丙酮。在大多数情况下，这不会造成任何问题，钙/锌稳定剂体系中的乙酰丙酮钙，在门窗型材挤出成型中超过 20 年的应用已经证明了这一点。如果排气和校准装置的真空管路没有分开，或者水管不是用优质不锈钢制成的，那么将可能会出现问题。在这些情况下，乙酰丙酮会释放到冷却水中并且和铁反应形成乙酰丙酮铁。这些化合物具有明显偏红的颜色，并且可能会使冷却水染色，在闭路冷却系统中这种现象尤其明显。

最后，应该指出的是，很纯的 SBM 在德国等大多数欧洲国家以及美国、加拿大、日本和澳大利亚等国被允许应用在与食品接触的材料中[123]。由于迅速变化的监管环境，它被高度建议在做出任何商业决定前，应该依据最新的监管要求进行检查。

1.5.4 环氧化合物

环氧化合物是最常用的辅助稳定剂。其主要结构为两个碳原子和一个氧原子组成的三元环。在 PVC 加工过程中，环氧化物同时起到了两个作用[124-126]。首先，它们能够结合任何的游离盐酸（图 1.43），另外，借助活性锌离子或镉离子催化剂，它们能够替代 PVC 分子链上不稳定的氯原子（图 1.44）。

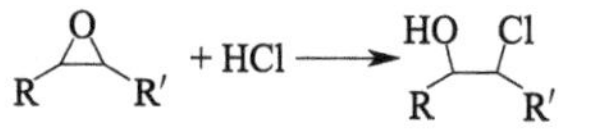

图 1.43 环氧化物与游离盐酸（HCl）的反应式

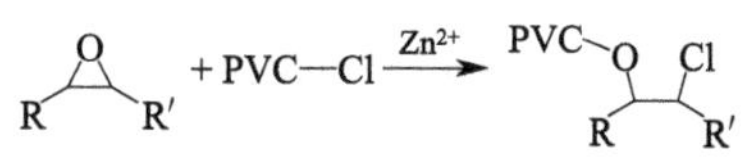

图 1.44 锌盐催化下环氧化物与 PVC 的反应式

工业上 PVC 加工最常用的环氧化物是环氧大豆油，简称 ESO 或 ESBO。另外，还有环氧菜籽油、葵花籽油、蓖麻油和亚麻籽油，它们的结构、生产方法和作用都是非常相似的。从植物油中提取的环氧油酸、亚油酸和亚麻酸酯类也被用于 PVC 加工中。这些化合物都能够用图 1.45 所示结构式表示。

上述提到的环氧化物除了作为辅助稳定剂外，还可作为辅助增塑剂。如果在 PVC 加工中使用了这些环氧植物油或其衍生物，将减少主增塑剂的用量。但是，大量使用可能导致渗出和析出现象。

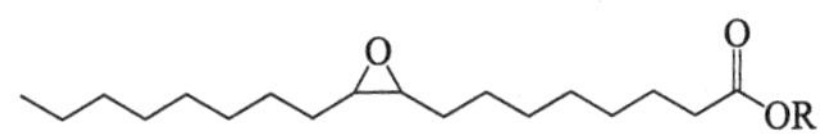

图 1.45 环氧脂肪酸酯类的结构式

上述辅助增塑剂能在加工过程中降低熔体黏度使最终制品具有更好的低温柔性。由于环氧甘油三酯（植物油）的分子量较高，所以要比环氧单酯类的稳定剂更加稳定、更难提取。

相比于单独使用氯化石蜡，环氧化物与氯化石蜡复配作为辅助增塑剂加入配方中具有更优异的热稳定性。

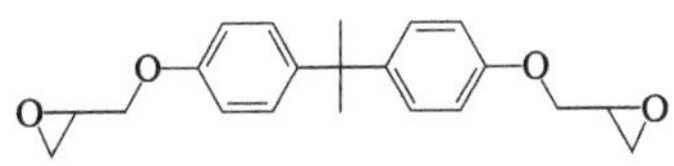

图 1.46 双酚 A 型缩水甘油醚

其他的环氧化合物是环氧氯丙烷与多元醇、THEIC 或酚类反应得到的，它们被称为缩水甘油醚。双酚 A 型缩水甘油醚（图 1.46）作为合成环氧树脂的单体具有一定的重要性。它们在 PVC 稳定性中也具有重要的作用[127]。只需要少量的锌皂，就能得到非常好的热稳定性。与高氯酸盐复配，还能获得优异的着色性能。虽然双酚 A 型缩水甘油醚使用在固体 PVC 产品中会出现加工问题，但是它们非常适合于作为液体稳定剂用于增塑溶胶。

所谓的 EZ（环氧锌）稳定剂由于其低气味、非常低的雾化倾向性和优异的色彩保持性，主要应用在高附加值的人造革和汽车制造中（如防震垫）[128-130]。

1.5.5 有机亚磷酸酯

在 1.5.2 小节中已经提到过有机亚磷酸酯能与抗氧剂产生协同效应。它们能够分解氢过氧化物[131]，也能形成一类重要的 PVC 共稳定剂。有机亚磷酸酯能够与铅类、钡-镉盐、钡-锌盐、钙-锌盐稳定剂共用，也能用于有机体系。亚磷酸酯作为稳定剂的作用方式仍有争议[131-133]。一方面，我们假设亚磷酸酯能与游离 HCl 发生反应。这个在改善 PVC 长效热稳定性方面是显而易见的。

$$HCl+P(OR)_3 \longrightarrow HPO(OR)_2+RCl$$

另一方面，亚磷酸酯能与双键发生反应从而改善 PVC 的初期颜色已经得到了验证（图 1.47）。

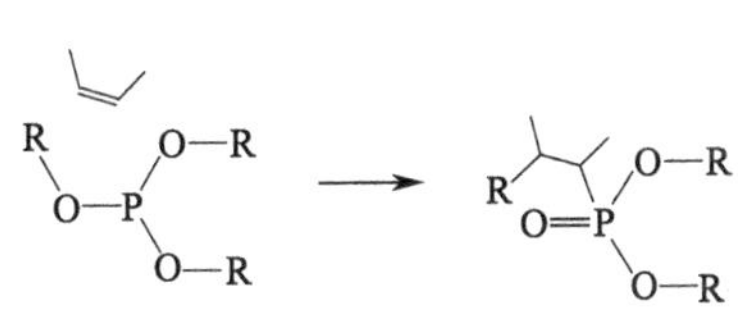

图 1.47 PVC 中的双键与有机亚磷酸酯的反应式

有机亚磷酸酯取代 PVC 分子链上不稳定氯原子的能力能够解释其对 PVC 颜色保持的作用。

$$PVC—Cl+P(OR)_3 \longrightarrow PVC—PO(OR)_2+RCl$$

可以用有机亚磷酸酯与锌离子或镉离子的配位作用来解释混合金属稳定剂存在下的高效稳定性。

$$Me^{2+}+yP(OR)_3 \longrightarrow [Me(P(OR)_3)_y]^{2+}$$

除了之前提到的改善热稳定性，亚磷酸酯也常常能改善光稳定性和得到高透明度的产品。氢过氧化物的分解能够解释光稳定性的提高。

$$R—O—O—H+P(OR)_3 \longrightarrow O{=}P(OR)_3+R—OH$$

图 1.48 列出了一些典型亚磷酸酯的通用结构式，这些都是液态的亚磷酸酯。当使用这些亚磷酸酯时要确保配方中没有苯酚，以防止气味和健康问题（苯酚过敏）。液态有机亚磷酸酯的优点是价格低。但是在硬质 PVC 应用中亚磷酸酯会影响其软化点，并且在高添加量下可能发生析出现象。含有两个磷原子的固态二亚磷酸酯（图 1.49）并没有以上缺点，但是价格明显更高。

另外，需要指出的是有机亚磷酸酯还能与水汽发生反应并分解（图 1.50）。最后，分解为磷酸和相应的脂肪醇或酚类。

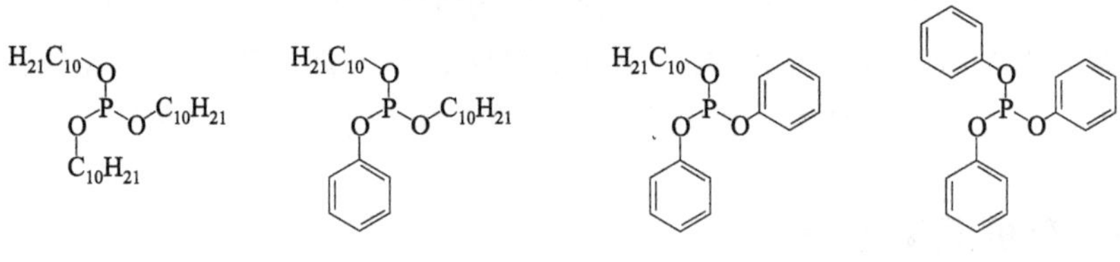

三烷基亚磷酸酯　二烷基芳基亚磷酸酯　单烷基二芳基亚磷酸酯　三芳基亚磷酸酯

图 1.48　典型亚磷酸酯的结构式

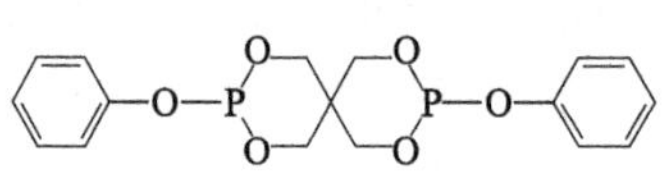

图 1.49　固态二亚磷酸酯的结构式

$$P(OR)_3+H_2O \longrightarrow HOP(OR)_2+ROH$$
$$HOP(OR)_2+H_2O \longrightarrow (HO)_2P(OR)+ROH$$
$$(HO)_2P(OR)+H_2O \longrightarrow (HO)_3P+ROH$$

图 1.50　有机亚磷酸酯的水解反应

皂化反应受到亚磷酸酯的纯度、时间、温度、湿度、碱性或酸性组分、亚磷酸酯的包装等不同因素的影响，并且在 PVC 制品中还会继续发生。如果是亚磷酸三(壬基苯基）酯（TNPP，以及任何其它含壬基酚基团的亚磷酸酯）发生皂化反应，其反应产物将会是磷酸和壬基酚。目前，壬基酚已经列入了欧洲化学品管理局的“高关注度物质候选清单”中[134]。

1.5.6 多元醇

多元醇（图 1.51）作为 PVC 的辅助稳定剂已经使用了很长时间。典型的多元醇有季戊四醇及其二聚体和三聚体、2,2-二（羟甲基）丁醇（又称三羟甲基丙烷，TMP）及其二聚体，以及羟基官能团位置不同的山梨醇和甘露醇。表 1.10 总结了上述多元醇作为 PVC 稳定剂的优缺点。所有的多元醇都不同程度提高了 PVC 的吸水性。这些多元醇除了具有商业价值外，还能通过与二元酸反应来降低其挥发性和熔点。以此方式，双季戊四醇与己二酸反应，降低了其挥发性，并且其在 PVC 加工温度 190℃下能够熔融[135]。但是，双季戊四醇己二酸酯的价格要明显高于双季戊四醇。

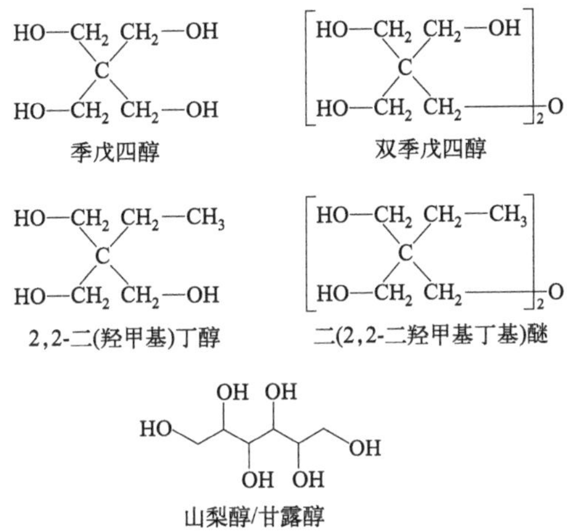

图 1.51 典型多元醇的结构式

表 1.10 不同多元醇的结构、分子量、熔点和优缺点

名称	分子量	熔点/℃	优点	缺点
季戊四醇	136	263～265	价格便宜、长效热稳定性好	升华，析出，颜色保持性一般，加工中不熔化
双季戊四醇	254	221～224	升华远低于季戊四醇，长效热稳定性好	价格比季戊四醇高，颜色保持性差，加工中不熔化
2,2-二(羟甲基)丁醇	129	56～58	价格便宜、颜色保持性好	升华/挥发，析出，长效热稳定性差
二(2,2-二羟甲基丁基)醚	240	108～110	升华远低于 TMP，颜色保持性好	价格比 TMP 高，长效热稳定性差
山梨醇	182	95～98	价格便宜	变焦糖，褪色
甘露醇	182	163～168	价格便宜	变焦糖，褪色
THEIC	261	133～138	颜色保持性好、长效热稳定性好	与沸石产生协同作用

另外，还可使多元醇与含锌化合物如氧化锌反应，合成新配合物[136]。季戊四醇-氧化锌配合物的析出性明显要比两者的简单混合低。而且当多元醇与含镉或含锌稳定剂复配时，其热稳定性能明显提高。从图 1.52（a）中发现，当月桂酸锌含量保持不变时，长效热稳定性随着双季戊四醇含量的增大而提高；当双季戊四醇含量保持不变时，长效热稳定性随着月桂酸锌含量的增大而降低。从图 1.52（b）中发现，双季戊四醇含量的增大对 PVC 初期颜色影响不大，倒是月桂酸锌含量的增大使其黄色指数具有明显的提高；另外，PVC 颜色保持性能表现出与黄色指数相似的规律。其原因是在 PVC 加工过程中产生的氯化锌或氯化镉被拦截[137-139]。

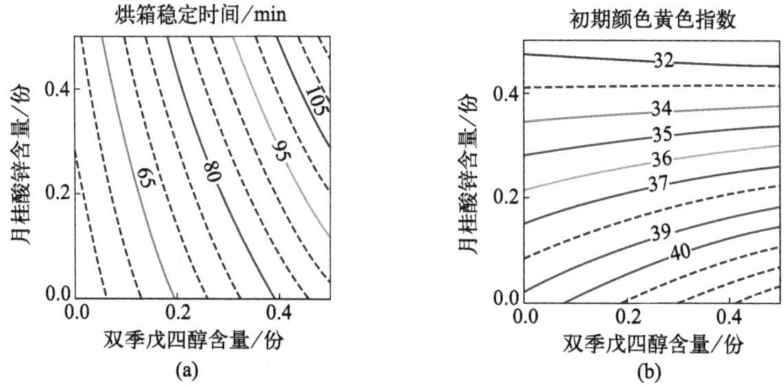

图 1.52　氧化锌和双季戊四醇含量对 PVC 长效热稳定性（热烘箱试验）和初期颜色的影响

100 份 PVC（$K=68$）、2 份白垩、0.7 份润滑剂、0.1 份双酚 A、

0.25 份季戊四醇、0.3 份硬脂酸钙、0.5 份硬脂酸锌

为了使这些多元醇能够在 180℃（PVC 加工温度）下熔化从而避免研磨，制备了多元醇的低共熔混合物。两种或三种组分混合后的熔点都要明显低于单个组分的熔点（低共熔混合物）。但是只有很少的低共熔混合物熔点能够达到加工的要求。在早期的钙/锌配方中，季戊四醇和 TMP 的低共熔混合物熔点低至约 165℃，不仅在市场上可以买到而且已经成功应用于钙/锌管材配方中，但是依旧存在单组分析出的问题。

严格地说，THEIC 算不上多元醇，但是因为它含有三个羟基官能团，所以常常被当作多元醇用作 PVC 稳定剂。关于它的稳定机理已经在 1.4.1 小节中讨论过了。

1.5.7　高氯酸盐

轻金属高氯酸盐与钡/锌盐、钙/锌盐、锡类稳定剂复配作为协同稳定剂已经有所应用。吸附在硅酸钙或碳酸钙上面的高氯酸钠[140]具有重要的作用，就像含高氯酸盐的水滑石[107]和高氯酸盐处理过的沸石所具有的作用一样[141]。在管材、注射成型、专用型材等应用中，高氯酸盐表现出了优异的性能，尤其是与有机稳定剂复配使用的时候。高氯酸盐在彩色压延膜、汽车应用中也具有优异的表现。另外，在 PVC 老化或者与聚氨酯接触过程中凭借高氯酸盐的含量调节和整体配方设计，可以提高 PVC 的颜色保持性能。关于高氯酸盐与三乙醇胺的反应关注度非常高，我们也已经在 1.4.1 小节中讨论过了。

1.6 指导配方

1.6.1 饮用水和食品级 PVC 制品用助剂

在欧洲，只有相关认证清单（准许进口清单）上明令列出的助剂才能在食品和饮用水级 PVC 制品中使用。尽管稳定剂-润滑剂配方中的任一组分都在清单中，但是最终的 PVC 制品仍需要经过单独的认证检测。类似的规定同样适用于 PVC 医用制品，而且规定所能使用的助剂种类更少、检测更加烦琐。

在欧盟，关于饮用水级 PVC 用助剂准许进口清单的创建正在筹备当中。目前，各国的法规仍然适用。

全世界不同国家关于食品饮用水级和医用 PVC 制品的法律法规都不尽相同。因此建议 PVC 制造商与原料供应商沟通关于上述制品的认证问题。

1.6.2 PVC 制品配方

本小节中介绍了大量 PVC 制品的指导配方。PVC 制品的整体性能并不是由稳定剂单独决定的。另外，PVC 树脂的选择会对加工性、生产工艺、力学性能、维卡软化点和透明度产生影响。增塑剂和其它液体助剂或低熔点的组分（远小于 100℃）会影响 PVC 制品的硬度（更确切地说是维卡软化点）、雾化性能、阻燃性、热稳定性和光稳定性。填料不仅会影响制品的光泽度、透明度、热稳定性和光稳定性，而且还会影响 PVC 的整体加工。颜料会影响制品的色彩、析出、光稳定性和热稳定性。紫外吸收剂会影响制品的光稳定性和析出。内润滑剂和外润滑剂会影响凝胶化、金属表面附着力、熔体流动性、光泽度、透明度和析出。流动改性剂会影响常规的加工特性、熔体黏度、凝胶化和最终制品的表面。抗冲改性剂会影响制品的力学性能、透明度、光稳定性和常规的加工特性。稳定剂的选择除了主要影响制品的热稳定性，还会影响其加工性能、透明度、析出和光稳定性。

指导配方只是一个粗略的参考，并不包括所有必需的组分。它们既不能成为测试产品的制备配方也不能成为某个特定应用的标准配方[78]。下面配方中提到的 PVC 都是一般的悬浮法 PVC（S-PVC），除非另有说明。

1.6.2.1 PVC 管材的指导配方

（1）无抗冲改性剂的 PVC 压力管的指导配方

这类管材又被称为未改性 PVC 管材（有时也叫 U-PVC 管材，有时会与不含增塑剂的 PVC 混淆)。如果配方中不含铅类或锡类稳定剂，这类管材中填料含量可加到 4 份。

组分	份数
PVC(*K* 值 65～80)	100.0
碳酸钙	0～2.0
有机稳定剂-润滑剂“一包化”助剂	2.0～3.0
(或)钙-锌稳定剂-润滑剂“一包化”助剂	2.0～3.0
(或)铅盐稳定剂-润滑剂“一包化”助剂	1.8～2.5
(或)硫醇甲基锡或硫醇辛基锡	0.3～0.5
硬脂酸钙	0.4～1.0
石蜡	0.6～1.0
聚乙烯蜡	0～0.6
氧化聚乙烯蜡	0.1～0.2

(2) 含抗冲改性剂的 PVC 压力管的指导配方

这类管材也被称为改性 PVC 管材或者 M-PVC 管材。

组分	份数
PVC(*K* 值 65～80)	100.0
碳酸钙	0～4.0
抗冲改性剂(丙烯酸类或 CPE)	4.0～8.0
有机稳定剂-润滑剂“一包化”助剂	2.5～4.0
(或)钙-锌稳定剂-润滑剂“一包化”助剂	3.0～4.0
(或)铅盐稳定剂-润滑剂“一包化”助剂	2.0～3.2

(3) 双向拉伸压力管的指导配方

这类管材又被称为取向 PVC 管材或者 O-PVC 管材。

组分	份数
PVC(*K* 值 65～80)	100.0
碳酸钙	0～4.0
有机稳定剂-润滑剂“一包化”助剂	2.5～3.5
(或)钙-锌稳定剂-润滑剂“一包化”助剂	2.5～3.5
(或)铅盐稳定剂-润滑剂“一包化”助剂	1.8～2.5

(4) 紧凑型污水管的指导配方

组分	份数
PVC(*K* 值 65～80)	100.0
碳酸钙	10.0～30.0
有机稳定剂-润滑剂“一包化”助剂	1.8～2.8
(或)钙-锌稳定剂-润滑剂“一包化”助剂	2.0～3.5
(或)铅盐稳定剂-润滑剂“一包化”助剂	2.0～3.0
(或)硫醇甲基锡或硫醇辛基锡	0.3～0.5
硬脂酸钙	0.4～1.0

续表

组分	份数
石蜡	0.6～1.0
聚乙烯蜡	0～0.6
氧化聚乙烯蜡	0.1～0.2

(5) 芯层发泡管的指导配方

① 发泡层配方

组分	份数
PVC(*K* 值 57～60)	100.0
发泡助剂(丙烯酸类)	1.0～3.0
发泡剂	0.2～0.6
碳酸钙	5.0～20.0
有机稳定剂-润滑剂“一包化”助剂	2.7～3.7
(或)钙-锌稳定剂-润滑剂“一包化”助剂	3.5～5.0
(或)铅盐稳定剂-润滑剂“一包化”助剂	2.0～2.8

② 内外表皮层配方

组分	份数
PVC(*K* 值 65～68)	100.0
碳酸钙	5.0～20.0
有机稳定剂-润滑剂“一包化”助剂	2.7～3.7
(或)钙-锌稳定剂-润滑剂“一包化”助剂	3.5～5.0
(或)铅盐稳定剂-润滑剂“一包化”助剂	2.5～3.5

(6) PVC 排水管的指导配方

组分	份数
PVC(*K* 值 65～68)	100.0
流动改性剂(丙烯酸类)	0～2.0
碳酸钙	5.0～15.0
抗冲改性剂(丙烯酸类或 CPE)	0～5.0
有机稳定剂-润滑剂“一包化”助剂	2.5～3.5
(或)钙-锌稳定剂-润滑剂“一包化”助剂	2.2～3.2
(或)铅盐稳定剂-润滑剂“一包化”助剂	2.0～3.0

(7) PVC 电气管道的指导配方

组分	份数
PVC(*K* 值 65～68)	100.0
流动改性剂(丙烯酸类)	0～2.0
碳酸钙	0～10.0
抗冲改性剂(丙烯酸类或 CPE)	0～8.0
有机稳定剂-润滑剂“一包化”助剂	2.5～3.5
(或)钙-锌稳定剂-润滑剂“一包化”助剂	2.5～3.5
(或)铅盐稳定剂-润滑剂“一包化”助剂	2.0～3.0

(8) 排水沟和排水沟方管的指导配方

组分	份数
PVC(*K* 值 65～68)	100.0
抗冲改性剂(丙烯酸类或 CPE)	0～5.0
碳酸钙	5.0～15.0
有机稳定剂-润滑剂“一包化”助剂	2.7～3.7
(或)钙-锌稳定剂-润滑剂“一包化”助剂	2.7～4.2
(或)铅盐稳定剂-润滑剂“一包化”助剂	4.0～5.0

(9) PVC 配件的指导配方

组分	份数
PVC(*K* 值 57～59)	100.0
碳酸钙	0～2.0
铅盐稳定剂-润滑剂“一包化”助剂	4.0～5.0
(或)钙-锌稳定剂-润滑剂“一包化”助剂	4.5～5.5
(或)有机稳定剂-润滑剂“一包化”助剂	4.5～5.5
(或)硫醇甲基锡或硫醇辛基锡	1.0～1.5
硬脂酸钙	0.3～0.5
流动改性剂(丙烯酸类)	0.5～1.0
硬脂酸异丁酯	0.8～1.0
润滑剂 Loxiol G 13	0.3～0.5

1.6.2.2 PVC 型材的指导配方

(1) PVC 白色窗框型材的指导配方 1

组分	份数
PVC(*K* 值 64～68)	100.0
抗冲改性剂(丙烯酸类或 CPE)	5.0～8.0
钛白粉(金红石型)	3.0～10.0
碳酸钙	4.0～10.0
钙-锌稳定剂-润滑剂“一包化”助剂	3.5～5.0
(或)铅盐稳定剂-润滑剂“一包化”助剂	4.5～6.0

(2) PVC 白色窗框型材的指导配方 2

组分	份数
PVC(*K* 值 64～68)	100.0
抗冲改性剂(丙烯酸类或 CPE)	5.0～8.0
钛白粉(金红石型)	4.0～12.0
碳酸钙	0～4.0
硫醇辛基锡或马来酸辛基锡稳定剂	1.5～3.0
硬脂酸钙	0.3～1.2
石蜡	0.8～1.2
聚乙烯蜡	0～0.2
氧化聚乙烯蜡	0～0.4

(3) PVC共挤出白色窗框型材的指导配方

① 外层

组分	份数
PVC(*K* 值 64～68)	100.0
抗冲改性剂[丙烯酸类或氯化聚乙烯(CPE)]	5.0～8.0
钛白粉(金红石型)	3.0～10.0
碳酸钙	3.0～8.0
钙-锌稳定剂-润滑剂“一包化”助剂	3.0～5.0
(或)铅盐稳定剂-润滑剂“一包化”助剂	4.0～6.0

② 芯层

组分	份数
PVC(*K* 值 64～68)	100.0
抗冲改性剂(丙烯酸类或 CPE)	5.0～8.0
钛白粉(金红石型)	2.0～6.0
碳酸钙	10.0～25.0
钙-锌稳定剂-润滑剂“一包化”助剂	3.5～5.5
(或)铅盐稳定剂-润滑剂“一包化”助剂	4.0～6.0
PVC 回料或者 PVC 回料和纯料的混合物	100.0

(4) 非白色窗框型材的指导配方

组分	份数
PVC(*K* 值 64～68)	100.0
抗冲改性剂(丙烯酸类或 CPE)	5.0～8.0
钛白粉(金红石型)	3.0～10.0
颜料	x,y
碳酸钙	8.0～15.0
钙-锌稳定剂-润滑剂“一包化”助剂	3.5～5.0
(或)铅盐稳定剂-润滑剂“一包化”助剂	4.0～6.0

(5) PVC窗台板型材的指导配方

组分	份数
PVC(*K* 值 60～68)	100.0
抗冲改性剂(丙烯酸类或 CPE)	5.0～8.0
颜料	x,y
碳酸钙	25.0～60.0
钙-锌稳定剂-润滑剂“一包化”助剂	3.5～6.0
(或)铅盐稳定剂-润滑剂“一包化”助剂	4.0～6.0

(6) PVC卷帘窗框型材的指导配方

组分	份数
PVC(*K* 值 64～68)	100.0
抗冲改性剂(丙烯酸类或 CPE)	0～7.0
钛白粉(金红石型)	0～6.0

续表

组分	份数
碳酸钙	6.0～50.0
钙-锌稳定剂-润滑剂“一包化”助剂	4.0～5.0
(或)铅盐稳定剂-润滑剂“一包化”助剂	4.5～5.5

(7) 户外透明型材的指导配方

组分	份数
PVC(*K* 值 57～60)	100.0
抗冲改性剂[丙烯酸类或甲基丙烯酸甲酯-丁二烯-苯乙烯三元共聚物(MBS)]	4.0～12.0
钙-锌稳定剂-润滑剂“一包化”助剂	3.0～5.0
(或)硫醇辛基锡或马来酸辛基锡稳定剂	1.0～1.5
流动改性剂(丙烯酸类)	0.5～2.0
外润滑剂	0.2～1.0
内润滑剂	0.3～0.6

(8) PVC 木塑复合材料的指导配方

组分	份数
PVC(*K* 值 55～60)	100.0
木粉	38.0～350.0
有机稳定剂-润滑剂“一包化”助剂	8.0～12.0
(或)钙-锌稳定剂-润滑剂“一包化”助剂	8.0～12.0
(或)铅盐稳定剂-润滑剂“一包化”助剂	8.0～12.0

1.6.2.3 PVC 板材的指导配方

(1) 彩色紧凑型板材的指导配方

组分	份数
PVC(*K* 值 57～60)	100.0
流动改性剂(丙烯酸类)	1.0～2.0
抗冲改性剂(丙烯酸类)	4.0～6.0
碳酸钙	3.0～8.0
钛白粉(金红石型)	1.0～5.0
颜料	x, y
硫醇辛基锡稳定剂	1.0～2.0
环氧化大豆油	1.0～2.0
内润滑剂	0.5～1.5
外润滑剂	0.5～1.0

(2) PVC 自由发泡板的指导配方

组分	份数
PVC(*K* 值 57～64)	100.0
流动改性剂(丙烯酸类、高分子量)	6.0～12.0
抗冲改性剂	0～6.0
碳酸钙	2.0～6.0

续表

组分	份数
钛白粉(金红石型)	0～4.0
环氧化大豆油	0～3.0
“一包化”发泡剂	1.0～2.5
有机稳定剂-润滑剂“一包化”助剂	3.0～8.0
(或)钙-锌稳定剂-润滑剂“一包化”助剂	3.0～8.0
(或)铅盐稳定剂-润滑剂“一包化”助剂	4.0～7.0

(3) 结皮发泡板的指导配方

组分	份数
PVC(*K* 值 57～64)	100.0
流动改性剂(丙烯酸类、高分子量)	6.0～12.0
抗冲改性剂	0～6.0
碳酸钙	2.0～6.0
钛白粉(金红石型)	0～4.0
环氧化大豆油	0～3.0
“一包化”发泡剂	1.0～2.5
有机稳定剂-润滑剂“一包化”助剂	3.0～8.0
(或)钙-锌稳定剂-润滑剂“一包化”助剂	3.0～8.0
(或)铅盐稳定剂-润滑剂“一包化”助剂	4.0～7.0

(4) PVC 共挤发泡板的指导配方

① 发泡内层

组分	份数
PVC(*K* 值 57～64)	100.0
流动改性剂(丙烯酸类、高分子量)	6.0～12.0
抗冲改性剂	0～6.0
滑石粉	3.0～8.0
钛白粉(金红石型)	0～4.0
环氧化大豆油	0～3.0
“一包化”发泡剂	1.0～2.5
有机稳定剂-润滑剂“一包化”助剂	3.0～5.0
(或)钙-锌稳定剂-润滑剂“一包化”助剂	3.0～5.0
(或)铅盐稳定剂-润滑剂“一包化”助剂	4.0～7.0
(或)硫醇辛基锡或马来酸辛基锡稳定剂	1.0～2.0
硬脂酸钙	0.4～0.6
外润滑剂	0.5～1.0
内润滑剂	0.5～1.5

② 紧凑型的外层

组分	份数
PVC(*K* 值 57～68)	100.0
流动改性剂(丙烯酸类)	0～3.0

续表

组分	份数
抗冲改性剂	4.0～8.0
碳酸钙	0～8.0
钛白粉(金红石型)	2.0～6.0
有机稳定剂-润滑剂“一包化”助剂	3.0～6.0
(或)钙-锌稳定剂-润滑剂“一包化”助剂	3.0～6.0
(或)铅盐稳定剂-润滑剂“一包化”助剂	4.0～7.0
(或)硫醇辛基锡或马来酸辛基锡稳定剂	1.0～1.5
硬脂酸钙	1.3～1.8
外润滑剂	0.8～1.4
内润滑剂	0.1～0.3

(5) PVC透明片的指导配方

组分	份数
PVC(*K* 值 57～65)	100.0
硫醇辛基锡稳定剂	2.0～2.5
脂肪醇	0.5～0.8
脂肪酸酯润滑剂	0.5～0.8
部分氧化的 PE 蜡	0.1～0.2

(6) PVC户外透明片的指导配方

组分	份数
PVC(*K* 值 57～65)	100.0
马来酸辛基锡稳定剂	2.0～3.0
抗冲改性剂(丙烯酸类)	4.0～6.0
脂肪醇	0.4～0.8
脂肪酸酯润滑剂	0.5～1.0
部分氧化的 PE 蜡	0.1～0.2
紫外线吸收剂(苯并三唑型)	0.3～0.5

1.6.2.4 硬质PVC膜的指导配方

(1) PVC压延膜的指导配方

组分	份数
PVC(*K* 值 57～60)	100.0
流动改性剂(丙烯酸类)	0.5～1.0
抗冲改性剂(MBS)	4.0～10.0
环氧化大豆油	1.0～4.0
复合酯类固体外润滑剂	0.2～0.6
颜料	x,y
钙-锌稳定剂-润滑剂“一包化”助剂	2.0～4.0
(或)硫醇辛基锡稳定剂	1.0～2.0
油酸甘油酯	0.5～1.0
硬脂酸钙	0.1～0.4

(2) 吹膜 PVC 的指导配方

组分	份数
PVC(*K* 值 57～64)	100.0
马来酸辛基锡稳定剂	2.5～3.0
流动改性剂(丙烯酸类)	1.0～2.0
抗冲改性剂	4.0～8.0
环氧化大豆油	1.0～2.0
羟基脂肪酸甘油酯	0.5～1.0
长链酯蜡	0.4～0.6
短链酯蜡	0.1～0.4
部分氧化的 PE 蜡	0.1～0.2

(3) 食品级透明收缩膜的指导配方

组分	份数
PVC	100.0
增塑剂	5.0～10.0
抗冲改性剂(丙烯酸类)	3.0～5.0
抗冲改性剂(CPE)	3.0～5.0
环氧化大豆油	2.0～5.0
硬脂酸丁酯	0.2～1.0
钙-锌稳定剂-润滑剂“一包化”助剂	2.0～4.0
(或)硫醇辛基锡稳定剂	1.5～3.0

(4) 食品级半透明收缩膜的指导配方

组分	份数
PVC	100.0
增塑剂	5.0～10.0
抗冲改性剂[丙烯腈-丁二烯-苯乙烯三元共聚物(ABS)]	3.0～5.0
抗冲改性剂(CPE)	3.0～5.0
环氧化大豆油	2.0～5.0
硬脂酸丁酯	0.2～1.0
钙-锌稳定剂-润滑剂“一包化”助剂	2.0～4.0
(或)硫醇辛基锡稳定剂	1.5～3.0

(5) PVC 包装膜的指导配方

组分	份数
PVC	100.0
增塑剂	15.0～25.0
抗冲改性剂(丙烯酸类)	3.0～5.0
抗冲改性剂[丁腈橡胶(NBR)]	5.0～10.0
抗冲改性剂(CPE)	2.0～5.0
环氧化大豆油	2.0～5.0
油酰胺	0.5～1.5
十八烷醇	0.5～1.5

续表

组分	份数
钙-锌稳定剂-润滑剂“一包化”助剂	2.0～4.0
(或)硫醇辛基锡稳定剂	1.5～3.0

1.6.2.5 PVC电缆的指导配方

(1) 电缆护套的指导配方

组分	份数
PVC(*K* 值 65～71)	100.0
未处理的碳酸钙	80.0～100.0
邻苯二甲酸酯类增塑剂	50.0～60.0
钙-锌稳定剂-润滑剂“一包化”助剂	2.5～5.0
(或)铅盐稳定剂-润滑剂“一包化”助剂	2.5～5.0

(2) 填隙式电缆填充材料的指导配方

组分	份数
PVC(*K* 值 70～71)	100.0
邻苯二甲酸酯类或己二酸酯类增塑剂	80.0～100.0
碳酸钙	200.0～400.0
环氧化大豆油	0～10.0
石蜡或 PE 蜡	0～6.0
酯蜡	0～6.0
钙-锌稳定剂-润滑剂“一包化”助剂	5.0～10.0
(或)铅盐稳定剂-润滑剂“一包化”助剂	3.0～7.0

(3) 家用 PVC 电缆的指导配方

组分	份数
PVC(*K* 值 65～71)	100.0
未处理的碳酸钙	40.0～70.0
邻苯二甲酸酯类增塑剂	50.0～60.0
钙-锌稳定剂-润滑剂“一包化”助剂	3.0～5.0
(或)铅盐稳定剂-润滑剂“一包化”助剂	3.0～5.0

(4) 汽车用 PVC 电缆的指导配方

组分	份数
PVC(*K* 值 70～80)	100.0
表面处理的碳酸钙	5.0～25.0
低挥发性的邻苯二甲酸酯类或偏苯三酸酯类增塑剂	35.0～50.0
钙-锌稳定剂-润滑剂“一包化”助剂	6.0～12.0
(或)铅盐稳定剂-润滑剂“一包化”助剂	6.0～12.0

(5) 阻燃 PVC 电缆的指导配方 1

组分	份数
PVC(*K* 值 70～71)	100.0
填料	10.0～20.0
磷酸酯类增塑剂	50.0～70.0
氢氧化铝	25.0～35.0
硼酸锌	4.0～8.0
环氧化大豆油	2.0～4.0
钙-锌或铅盐稳定剂-润滑剂“一包化”助剂	4.0～6.0

(6) 阻燃 PVC 电缆的指导配方 2

组分	份数
PVC(*K* 值 70～71)	100.0
填料	40.0～60.0
长链邻苯二甲酸酯类或非邻苯二甲酸酯类增塑剂	30.0～50.0
氯化石蜡	15.0～25.0
煅烧高岭土	8.0～15.0
三氧化二锑	4.0～6.0
环氧化大豆油	2.0～4.0
钙-锌或铅盐稳定剂-润滑剂“一包化”助剂	4.0～6.0

(7) 低温（－50℃，邵氏 A 硬度 65）电缆的指导配方[142]

组分	份数
PVC(*K* 值 70～71)	100.0
填料	15.0
邻苯二甲酸二异壬酯(DINP)或环己二酸二异壬酯(DINCH)	40.0
己二酸二辛酯(DOA)或己二酸二异壬酯(DINA)	20.0
氯化石蜡	20.0
环氧化大豆油	2.0～4.0
钙-锌或铅盐稳定剂-润滑剂“一包化”助剂	4.0～5.0

(8) 耐油、耐汽油 PVC 电缆的指导配方[142]

组分	份数
PVC(*K* 值 70)	100.0
丁腈橡胶	100.0
脂肪族聚酯类或聚合物型增塑剂	43.0
填料	20.0
氯化石蜡	20.0
环氧化大豆油	3.0
钙-锌或铅盐稳定剂-润滑剂“一包化”助剂	4.0～5.0

(9) NM-B（90℃）绝缘电缆的指导配方

组分	份数
PVC(*K* 值 70～71)	100.0

续表

组分	份数
煅烧黏土(电工级)	7.0～10.0
碳酸钙	5.0～15.0
TOTM(偏苯三酸三辛酯)或 TiNTM(偏苯三酸三壬酯)	15.0～25.0
十一、十二烷基邻苯二甲酸酯或更高分子量的增塑剂	15.0～25.0
润滑剂(石蜡或酯蜡)	0～0.5
钙-镁-铝-锌盐稳定剂	4.0～8.0

(10) NNM-B 电缆护套的指导配方

组分	份数
PVC(*K* 值 70～71)	100.0
碳酸钙	40.0～60.0
DIDP(邻苯二甲酸二异癸酯)增塑剂	50.0～60.0
环氧化大豆油	0～5.0
润滑剂(石蜡或酯蜡)	0～0.5
钙-锌稳定剂	4.0～5.0

(11) T-TM (60℃) 电缆的指导配方

组分	份数
PVC(*K* 值 70～71)	100.0
煅烧黏土(电工级)	5.0～15.0
碳酸钙	15.0～25.0
DIDP(邻苯二甲酸二异癸酯)增塑剂	40.0～50.0
润滑剂(石蜡或酯蜡)	0～1.0
钙-锌稳定剂	4.0～6.0

(12) THW-THWN (75℃) 电缆的指导配方

组分	份数
PVC(*K* 值 70～71)	100.0
煅烧黏土(电工级)	5.0～15.0
碳酸钙	15.0～25.0
DIDP(邻苯二甲酸二异癸酯)增塑剂	30.0～40.0
邻苯二甲酸二异癸酯/三异癸酯增塑剂	10.0～20.0
润滑剂(石蜡或酯蜡)	0～0.5
钙-锌稳定剂	4.0～7.0

(13) THH-THHN (90℃) 电缆的指导配方

组分	份数
PVC(*K* 值 70～71)	100.0
煅烧黏土(电工级)	10.0～20.0
碳酸钙	10.0～20.0
TOTM (偏苯三酸三辛酯)	30.0～40.0
邻苯二甲酸二异癸酯	15.0～25.0
润滑剂(石蜡或酯蜡)	0～0.5

续表

组分	份数
三氧化二锑	2.0～4.0
钙-锌稳定剂	6.0～12.0

(14) 注射成型的PVC电缆插头（其他软质品）的指导配方

组分	份数
PVC(*K* 值 60～65)	100.0
填料	0～15.0
邻苯二甲酸酯类增塑剂或DINCH	40.0～60.0
环氧化大豆油	0～5.0
钙-锌或铅盐稳定剂-润滑剂“一包化”助剂	4.0～6.0

1.6.2.6 软质PVC制品的指导配方

(1) 透明PVC软质品的指导配方

组分	份数
PVC(*K* 值 70～71)	100.0
邻苯二甲酸酯类增塑剂或DINCH	40.0～60.0
环氧化大豆油	0～5.0
钙-镁-铝-锌盐稳定剂	1.0～3.0

(2) 车用PVC涂布（低雾化）的指导配方

① 紧凑型

组分	份数
糊状PVC(*K* 值 73～75)	100.0
表面处理的碳酸钙	10.0～30.0
长链、低挥发性邻苯二甲酸酯类增塑剂	60.0～65.0
钡-锌稳定剂	2.5～3.5
(或)钙-锌稳定剂	3.0～3.5
(或)锡类稳定剂	1.5～2.0

② 发泡

组分	份数
糊状PVC(*K* 值 73～75)	100.0
表面处理的碳酸钙	10.0～25.0
邻苯二甲酸酯类增塑剂(DIDP)	60.0～65.0
糊状发泡剂	2.0～3.0
环氧化大豆油	0～1.0
钡-锌稳定剂	2.0～3.0
(或)钙-锌稳定剂	2.0～3.5

(3) CV地板涂层板指导配方

① 致密

组分	份数
糊状 PVC(*K* 值 65～70)	70.0～100.0
掺混型 PVC(*K* 值 65～70)	0～30.0
碳酸钙	0～20.0
邻苯二甲酸酯类增塑剂	40.0～60.0
环氧化大豆油	0～3.0
钡-锌稳定剂	2.0～2.5
(或)钙-锌稳定剂	2.0～3.0
(或)硫醇辛基锡稳定剂	0.5～1.0

② 发泡

组分	份数
糊状 PVC(*K* 值 65～70)	75.0～100.0
掺混型 PVC(*K* 值 65～70)	0～25.0
糊状发泡剂	2.0～5.0
邻苯二甲酸酯类增塑剂	40.0～60.0
钾-锌稳定剂	2.0～3.0

③ 外涂层

组分	份数
糊状 PVC(*K* 值 70～80)	70.0～100.0
掺混型 PVC(*K* 值 65～70)	0～30.0
邻苯二甲酸酯类增塑剂	30.0～35.0
辅助增塑剂[邻苯二甲酸丁基苄酯(BBP)]	10.0～15.0
环氧化大豆油	0～3.0
紫外线吸收剂	0～0.6
钡-锌稳定剂	2.0～3.0
(或)钙-锌稳定剂	2.0～3.0
(或)硫醇辛基锡稳定剂	1.0～1.5

(4) 车用压延 PVC（低雾化）的指导配方

组分	份数
PVC(*K* 值 65～70)	100.0
长链邻苯二甲酸酯类增塑剂	40.0～60.0
表面处理的碳酸钙	0～20.0
紫外线吸收剂	0～0.6
钡-锌稳定剂	2.5～3.0
(或)钙-锌稳定剂	3.0～3.5

(5) 通用压延 PVC 的指导配方

组分	份数
PVC(*K* 值 65～70)	100.0
邻苯二甲酸酯类增塑剂	40.0～60.0
表面处理的碳酸钙	0～30.0

续表

组分	份数
环氧化大豆油	2.0～5.0
紫外线吸收剂	0～0.6
复合酯类润滑剂	0.2～0.4
钡-锌稳定剂	1.5～2.5
(或)钙-锌稳定剂	2.0～3.0
(或)硫醇辛基锡稳定剂	1.0～1.5

(6) 办公膜的指导配方

组分	份数
PVC(*K* 值 65～70)	100.0
邻苯二甲酸酯类增塑剂	15.0～25.0
抗冲改性剂(MBS)	0～5.0
流动改性剂(丙烯酸类)	0.5～1.0
酰胺蜡	0.2～0.5
复合酯类润滑剂	0.2～0.4
钡-锌稳定剂	2.0～3.0
(或)钙-锌稳定剂	2.5～3.0

(7) 车用防震垫薄膜的指导配方 1

组分	份数
PVC(*K* 值 65～70)	40.0
ABS	35.0
苯乙烯-丙烯腈共聚物(SAN)	10.0
乙烯-醋酸乙烯酯共聚物(EVA)	15.0
聚甲基丙烯酸甲酯(PMMA)	4.0
酰胺蜡	0.2～0.5
氧化 PE 蜡	0.1～0.3
紫外线吸收剂	0.3～0.6
钡-锌稳定剂	2.5～4.0
(或)钙-锌稳定剂	2.5～4.0

(8) 车用防震垫薄膜的指导配方 2

组分	份数
PVC(*K* 值 65～70)	30.0
ABS	40.0
SAN	15.0
EVA	10.0
PMMA	5.0
酰胺蜡	0.2～0.5
氧化 PE 蜡	0.1～0.3
紫外吸收剂	0.3～0.6
硫醇辛基锡稳定剂	1.0～1.5
锌基共稳定剂	1.0～1.5

(9) 家具用 PVC 箔材的指导配方

组分	份数
PVC(*K* 值 57～60)	100.0
MBS/ABS/CPE	0.2～0.5
PMMA	1.0～2.5
环氧化大豆油	1.0～4.0
钡-锌稳定剂	2.5～3.5
(或) 钙-锌稳定剂	2.5～3.5
(或) 硫醇辛基锡稳定剂	1.0～1.5
单油酸甘油酯	0.5～0.8
邻苯二甲酸酯蜡	0～1.0
复合酯类润滑剂	0.2～0.4

(10) 透明 PVC 包装膜的指导配方

组分	份数
PVC(*K* 值 57～60)	100.0
MBS	0～15.0
PMMA	1.0～2.0
钡-锌稳定剂	2.0～5.0
(或)钙-锌稳定剂	2.0～3.0
(或)硫醇辛基锡稳定剂	1.0～1.5
单油酸甘油酯	0.5～0.8
复合酯类润滑剂	0.1～0.4

(11) PVC 软管的指导配方

组分	份数
PVC(*K* 值 65～70)	100.0
邻苯二甲酸酯类增塑剂	40.0～60.0
钡-锌稳定剂	1.0～2.5
(或)钙-锌稳定剂	1.0～2.5
(或)硫醇辛基锡稳定剂	0.7～1.0

(12) PVC 鞋底的指导配方

① 紧凑型

组分	份数
PVC(*K* 值 65～70)	100.0
邻苯二甲酸酯类增塑剂	70.0～120.0
表面处理的碳酸钙	0～100.0
环氧化大豆油	0～5.0
钡-锌稳定剂	1.0～2.0
(或)钙-锌稳定剂	1.5～2.5

② 发泡

组分	份数
PVC(*K* 值 65～70)	100.0
邻苯二甲酸酯类增塑剂	100.0～140.0
表面处理的碳酸钙	65.0～100.0
发泡剂	1.0～2.0
环氧化大豆油	2.0～5.0
钡-锌稳定剂	2.0～2.5
(或)钙-锌稳定剂	2.0～2.5

1.7 性能测试方法

多年前，配方开发的原则是“越高的含铅量，就会有越好的长期稳定性和初期颜色”。随着含锌稳定剂的出现，这个经验法则遭受了质疑。从 1.4.2 小节可知，这个旧规则或许只对钙皂部分有效而对锌皂无效。1.5.1 小节表明，即便是大家共同持有的观点“锌含量越高，长期热稳定性越差”，其适用性也是有限的。这就是稳定剂混合物往往要经历一个复杂的测试体系的原因之一。第二个原因是 PVC 干混料所有组分都会影响最终产品的性能。第三个原因是不同国家或地方的监管要求不一致，对 PVC 产品的要求会有很大差异。举例来说，一种基于熟石灰的电缆护套稳定剂，由于其吸水率高，在欧洲只能用于要求较低的电缆外护套或绝缘电缆中(70℃电缆)。由于对吸水率要求没那么严格，在澳大利亚，这样的稳定剂可以被批准用于 90℃的电缆，甚至某些 105℃电缆。

在美国，对于汽车电缆长期稳定性的测试，也就是刚果红测试，其重要性不大。而耐热试验和颜色稳定性则更为重要。由于这些规范，基于水滑石的无铅稳定剂可用 4～6 份。在欧洲，热老化前、后的长期稳定性是最重要的要求之一，因而，为满足需求，同样的稳定剂需要使用 8～12 份甚至更多。

所有的测试方法所具有的一个显著问题是都不能提供一个绝对值。虽然测试方法和步骤都是标准的，但其结果常常被许多因素所影响。因此，建议与分析测量类似，通过测试标准配方以进行比较。此外，测试还存在的问题是试验相关的高费用、时间和材料的需求等。试验可得出关于特定参数、配方成分、工艺特性及最终产品的重要结论。但严格来说，这些结论是基于实验室严格的测试条件。而适用或不适用性的最终结果还要看现实条件，如工业试验条件、产品的长期性能，以及最重要的“技术”特性：价格。

以下部分主要选择一些欧洲用于应用技术实验室中评估稳定性的测试程序进行叙述。如今，许多测试程序都由国际标准进行描述，并在全球范围内应用。

1.7.1 混合

任何测试样本都是通过标准方法得到的。若想结果具有一定的意义，PVC 和其他添加剂均匀共混是基本前提（同样也可以说是 PVC 的一贯特性）。建议试验样本是 PVC 与其他添加剂经过干混后所产生的。就像生产现场的干混料一样，在 PVC 粉末中均匀（经济地）混入稳定剂、润滑剂和其他添加剂。加热混合器应该使 PVC 粉末和其他添加的组分均匀混合 5～8min，在这一过程中，共混温度由于摩擦会上升到 90～130℃。混合物最佳填充量可通过下式计算得到[143]：

$$\mathrm{OFL}=0.7V\mathrm{BD}$$

式中 OFL——最佳填充量；

V——混合体积；

BD——干混料堆积密度。

最佳的混合条件可以通过绘制混合过程中温度曲线和混合器能量消耗曲线得到（图 1.53）。

在混合的第一阶段，PVC 粉末和添加剂共混。由于与搅拌刀片产生摩擦，会使温度升高到大约 50℃[143]。进入第二阶段后颗粒发生流体化，其自由流动能力提升。体系温度进一步升高到 70℃且仅有很少的能量消耗[143]。当温度超过 70℃后，开始进入下一阶段，此时稳定剂组分和润滑剂开始熔化。

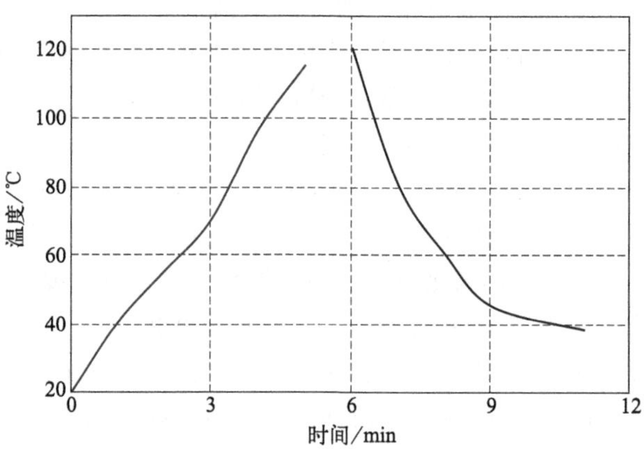

图 1.53 混合过程中典型的温度显示

随着混合的进行，共混物变黏稠，自由流动性降低，能量消耗再次升高，体系温度升高到 100℃左右。下一阶段的特点是添加剂覆盖在 PVC 颗粒表面，液态或熔融组分扩散到 PVC 颗粒上。在此过程中，自由流动性提高，能量消耗降低，混合体系温度最大升到 100～125℃[143]。此时共混物是干爽的，之后将其转移到冷却搅拌器，物料可在 5～10min 内冷却到 40℃，最高到 45℃。

共混过程中，若搅拌循环速度控制在 25～30m/s，且加热混合机采用现代化设备，可实现理想的混合时长和温和的加工过程。

用于冷却搅拌器的水温不能低于 13～15℃。冷却搅拌器温度过低会产生水汽凝结，温度过高会延长冷却时间[144]。

经恰当混合处理的最终产品是无尘、干燥、易流动的干混料粉末。静置 24h（使各组分平衡）后，干混料就可以应用了。

最后，搅拌器应彻底清洗以免残留沉积物，否则在以后的混合中会产生杂质。

1.7.2 分散性

一种确定添加剂分散性的方法是观察混合后的筛余物。在不同筛孔大小和不同的混合温度下测量干混料的筛余物，通过分离出的筛余物含量差异，可看出其添加剂分散性的不同或产品形状（如粉末、熔融小球、颗粒状）的差异。

另一种测试 PVC 原材料分散性的方法是伦德伯格（Lundberg）试验，在此试验中，干混料组成为：

100 份	PVC（$K=70\sim80$）
40～60 份	增塑剂
1.0～4.0 份	液态稳定剂
0.1～0.5 份	颜料或 2～4 份二氧化钛

将 3～4g 的测试物质加入 200g 的上述干混料中。将均匀混合后的共混物在辊式捏合机上塑化（见 1.7.3 小节）。然后将塑化好的片材切成侧边为 10～20cm 的正方形压延片材，用放大镜观察确定每个方片样品的斑点数目。

1.7.3 压延片材的制备

“压延片材”是可简易制作的简单测试样本。通常，制备压延片材时，干混料的制备是必要的。在多数情况下，不进行加热而在一个小杯子里混合原材料也是完全可以的，这样就可以直接应用，没必要再进行储存。压延片材是由双辊捏合机制备，需将两辊提前预热到所需温度（160～180℃，这取决于目标应用）。使用时前辊转速要比后辊快，辊间隙调整到 0.3～0.5mm。将混合好的样品加入辊中。如果双辊机没有安装紧急停止倒转按钮，塑化时，尽量使用木铲有规律地翻动物料。塑化时间一般为 3～5min，下片后应该把其平铺在两玻璃板之间进行冷却。有时辊会被白色薄膜覆盖，下片后很容易看到这个现象。这是析出的迹象，一般只通过目测判断，很少进行量化。如果出现析出则下次试验之前要清洗两辊，例如使用硬脂酸等物质进行清洗。

压延片材需要被切成条状以便于耐热测试，或切成试验所需形状以便进行刚果红试验和脱氯化氢试验。或者，可以将多张片材压成更厚的板材，这些板材就可用于测定透明度、颜色、体积电阻率和耐候性。

1.7.4 流变性

虽然这一部分主要是针对 PVC 的稳定性来讲的，但在加工过程中观察其熔体行为也具有一定的意义。不同的稳定剂会影响干混料的凝胶化（塑化）和流动特性。硬脂酸铅、硬脂酸钙、硬脂酸镁、硬脂酸锌等配方成分的流变行为见 1.4.2 部分。

因此有必要在应用实验室研究 PVC 的熔融和流动行为（流变性）。有四个适合执行这类测试的基本工具：实验室捏合机；实验室挤出机；高压毛细管黏度计；旋转黏度计。

实验室捏合机（塑性计）可以视为一种螺杆极其短的“挤出机”。它有一个密封舱，这使得它可以在不同的温度下进行测量。这台机器的测试结果会受到温度、捏合机的转速和灌装容量（而不是灌装重量）的影响。这种测试设备在短时间干混时会给物料很大摩擦力（扭矩）。一般捏合机的试验结果用扭矩和时间的关系图来描述（图 1.54）。

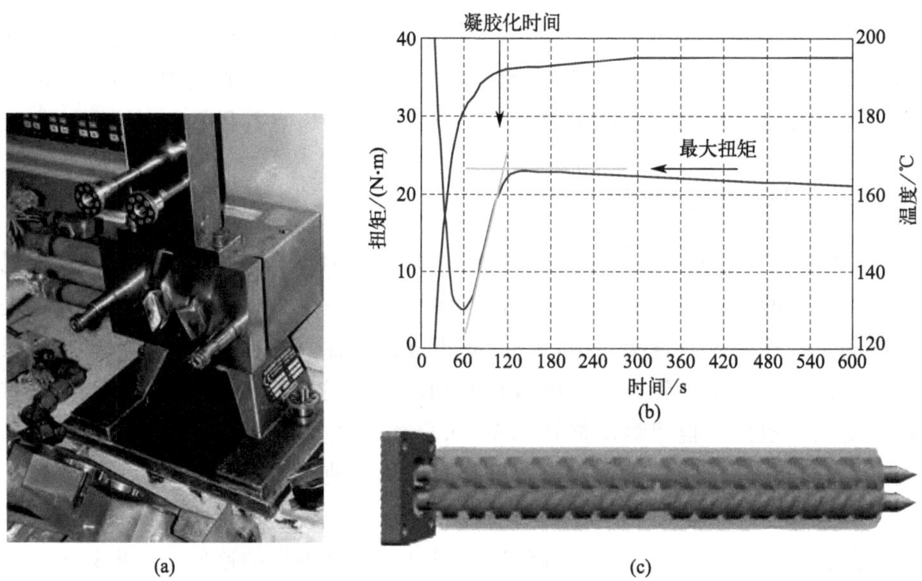

图 1.54 实验室捏合机视图（a）、熔融温度和扭矩与时间的关系图（b）和双螺杆挤出机的绘图（c）[145]

很容易想象，图 1.54 中的时间轴刻度数值与挤出机螺杆长度存在相似性。通过这种关联，关于总体塑化会在挤出机的哪个部位发生就会有一个视觉印象。而专业人员则能够从测试中提取更多的信息：凝胶化过程温度的变化；通过对该图积分，得出熔体吸收的能量。

对于塑料技术中的许多其他测试方法来说，这并不是绝对的测量方式，因为任何一种测试都必须有一套标准的国际公式。在大多数测试中，捏合机测试中的任何配方都使用相同量（重量）的干混料，这对于大多数产品来说是正确的。如果这种干混的物料在堆积密度方面有显著的差异，则最好按体积相同、质量不同的方式添加到捏合机腔室。

另一个问题是在塑化过程中，即使是相同的干混料在重复的实验中结果也可能不同，见图 1.55。这个可能是由于捏合机的机械部件发生了变化，例如轴承升温会影响测量参数。这种捏合机测试方法仅仅涵盖了流变这一个方面。随着铅基、镉基、锡基和无锌稳定剂的发展，捏合机测试结果不再总是和产品在挤出机中的流变行为相关。

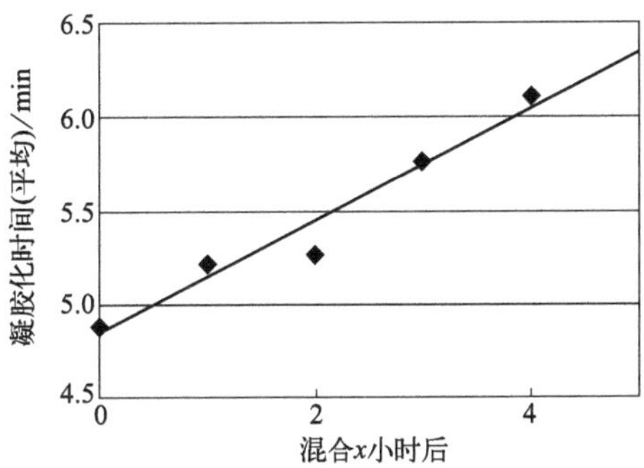

图 1.55 使用实验室捏合机测试的干混料的凝胶化时间与不间断测量时间的依赖关系（平均超过七天）

100 份 PVC（$K=68$），2 份压力管用铅盐“一包化”稳定剂

基于这些发现，建议除了快速经济的捏合测试以外，也可以使用实验室挤出机进行测试。使用挤出机进行测试，可以更好地观察物料在挤出过程中的流变行为。用单螺杆挤出机进行测试，物料在注射成型和压延应用中的流变行为可以被合理预测。对于大多数刚性 PVC 挤出试验，首选双螺杆挤出机。使用实验室挤出机，可以深入了解混合成分的影响、建立的压力、熔融压力、扭矩、熔融温度（图 1.56）以及挤出物的产量。对于捏合机，必须使用内部标准来进行这些试验。

测量流体或者熔体的黏度可以使用黏度计。可以使用流量式流变仪进行测试，其原理是迫使高分子熔体或者聚氯乙烯糊产生具有速度梯度的层流运动。如果是高压毛细管流变仪，可以通过按压聚氯乙烯熔体使其通过细管或者毛细管实现。测量的参数是流动时间[103]。正如我们所知，黏度受温度的影响，因此所有的黏度计都配有恒温器。

毛细管流变仪中高压的层流现象会受到真实的高分子熔体流动、熔体和与毛细管壁表面的摩擦力以及能够在熔体内和熔体表面成膜从而导致熔体流动严重扭曲的外加活性组分的影响。这种测试的真正价值可能不仅仅是反映一定质量的聚氯乙烯熔体的流动，而是反映流体的外加活性组分表面成膜的剪切力场。根据公式可知，

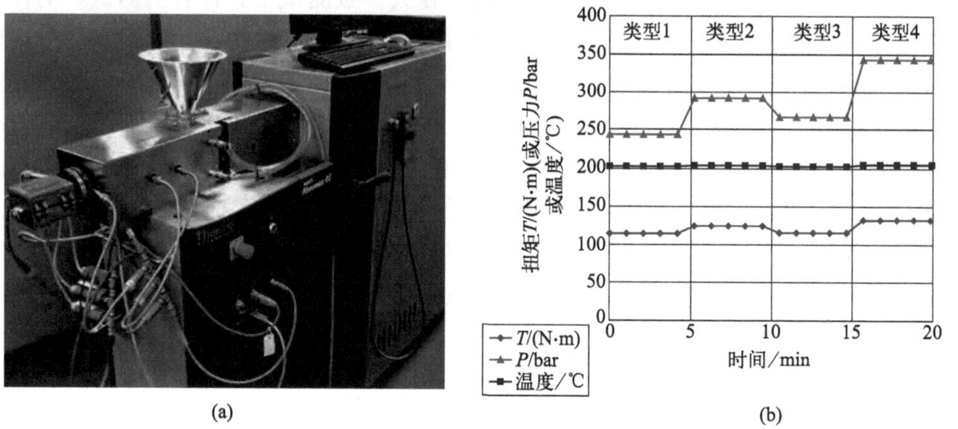

图 1.56　现代化实验室双螺杆挤出机的详细视图（a）及在给定的试验配方下熔融温度、熔融压力、扭矩的关系曲线（b）

如果这种影响很大，层流运动将不会实现。所以，毛细管流变仪不建议被用作研究聚氯乙烯配方特别是硬质聚氯乙烯的工具。

为了确定聚氯乙烯糊的黏度，要选择合适形状的旋转体组件。利用旋转流变仪可以测得不同转速下的黏度。

除了不连续的黏度测量，聚氯乙烯生产行业经常使用连续黏度控制。例如，后一种方法可用于确定 K 值，以便控制聚合过程[103]。

1.7.5　凝胶化程度

凝胶化程度不能仅仅通过实验室捏合机或者通过检验高分子熔体在挤出机排气口的状态来确定。

一个简单的测试方法就是二氯甲烷检测法。测试时将样品（一条长 50mm 的管材或型材）在二氯甲烷中浸泡大约 30min。浸泡结束后可以观察到样品膨胀了多少。膨胀得越少，凝胶化程度越好。如果凝胶化程度不充足，可能会有一部分从样品整体中脱离。

另一个更科学的方法是差示扫描量热仪（DSC，图 1.57）检测法。为了得出正确的结论，重要的经验是 DSC 数据的解读以及取样，因为窗框型材的不同部位可能有非常不同的热历程（图 1.58）。凝胶化程度方面的知识是非常重要的，例如力学性能不充足时，差示扫描量热仪可以帮助解决“香蕉效应”这类问题。“香蕉效应”即由挤压而产生的型材的弯曲和扭曲。在这些情况下凝胶化程度和熔融温度在变形两侧显著不同。

从差示扫描量热仪的几组相关数据可以推测出：

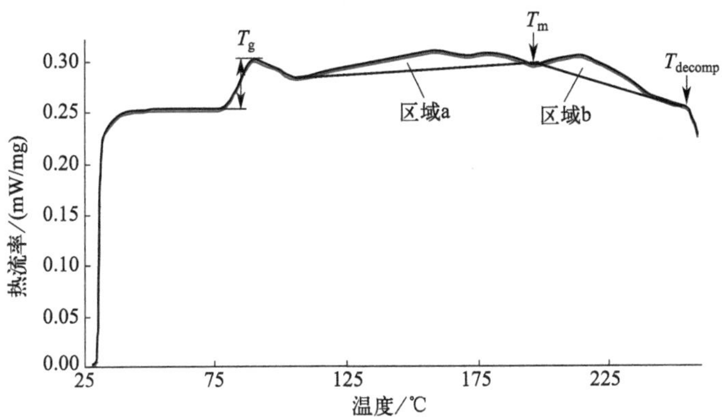

图 1.57 差示扫描量热仪特性参数曲线

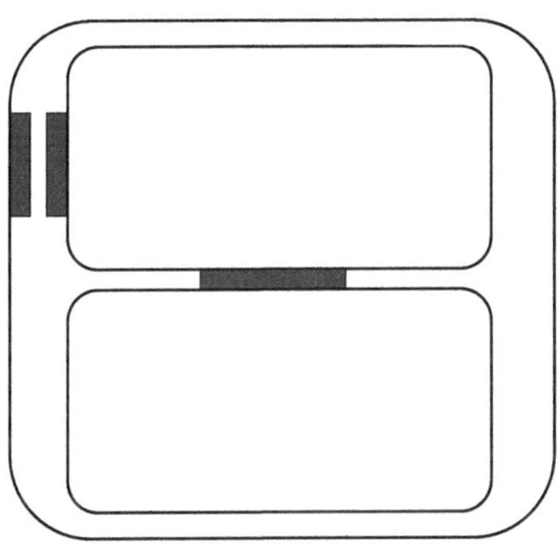

图 1.58 三种不同的采样部分的轮廓显示（灰）

① 玻璃化转变温度 T_g；

② 最高熔融温度 T_m；

③ 分解温度 T_{decomp}；

④ 自由体积 V_f（高分子链间的空间）；

⑤ 凝胶化程度[146]。

凝胶化程度百分数可以由下式计算得到：

$$G=100H_a/(H_a+H_b)$$

1.7.6 软化温度

聚氯乙烯的硬度，相比于其他因素，主要取决于液体成分的含量。此外配方中的其他成分也会影响聚氯乙烯最终的硬度。因此，有需求情况下，需测定维卡（Vicat）软化点温度[147]。它被定义为用标准的实验设备——维卡针，垂直刺入

（样品表面）1mm 时的温度。对于一些聚氯乙烯产品（欧洲的窗框型材）来说，软化点温度是最重要的质量参数，它已被纳入相应的国家标准和国际标准中。

1.7.7 热稳定性

通常聚氯乙烯制品有动态稳定性和静态稳定性。这里出现的问题是：哪种稳定性测试在实践中更具相关性。可惜的是，通用的答案是不存在的，必须由各自的需求所决定。可以通过管材挤出更加清晰地阐述。如果是那些薄壁小直径的管材，物料在挤出机里面存在的时间很短，在整个的挤出过程中，高分子熔体的主要压力来自于剪切，在这种情况下动态稳定性是非常重要的，虽然也存在热应力但其重要性较小。如果是那些厚壁大直径管材，物料在挤出机和模具的存留时间高达 40min。在 190℃甚至更高温度下，动态应力的影响相对于在机器中存留的时间而言要小。在这种情况下静态稳定性要求主导了动态稳定性需求。

1.7.7.1 静态热稳定性

在静态稳定性测试中，两种方法需要有一些区别：

① 测量变色（耐热试验）。

② 测量盐酸释放时间（脱氯化氢作用和刚果红试验）。

对上述两种方法而言，测试试样是辊式捏合机生产，还是实验室挤出机生产，或是工厂生产方法所得，都不重要。唯一重要的是试样要在同样的条件下制备，因为热应力和机械力会影响长期热稳定性和颜色保持性。虽然 PVC 样品的变色和盐酸的生成没有直接的关联，但这两种方法经常一起用来表征静态热稳定性。

用烘箱来测试静态热稳定性，通常要把样品条切断放入烘箱中，烘箱温度高且恒定，一般在 180～200℃之间。非常重要的一点是烘箱的温度只可以有非常微小的变化[148]。为达到这样的可靠性，已经开发出特殊的热稳定测试烘箱。

通常，样品条放在烘箱的托盘中［图 1.59(a)］。然后托盘以可调节的间隔或以缓慢的恒定速度从狭窄的开口移出烘箱。样品的第一部分受到最小的热应力，然而样品的最后一部分经受着最长的热历程。这个测试方法有一个值得注意的优点是它的自动化程度和最小限度地用到人力[149]。这个方法可保证温度的可持续性，因为不需要像下面讨论的烘箱程序那样不断地打开或关闭门。另一个优势是连续的颜色变化（图 1.59）。

另一种方法是将小样品放在烘箱的旋转托盘上。每隔一段规定的时间，将经过烘箱老化的 PVC 测试样品依次取出，例如每 10 分钟取出一次。由于托盘旋转，局部受热不均的现象会得到平衡。与第一种烘箱使用方法相对比，PVC 从稳定到分解的变化更加突然，它更像辊压机上的动态稳定性测试。

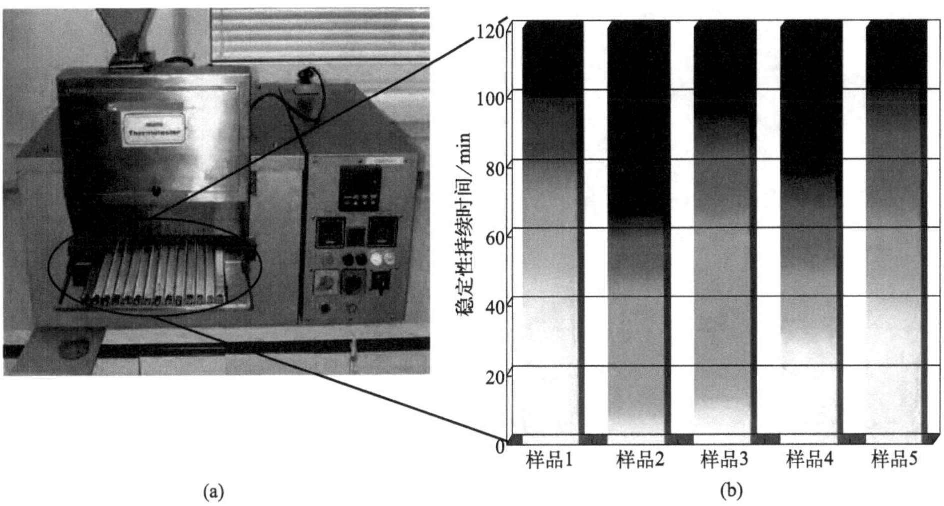

图 1.59　烘箱（a）和在 80℃下加热老化后的测试样条（b）

100 份 PVC（$K=68$），2 份碳酸钙，2.5 份管材稳定剂

烘箱测试方法除了评估静态长期热稳定性外，还可提供关于颜色变化的信息。对于颜色变化，除了视觉对比判断，也能进行定量测量（见 1.7.9 小节）。影响测试因素有很多（成分、混合、热历程、加工处理）。

根据 1.2 节的陈述，聚氯乙烯的降解不仅表现为变色，也伴随氯化氢的生成，这个过程叫作脱氯化氢反应。因此检测氯化氢气体的释放似乎也是一个判定 PVC 稳定性的方法。

在自动化检测流程中[150]，将样品加热，并使空气、氮气或氩气通过检测室，然后将气体导入去离子水或蒸馏水中，同时要监测水的电导率或 pH 值。因为 PVC 分解生成氯化氢气体，该气体可以被载气带到水中，并溶解，导致电导率增加[151]（图 1.60），同时由于水体酸度的增加，pH 值会同步降低。从试验开始到 pH 值开始下降或电导率开始增加的时间段叫作诱导时间。根据协议，当其电导率增加到 50μS 时就达到了所谓的稳定时间。这个方法叫作脱氯化氢法(DHC)，并且它优先用于硬质 PVC 尤其是窗框型材用 PVC。这个试验方法是可重复的，并且它具有只需小尺寸样品、自动化程度高、人力需求低的优点。即使对所有重要参数都严格观测，用 DHC 方法测定的稳定值也还是会有大概 5% 的变化。

从历史的角度看，刚果红值的测量方法是判定 PVC 静态稳定性最古老的方法[150]。这种检测方法仍然经常被用作检测软质 PVC 样品中释放的氯化氢气体，其主要应用在欧洲的电缆行业。这个方法也叫作残留稳定性测定。刚果红测试中小块软质 PVC 样品存放在一定温度［例如（200±1）℃］下的测试试管中。在 PVC

(a)

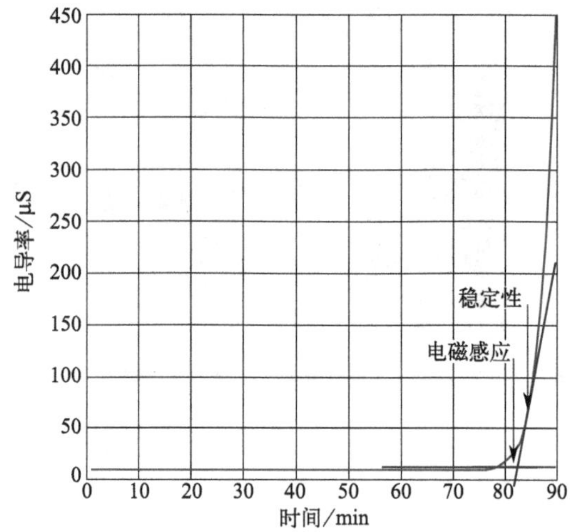

(b)

图 1.60　DHC 装置近距离图（a）和脱氯化氢作用过程中典型的电导率测量曲线（b）

块之上每个试管都有一个 pH 试纸。测定从开始加热到指示纸颜色发生变化的时间。以前试验中用的是刚果红试纸，所以这个过程也由此得名，现在普遍用的是 pH 试纸。

这个方法受很多其他因素影响，例如对 pH 试纸颜色改变时间的主观判断。并且，样品块尺寸的大小、玻璃管的厚度、玻璃的质量会对试验结果有明显的影响，因为它们决定了传热效果。加热器的温度变化对刚果红试验的测量结果有很大的影响。因此，在测量中允许的温度变化非常小（±0.1℃）。当触摸样品时，沾上汗水也会影响分解，从而影响稳定性，所以强烈建议准备或者处理样品时戴上橡胶手套。即使严格地避免所有的影响因素，用刚果红方法测试得到的稳定值仍有大约 5%的差异。值得一提的是，现在自动刚果红测试装置很容易获得，它使测试中主观因素影响和工作强度有所减小。

1.7.7.2　动态热稳定性

在动态热稳定性测试中，样品会受到热应力和剪切力作用。有四种测试方法：

① 观测样品在双辊捏合机（长期捏合测试）上的变色。

② 测量样品在捏合机中聚合物链发生交联的时间。

③ 观测 PVC 在捏合机中熔化变色和停留时间的关系。

④ 多重挤出。

在动态热稳定混炼测试中，将 PVC 混合物在双辊捏合机中塑化，制成片状，就像 1.7.3 中所描述的那样。捏合机的两个辊筒有同一恒定的温度，但转速不同，因此在两个辊筒之间的任何材料除了受到热应力之外还会受到剪切力。按照规定的时间取样，用作不同配方颜色变化的对比。样品最后不再稳定的标志是样品片黏附在辊筒上或者 PVC 片上，颜色变为棕色或黑色。

动态热稳定性也可以用实验室捏合机混炼测试。这个测试并不会像 1.7.4 节所述的流变学测试那样在特定时间点中断测量，而是持续进行，直到交联发生（图 1.61）。精确的交联/降解时间是平衡扭矩的切线与扭矩上升的切线的交点（图 1.61）。此外，也可使用润湿的 pH 试纸检测降解释放的 HCl 气体，用这种方式确定的交联起始点也可以认为是动态热稳定性，但是不精确。

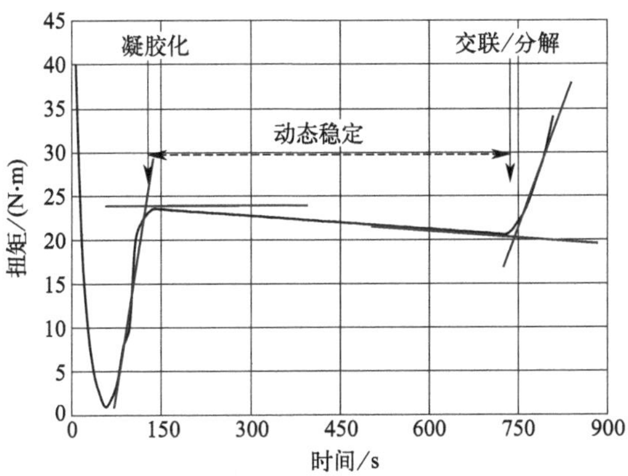

图 1.61　用捏合机测试动态稳定性中扭矩改变的示例

因为动态稳定性测试会涉及剪切力，所以润滑剂会影响测试的结果。如果将费-托石蜡加入 PVC 混合物中，随着添加量的增大，会有以下影响：

① 凝胶时间增加。

② 最大扭矩减小。

③ 平衡扭矩减小。

④ 交联时间、分解时间延迟。后者意味着更高的动态稳定性，但是石蜡通常不起稳定性作用。动态稳定性也可以通过凝胶时间和交联时间的差别来精确计算。

如果用这种方法计算的动态稳定性与最大扭矩作对比，结果是一条直线（图 1.62）。这条线遵循一个逻辑趋势：扭矩越低，动态稳定性持续时间越长。这条线的逻辑趋势较为合理，因为润滑剂作用使剪切力变低。然而，图 1.62 中的点描绘了相同的动态热稳定性。为了比较给定 PVC 共混物的新润滑剂或添加剂与标准品的作用效果，建议首先绘制一个“校准曲线”，再绘制新物质对应的曲线。如果新添加剂的动态稳定性值高于标准品的“校准曲线”，则对动态稳定性的影响为正。如果新物质的数据点坐标低于标准线，则表明使用新物质降低了动态稳定性。

图 1.62 中的扭矩值也可以从挤出机获得，并在实验室捏合机上产生相应的动态稳定性值，并用于基线计算。新成分的评估将以类似于上述方式的方法进行。

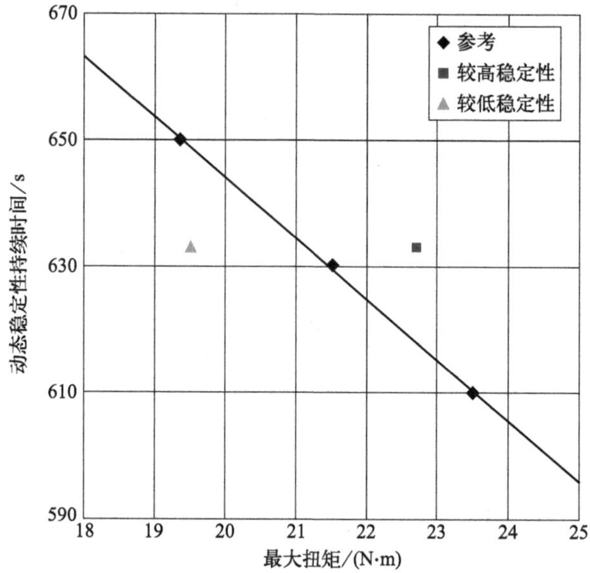

图 1.62　在实验室捏合机中测量的动态稳定性与最大扭矩的关系图

在另一个测试中，从捏合机中定时提取出少量的熔体，然后用压机或者镊子将其压平。一直重复该步骤直到熔体明显地变为棕色或黑色（但是在交联和生成 HCl 气体之前，要避免腐蚀并保证实验员安全）。从这些样品的颜色变化也可以判断动态稳态性。

应当注意，随着熔体样品的提取，机器中熔体的体积会减小，熔体所受到的剪切应力也会降低。因此，在初步试验中必须确定给定试验的最佳样品尺寸和样本数，以确保得到可靠的结论。

测定动态热稳定性最烦琐的方法是使用挤出机对 PVC 干混料进行塑化，制成 PVC 颗粒或测试样品，然后再次研磨。随后反复挤出和再研磨。以下评估标准可用：

① 在重复加工过程中，挤出机的扭矩和背压。

② 颜色变化的评估。

③ 在加工过程中和加工后样品静态热稳定性的测定［例如刚果红测试（DHC）或是烘箱稳定性测试，见 1.7.7.1 部分］。

1.7.8　光稳定性

为了得到窗框型材或雨水槽等户外产品相关的耐光性和耐候性数据，理论上需要研究气候区域、海拔高度和指南针指向等许多不同组合。关于试验时间还有一个问题：窗框型材生产商可保证他们现在的型材在至少十年内不会变色。所产生的测试成本和工作量会很大。因此，耐候性试验是根据标准 DIN 53386 或 ASTM D1435-20 进行测试的[152]。

一个可代替户外曝光的方法是人工老化。有很多不同的测试方法，在文献中可查到最早利用此方法的综述。

荧光灯发射出的波长在 180～315nm 的荧光，它可模拟太阳光的 UV-B 辐射。由于大气尤其是臭氧层对辐射的吸收，通常只有很少的辐射到达地表［到达地球表面的阳光中，大约 53%是热辐射（红外，IR），大约 44%是可见光，只有 3%是紫外线（UV），其中 95%是 UV-A。因此只有 0.15%的 UV-B 到达地球表面；最终到达地面的太阳光的构成和很多因素有关，包括纬度、海拔、臭氧层的厚度以及空气污染；值得注意的是，即使在阴天也有 80%的紫外线到达地表］180～315nm 的紫外线含有的能量最高。使用 UV-B 照射样品，不到 1000h 就会发现测试样品之间的差异，然而，这种强烈的辐射测试，只是对材料在自然气候中性能的有限预测。

荧光灯发出的波长在 315～400nm 之间的光可模拟太阳光中的 UV-A 辐射。长波紫外线（UV-A）辐射的能量比中波紫外线（UV-B）辐射小，但远高于可见光谱范围光的能量。

氙灯发出的光谱与太阳的光谱非常相似，因此被用于人工老化。如果人工老化设备可以同时模拟出干燥和潮湿/雨天的交替以及天亮和天黑的循环，这样的人工模拟老化就会跟自然老化非常相似。一个更大的优点是相对于自然老化，其他的环境影响因素被排除在外了。氙灯照射 4000h 相当于 8GJ/m^2 的冲击能量或是在外部自然环境下放置五年。根据德国质量评估和标签协会塑料窗标准 RAL-GZ 716/1，塑料老化引起的颜色变化不能超过 ISO 105-A03 灰阶标准的 4 级。

“曝晒试验”是研究使用铅稳定剂的窗框型材出现的“北面粉”和“光致灰”问题的方法（见第 4 章）。在这个测试中 PVC 样品要在常温下（例如 60℃）、位于水表面 10mm 以下，并且用 550W/m^2 强度的氙灯照射。样品的 L、a、b 值可能在很短的时间内就会发生变化。L 值的降低意味着型材变灰（见 1.7.9 小节）。在英国，这种颜色的变化等同于出现“北面粉”的倾向。在曝晒试验中将北朝向、变粉色的型材和耐光型材的对比支持了这种相关性。不幸的是，没有文献记载这种相关性。

值得注意的是，本部分所涉及的所有辐射试验，都需要有规律地改变样品在设备中的位置，以保证样品各个部分得到同样的辐射。通常，离光源越远辐射强度越小。

ACT Ⅱ测试方法是由 Lemaire 开发出来的[153]，也是为了模拟“北面粉”（见第 3 章）。在测试中，交替进行辐射和热处理。在他发表的文章中，Lemaire 引用证据说明他的方法可模拟变红问题，但是在英国很多人质疑他，此外，他自己的试验结果也与他的观点相悖。

现在钨灯仍然用于人工老化中。但是紫外线在它发射的光谱中所占比例相当小。相比较而言，近红外辐射所占比例相当高。由于紫外线比例小以及钛白粉的吸收特性，使用钨灯测试的白色窗框型材的光稳定性结果要慎重使用。

高压汞灯发射的不是连续光谱，但是氙灯是。它们都有很强的发射带：254nm、303nm、313nm、333nm、365nm、405～408nm、436nm、546nm ，以及577～579nm。只有在意图激发样品中的特定产物时才使用它们。

班多尔轮（Bandol Wheel）是一种较新的人工老化装置，其核心部件是中压汞灯，发射的光谱与上述氙灯的相似。该设备有一个垂直的样品固定器，最多可容纳70 个样品，遮板可以使明暗交替，在合并槽中不仅可以添加水，而且一些环境污染物，如灰尘、花粉、烟灰或者“酸雨”也可以添加。

从一些地方的户外气候可以预测试验结果，例如，美国亚利桑那州（干燥的环境且光亮度强、荒漠气候）、美国佛罗里达州（潮湿的环境且光亮度强）、澳大利亚阿伦加（热带气候）和法国邦多尔（地中海气候）。

表 1. 11 总结了一些典型的人工老化的“谬见”以及不足之处[154]。表 1. 12 列举了在（人工）老化中变化的几个参数以及与之相关的标准。

表 1. 11　关于材料老化的一些谬见及解释

相关性低的原因	谬见	解释
短波长光源(在太阳光谱之外)	较短的波长的辐射能更大,会加快材料降解	短波射线含有的高能量会引起非自然的光化学变化
在光下持续暴露	最大化材料暴露的时间会缩短测试时间	一些材料因为某些化学反应需要一个“休眠期”。因为自然的户外暴露总是会有“黑暗循环”,在人工仪器中模拟这种现象很有意义
高强度光(尤其使用人工光源)	使用高强度射线辐射样品是使老化加速的唯一途径	一些在正常光照下不会发生的光化学变化,在强辐射下可能会发生
试样温度异常高	当温度较高时会使样品降解速度更快,从而加快试验速度	异常高温会导致不同类型的降解,这与户外暴露无关
没有温度循环	如果保持高温,可以快点得到结果	由于材料的膨胀和收缩,自然温度循环往往会导致材料的物理变化
不正常的湿度	将试样浸湿来加快降解	水的吸收/解吸的水循环导致物理压力,其实际上可能导致比饱和环境(和现实的)更多的降解
缺少污染物和其他生物作用	因为这些是次要因素,所以不关心这些因素及其对材料的影响	实验室老化仪器很少用于模拟污染物或其他生物因素的影响,但是它们是自然老化过程中固有的部分,而且一定要记得它们可能是试验结果低于预期相关性的原因

表 1.12　在（人工）老化过程中变化的参数及其相关标准

参数	标准
灰度	ISO 105-A02
蓝卡	DIN 54004(已废止)
颜色	DIN 6174(已废止)
黄色指数	ASTM D 1925(已废止)
光泽度	DIN EN ISO 2813:2015-02
拉伸强度	EN ISO 527
拉伸冲击强度	DIN EN ISO 8256
弯曲冲击强度	BS EN ISO 179

1.7.9　颜色

评估 PVC 测试样品的颜色最好通过客观的测量而不是主观的判断，为了测定颜色，将可见光的白光直接照到样品表面，样品会吸收和反射一部分光线，被反射的部分被分成单独的波长，测量反射波长的强度并和每个波长辐射总量相比较，得到的结果便是反射光谱，化学方法可以详细解释这个光谱。

对塑料技术员和加工者，用少量数值概括可见光谱很有意义。这一需求可通过三维坐标体系的 L、a、b 三个坐标轴来实现，L 坐标轴表示明亮度（图 1.63），如果 $L=0$，那么样品就是黑的；如果 $L=100$，那么样品就是白的。b 坐标轴表示蓝黄色方向，如果 b 值小于 0，那么样品呈蓝光；如果 b 大于 0，那么样品呈黄光。a 坐标轴表示红绿转变，如果 a 是负值，那么样品呈绿光；如果 a 是正值，那么样品呈红光。运用定义公式，以下特征都可以由 L、a、b 值计算得到：

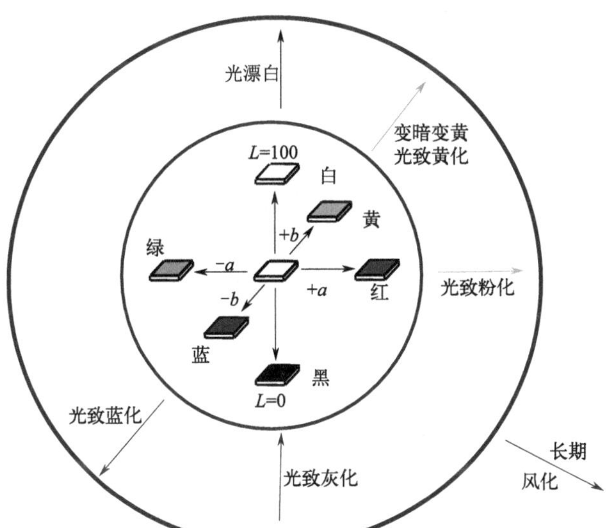

图 1.63　颜色度量系统和短暂照射时间后光学效应的图解

① 黄色指数 YI；

② 白度 W；

③ 总色差 ΔE ；

④ 色差 ΔL、Δa、Δb。

不推荐只计算总色差 ΔE，最好将 a、b 的值也考虑到，这样可以避免忽视某个特定方向的颜色变化。表 1.13 展示了两个单元的颜色变化 ΔE 的具体体现。

表 1.13　颜色的视觉改变和颜色总变化值 $\Delta E=2$ 时 L、a、b 值的变化

样品	影像	L 值	a 值	b 值	ΔE 值
标准	白	92	0	1	—
1	偏暗	90	0	1	2
2	偏亮	94	0	1	2
3	偏绿色	92	−2	1	2
4	偏红色	92	2	1	2
5	偏黄色	92	0	3	2
6	偏蓝色	92	0	−1	2

在颜色测量中透明样品是一个特殊情况，彩色分析仪也可以测量透明度，透明度用 L 值表示。测量透明度最好的方法是压制 1～5mm 的薄片，然后用纱布擦干净之后用彩色分析仪像上文所说的那样测量。测量透明度，用黑色标准品作为背景。薄片越透明，光被反射越少，通过样品的光越多，所以 L 值越低。测量透明物体的颜色，用白色标准品作背景。

1.7.10　光泽度

在过去的 20 年中，窗框型材的光泽度变得越来越重要。光泽度是可以测量的。光泽度可用光相对于观测者的特定角度反射的百分比表示，在测量中倾向于使用 60°或 85°的角度。表面越光滑和越封闭，光泽度越好。为了得到有代表性的结果，要在样品表面不同的点上进行测量。表 1.14 列出了一些光泽度测量的平均值和用测量值求得的标准偏差，其精确度取决于测量次数。和预期的一样，测量 10 次得到的结果比测量 3 次得到的结果可重复性要好。基于 10 次测量，如果两个样品的平均光泽度有 3%的差异，则说明其光泽度不同，低于 3%的差异可认为是人为因素造成的。

表 1.14　光泽度测量的置信区间和所对应测量次数

(平均光泽度为 65%，10 个值的标准偏差为 7.5)[64]

测量的次数	置信区间
3	±9.2
5	±4.6
10	±2.7

光泽度的一些影响因素：

① 所用碳酸钙越细，光泽度越好[155]。

② 冲击改性剂的 K 值越高，光泽度越好[156]。

③ 氧化聚乙烯蜡提高光泽度，丙烯酸酯减少光泽度[157]。

④ PVC 的 K 值、凝胶化、压力和扭矩都会影响光泽度[158-159]。

⑤ PVC 的粒子尺寸和加入的冲击改性剂的量也会影响光泽度[160]。

1.7.11　体积电阻和电容

关于如何正确确定体积电阻的描述和规则可以从电气协会、电子信息技术（VDE）或 DIN 53482 的标准中找到，或对照国际标准。这里仅对主体部分进行描述。首先，压制厚度为 2mm 的样板，然后，用螺旋测微仪精确测量其厚度。试样用酒精清洗后在温度为 20℃和相对湿度为 65%的条件下保存。因为出汗，试样上指纹的存在会导致结果的偏差。将样板放到反电极上，然后将测量电极小心地放到试样上。之后，施加 1min 的测试电压再关掉。用于测试的电压通常在 100～500V。体积电阻可以直接从仪表上读取出来。移开测试电极，将试样转向反方向，重新将测试电极放上去，再次得到一个体积电阻。重复翻转试样是为了得到一个单次测量的平均值。

单次测量的平均值 R，电极的表面积 A，试样的厚度 d，体积电阻率 ρ（Ω·cm）可以通过下式计算：

$$\rho=(RA)/d$$

电容可以同时用同样的测量仪器在同一试样上测得。

1.7.12　雾化

在这里讨论的“雾化”包括某些增塑剂挥发到它们周围环境的趋势[161]。除了可挥发的增塑剂外，还有其它的添加物如稳定剂中的液相成分或十二烷酸这种容易升华的乳化剂残留物，进入环境中然后在冷的地方凝结。根据文献中的描述，这种挥发需要温度达到 130℃。因此这个问题能通过避免添加挥发温度低于 130℃的组分来解决。

在文献［162］中，雾化被描述为汽车PVC内饰中挥发性成分在车窗内侧冷凝的现象。这种冷凝通常以液滴的形式出现。

但并不是所有汽车或房子表面容易除去的黑色或灰色涂层都是由雾化造成的。尤其是在屋子里的墙面、家具、窗框上的涂料或斑点通常是由别的原因造成的。这种“黑色的家”现象将会在别处详细讨论[163-164]。

为了测试雾化行为，将测试样品放进一个烧杯中，然后将烧杯存放于保持恒定温度（如100℃）的热浴中。烧杯用玻璃板或表面皿盖住，并让充当盖子的玻璃板或表面皿维持低温。由于样品温度的升高，样品中的挥发性组分会挥发并冷凝在低温的盖子上，形成雾化。这种雾化现象能用多种方法进行分析：

① 主观评估在玻璃板或表面皿底部的冷凝物；

② 通过显微镜检测冷凝物，尽管少量大液滴的总质量可能超过大量小液滴，但前者意味着材料具有更优的起雾性能，而后者看起来像是严重雾化；

③ 通过傅里叶红外光谱显微镜技术，能够在最理想的环境下，对雾化产物进行定性结果分析；

④ 测量样品盖子的光泽度变化。

1.7.13 析出

模具上和定型模上的析出现象，能在实验室里、合理的条件下进行模拟。其中步骤的详细描述超出了这个章节的范围。感兴趣的读者可以查看更多基于作者的经验所得的细节，如实验室挤出装置、干混料的参考组成和试验时间，将在本书的第3章“析出”部分讲解。

1.7.14 邵氏硬度

硬度的定义是指一种材料在抵抗更硬的试样侵入时的机械阻力。根据不同的侵入方法，有不同的“硬度”定义。邵氏硬度测试是由美国的Alber shore在1915年发展起来的。邵氏硬度是塑料和弹性体的一种材料性质。现在一些测试方法根据标准ISO 868或ASTM D 2240执行。

邵氏硬度测试的核心部件是用淬火钢制造的承载弹簧的销。它侵入试样中的深度就是邵氏硬度的尺度。邵氏硬度值的范围从0（2.5mm穿透深度）到100（0mm穿透深度），数值越高，则硬度越大。在测试装置的附加器件上，以12.5N（邵氏A）或50N（邵氏D）的力将样品压在测试台上。测试的邵氏硬度的值受温度的影响很大。因此要将测试温度限定在23°C±2℃。样品的厚度至少要有6mm。

邵氏硬度 A 适用于弹性体和 P-PVC。用钝点针来测量，针为切去顶端的圆锥体，切面的直径为 0.79mm，张角为 35°，承重为 1kg，保载时间为 15s。当针被压进样品中时，立刻用手持式测量装置读取，随着保载时间的延长，显示值降低。

邵氏硬度 D 适用于较硬的材料。当测得的邵氏硬度 A 的数值大于 90 时建议用这种测试方法。针的张角为稍小的 30° 且尖端钝面半径为 0.1mm。承载重量为 5kg，保载时间为 15s。

另外还有邵氏硬度 C 和 D 的测试规定，这些很少被用到。邵氏硬度 A 和 D 测试方法中针的穿透深度随承载重量的选择而改变。

1.7.15 冲击强度

冲击强度是指一种材料或塑料吸收冲击能量而不断裂的能力。冲击强度用冲击力和样品厚度的比来计算。下面是测量冲击强度的方法。

根据 Izod 测试方法，使用一个有缺口的测试样品（使用有缺口的样条测试冲击强度时，所得的结果称为缺口冲击强度），见图 1.64；

根据 Charpy 测试方法，使用一个有缺口的测试样品，见图 1.65；

根据 Gardner 测试方法，使用没有缺口的测试样品；

根据各种各样的标准和方法测试各种没有缺口的样品。

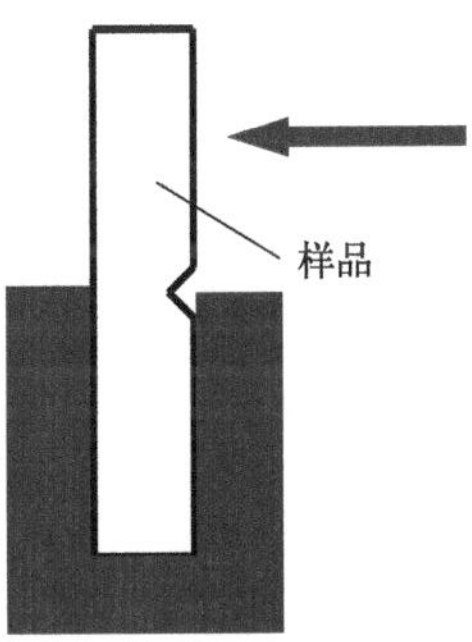

图 1.64 Izod 缺口冲击强度试验准备的试件

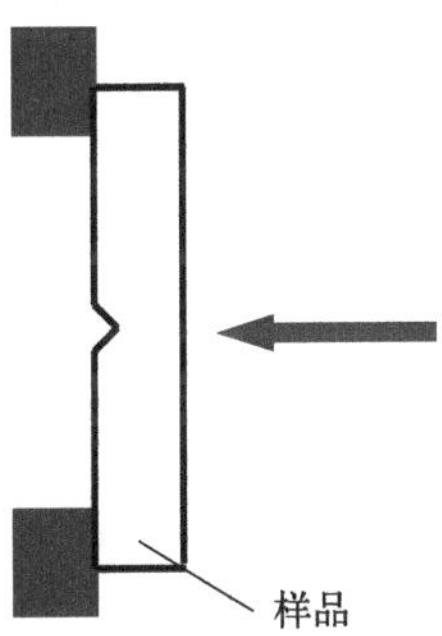

图 1.65 Charpy 缺口冲击强度试验准备的试件

Izod 测试方法的历史比 Charpy 测试方法要久些，它在 110 年前就被公布了。在之后没多久 Charpy 介绍了他的冲击测试方法。两种测试方法的原理是相似的。在测试中研究的是长的、有缺口的测试样品在高形变速度（冲击压力）下的行为。测试样品通常具有确定尺寸的 V 形或 U 形缺口。测试中一个摆锤以特定的动能撞击在测试样品没有缺口的背面从而使样品断裂。在撞击的瞬间摆锤的一部分动能会被样品的形变或断裂吸收掉。根据这部分能量的损失，摆锤晃到另一边的高度会降低（如果摆锤运动没有被样品打断，它会摆动到与它开始运动时一样的高度）。冲击强度通常由特定温度下的特定测试样品决定。尽管 Izod 测试和 Charpy 测试的过程仅有一点差别，但两者的测试结果不能简单地相互转换。Charpy 测试中测试样品固定两端，摆锤准确地撞击样品的中间部位（位于缺口的反面）。这与 Izod 测试方法不同，Izod 测试方法的测试样品仅固定住一端，竖直放置，摆锤撞击样品缺口上方没被固定的部分。

没有缺口的测试样品被用于很多在特定温度下以特定的高度用特定的重量撞击特定的试样（形状的变化取决于测试方法和期待的结果）的方法中。在很多案例中，仅有少数样品的脆性断裂、韧性断裂或不断裂能被确认。一个简单的测试方法是球体跌落试验。在这个测试中一个特定的物体（球、金属块或螺栓）在特定的高度掉下来砸在测试样品上。相类似的测试方法还用于测试（窗）型材和管道。这些测试可以在室温或更低的温度下操作，比如，可将样品的温度维持在−10℃。物体的降落高度和重量由多个因素决定：

① 测试试样的壁厚；

② 测试温度；

③ 想要取得的冲击结果。

在澳大利亚，高强度压力管道是根据“Torpedo 测试”标准（AS/NZS 4765：2007）测试的。降落高度为 20m，物体质量达到 5kg，在测试厚壁管道时并不少见。相反地，在欧洲，测试窗框型材时物体的质量仅有 1kg，降落高度只有 1m。一般来说仅记录在 10 个测试样品中有多少是没有断裂的，或者记录已经断裂的样品是脆性断裂还是韧性断裂（图 1.66）。

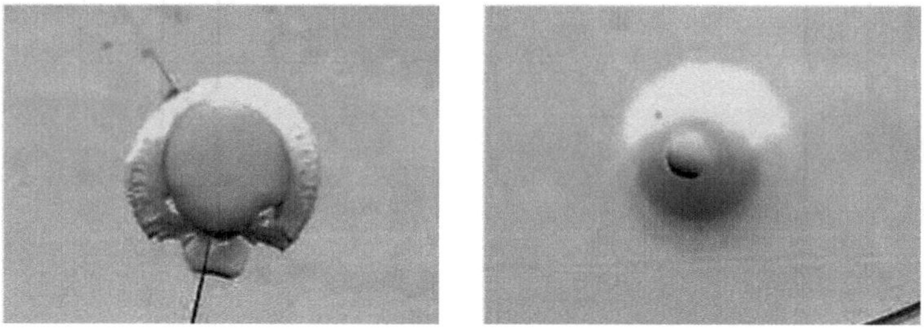

(a) 脆性　　(b) 韧性

图 1.66　脆性和韧性断裂的典型例子

有一个稍微有点不同的测试是“落锤冲击”测试，也称 Gardner 冲击测试。在该测试方法中，将平坦的测试样品放在一个碟上。碟上有一个特定尺寸的孔。孔正上方有一个特定直径的“冲击器”。一个具有特定的质量的物体，通常为 1kg，从指定的（但不是特定的）高度掉下来砸到撞击器上。因此，这个点上的冲击器就会撞进测试样品中，造成破裂。用这种方法一般情况下需要对 20 个样品进行测试。

如果应用“阶梯升降法”进行研究，就能从测量值中求出或算得更多的结果。对于阶梯升降法（又称“升降法试验”），降落高度会不断改变。如果测试样品通过了试验（没有破裂），就提高降落高度直到相同测试样品中有一个没有通过试验。然后逐步降低降落高度，直到试样重新通过试验。这个步骤要重复测试 20 个测试样品（为了确定初始降落高度，必须进行预先测试）。可以通过这个方法确定测试样品的以下值：

① 平均断裂高度（MFH），这个高度是样品发生脆性断裂的高度；

② 平均断裂能（MFN），这是断裂样品所需要的能量；

③ 标准平均断裂能（NMFN），每毫米厚的样品的平均断裂能。

整个测试过程可以自动化。例如，“CEAST 9350（FRACTOVIS PLUS）”就是一种很好的测试装置。使用冲击器进行的主要测试与上述相同，但冲击位点装有灵敏的压力传感器。这个传感器测试和记录击中样品瞬间和时间间隔极短的冲击阶段的压力变化的数值。

冲击强度由很多因素决定。对于窗框型材，下面的一些因素是已经确定的：

① PVC 的 K 值；

② 测试温度；

③ 填充含量和颗粒尺寸；

④ 改性剂种类和含量（见 2.5 节）。

加工过程中的增塑作用（在加工过程中增塑作用可能会降低冲击强度，见 2.5 节）。

1.8 动态和趋势

1.8.1 PVC 生产商、生产能力和消耗量

1977 年，西欧有 30 个 PVC 生产商，总产能达 500 万吨。他们内部需求量达 340 万吨，30 万吨用于出口。进口量可以忽略不计。30 年以后，PVC 生产商的数量降到了 11 个，到今天只剩下 9 个。可以预见 PVC 的产量在之后一些年会进一步集中，这不仅会对西欧造成影响，还会影响东欧乃至全世界。1996 年世界 PVC 的消耗量为 2200 万吨，1999 年提高到 2400 万吨，2001 年几乎达到 2700 万吨。在接下来几年到 2010 年，PVC 消耗量的增长率为每年 4.3%[165]。事实上，2011 年世界范围内 PVC 的消耗量仅为 3240 万吨[166]。中国是 PVC 消费增长最快的市场，年增长为 11%。管材和挤出型材是主要的用途。在中欧和东欧，与印度一样，增长速度稍低，但也有 7%。在印度，PVC 最多的用途仅为管材。而在欧洲，PVC 主要应用于型材和管材的挤出。非洲消费市场的增长速度为每年 6%，主要应用为管材。在北美、南美和西欧，还有亚洲的其他地区的增长率更少，仅为 1%～4%[166]。GANS 地区（格陵兰岛、北极圈北部和南部）没有确切的数据。

在西欧，S-PVC 的价格在“略少于”400 欧元/吨（1998）到“略高于”900 欧元/吨（2000）之间变动[166-168]。

1.8.2 铅替代：欧洲 PVC 行业的自愿承诺和其他国家规定

可持续性是我们时代的需要。但“可持续性”的真正含义是什么？目前存在诸多定义。其中一种表述是“可持续性是保障地球上人类的生命、健康和安全需求的能力”。这适用于现代，也适用于后代，以保证地球生态系统的平衡和其它物种在它们所处自然环境中的生存[169]。

这对 PVC 来说有什么意义呢？PVC 作为一种有争论的聚合物对可持续发展有起到积极的贡献吗？行业对此要做什么？将在第 5 章单独对此进行综合讨论。1999 年的一项预测研究提供了更多详细的信息[170]。在 2002 年，布莱顿 PVC 会议完全致力于可持续的主题：“面对可持续的未来”。在会议中，Summerbell 对怎样在企业战略中实施碳氢聚合物的可持续性做了报告[171]。Leadbitter 对 PVC 及可持续性这一主题进行了极为详细的诠释[172]。他综合地、系统地分析了目前生产可持续 PVC 产品需要面对的 5 个挑战：

① 碳中和（Norsk Hydro，现更名 INEOS，已经达到每生产 1tPVC 减少排放 120kg 的 CO_2）。

② 可控的回收利用。

③ 消除或避免“持久性的有机化合物”。

④ 所有添加剂的可持续性（2003 年 Chemson 集团公布了管材稳定剂的可持续性预估，包含钙-锌和钙-有机物稳定剂体系[173]。这个研究的作者推断基于钙-锌和钙-有机物复合物的 PVC 管材稳定剂在今天可持续发展的需求方面有很大的潜力。铅稳定剂被发现是不可持续的。除了管材外，其它在 PVC 上应用的稳定剂体系正在评估中）。

⑤ 供需链的可持续性（第一步是确定需求。瑞典卡尔斯克鲁纳布莱津理工大学最近完成了一个由许多 PVC 及 PVC 复合物的供应商和使用者参与的关于可持续发展的远程学习课程）。

本节仅探讨欧洲 PVC 行业（PVC 生产商、PVC 添加剂生产商和 PVC 加工企业）的自愿承诺且仅聚焦 PVC 稳定剂的作用。欧洲 PVC 行业的自愿承诺是 10 年计划。考虑到科技的进步和欧盟的扩张，首先在 2005 年对目标进行中期评估，然后确定 2010 年新的目标。到 2020 年的目标是“乙烯＋”。年度报告证明了严格监督计划的进度是项目中的主要部分[174]。

作为第一步举措，镉在任何 PVC 稳定剂体系中的使用于 2001 年 3 月在欧洲市场中全面禁止。与此同时稳定剂生产商继续他们的研究和开发，努力发现可替代的、常用的和高效的铅稳定剂体系。每年有 500 万欧元投资到这方面的研究中[174]。

在 2000 年，12 万吨铅稳定剂和 1.8 万吨钙-锌稳定剂被用于电缆、型材和管材的稳定化中。另外，1.7 万吨液体钡-锌或钙-锌体系被用在柔性 PVC 中，还有 1.5 万吨锡稳定剂用在透明应用领域、注射成型和地板材料中[175]。

欧洲的 PVC 稳定剂生产商承诺他们自己相对于 2000 年的水平，以一定速率逐步替代铅稳定剂：

2005 年　−15%

2010 年　−50%

2015 年　−100%

换句话说，在欧洲，铅稳定剂已在 2015 年完全被取代，主要由钙-锌体系或别的钙基体系替换。

感兴趣的读者可以在第 5 章找到关于可持续性的更多信息和讨论细节。

1.8.3 PVC 产品的回收利用

一直以来，人们都很重视 PVC 以及制品的回收利用。图 1.67[1] 更详尽地向大家展示了这个过程。当一个 PVC 制品达到其使用寿命的时候，它仍有很多其他用途。回收路径之一是重新将其应用于相似场景（塑料回收），关于这种方法比较好的例子是 Rewindo[167]。Rewindo 是德国塑料窗型材生产商发起的联合倡议。他们的目的是增加塑料制品窗、门及百叶窗的回收量。从实际成效看，PVC 窗户、门及百叶窗的回收量在不断增大。2007 年，人们共收集了 15000 吨 PVC 回收料，这个数目相当于 825000 个回收窗户。如今已经证实了，以回收材料为主体的 PVC 窗性能与原始材料 PVC 窗性能相当，所以 PVC 窗的市场也在不断扩大。新窗户时代来临了[167]。

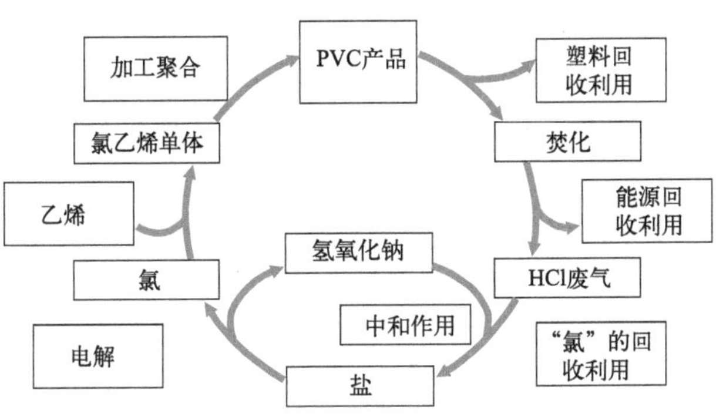

图 1.67　PVC 回收方式展示图

第一种方法：如果将锡和铅稳定的 PVC 回收料混合或联合加工，那么再次利用很有可能会出现问题，将会导致灰色或黑色的脱色。出现这种现象的原因是“硫的交叉染色”。如果加入钙-锌稳定剂或无硫的锡基稳定剂，那么这种问题就不会发生。

第二种方法是焚烧塑料。在燃烧时能产生能量，同时反应所产生的氯化物能够被利用。通常，这些加工过程也涉及能量或氯化物的再利用。

第三种方法是 PVC 与其他塑料结合时，它能够重组为合成石油馏分，也能够产生盐酸。盐酸需与氢氧化钠中和形成食盐。通过氯碱电解，食盐又能再次被分解为氯化物和氢氧化钠。氯化物和乙烯反应形成氯乙烯单体（见图 1.1），氯乙烯单体通过聚合反应生成聚氯乙烯（见 1.1 节），至此新的 PVC 再次加工出来了。

还有一种非常不同的方法——Vinyloop 方法[176]。PVC 复合材料有 PVC 与聚酯纤维复合（例如帆布制品）、PVC 与铜复合（例如缆绳、电线）、PVC 与铝复合（例如泡罩包装）以及 PVC 与其他各种塑料的复合（例如汽车仪表板）。这种回收方法能分离 PVC 复合材料。此过程分为 4 步：

① 研磨塑料废料；

② 选择溶剂溶解；

③ 分离（例如通过离心等）；

④ 干燥。

这种加工过程既能生产出拥有良好的流动性能的 PVC，又能保留其原有的材料组分，因此能作为可加工的复合物使用，而且其他回收的材料也能用于制造新产品。早在 2001 年，Vinyloop 工厂在意大利就已经开始运转了。

1.8.4 PVC 木塑复合材料

木材和聚氯乙烯常被用作两种独立的原材料。将二者结合，木材的优良性能就能与塑料灵活的工艺技术相结合[177]。这将能使产品拥有更优异的性能，拥有更多设计空间，工艺性也会有所提升。如今 PVC 与再生原材料的结合可以用于各个领域。

1988 年，瑞典的塑料加工从业者就已经开始尝试木塑混合物型材的挤出了。当时，25%的木材作为填充物混合到塑料本体中。

若将 PVC 作为聚合物组分，那就不需要相容剂了。如今这类共混物里包含 40%～70%的木纤维或木粉，混合加工分干粉混合和颗粒混合。不论采用哪种方式，PVC 的干混料以及 PVC 添加剂都应在加入木材前准备好。在下一步中有几种选择方案：

① 在上游的加工工序中，PVC 干混料和木粉被加工成颗粒状或凝聚状混合物，目的是增加混合物的堆积密度。这一步完成后，可以用标准型材或管材挤出机，配上专门适用于木塑混合物的挤出模来进行下一道工序。这种加工方法的优点

是节省了调整挤出机的成本，但缺点是预混时会导致原材料成本相对更高。

② PVC 干混料以及木粉直接通过一个专门的定量系统喂料，进入挤出机生产线，这个生产线是专为木混挤出而设计的。这种加工的优势是能相对减小原材料的成本。缺点是必须设立专门的挤出生产线，而这会是一笔高额投资，且生产线只能用于木质混合物的挤出。

③ 无需制备 PVC 干混料的预混步骤，将所有配方成分混合在一起，用片式研磨机制成为只含有 1%水分的颗粒[178]。接下来，如上文所说，颗粒在标准挤出机中进行加工。

填充了木粉的 PVC 的塑化程度能通过使用合适的润滑剂或调节螺杆几何形状来控制。对于进一步的加工，任何木制品工厂的标准设备都适用。

加工过程使用的 PVC 稳定-润滑剂是基于传统的铅稳定剂或无铅系统的。近几年，无铅稳定剂在欧洲生产饮用水压力管中十分盛行。原因之一是人们对健康和环境保护意识的提高。受这一变化的影响，将来人们一定能找到方法将无铅稳定剂融入 PVC 木塑的挤出技术里。环境友好的稳定剂不是基于钙-锌系统就是基于钙稳定剂。

在表 1.15 中，对填充 70%木粉的不同种类聚合物进行了力学性能的对比。一些重要的力学性能值表明，木粉-聚氯乙烯复合材料的性能优于其竞品。木粉与 PVC 的结合不仅可以降低成本，提高设计空间（如图 1.68 所示），而且 PVC 固有的阻燃性使它具有低可燃性。其他木粉-聚合物复合材料会在火焰熄灭后继续燃烧或阴燃，PVC 木塑材料会自行熄灭。

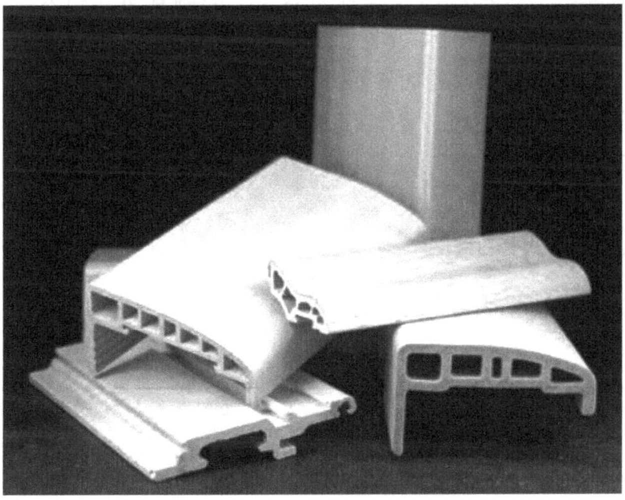

图 1.68　木粉-PVC 复合材料型材图

表 1.15　挤出木粉-聚合物制品力学性能（30%高聚物+70%木粉）

高聚物	屈服冲击强度(23℃)/(kJ/m^2)	弯曲模量/(N/m^2)
聚丙烯	3.1	4500
聚乙烯醇	3.2	4200
聚氯乙烯	3.9	4800

1.9　PVC 加工过程中的技术问题以及解决方案

“我们不能用我们创造它们时的思维方式来解决我们的问题”[179]。

1.9.1　析出

因纽特人有 27 种表达雪的方式[57]，却没有一种表达“析出”的。从表面上来看，析出是 PVC 加工过程中一个很常见的现象，然而 2002 年之前，仅有零星文献对此进行过探讨[180-184]。关于析出现象的成因、影响及其作用机理，迄今仅得到部分阐明。进入 21 世纪后，席勒等人系统地对这一现象及其机理进行了阐释[185-189]。本书第 3 章将着重讲解这个问题。

1.9.2　光效应

白色 PVC 型材作为对品质要求极高的户外产品的典型代表，其长期耐老化性能已得到深入研究，并广泛见诸各类文献。除此之外，变色问题也可能给型材及窗户制造商带来困扰，不过现在已经没有那么集中的调查研究与大量报道了。众所周知，在一个短放射期内（2～1000h）会出现光效应。在光漂白过程中，型材颜色会变得更淡[190]。当发生光致粉时，型材会明显变粉色。迄今为止，光致灰只是在与铅稳定剂结合时才观察到过。不仅仅是光效应，在侵蚀过程中，与环境因素相关的其他过程也有可能发生。然后从微黄色到棕色都会发生相似的变色。

1.9.3　挤出故障诊断指南

挤出故障诊断指南见表 1.16。

表 1.16　挤出故障诊断指南

问题描述	可能的原因及建议的解决方案
加热混合器没有适当涡流形成[144]	填充量太小[144]；增加混合器电荷量以达到最优水平
加热混合器混合时间过长[144]	填充量太小[144]；增加混合器电荷量以达到最优水平 混合工具错误组合[144]；从混合器专家寻求建议

续表

问题描述	可能的原因及建议的解决方案
加热混合器工作不稳定[144]	混合工具错误组合[144];从混合器专家寻求建议
加热混合器涂层过厚[144]	加入组成成分时顺序错误[144];改变混合器喂料顺序
干混料的热降解	加热混合器最高温度过高;采用更低温度
干混料产生凝聚	加热混合器最高温度过高;采用较低温度 转速过高;采用较低转速 填充量太大[144];减小混合器电荷量以达到最优水平
干混料不能自由流动	加热混合器最高温度过低;提高温度[191] 干混料冷却太快;提高冷却水的温度或减小冷却水流量[191] 填充水平太高[144];减小混合器电荷量以达到最优水平
冷却混合器中冷凝液问题[144]	干混料冷却太快;提高冷却水的温度或减小冷却水流量[144]
冷却混合器中涂层问题[144]	由冷凝液引起;冷却水太凉;提高冷却水的温度或减小冷却水流量[144]
冷却混合器中混合时间过长[144]	是由冷凝液、冷却水过凉引起的混合器壁上的涂层问题;提高冷却水的温度或减小冷却水流量[144]
表面呈鲨鱼皮状[192]	熔体破裂;降低挤出机头和口模温度以及清洁模具[192]
制品出现气泡或孔隙	干混料很可能含有水分或其他挥发物 检查混合过程以及原材料,研究干混料中挥发物成分,确保输送空气是干燥的 在排气区已经过度凝胶化,导致不能充分提取挥发物;在进入排气区前降低温度,通过增加外部润滑剂来延缓熔融 排气区堵塞,不能提取挥发物;确保排气孔干净以及泵的正常运转 局部过热可能会引起稳定剂组分气体释放(主要是水分);检查局部流动问题和热袋,检查加热区,调整干混料润滑剂 温度过高;采用更低温度,通过调整螺杆及干混料润滑剂来减小摩擦 检查原材料储藏室水分(偶尔季节性) 检查混合状况(见前面)
棕色条纹[192]	析出或烧焦;清洁挤出机机头和口模[192],也可参考析出章节
干混料不能完全喂料	喂料段太热;冷却进料器和进料斗,使挤出机喂料段温度降低[193]
收缩痕,"珍珠串"	由于口模压力损失,挤出物进入定型模腔过迟,制品含有"空洞"并进入定型模;在机械方面增大口模压力或改变干混料配方(例如增加一种流动改性剂)[192]
变色	挤出制品热应力过高;正确设定温度,检查螺杆径向间隙,选择更大孔径的多孔板[192] 在挤出机机头和口模上析出;将两者都清洁干净[192],也可参考析出章节 挤出机负荷过高;减少螺杆装载量,选择更大孔径的多孔板[192] 颜料的降解;使用在高温时更稳定的颜料[192]

续表

问题描述	可能的原因及建议的解决方案
黑色条纹[192]	颜料分散很差;改善混合工艺,采用更容易分散的颜料[192]
流动性变化[192],也可看作"定型模抖动"或"爬杆效应"	口模处析出[192],也可参考析出章节 口模加热装置不工作;检查口模加热装置[192] 排气不足;清洁排气区,优化机筒温度,改良干混料组分,提高混合水平[192]
输出率太低	干混料带有静电 螺杆和/或机筒的磨损 堆积密度或干混料喂料速度变化 螺杆填充能力太低 螺杆进料量不是最理想的 螺杆进料区温度过高 喂料漏斗架桥
光滑或非光滑条纹[192]	口模处析出[192];清洁口模或机头,也可参见析出章节 可参见此表中"制品出现气泡或孔隙" 流入定型模段不合理;优化口模和定型模间距,优化口模成型面温度分布[192]
内表面出现波纹	熔体温度过早到达;检查排气区凝胶化水平,增大外部润滑来延缓凝胶化(例如 PE 或石蜡)以及/或降低机筒温度 螺杆温度过高 流动不理想;安装更高效的多孔板来增大回流 局部温度过高;提高螺杆静态混合区均匀度 螺杆计量段混合能力太低 螺杆设计问题导致温度过高
低光泽或无光泽	如果光泽随时间而减少,那么原因就应该是析出的累积;也可参见析出章节 塑化程度太低,可以通过以下方法得以提升: 提高挤出温度 采用更优的螺杆设计 减小稳定剂或外部润滑剂量 提高口模温度 检查"光泽"加热器是否启动(如果可用) 所使用的无机材料太粗糙(例如碳酸钙);使用化学沉淀或更好品质的材料(碳酸钙),使用可以提高分散性的材料 干混料中有太多水分 输送气体中有太多水分
材料进入排气区	螺杆被填充过高(比如由干混料的密度过高而导致的) 凝胶化程度不是最理想的,材料仍然是粉状;提高第一和第二区域温度 熔体压力过高 螺杆和/或机筒出现磨损和断裂现象 输送段以及螺杆温度偏低 提高排气区后段的温度

续表

问题描述	可能的原因及建议的解决方案
外表面出现波纹	氧化 PE 蜡过多而使塑化太快，减少氧化 PE 蜡 流动改性剂过多而使塑化太快，减少流动改性剂 温度过高而使塑化太快，降低温度 物料流动过多而使塑化太快，减少物料流动 由于缺少推力，几乎没有物料挤出；增加产量 改变四点加热温度；协调加热区
析出	参见析出章节
排气区有粉末	塑化延迟太久；加入硬脂酸钙，提高螺杆装载能力或增加第一和第二区域温度
定型模抖动，也可看“流动性变化”和“爬杆现象”	外部润滑剂不充足；增加润滑剂 原材料变化(例如 PVC 类型或供给商) 材料横截面流动不协调 在冷却水里使用洗涤剂
力学性能不足	塑化不充分或过度；可参考“低光泽或无光泽”的解决方案 挤出物中有孔隙；可参考“制品出现气泡或孔隙” 熔体温度过高或过低(加工中有一个理想温度，如果熔体温度过高，改性剂开始分解，如果熔体温度太低，改性剂效果发挥不好) 抗冲改性剂添加量不足 抗冲改性剂不能完全分散 使用太多粗糙的碳酸钙或填充剂 干混料中的碳酸钙不能完全分散
收缩过多	牵引力过大 塑化不充分 流动性质已经改变 模具磨损 定型模磨损 顶部和底部熔体温度不同
整个流程中的变化	没有观察干混料混合后 24h 的储存状态 检查天平、混合器及混合参数 原材料质量差异 填充水平不同 干混料堆积密度不同
壁厚差异[192]	熔体脉动；降低挤出机机头及口模温度，优化螺杆设计[192]
挤出物表面有黑色斑点或污点	干混料被污染了 排气区形成沉积物(并且混入熔体) 排气区物料没有适度胶化；改变润滑剂(稳定剂供应商)而使物料更早凝胶化或提高排气区之前的区域温度或者提高螺杆温度 螺杆或机筒出现磨损或断裂 从样品的 REM-EDX 分析找到具体原因 检查一批次所使用的原材料的质量 检查模具烧伤痕或在金属表面的沉积物

续表

问题描述	可能的原因及建议的解决方案
爬杆现象的影响[192]，也可参考“定型模抖动”和“流动性变化”	可以参见“流动性变化”[192] 增加外部润滑剂[192] 使用低分子量 PVC 流动改性剂
挤出型材出现斑点	可能由模具中析出引起(可参见析出章节) 在混合器或输送管道已经形成沉积物 混合器中分散不充分 排气区形成沉积物 由于非最佳混炼工艺而使致密添加剂分散不充分 一些原材料中有大量超过 50μm 没熔化颗粒 REM-EDX 污点分析可以为找到原因提供一定帮助 测定筛选干混料中比 100μm 大的残渣数量 检查筒仓卡车之前的货运历史 模具中的沉积物 混合加工中使用液体了吗？液体又是怎么加入的？ 分散不充分能导致结块
定型模的磨损	上述“模具磨损”中所提到的原因基本上都适用 冷却水硬度不够 冷却水是酸性的；检查 pH 值 冷却水有杂质
模具磨损	使用磨损的原材料 填充物或碳酸钙的数量过多 二氧化钛数量过多 碳酸钙的材质较粗 模具材料不适用 模具没有适度保养 由析出以及灼烧等导致的侵蚀(可参见析出章节)
当切除焊珠时有碎片[192]	熔融不均匀；使用设计更优良的螺杆或使用孔更紧密的多孔板[192]
在焊接时或在焊缝中有气泡	型材有湿气；提高排气力度以保障包装、运输以及原材料的存储。确保干混料储存在干燥环境下[144] 焊接板温度过高或焊接时间过长；这会产生一些添加物而释放水；将焊接温度减少 5～10℃，缩小焊接时间或普遍提高焊接参数
焊珠变色[194]	焊接板温度太高[194]或焊接时间太长
焊接后的角强度太低[194]	焊接板温度太低或焊接时间太短[194] 加入压力过高；采用正确的压力[194] 斜接角不正确；调整斜接角[194] 在焊缝内有气泡产生 焊接板没有完全调整好；重调[194] 型材太凉；应进行调温处理，时长至少 24h[194] 材料没有适度胶化；检查凝胶化水平以及改善挤出参数 模具中析出；参见析出章节

表 1.17 稳定剂生产商

生产商	商品名	钙基		铅基	锡基		单组分（辅助稳定剂、金属皂、润滑剂）	液态稳定剂	固态稳定剂	其他 PVC 添加剂
		钙/锌	有机钙		硫醇盐	羧酸盐				
ADEKA	ADK Stab	×			×	×	抗氧剂、磷酸酯、UV 稳定剂、HALS			增塑剂
AKCRO 化工	Akrostab, Interstab, Lankromark, Lankflex	×			×	×	抗氧剂、润滑剂、金属皂、有机亚磷酸酯、UV 稳定剂、HALS	×		增塑剂，抗菌剂
AKDENIZ KIMYA	Aksab, Akstab, Akropan, Aklub, DMA, PRO, AS	×	×	×			铅单组分，金属皂、润滑剂、水滑石、β-二酮	×	×	冲击改性剂，加工助剂，增塑剂
PMS 集团（前 ARKEMA）	Thermolite				×		抗氧剂、润滑剂、金属皂		×	加工助剂，抗静电剂
ALA 化工		×		×	×	×	铅单组分、金属皂、有机亚磷酸酯	×	×	高分子增塑剂
ARYAVART 化工	Instabex			×	×		铅单组分	×	×	
ASUA 制品		×	×	×	×	×		×	×	
BAERLOCHER	Baerolub, Baerostab, Baeropan, Baerocid, Ceasit, Zincum	×	×	×	×	×	铅单组分、金属皂、润滑剂	×	×	
CATENA 添加剂	Safire, Eurostab, Greenstab	×	×					×	×	阻燃剂
CHEMSON	Listab, Naftovin, Naftomix, Naftosafe, Naftolub, Naftoblend	×	×	×			铅单组分、金属皂、润滑剂		×	
DANSUK 工业		×		×			铅单组分、金属皂		×	
GALATA 化工（先前的 CHEMTURA）	Mark, Marklube, Markstab, Drapex OBS, Weston, Blendex, Royaltuf, Actafoam, Celogen	×	×		×	×	有机亚磷酸酯、润滑剂	×	×	抗静电剂、抗冲改性剂、增塑剂
Floridienne 化学	Floratab, Eurostab, Greenstab	×	×	×			金属皂	×	×	
AM 稳定剂集团（前HALSTAB）	Halstab, Plastistab	×		×				×	×	

续表

生产商	商品名	钙基		铅基	锡基		单组分(辅助稳定剂、金属皂、润滑剂)	液态稳定剂	固态稳定剂	其他 PVC 添加剂
		钙/锌	有机钙		硫醇盐	羧酸盐				
IKA-INNOVATIVE KUNSTSTOFF AUFBEREITUNG	IKA 系列	×	×	×			铅单组分	×	×	
IMBRA INDUSTRIAS QUIMICAS	Plastabil,Plasnagen,Drapex	×					有机亚磷酸酯、金属皂	×	×	增塑剂、发泡剂
LIMFLOR	Kimstab,Kimplast	×	×	×	×		铅单组分、金属皂、润滑剂	×	×	增塑剂
LAMBERTI 集团	Lastab,Synpack,Lubex,Polirol	×	×					×	×	促进剂、抗静电剂、防雾剂、黏度改性剂
NORAC ADDITIVes	Norstab,Norac XL,Norac EL,Mathe Coad	×					金属皂、润滑剂		×	
PLATINUM 化工	PCL			×			铅单组分、金属皂	×	×	
REAGENS 集团	Reablend,Reapack,Reatinor,Stabilox,Stabiol	×	×	×	×	×		×	×	
DOW 化学	Advapak,Advawax,Advastab,Adwalube				×		润滑剂		×	抗冲改性剂、加工助剂
SAKAI 化工	Stabiace,OW- and LHR- 系列	×		×	×		铅单组分、水滑石、金属皂、有机亚磷酸酯	×	×	阻燃剂
SHITAL 工业	Shitastab,Shicanol	×			×			×	×	环氧大豆油
SONGWON	Songstab,Songnox,Songlight,Songsorb	×			×	×	抗氧剂、HALS、有机亚磷酸酯、UV 稳定剂、金属皂、润滑剂	×	×	增塑剂
SUN ACE KAKOH	SAK-系列	×	×	×	×	×	金属皂	×	×	
云南锡业公司	YT-系列				×			×		

1.10 稳定剂生产商

在表 1.17 中列举了各种各样的稳定剂生产商。作者也意识到，其中并没有包含许多较小的生产厂家。在这本书定稿期间，社会还在发生变化。因此，本列表在任何时候都不能视为是完全详细的。

参考文献

[1] Norsk Hydro; Facts about PVC (Brochure without further information)

[2] D. Braun; Pure Appl. Chem., 53 (1981) p. 549

[3] T. U. Hjertberg; Formation of Anomalous Structures in PVC and Their Influence on the Thermal Stability, Dissertation, Chalmers University of Technology, Gothenburg, Sweden (1987)

[4] A. Michel; J. Vinyl. Technol., 7 (1985) p. 77

[5] A. Guyot; J. Vinyl. Technol., 7 (1985) p. 92

[6] D. Druesedow, C. G. Gibbs; Natl. Bur. Stand. Circ. (U. S.) 525 (1953) p. 69

[7] D. E. Winkler; J. Polym. Sci., 35 (1959) p. 3

[8] R. R. Stromberg, S. Straus, B. G. Achhammer; J. Polym. Sci., 35 (1959) p. 355

[9] N. Murayama, Y. Amagi; J. Polym. Sci., B-2 (1966) p. 115

[10] R. Schlimper; Plaste Kautsch., 14 (1967) p. 657

[11] C. G. Marks, J. L. Benton, C. M. Thomas; Sci. Monogr., 26 (1967) p. 204

[12] T. Kelen, G. Balint, G. Galambos, F. Tudos; Eur. Polym. J. (1969) p. 597

[13] K. P. Nolan, S. S Schapiro; J. Polym. Sci., Polym. Symp., 14 (1976) p. 201

[14] E. D. Owen, J. Pasha; J. Polym. Sci., Polym. Lett., 16 (1978) p. 429

[15] T. T. Nagy, B. Turcsanyi, T. Kelen, F. Tüdos; React. Kinet. Catal. Lett., 8 (1978) p. 7

[16] T. Kelen; J. Macromol. Sci., Part A: Appl. Chem., 12 (1978) p. 349

[17] T. Kelen, B. Ivan, T. T. Nagy, B. Turcsany, F. Tüdös; Polym. Bullezinn, 1 (1978) p. 79

[18] R. C. Hedon, W. H. Starnes; Adv. Chem. Serv., 169 (1978) p. 333

[19] V. P. Gupta, L. E. St. Pierre; J. Polym. Sci., Polym. Chem. Ed., 17 (1979) p. 797

[20] F. Tüdös, T. Kelen, T. T. Nagy; In Developments in Polymer Degradation, N. Grassie (Ed.), Applied Science Pub. (1979) p. 187

[21] B. B. Cooray, G. Scott; Eur. Polym. Sci., 16 (1980) p. 169

[22] R. P. Lattimer, W. J. Kroeneke; J. Appl. Polym. Sci., 25 (1980) p. 101

[23] T. T. Nagy, B. Ivan, B. Turcsany, T. Kelen, F. Tüdös; Polym. Bullezinn., 3 (1980) p. 613

[24] A. R. Amer, J. S. Shapiro; J. Macromol. Sci., Part A Appl. Chem., 14 (1980) p. 185

[25] D. Braun; Pure Appl. Chem., 53 (1981) p. 549

[26] W. H. Starnes Jr.; Developments in Polymer Degradation 3, N. Grassie (Ed.) Applied Science Publishers Ltd., London (1981) p. 135

[27] T. V. Hoang, A. Michel, A. Guyot; Polym. Degrad. Stab., 4 (1982) p. 427

[28] R. P. Lattimer, W. J. Kroeneke; J. Appl. Polym. Sci., 27 (1982) p. 1355

[29] V. Bellenger, L. B. Carette, E. Fontaine, J. Verdu; Eur. Polym. J., 18 (1982) p. 337

[30] C. Decker, In Degradation and Stabilization of PVC, E. D. Owen (Ed.), Elsevier, London (1984) p. 81References 109

[31] E. D. Owen; Chemical Aspects of PVC Stabilization, In Degradation and Stabilisation of PVC, E. D. Owen (Ed.), Elsevier, London (1984) p. 197

[32] E. W. J. Micheil; J. Mater. Sci., 20 (1985) p. 3816

[33] A. Guyot; J. Vinyl Technol., 7 (1985) p. 92

[34] R. Lukáš, O. Prádová; Makromol. Chem., 187 (1986) p. 2111

[35] J. B. Adeniyi, G. Scott; Polym. Degrad. Stab., 17 (1987) p. 117

[36] K. S. Minsker, R. B. Pancheshnikova, G. E. Zaikov; Polym. Degrad. Stab., 19 (1987) p. 1

[37] J. W. Burley, Appl. Organomet. Chem., 1 (1987) p. 95

[38] W. H. Starnes Jr.; Polym. Mat. Sci. Eng., 58 (1988) p. 58

[39] E. Mazinnsson, T. Hjertberg, E. Sörvik; Macromol., 21 (1988) p. 136

[40] G. Montaudo, C. Puglisi; Polym. Degrad. Stab., 33 (1991) p. 229

[41] J. Millan, G. Marzinnez, M. L. Jimeno, P. Tiembolo, C. Mijangos, J. M. Gomez-Elvira; Makromol. Chem., Macromol. Symp., 48/49 (1991) p. 403

[42] K. Patel, A. Velazquez, H. S. Calderon, G. R. Brown; J. Appl. Polym. Sci. 46 (1992) p. 179

[43] J. P. H. M. Hillemans, C. M. C. J. Colemonts, R. J. Meier, B. J. Kip; Polym. Degrad. Stab., 42 (1993) p. 323

[44] R. Bacaloglu, M. Fisch; Polym. Degrad. Stab., 45 (1994) p. 30

[45] K. S. Minsker; In Polymer Yearbook, 11 (1994) p. 229

[46] R. Bacaloglu, M. Fisch; Polym. Degrad. Stab., 45 (1994) p. 315

[47] R. Bacaloglu, M. Fisch; Polym. Degrad. Stab., 45 (1994) p. 325

[48] R. Bacaloglu, M. Fisch; Polym. Degrad. Stab., 47 (1995) p. 9

[49] Y. Tanabe, H. Kyotani, K. Akagi, H. Shirakawa; Makromol., 28 (1995) p. 4173

[50] W. H. Starnes, S. Girois; In Polymer Yearbook, 12 (1995) p. 105

[51] P. Šimon, L. Valko; Polym. Degrad. Stab., 35 (1995) p. 249

[52] R. Bacaloglu, M. Fisch; Polym. Degrad. Stab., 47 (1995) p. 33

[53] W. H. Starnes, J. A. Wallach, H. Yao; Macromol., 29 (1996) p. 7631

[54] J. Millán, G. Marzinnez; Rev. Plast. Mod., 73 (1997) p. 570

[55] M. Fisch, R. Bacaloglu; J. Vinyl Addit. Technol., 5 (1999) p. 205

[56] http://www.w3.org/TR/md-policy-design

[57] http://seltzer.tripod.com/jewish.html

[58] http://www.iupac.org/publications/ci/2001/november/heavymetals_t1.html

[59] B. Streit; Lexikon der Ökotoxikologie, VCH, Weinheim, Germany (1994)

[60] H. Bennet (Ed.); Concise Chemical and Technical Dictionary 4th enlarged ed., Edward Arnold, London (1986)

[61] US 2, 141, 126 (1934) Union Carbide

[62] US 2, 075, 543 (1937) Union Carbide

[63] US 2, 103, 581 (1937) Hazel Atlas Glass Co. 110 1PVC Stabilizers

[64] M. Schiller; unpublished results

[65] US 2, 367, 483 (1942) Wingfoot Corp.

[66] DE 1, 179, 708 (1961) Montedison Spa

[67] T. V. Hoang, A. Michel, A. Guyout; Eur. Polym. J., 12 (1976) p. 357
[68] R. Bacalogulu, M. H. Fisch, J. Kaufhold, H. J. Sander; Plastic Additives Handbook, 5th ed., Hanser Publishers, Munich (2001) p. 457
[69] H. Andreas; Taschenbuch der Kunststoff-Additive, 3rd ed., Carl Hanser Verlag, Munich, German (1990) p. 313
[70] US 4, 209, 439 (1977) Labaz
[71] W. V. Titow; PVC Technology, 4th ed., Elsevier Applied Science Publishers Ltd. (1984) p. 796
[72] DE S101, 985, G. Siegle & Co. GmbH (1966)
[73] T. Hopfmann; Organic-Based Stabiliser Systems for Pipe Applications at Current Trends in PVC Technol., Loughborough, UK (2000)
[74] Interorgana Chemiehandel GmbH; Infodata (Technische Information)
[75] K. Thinius; Stabilisierung und Stabilisatoren von Plastwerkstoffen, Berlin; Akademie-Verlag, Germany, Bd. 1 (1969) pp. 248 - 267 and the cited literature inside
[76] EP 1583796
[77] EP 1343838; US 7, 358, 286
[78] R. Mayer, M. Schiller (Eds.); Handbuch der Kunststoff-Additive, Chapter on PVC, C. Hanser Verlag, Munich, Germany, in preparation (planned 2014)
[79] US 2, 075, 543 (1937) Union Carbide
[80] US 2, 716, 092 (1955) W. E. Leistner and A. C. Hecker
[81] A. H. Frye, R. W. Horst; J. Polym. Sci., A2 (1964) p. 1765
[82] M. Onozuka, W. Bengough; J. Polymer, 6 (1965) p. 625
[83] M. Onozuka, M. Asahina; Macromol. Sci., Rev. Macromol. Chem., C3 (1969) p. 235
[84] T. V. Hoang, A. Michel, A. Guyot; Eur. Polym. J., 12 (1976) p. 337
[85] D. Braun, D. Hepp; Angew. Makromol. Chem., 66 (1976) p. 23
[86] K. B. Abbas, E. H. Sörvic; J. Vinyl Technol., 2 (1980) p. 87
[87] A. Gupper, P. Wilhelm, M. Schiller; Degradation of Poly (Vinyl Chloride) with Different Additives Studied by Micro-Raman Spectroscopy, Addcon, Budapest, Hungary, Oct. (2002)
[88] H. Andreas; Taschenbuch der Kunststoff-Additive, 3rd ed., C. Hanser Verlag, Munich, Germany (1990) p. 303
[89] H. Andreas; Taschenbuch der Kunststoff-Additive, 3rd ed., C. Hanser Verlag, Munich, Germany (1990) p. 308
[90] M. Schiller, A. Şahin, B. Aldanmaz, Ö. Aksin Artok; These are the days of our lifes -current trends in uPVC processing, ChemOrbis-Turkey' s 1st PVC Conf., Istanbul, Turkey, Feb. (2014) References 111
[91] US-PS 2, 219, 463 (1940) Carbide & Carbon Chem. Corp.
[92] US-PS 2, 731, 484 (1956) The Firestone Tire & Rubber Co.
[93] H. Andreas; Taschenbuch der Kunststoff-Additive, 3rd ed., C. Hanser Verlag, Munich, Germany (1990) p. 296
[94] K. Figge, W. Freytag, W. D. Bieber; Dtsch. Lebensmit. Rdsch., 75 (1979) p. 333
[95] C. M. Matos, J. Kroll, H. Hoppe, K. Romminger, H. Woggon; Z. ges. Hyg., 33 (1987) 258 - 260
[96] K. Figge, W. D. Bieber, J. Klahn; Dtsch. Lebensmit. Rdsch., 79 (1983) p. 69

[97] B. Dero; The Future of tin stabilisers in PVC applications, PVC Formulation 2010, Cologne, Germany, March (2010)

[98] M. Schiller, Ç. Heris; Tin stabilizers in window profiles-no-one but you, Profiles 2011, Philadelphia, PA, June (2011)

[99] H. Andreas; Taschenbuch der Kunststoff-Additive, 3rd ed., C. Hanser Verlag, Munich, Germany (1990) p. 52

[100] E. W. J. Mitchell; True Stabilization; The Mechanism by which Lead Compounds Inhibit PVC Thermal Dehydrochlorination, Associated Lead Manufacturers; Seminar Interplas, Birmingham, AL (1985)

[101] M. Schiller, Ç. Heris, T. Uysal, A. Sahin; New Generation of Lead based Window Profile stabilisers, 2nd Int. Customer Symposium, Cesme, Turkey, Sept. (2010)

[102] M. Schiller, Ç. Heris, T. Uysal; Low metal stabilisers in PVC pipe extrusion-A Kind of Magic, Middle East Plastic PIPES 2011, Dubai, United Arab Emirate, May (2011)

[103] M. Schiller, B. Pelzl, I. Sewell; Seltenerdmetall-Stabilisatoren: Schein und Wirklichkeit, Kustst., Sept. (2007) p. 241

[104] DE 3, 019, 632 (1980) Kyowa Chem. Ind. Co., Ltd.

[105] EP 189, 899 (1985) Kyowa Chem. Ind. Co., Ltd.

[106] EP 432, 495 (1989) Kyowa Chem. Ind. Co., Ltd.

[107] EP 522, 810 (1991) Kyowa Chem. Ind. Co, . Ltd.

[108] DE 4, 425, 266 and DE 4, 425, 275 (1994) Metallgesellschaft AG

[109] EP 549, 340 (1991) Mizusawa Industrial Chem.

[110] EP 742, 782 (1994) Chemson Polymer-Additive AG

[111] WO 9, 723, 558 (1997) Akcros Chem.

[112] DE 3, 941, 902 (1989) Bärlocher GmbH

[113] EP 453, 379 (1991) Rhone Poulenc Chimie

[114] DE 4, 238, 567 (1992) Henkel KGaA

[115] AT 391, 474B (1988) Chemson Polymer-Additive AG

[116] I. Georges-Guerand; PROFILES 2001, March (2001); http://www.benvic.com/static/wma/pdf/2/8/1/2/Lectures.pdf; downloaded (03/2009)

[117] K. Nomiyama, T. Tanizaki, T. Koga, K. Arizono, R. Shinohara; Oxidative Degradation of BPA Using TiO_2 in Water, and Transition of Estrogenic Activity in the Degradation Pathways, Arch. Environ. Contam. Toxicol., 52 (2007) p. 8112 1 PVC Stabilizers

[118] K. S. Minsker, S. V. Kolesov, V. M. Yanborisov, G. E. Zaikov; Polym. Degrad. Stabil., 15 (1986) p. 308

[119] A. Michel, T. V. Hoang, B. Perrin, M. L. Llauro; Polym. Degrad. Stabil., 3 (1980-1981) p. 107

[120] DE 3, 839, 418 (1987) Ciba-Geigy AG

[121] EP 22, 749 (1980) Ciba-Geigy AG

[122] WO 9, 516, 739 (1993) Akcros Chem

[123] Rhodiastab 50, Product Data Sheet E90002126, Nov. (2010)

[124] D. F. Anderson, D. A. McKenzie; J. Polym. Sci. (1970) p. 2905

[125] T. V. Hoang, A. Michel, A. Guyot; Eur. Polym. J., 12 (1976) p. 347

[126] T. V. Hoang, A. Michel, A. Guyot; Polym. Degrad. Stabil., 4 (1982) p. 427

[127] EP 625, 546 (1993) Ciba-Geigy Corp.

[128] EP 0041479; US 4352903

[129] EP 0677551

[130] EP 0625546

[131] D. Rysavy, Z. Slama; Angew. Makromol. Chem., 9 (1969) p. 129

[132] G. A. Rasuvaev, L. S. Troitskaja, B. B. Troitskii; J. Polym. Sci., A-1, 9 (1971) p. 2673

[133] K. S. Minsker, S. V. Kolesov, G. E. Zaikov; J. Vinyl. Technol., 2 (1980) p. 141

[134] http://echa. europa. eu/de/proposals-to-identify-substances-of-very-high-concern previous

[135] http://www. aft-website. com/en/chemistry/riser; downloaded (11/2014)

[136] WO 93-07208 (1991) Ferro Corp.

[137] H. O. Wirth, H. Andreas; Pure Appl. Chem., 49 (1977) p. 627

[138] T. Jida, K. Goto; J. Appl. Polym. Sci. 25 (1980) p. 887

[139] T. V. Hoang, A. Guyot; Polym. Degrad. Stab., 12 (1985) p. 29

[140] Mark 6045 in EP 768, 336, p. 36, Tab. 1

[141] JP 04, 173, 854 (1992) Asahi Denka Kogyo K. K.

[142] Chemson' s cable brochure, http://www. chemson. com/index. php? id=11&L=5; downloaded (11/2012)

[143] E. Roehrl; PVC Taschenbuch, C. Hanser Verlag, Munich, Germany (2007) p. 151

[144] http://www. mti-mixer. de/en/downloads; Technical report-Preparation of PVC

[145] G. Aylett; Greg Aylett & Assoc. Pty. Ltd., PO Box 159, St. Clair 2759, Australia; 7 Evenstar Place, St. Clair 2759, Australia

[146] H. Klingenfuss, A. Zahn; Determining the Level of Gelation by ODSC on PVC Window Profiles, PVC 2002, Brighton, UK (2002)

[147] EN ISO 306: 1996, Ausgabe, January (1997)

[148] DIN 50011

[149] C. H. Stapfer; Plast. Eng. (1977) p. 35References 113

[150] DIN 53381, Ausgabe, May (1983)

[151] R. P. Taubinger; Polym. Test., 6 (1986) p. 337

[152] Natürliche und Künstliche Bewitterung bei Polymerwerkstoffen (Conference) Eds., Süddeutsches Kunststoffzentrum, Würzburg, Germany (1987)

[153] J. Lemaire, N. Siampiringue, C. Spriet, P. Dabin; Towards the Prediction of Discolouration of White Rigid Profiles under Mild Weathering Conditions, J. Vinyl Addit. Technol., Düsseldorf, Germany, 6 (2000) p. 69 [29. 02. 00 bzw]

[154] Atlas: Material Testing Product and Technology News, Vol. 31 Issue 65 (2001) p. 14

[155] M. Große-Aschhoff; Kustst., 89, no. 8 (1999) pp. 52 - 53

[156] K. Kitai, K. Okano, P. Holsopple; Selecting the Proper Process Aid for the Application, ANTEC, Detroit, MI (1992)

[157] P. C. Hughes, K. G. Mieure; Evaluation of Secondary Lubricants for Rigid PVC Extrusion, Ann. Tech. Conf. Soc. Plast. Eng. (1991) p. 1194

[158] N. L. Thomas, R. L. Harvey; Use of Experimental Design to Investigate Processing Conditions and k-Value Effects in PVC Window Profile Extrusion, PVC 1999, Brighton, UK (1999)

[159] J. T. Lutz Jr.; J. Vinyl Technol., 15, no. 2, (1993) p. 82

[160] D. L. Dunkelberger, S. J. Fitzwater; Gloss Control Additives for PVC, Soc. Plast. Eng., Tech. Pap. (1989) pp. 725 - 729

[161] G. W. Becker, D. Braun; Kunststoff Handbuch-Polyvinylchlorid 2/22nd völlig neu bearbeitete ed., C. Hanser Verlag, Munich, Germany (1986) p. 1355

[162] H. Andreas; Taschenbuch der Kunststoff-Additive 3rd ed., C. Hanser Verlag, Munich, Germany (1990) p. 327

[163] H. -J. Moriske, T. Salthammer, M. Wensing, A. Klar, P. Meinlschmidt, J. Pardemann, A. Riemann, W. Schwampe; Gefahrstoffe-Reinhalt. Luft, 61, no. 9 (2001) p. 387

[164] http://www.baustoffchemie.de/fogging/

[165] D. Thompson; The Importance of Competitiveness to Business and Product Sustainability, PVC 2002, Brighton, UK (2002)

[166] R. Grasmück; The global PVC industry, stabilization trends and the European VinylPlus initiative, i-PVC Conference 2012, Mumbai, India, Oct. (2012)

[167] http://www.rewindo.de/profil.htm; downloaded (11/2012)

[168] http://europa.eu.int/smartapi/cgi/sga_doc? smartapi! celexplus! prod! CELEXnumdoc&numdoc=389D0190&lg=DE; downloaded (11/2012)

[169] http://www.earthethics.com/definition_-_sustainability.htm; downloaded (11/2012)

[170] Prognos-Studie; PVC in Ausgewählten Produktsystemen-Ein Beitrag zur Nachhaltigkeitsdiskussion (1999) Deutscher Instituts-Verlag, Köln, Germany, ISBN 3-602-14485-2; Herausgeber: Arbeitsgemeinschaft PVC und Umwelt e. V. (AgPU), Steuerungsgruppe; Dialogprojekt PVC und Nachhaltigkeit

[171] D. Summerbell; A Sustainable Development-How to Implement a Business Strategy, PVC 2002, Brighton, UK (2002)

[172] J. Leadbitter; PVC and Sustainability, Prog. Polym. Sci. (2002) 27, p. 2197114 1PVC Stabilizers

[173] K. E. Lunde, J. Leadbitter, M. Schiller; Sustainability Assessment of Stabiliser Systems for Use in PVC Pipes, Plast., Rubber Compos., Vol. 34, 3 (2005) p. 155

[174] http://www.vinyl2010.org/

[175] M. Rosenthal; The Voluntary Commitment-Stabiliser Changes, PVC 2002, Brighton, UK (2002)

[176] http://www.agpu.de/news011001.htm; downloaded (11/2012)

[177] D. De Souza, M. Schiller, A. Egger, R. Haberleitner, I. Bergmann, H. Zodl; Holzextrusion: Eine Chance oder eine Herausforderung für PVC?, GAK, 58, Dec. (2005) p. 775

[178] http://www.woodsymposium.wsu.edu/Proceedings05/Session%20II%20pdf%20files/Pallman.pdf; downloaded (11/2012)

[179] A. Einstein

[180] R. F. Lippoldt; How to Avoid Plate-Out in Extruders, Plast. Eng., Sept. (1978) pp. 37 - 39

[181] A. Bos, T. Hülsmann, S. Jürgens, M. Sander; Plate-Out in Extrusion Conference Proceedings, Neuigkeiten in der Extrusion, Würzburg, Germany (1999)

[182] J. Parey; Plate-Out-Cause and Remedy, Kunststoffberater, 4 (1980) p. 39

[183] D. A. Holtzen, J. A. Musiano; Die Lip Plate-Out-A Proposed Mechanism, DuPont Technical Update

[184] G. Bussman, H. Ruse, B. Kerr; Plate-Out in PVC Processing, Kunstst., 88, 12 (1998) p. 2154

[185] M. Schiller, A. Egger, P, Stern; Profile, Produktion, Probleme-Eine unvermeidbare Dreieinigkeit?

5th Fachtagung Neuigkeiten in der Extrusion, Würzburg, Germany, May (2000)

[186] M. Schiller, R. Haberleitner, M. Gilbert, N. Varshney, K. van Soom; Plate-Out-Mehr als nur ein Phänomen? (1) Plate-Out im Extruder, GAK, 56, Dec. (2003) p. 786

[187] M. Schiller, R. Haberleitner, M. Gilbert, N. Varshney, M. Walon; Plate-Out-Mehr als nur ein Phänomen? (2) Plate-Out im Extruder, GAK, 57, Feb. (2004) p. 106

[188] M. Schiller, B. Pelzl, R. Haberleitner; Plate-Out-Mehr als nur ein Phänomen? (3) Plate-Out im Extruder-Der Einfluss von Kreide, Modifier, Titandioxid und Extrusionsbedingungen, GAK, 61, June (2008)

[189] M. Gilbert, N. Varshney, K. van Soom, M. Schiller; Plate-Out in PVC Extrusion. I. Analysis of Plate-Out, J. Vinyl Addit. Technol., 14, March (2008) p. 3

[190] M. Schiller, D. De Souza, P. Stern, S. Cockett, H. Huisman; "Photoblueing von PVC Profilen" GAK, 58, Nov. (2005) p. 704

[191] E. Roehrl; PVC-Taschenbuch, C. Hanser Verlag, Munich, Germany (2007) p. 64

[192] E. Roehrl; PVC-Taschenbuch, C. Hanser Verlag, Munich, Germany (2007) pp. 113-114

[193] E. Roehrl; PVC-Taschenbuch, C. Hanser Verlag, Munich, Germany (2007) pp. 92-96

[194] E. Roehrl; PVC-Taschenbuch, C. Hanser Verlag, Munich, Germany (2007) p. 131

第2章
其他 PVC 助剂

2.1 润滑剂
2.2 功能性填料
2.3 增塑剂
2.4 二氧化钛
2.5 加工助剂及抗冲改性剂
参考文献

2.1 润滑剂

2.1.1 引言

润滑剂（常常不准确地称为蜡）是另外一类重要的 PVC 助剂。它们的用量虽不能与填料等物质相比较，但它有自己特定的功能。稳定剂及润滑剂可通过稳定-润滑“一包化”共同使用。一方面，没有润滑剂实质上就没有 PVC 的加工和应用。另一方面，许多稳定剂如金属皂除了具有稳定的流变性能也有一定的润滑性。

润滑剂影响以下方面：加工窗口的整体情况，包括一般情况和重要细节；塑化过程，以及随后的环节；挤出物的力学性能；壁面滑移行为；金属剥离性；挤出扭矩；挤出压力；熔体温度；熔体黏度；熔体均匀性；熔体弹性；动态稳定性；挤出物表面质量；光泽度；析出行为（参见第 3 章）；挤出胀大，及其表现形式：挤出物尺寸，拉动型材或管道通过定型装置所需的牵引力，收缩率；焊接行为；无机/不熔组分的混入和分散，例如填料；玻璃化转变温度[1-2]、维卡软化点和延展性；成品的密度；成品的透明性；挤出量，最后但并非最不重要；成品的价格。

从影响因素的数量和复杂性可得出结论，类似于所谓“蝴蝶效应”对天气的影响[3]，润滑剂平衡的改变不仅会产生预期的效果，也会产生不可限量难以预期的副作用。

与稳定剂类似，润滑剂也无法用一种简单的、通用性的化学公式来定义。各种润滑剂的功能差异极大，主要体现在生产过程中，有时也会影响到最终产品。正因如此，润滑剂的化学原理也是多种多样的。

由德国脂肪科学协会（DGF）所定义的名词蜡，在文献中经常见到，最初是针对历史上最重要的应用——护理产品而提出的[4]。尽管如此，它也可以用于塑料工业的许多领域。通常，许多润滑剂也可以通过以下性能来表征。

某种物质有如下特征时，被称为蜡：

① 能在 20℃时捏合；

② 脆而硬的固体；

③ 粗糙的微结晶结构；

④ 是半透明到不透明的，但不是玻璃状的；

⑤ 在 40℃以上熔融，但不分解；

⑥ 有较低的熔融黏度，仅比熔融温度高几摄氏度即可熔融；

⑦ 稠度和溶解度有强烈的温度依赖性；

⑧ 可在轻微压力下抛光。

我们认为 PVC 加工中的润滑剂不会仅仅由一种化学物质组成（但是，正如阿尔伯特·爱因斯坦所说：“没有实验可以证明我是正确的，但只需一次简单的实验

就可以证明我是错误的"[5] ）

许多润滑剂是基于可再生的原材料，如油和脂肪。因此，润滑剂中脂肪酸的化学组分因其来源而异。比如，在 PVC 工业中的硬脂酸不同于化学中所定义的纯正的硬脂酸，它是混有（化学纯）硬脂酸和少量（化学纯）棕榈酸以及少量其他脂肪酸的混合物。我们会在第 3 章析出中讨论，聚乙烯蜡也仅仅是粗略概括。两种来自于不同产地的聚乙烯蜡，即便特定的化学和物理参数（如酸值、皂化值、熔点、滴点）都一样，也是不同的蜡。即使它们有相同的平均分子量，也会有不同的分子量分布、不同的总分子量和不同的碳支链。石蜡也是这样，无论它是基于石油还是通过费-托工艺制得。图 2.1 是 PVC 工业中常见的润滑剂种类。

脂肪醇	R—OH($R=C_{12}H_{25}\sim C_{22}H_{45}$，主要为 $C_{16}H_{33}\sim C_{18}H_{37}$)	例：硬脂醇
脂肪醇二羧酸酯	二羧酸和脂肪醇酯	例：邻苯二甲酸二硬脂醇酯
脂肪酸	R—CO—OH($R=C_{11}H_{23}\sim C_{21}H_{43}$，主要为 $C_{15}H_{31}\sim C_{17}H_{35}$)	例：硬脂酸，12-羟基硬脂酸
脂肪酸(二)酰胺	$R—CO—NH_2$ 或 $R—CO—NH—(CH_2)_n—NH—CO—R$	例：亚乙基双硬脂酰胺
金属皂	Me(Ⅱ)$(RCOO)_2$，R 主要为 $C_{15}H_{31}\sim C_{17}H_{35}$	例：钙锌镁铅的中性硬脂酸盐
脂肪酸/醇的酯	R—O—CO—R′，R 主要为 $C_{15}H_{31}\sim C_{18}H_{37}$	例：硬脂酸酯
复合酯类	二羧酸酯，多元醇和脂肪酸	例：己二酸季戊四醇硬脂酸酯
高级脂肪酸	R—CO—OH($C_{11}H_{23}\sim C_{21}H_{43}$，R 主要为 $C_{25}H_{51}\sim C_{40}H_{81}$)	例：蒙脱石酸
氧化聚乙烯蜡	基于含有 OH、C═O、COOH 基团的 PE 蜡	
聚乙烯蜡	$C_{125}H_{252}\sim C_{700}H_{1402}$	偶数的、线型的或分支的
石蜡	$C_{20}H_{42}\sim C_{70}H_{142}$	熔点 50～110℃，偶或奇数的，线型的或分支的

图 2.1 PVC 润滑剂的化学组分

2.1.2 化学特性和机械行为

只有深入探讨聚合物的化学性能才能够对润滑剂的功能有正确的理解。聚合物可被分为非极性聚合物［聚丙烯（PP）、PE］、聚苯乙烯及含有杂原子的聚合物。杂原子是指除了碳和氢以外的原子，如氯和氧。聚合物中杂原子越多并且位于周期表左上方的杂原子越多，聚合物极性就越大。由此可以得出 PVC 是一种具有极性的聚合物［工程热塑性塑料如聚对苯二甲酸乙二醇酯（PET）、聚对苯二甲酸丁二醇酯（PBT）和聚酰胺（PA）极性则居中］。了解一种塑料在加工设备的热金属表面是倾向于粘连或者滑移也很重要。为何后者（滑移）更关键呢？因为在塑料加工过程中，熔融或塑化成塑料材料需要大量的能量。由下式可知[6]，这个能量主要是机械能，占60%～80%（见表2.1），仅有小部分能量是由加工设备产生的热提供的。

$$E(\text{剪切})=10\times(WT\text{RPM})/(\text{RPM}_{max}\text{Out})$$

式中 E（剪切）——通过剪切而输入的机械能，Wh/kg；

W——电机功率，kW；

T——挤出过程中的扭矩，%；

RPM——实际螺杆转速，min^{-1}；

RPM_{max}——最大螺杆转速，min^{-1}；

Out——实际输出，kg/h。

表 2.1 评估挤出过程中机械能的输入[7]

应用	E(剪切)/(kWh/kg)
PVC 管	40～50
PVC 型材	50～70
PVC 片材	70～90
PE 管	120～140

塑料颗粒随着旋转的挤出机螺杆前进，物料之间，物料与螺杆、料筒之间相互接触都会产生摩擦，颗粒的边界开始破裂。并且，摩擦会产生热。在剪切应力和热量的共同作用下，会使塑料颗粒熔融。为实现这种熔融，颗粒对挤出机金属表面有一定的黏附是十分有必要的。壁面黏附还是壁面滑移是可以区分的。例如，在170℃时PVC有高达95%的壁面滑移[8]，而PMMA则呈现壁面黏附现象[9]（在一个较宽温度范围内，PVC壁面滑移趋于平推流；只有温度高于正常加工水平时，纯的PVC才会在壁面黏附作用下剪切流动[8]）。稳定剂、填料、流动改性剂、抗冲改性剂、颜料或其他添加剂会影响这种流动行为。可通过调节加工工艺，实现壁面黏附和壁面滑移之间的平衡。也可通过添加润滑剂来实现平衡。

润滑剂可以分为两类：

① 具有外润滑作用的润滑剂，可作为熔融物和加工设备热金属部件之间的分离剂，增强熔融物的壁面滑移。

② 具有内润滑作用的润滑剂，在聚合物粒子和分子之间以及聚合物分子和配方中的其他组分之间具有润滑作用，见图2.2。

理想的表面润滑剂不可溶或微溶于聚合物，这意味着它们的相容性较低。相反，理想的内部润滑剂由于在聚合物中有良好的溶解性而具有相容性。通常来说，内部和表面润滑剂的概念在PVC中仅适用于不含金属的润滑剂。而如今这个概念由于其简洁性已经普遍应用，已远超出了原始含义，这可能会导致歧义。溶解度取

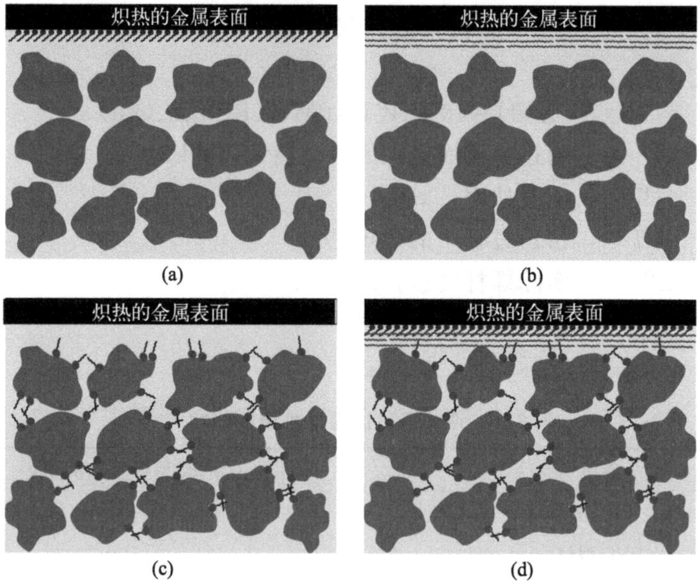

图 2.2 PVC 颗粒、热金属表面和成膜剂（a）、外润滑剂（b）、内润滑剂（c），以及按配方制得的 U-PVC 的平衡润滑剂（d）之间相互作用示意

决于许多因素，具体如下：温度；溶剂极性（对我们来说是熔融聚合物）；溶解物质的极性（对于我们来说是润滑剂）；其他溶解物质的存在；影响熔融聚合物极性的物质的存在；混溶间隙（混溶间隙的实例：苯酚溶于水会有两个互溶比，苯酚溶于水和水溶于苯酚，介于中间的范围是“禁止”混合比，如果水和苯酚在此范围以任意比例互溶，就会形成两个分离的液相[10]）。

可以理解的是，由于这种复杂性，作者不赞成现在对“内润滑剂”和“外润滑剂”概念的广泛使用，因为：

① 在极性 PVC 中不相容的外润滑剂在非极性 PE 中会变成非常相容的内润滑剂；

② 不同润滑剂的溶解度不同，仅通过“内”或“外”不能正确分类；

③ 溶解度受各种因素的影响（参见前文），在许多情况下，润滑剂的溶解度受到限制。如果超过溶解度极限，则过量的内润滑剂不再溶于 PVC，并且突然显示外润滑剂的性能。

作者不赞成这一广义概念也得到文献[1-2]的支持。Fish 和 Bacaloglu 定义了两个参数来表征润滑剂。其中之一是饱和浓度 C_S。在塑料中，是指润滑剂由内部作用转变成外部作用时的浓度（这不仅涉及流变性质，而且还涉及在口模和定型模中的析出行为；参见 3.1 节和 3.4.2 小节中的 Lippoldt 机制）。另一个参数是效率常

数 k，其描述了润滑剂对熔体流动的贡献效率程度。

除了内和外润滑剂外，研究人员[11] 给出了第三类润滑剂，称为“成膜剂”。这一分类依据是：它们通过脂肪酸和金属皂与金属表面、填料和稳定剂的碱性组分之间的反应。具体来说，不锈钢和镀铬钢的金属表面形成了氧化物保护层。不锈钢和镀铬钢的金属表面具有一定的极性和反应活性，因此，它们能够与脂肪酸和金属皂相互作用。这就是研究人员称脂肪酸和金属皂为成膜剂的原因，见图 2.2 (a)。这个概念不仅听起来合理，实际上也确实如此，无需赘述，下面将做更详细的讨论。其它润滑剂也可能有酸性基团，例如氧化聚乙烯蜡和部分皂化或氧化的褐煤酸酯，也可以称作“成膜剂”。研究人员还提到，成膜剂剂量太大会导致析出现象，参见第 3 章。

在一定程度上，流动改性剂也可以归类为成膜剂，因为它们是壁黏附聚合物[9]，也因此通常不被认为是润滑剂，将在第 2.5 节中讨论。

在强调了概念的限制之后，我们现在可以继续使用“内”和“外”这两个术语。图 2.1 中润滑剂的极性从上部到下部逐渐减小。这意味着在极性塑料（例如 PVC）中，内润滑剂分布在图的上部，而外润滑剂分布在图的下部。位于中间部分的既有内润滑剂的特性又有外润滑剂的特性。

下面我们将按照图 2.1 从上到下的顺序对润滑剂进行更详细的讨论。

（1）脂肪醇

脂肪醇是脂肪族、长链、单价伯醇，不含支链并且具有 8～22 个碳原子，也可以是不饱和的。脂肪醇的天然来源是羊毛蜡和鲸蜡。在工业上，脂肪醇可以由脂肪酸还原产生。只有具有 16～18 个碳原子的饱和脂肪醇（所谓的硬脂醇）可用作 PVC 润滑剂，参见表 2.2。由于它们的挥发性，脂肪醇不可用于高温生产工艺中。由于低熔点，成品的维卡软化点会随其使用量的增加而降低[9]。

（2）脂肪醇二羧酸酯

邻苯二甲酸二硬脂醇酯可能是该组中最具吸引力的产品，见表 2.2。它由邻苯二甲酸酐和硬脂醇生成。其分子结构非常类似于基于邻苯二甲酸的增塑剂，即所谓的邻苯二甲酸酯（例如，DINP）。因为脂肪醇二羧酸酯主要作为内润滑剂，因此在挤出期间，塑化、扭矩或压力等的影响相当小，见表 2.2。邻苯二甲酸二硬脂醇酯可降低局部扭矩峰值并改善熔体流动，且有助于降低焦烧和流纹。当大量的填料需要掺入到 PVC 熔体中时，更能体现出其优势。如果过量，往往会导致析出。正如硬脂醇一样，邻苯二甲酸二硬脂醇酯由于其低熔点而会降低成品的维卡软化点[9]。

（3）脂肪酸

脂肪酸主要用于生产金属皂（见表 2.2），只有硬脂酸、油酸和 12-羟基硬脂酸可用作润滑剂。这些酸不是纯化学化合物，因为它们是天然脂肪和油的衍生物。由于它们基于可再生资源，具有非常高的可持续性。单个酸会显示其各自来源的C链分布。例如，润滑剂硬脂酸含有硬脂酸（化学纯）、棕榈酸（化学纯）和几个百分比的较长和较短的脂肪酸。从化学角度讲，硬脂酸润滑剂（固体）是润滑油酸（液体）的氢化形式。

表 2.2　一些典型润滑剂的化学、物理、流变性能

润滑剂	化学和物理数据				流变影响		
	平均分子量	熔融温度范围/℃	折射率	测量温度/℃	熔融时间	挤出扭矩	挤出压力
硬脂醇	259	56～59	1.434～1.438	60	⇒	⇓	⇓
邻苯二甲酸二硬脂醇酯	670	56～60	1.453～1.458	80	～	～	～
硬脂酸	273	65～69	1.436～1.437	60	⇒⇒	⇓⇓	⇓
12-羟基硬脂酸	300	75～80	1.436～1.437	60	⇒⇒	⇓⇓	⇓
N,*N*-亚乙基双硬脂酰胺	572	138～141			⇒	⇓	⇓
硬脂酸钙	588	＞180			⇐⇐	～	～
硬脂酸锌	613	130			⇒⇒	⇓⇓	⇓
硬脂酸镁	572	88					
中性硬脂酸铅	755	105			⇒⇒	⇓⇓	⇓
硬脂酸硬脂醇酯	506	57～59	1.430～1.435	80	～	～	～
甘油单油酸酯	353	58～60	1.465～1.471	30			
三硬脂酸甘油酯	869	52～56			～	～	～
二硬脂酸乙二醇酯	596	74～76			～	～	～
Loxiol G 70S		55～58	1.448～1.450	80			
Loxiol G 71S		液体	1.476～1.479	20			
Loxiol G 72		43～47	1.451～1.455	80			
Loxiol G 73		液体	1.461～1.466	20			
Loxiol G 74		48～53	1.442～1.445	80			
Loxiol G 78		105～115					
褐煤酸(S蜡)	425	80～88			⇒⇒	⇓⇓	⇓
乙二醇褐煤酸酯(E蜡)	876	80～86					
甘油褐煤酸酯(乙烯蜡 4)	1313	75～85					
OP蜡		96～106					
氧化低密度聚乙烯蜡		95～105			⇐⇐	⇑	⇓
氧化高密度聚乙烯蜡					⇐⇐⇐	⇑⇑	⇑

续表

润滑剂	化学和物理数据				流变影响		
	平均分子量	熔融温度范围/℃	折射率	测量温度/℃	熔融时间	挤出扭矩	挤出压力
聚乙烯蜡	2500～4500	95～105			⇒⇒	⇓⇓	⇓⇓
原油基石蜡	420	55～57	1.375～1.435		⇒	⇓	⇓
合成石蜡①	700	95～105	1.375～1.435		⇒⇒⇒	⇓⇓⇓	⇓⇓⇓

① 可能含支链。

注：⇒熔融延迟；⇐融合促进；⇑扭矩或压力增加；⇓扭矩或压力降低；～影响微不足道。符号越多，同样剂量下影响越明显。

表 2.3 给出了原材料的例子，以及它们含有的化学纯油酸（富含在油或者脂肪中的甘油三酯中）。根据原材料不同，这些百分比低于氢化后所得的硬脂酸含量。这是由于饱和与多不饱和的油酸（例如亚油酸、亚麻酸）氢化时也可以得到硬脂酸。12-羟基硬脂酸是由蓖麻油氢化（硬化）后得到的，可以用作铅稳定配方中的光泽改良剂和高透明配方中（硬脂酸会降低透明度）中的外部润滑剂。从碳链长度来看，与脂肪醇相比，硬脂酸的外部润滑作用更好。有一点必须指出，正如这些化学名称所暗示的，这一组润滑剂都是酸，因此有必要提醒一句，特别是对于那些使用稳定剂-润滑剂“一包化”体系但是没有认清配方中所有成分的用户。PVC 稳定剂可能包含碱性物质，如氢氧化钙、水滑石或者水合铝酸钙（见 1.5.1 小节）。这些可能会与脂肪酸发生反应，生成水，从而在生产过程中或者成品中出现多孔或析出现象。在反应过程中随着酸的消耗会生成金属皂成膜剂并且可以用表 2.2 预测流变行为的变化。

表 2.3　在天然油和脂肪中化学纯油酸含量[12]

油或脂肪	油酸含量/%
棕榈油	37～42
橄榄油	70～75
葵花籽油	16～65
葵花籽油(高油酸)	80～93
花生油	50～70
鳄梨油	44～76
菜籽油(LEAR)	50～65
动物脂	26～45
羊脂	31～56
猪油	36～52
鹅脂	41～72

(4) 脂肪酸酰胺类

N,N'-亚乙基双硬脂酰胺（EBS）是 PVC 加工中最重要的脂肪酸酰胺类润滑剂。EBS 就是我们常说的酰胺蜡。酰胺尤其是伯酰胺，对 PVC 的稳定性具有负面影响。所以，欧洲几乎不在 PVC 加工中使用 EBS 了。但是，在美洲和亚洲，EBS 与锡类稳定剂复配还在广泛使用。伯脂肪酸酰胺、最重要的芥酸酰胺和油酸酰胺，作为爽滑剂和脱模剂在聚烯烃加工中具有重要作用。

(5) 金属皂类

金属皂作为稳定剂的组分在 1.4.2 小节和作为铅皂在 1.4.4 小节分别已经基本介绍过了。金属皂由金属（氢）氧化物和脂肪酸反应制得。金属皂的性能主要由脂肪酸的链段长度所决定。然而辛酸金属盐没有润滑效果、月桂酸金属盐只有一点点润滑效果，且对流变性的影响随着脂肪酸链段长度增加明显变大。可见脂肪酸的链段长度越长，金属皂作为外润滑剂的表现越突出。这可能是由金属皂极性的减小造成的。以下列出了 PVC 中最为重要的金属皂类润滑剂：

① 硬脂酸镁。

② 硬脂酸锌：延迟熔融、类似于外润滑剂、降低挤出扭矩。

③ 中性硬脂酸铅：润滑效果与硬脂酸锌等同，但是稳定性完全不同。

④ 二碱式硬脂酸铅：润滑效果与其等同的是硬脂酸钙而不是中性硬脂酸铅，这是因为硬脂酸钙中脂肪酸含量更低。

⑤ 硬脂酸钙：几乎无外部润滑效果，但是跟所有其它有机钙盐一样，在促进 PVC 熔融的同时不影响挤出扭矩或本体压力。

研究人员解释了硬脂酸钙能促进 PVC 熔融的现象，他们认为硬脂酸钙不同于中性的硬脂酸铅和硬脂酸锌，它是通过成膜剂在 PVC 表面形成黏性的金属包覆从而增大摩擦力[11]。硬脂酸钙和中性硬脂酸铅、硬脂酸锌在化学物理性质上的主要区别在于，硬脂酸钙的熔点更高（见 1.4.2 小节），导致其在加工温度下的黏度更大。硬脂酸锌在 120～130℃就能熔融，而硬脂酸钙却没有真正熔融，见图 2.3。硬脂酸钙熔体要比其液体更黏。硬脂酸钙的 DSC 测试也使以上两点得到了印证，见图 2.3 (b)。根据我们的想法，硬脂酸钡和二碱式硬脂酸铅促进 PVC 熔融的现象也能用以上原因解释。

无需多说，研究人员[11] 和我们都不推荐在透明 PVC 应用中（U-PVC）使用硬脂酸钙（和硬脂酸）。

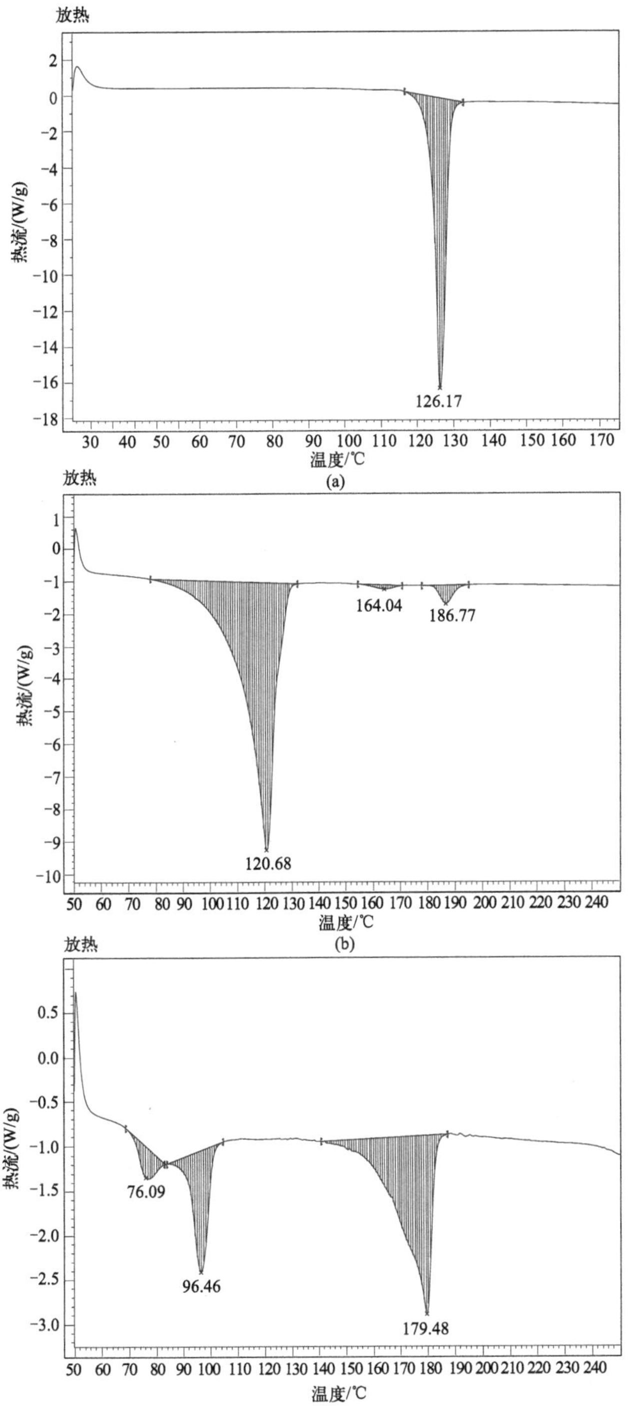

图 2.3　硬脂酸锌（a）、硬脂酸钙（b）和二碱式硬脂酸铅（c）的 DSC 谱图

除了硬脂酸铅和硬脂酸镉，所有其它的硬脂酸盐都具有较高的可持续性发展潜力[13]，参见第5章。

(6) 复合酯和多元醇酯类

多元醇酯是多元醇如乙二醇（MEG）、甘油、三羟甲基丙烷（TMP）、季戊四醇和脂肪酸发生酯化反应的产物。对于塑料助剂来说脂肪酸主要为硬脂酸。根据醇基（也叫羟基）被酯化的数量分为部分酯化和全部酯化。在全部酯化的情况下，所有的羟基都与羧基发生了酯化反应。值得指出的是大多数作为塑料润滑剂的酯类都是工业产品而不是纯化学品。比如标准的季戊四醇二硬脂酸酯润滑剂中还含有大量的季戊四醇单硬脂酸酯、季戊四醇三硬脂酸酯和少量的季戊四醇四硬脂酸酯。以下列出了几种典型的PVC用多元醇酯润滑剂：

① 乙二醇双硬脂酸酯。

② 单硬脂酸甘油酯、双硬脂酸甘油酯、三硬脂酸甘油酯。

③ 季戊四醇单硬脂酸酯、季戊四醇二硬脂酸酯、季戊四醇三硬脂酸酯。

④ 氢化蓖麻油（又叫12-羟基硬脂酸甘油三酯）。

关于多元醇酯蜡的新发展真的很少。蔗糖（食用糖）和硬脂酸的反应产物八硬脂酸蔗糖酯是较为著名的添加剂之一[14]。

如果二元羧酸（通常也就是己二酸）加入多元醇和脂肪酸的反应中，将会产生低聚物或聚合物结构。在塑料润滑剂专业术语中，它们常常被称为复合酯。二元酸起到了扩链剂的作用，使缩聚产物聚酯的分子量达到10000。这些产品具有独一无二的特征，由于具有许多酯基使其具有极性（内部），但又由于分子尺寸较大使其与PVC在很大程度上不兼容（外部）。这造就了高度相容的外润滑剂，主要应用在压延领域，但也同样适用于其它复杂的需求［注射成型、复杂的挤出、热塑性聚氨酯TPU）］。典型的复合酯类润滑剂是季戊四醇己二酸酯。与硬脂醇和邻苯二甲酸二硬脂醇酯类似，一些具有低熔点的复合酯蜡会降低PVC制品的维卡软化点[9]。

(7) 脂肪酸酯类和脂肪醇酯类

这类润滑剂的典型是硬脂酸十八醇酯。它是硬脂酸和硬脂醇酯化反应的产物。在PVC中，它表现出非常平衡的内/外润滑效果并且常与邻苯二甲酸二硬脂醇酯复配使用。由于硬脂酸十八醇酯的熔点相对较低，所以它也会降低PVC制品的维卡软化点[9]。

(8) 分子量更高的脂肪酸

一般而言，分子量更高的脂肪酸既能从地壳中提取也能通过化学合成。当从地壳中提取时，得到的脂肪酸被称为褐煤酸。褐煤酸是一种线型的、主链上有26～34个碳原子的饱和羧酸。它是通过多步过程当然也包括漂白从褐煤提取物中得到的。

(9) 褐煤酸酯及其氧化产物

这类润滑剂并没包括在图 2.1 中。褐煤酸酯的化学特性与脂肪酸酯类似。它们最大的区别是分子链长度。这也导致了它们润滑性能的显著化差异：褐煤酸酯表现出低挥发性和低迁移性，其中低迁移性主要是因为其与 PVC 良好的相容性。

尽管褐煤酸酯及其衍生物的价格相对较高，但是在 PVC 和其它聚合物中仍有应用。除了上述提到的性能外，褐煤蜡还具有脱模剂的作用。它们提高了表面质量和光滑度，使最终制品具有优良的光泽度。褐煤酸酯被用于注射成型和需要优异熔体流动性的应用中，因为它们能降低熔体的黏度。在高速电缆挤出中，褐煤酸酯表现出独特的润滑性，尤其是在螺杆顶端的位置[15]。

因为褐煤酸酯与褐煤独特的关系，所以其可得性和销售价格跟褐煤的产量密切相关[16]。

(10) 氧化聚乙烯蜡

不论是聚乙烯（PE）塑料还是聚乙烯蜡都能被氧气氧化。如果氧化过程在高温下可控进行将得到氧化聚乙烯蜡。非极性的聚乙烯将会变成稍微带极性的氧化聚乙烯。由于是非定向化学反应，这些氧化产物含有大量不同的官能团，如羟基、羰基和羧基。再加上氧化过程是自由基反应，所以也会有酯基和醚基形成。这些反应需要碳链裂变，将会使产物的分子量明显低于一开始的聚乙烯。所以，最终的氧化产物在支化度、分子量、熔点、黏度、酸值、皂化值和流变性能方面大不相同。氧化聚乙烯最终的性能由最初的聚乙烯的性能和工艺所决定。每一个配方的流变性能由每一种蜡所决定，因为即使是物理和化学数据相近的氧化聚乙烯蜡也会对配方的流变产生明显不同的影响。

除了想要得到的性能，氧化产物也会产生一些副作用，比如随着其用量的增大，析出将会更加明显。RÖehrl 指出随着氧化聚乙烯蜡用量的增大，制品的表面光泽度和热稳定（白色的型材黄变更加严重）性都将会下降[17]。

氧化聚乙烯蜡和非氧化聚乙烯蜡常常复配使用，而且能够得到意想不到的协同效应。窗用型材挤出中的应用案例：在缺少标准聚乙烯蜡 A 的情况下，可以用类似规格的聚乙烯蜡 B 来替代。当标准的聚乙烯蜡 A 充足时，重新启用聚乙烯蜡 A。过了相当长的时间之后，氧化聚乙烯蜡 X 出现了供货问题，可用氧化聚乙烯蜡 Y 来替代，并且生产进展顺利。然而，当聚乙烯蜡 B 和氧化聚乙烯蜡 Y 不得不复配使用时，就会在挤出过程中出现严重的流变问题：扭矩和压力都过低了。

(11) 聚乙烯蜡

聚乙烯蜡的结构跟聚乙烯塑料的结构类似，但是其分子量要明显低于聚乙烯塑料。聚乙烯蜡可以通过不同的反应途径来制备。一方面，可以在排除氧气的情况下通过高温降解高分子量的聚乙烯获得；另一方面，它们也能够像聚乙烯塑料一样通过乙烯聚合得到。对于第二种方法，有很多的途径可以选择：

① 高压法；

② 低压法，Ziegler-Natta 催化；

③ 茂金属催化。

由于不同的合成工艺，市场上的聚乙烯蜡具有以下方面的不同：

① 平均分子量；

② 分子量分布；

③ 支化度；

④ 滴点或熔点；

⑤ 黏度。

一般而言，聚乙烯蜡在 PVC 中为外润滑剂，能够延迟塑化、降低扭矩和压力。这些作用往往在挤出机的机头末端表现得更好。由于上述提到的性能，聚乙烯蜡具有不同的析出表现。但是，我们也不能一概而论说某种聚乙烯蜡总是比另外一种表现出更差的析出性。聚乙烯蜡的析出性好坏不仅仅取决于其结构还取决于其用量和配方中的其它组分。

(12) 石蜡

除了天然石蜡，合成石蜡也被作为润滑剂使用。然而，合成石蜡是通过费-托合成制备液体碳氢化合物燃料过程中的副产物，天然石蜡是炼油过程分离得到的。根据它们的制备工艺，合成石蜡也被叫作费-托蜡。由于利用费-托合成技术制备燃料的公司数量有限，所以导致费-托蜡的供应短缺。石蜡也能像聚乙烯蜡一样从以下几个方面进行区分：

① 平均分子量。

② 分子量分布。

③ 支化度。

④ 滴点或熔点。

⑤ 黏度。

在某种程度上，石蜡类似于聚乙烯蜡，有时被称为短链聚乙烯蜡。有研究者认为："石蜡在塑料中的相容性还取决于其支化度。比如，较多支链的微晶石蜡在 PVC 中的相容性要比线型石蜡好。"[9] 但本书的作者不完全同意这个观点。根据经验，支化型石蜡的流变性能不如线型石蜡。它们一般作为外润滑剂使用。在挤出中，它们延迟熔融、降低扭矩和压力。需要注意的是这些作用随着链长（或支化度）而增加。根据对含有锡类稳定剂的 U-PVC 配方的调查，发现石蜡与硬脂酸钙在延迟塑化方面具有协同效应[18]。这些经验是否适用于不含有锡类稳定剂的体系中我们不得而知，但是一般来说这似乎是可信的，因为根据 Lippoldt 机理硬脂酸钙和 PE 蜡或石蜡之间的相互作用解释了析出现象的发生，见 3.1 节。对于口模和定型模的析出，我们的经验是石蜡的熔点越低，析出趋势越大，而熔点又与链长相关。

(13) 特种润滑剂

市售或研究中的特种聚合物分类：

① 聚丙烯蜡，属于外润滑剂，像聚乙烯蜡和石蜡那样不同的聚丙烯蜡化学和物理参数也各不相同[18]。

② 乙烯/丙烯共聚物[18]，跟聚丙烯蜡一样，其化学和物理参数也各不相同。

③ 乙烯和醋酸乙烯酯共聚物，醋酸乙烯含量的不同导致共聚物的极性不同，随着醋酸乙烯含量的增加，其极性和内部特征也增大。

④ 氟聚合物。

(14) 新发展

润滑剂的生产商似乎创新不足，因为在最近几年里只有很少全新的物质被加入润滑剂行列中。这一现象主要归因于生产商的成本压力，因为已经建立的润滑剂市场竞争太激烈了，或者也有可能是因为现有的润滑剂已经足够满足要求了，又或者是因为对新开发的润滑剂有需求的潜在客户不再是只有单一供应商的局面了。

但是这种现象可能具有蒙蔽性，因为茂金属催化制备的聚乙烯蜡就是一种全新的润滑剂。正如霍尼韦尔公司所谓的“高性能润滑剂”（HPL)，在与其它润滑剂协同共混物中 HPL 含有蔗糖八硬脂酸酯。无独有偶，科莱恩公司的 Licocare SBW 11TP 润滑剂也值得一提。这是一种低聚物脂肪酸酯，是由大豆油的复分解反应得到的。

润滑剂对动态热稳定性的影响常常被低估。因此我们利用实验室捏合机研究了大量润滑剂（包含约 30 种酯蜡，25 种氧化石蜡和氧化聚烯烃蜡，10 种石蜡和聚烯烃蜡，10 种脂肪酸和一些非指定的蜡）对热稳定性的影响。这些测试都是根据 1.7.7.2 部分中描述的步骤所进行的。在第一个实验中，我们探究了一系列的脂肪酸钙和脂肪酸锌皂链长的影响。总之，我们进行了超过 30 次的实验。最终得到了预期的结果，发现脂肪酸钙皂改善了动态热稳定性，而脂肪酸锌皂降低了动态热稳定性（在钙-锌配方中），如图 2.4(a) 所示。接下来的试验主要针对非金属的润滑剂。每一个感兴趣的润滑剂都在实验室捏合机里进行了测试，由捏合机曲线得到的扭矩值被做成了时间-扭矩曲线图。如果某种特定的润滑剂得到的点在标准线之上，那么这种润滑剂有利于动态热稳定性。相反，如果在标准线之下，那么将不利于动态稳定性。根据我们的研究，有几种润滑剂是可以改善动态热稳定性的，如图 2.4

(b) 所示。通过系统地改变一组润滑剂的结构，发现一些结构与性能之间的关系，而这些关系将帮助我们正确组合不同结构和用量的润滑剂，从而达到提高动态热稳定性的目的[19]。

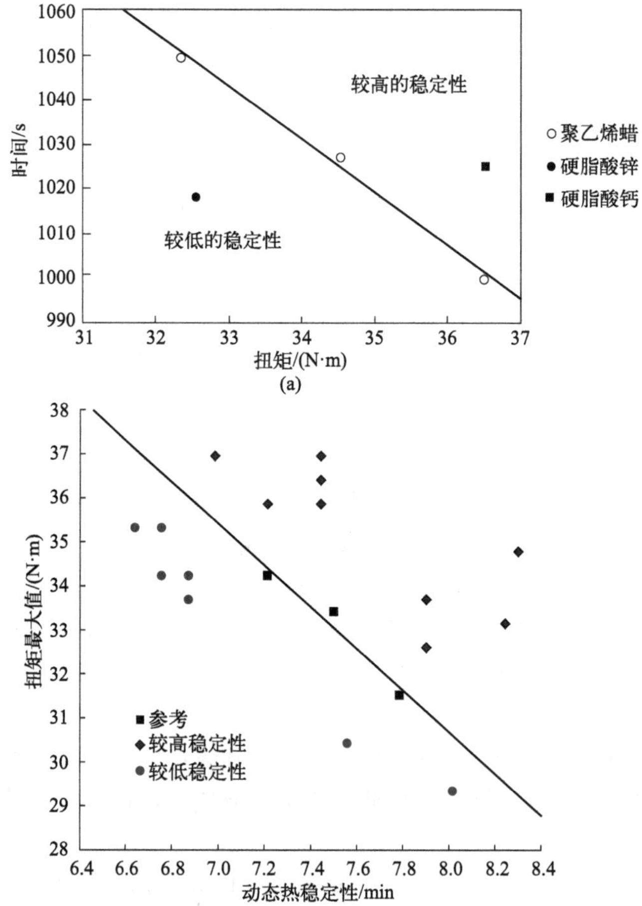

图 2.4 实验室捏合机中硬脂酸钙、硬脂酸锌和氧化聚乙烯蜡 (a) 扭矩和时间的关系及不同的蜡对动态热稳定性的影响 (b)

2.1.3 润滑剂的表征与测试

润滑剂可以通过各种各样的化学、物理和应用测试方法进行检测。其中，应用测试方法已经在之前的 1.7 节中讨论过了。而关于润滑剂的化学和物理表征，我们只介绍一些基本的测试项目。这是因为大多数的测试方法都是标准化的，而这些测试标准地区之间的差异也不大。

这里值得指出的是在使用可替代的润滑剂时应当选择那些信誉好的生产商，原因如下：

① 之前有过这样的例子，如果酯蜡的酸值稍微增大一些，那么在其用量较大的时候将会产生大量的游离脂肪酸。这将带来不利的副作用。

② 正如前文氧化聚乙烯蜡的例证，即使物理化学参数都一样的替代润滑剂也会导致不利的反应发生。

③ 有时候配方中某种替代原料的使用将会导致析出，尽管这一种替代原料在别的配方中并没有表现出析出现象。在这种情况下，信誉好的生产商将有能力帮助你解决这个问题。

以下是用来表征润滑剂的物理参数：

① 密度；

② 折射率；

③ 滴点；

④ 熔点；

⑤ 凝固点；

⑥ 粒径（粒径分布）；

⑦ 筛余物；

⑧ 熔体黏度；

⑨ 颜色；

⑩ 挥发性；

⑪ 肉眼可见的杂质含量；

⑫ 气相色谱法测化学纯度；

⑬ GPC 谱图测分子量、分子量分布和链支化度；

⑭ DSC 测熔融行为。

以下是用来表征润滑剂的化学参数：

① 酸值，指游离酸的数量；

② 皂化值，是酯值与酸值的总和（为了计算酯值，不得不从皂化值中减去酸值）；

③ 碘值或碘的颜色值，指双键的数量（双键与润滑剂的固有色有关）；

④ 羟值，特定羟基官能团的数量（注意不要尝试由羟值来计算羟基官能团的数量，因为羟值还受到其它各种各样的官能团和物质的影响，比如酸和碱）。

2.1.4 润滑剂生产商

表 2.4 列出了大多数知名的润滑剂生产商。而只提供润滑剂的公司并没有出现在列表中，这个列表也并没有列出所有的润滑剂生产商。另外，金属皂也能从第 1 章 1.10 节列出的稳定剂生产商那里获得。

表 2.4 PVC 润滑剂生产商及其商标名称

生产商	商标名称
Akdeniz Kimya	Aklub, Akstab
Baerlocher	Ceasit, Baerolub
BASF	Luwax
Galata Chemicals	Marklube
Clariant	Licowax, Licolub, Licomont, Licocene, Licocare
Emery Oleochemicals	Loxiol
DOW Chemical Company	Advalube, Advawax
Evonik Industries AG	Vestowax
Faci SPA	Metalest
Honeywell	AC, Rheolub
Innospec	Viscowax
Lonza	Acrawax, Glycolube
Mitsui	Hi-Wax
Peter Greven Fettchemie	Ligalub
Sasol	Sasolwax
Struktol	Struktol
Voelpker	Waradur
Westlake Chemicals	Epolene

2.2 功能性填料

2.2.1 引言

填料实际上是用来部分替代塑性材料并且减少成本的添加剂[20]。全球，每年有超过 5300 万吨的填料用于各个领域，如纸、塑料、弹性体、橡胶、涂料、绝缘材料以及黏合剂。因此，填料也被视为最重要的原材料之一，并且应用于日常生活的无数产品中。尽管填料的使用主要是为了降低生产成本，但是它对生产过程中和最终制品的某些技术性能参数也有影响。正因如此，填料可以被称为功能性填料。功能性填料可能会产生以下影响：

① 加工过程中的凝胶化现象；

② 挤出过程中的扭矩及压力；

③ PVC 制品的热稳定性及颜色；

④ 析出性能；

⑤ 生产量；

⑥ 收缩行为；

⑦ 热传递；

⑧ 加热时的膨胀行为；

⑨ 力学性能，如冲击强度、硬度、伸长率等；

⑩ 挤出制品的表面性能及光泽度；

⑪ 导电性能；

⑫ 阻燃性能；

⑬ 最终产品的密度；

⑭ 最终产品的透明度；

⑮ 耐候性能；

⑯ 最后，有关于最终产品成本的所有重要性能也受填料的影响，从短期来看，这种影响往往是正面的，但从长远来看，有时也会产生负面作用。

2.2.2 填料的化学性质及其作用

白垩是分布最广泛的材料之一，其应用范围较广并且具有非常优异的性能。儿时，母亲和外婆曾讲：“一匹狼在商店里买了一大块白垩并且吃掉了，然后它的声音变得非常温柔”[21]。

从化学角度上讲，白垩是碳酸钙，通常也被称为石灰。它是碳酸的钙盐，化学式为 $CaCO_3$。碳酸钙分布十分广泛，它可以以矿物形式存在，如方解石和文石，也可以是骨骼、牙齿以及甲壳类动物、珊瑚虫、贝类和蜗牛的外骨骼等形式。方解石和文石可以通过 X 射线衍射光谱加以区分，或者直接通过红外光谱区分，这种方法更为简单。方解石的碳酸盐特征吸收峰在 $875cm^{-1}$，而文石则在 $855cm^{-1}$。

碳酸钙以多种矿物形式存在于地壳中，这些矿物在化学性质上都属于碳酸钙，但彼此又各不相同。

首先是普通白垩：白垩是一种非常细的微晶沉积岩。白垩岩（通常是悬崖）由沉淀的方解石和海洋生物贝壳化石沉积而成。沿着欧洲“白垩岩带”，即从英国的悬崖到法国以及波罗的海内的吕根岛，可以发现很多地方都有白垩岩。但是纯白垩岩的开采仅仅存在于少数地方。

第二种碳酸钙矿物是石灰石，它主要由海洋甲壳动物的残骸构成，而这些残骸比白垩岩中的更结实。因此，石灰石的结晶度远高于白垩（但仍比大理石的结晶度低）。石灰石的沉积物存在于很多地方，在士瓦本山、阿尔卑斯山、北美的某些区域、喜马拉雅山以及全球的一些其他地方都可以发现其踪迹。

另一种很重要的矿物是大理石，它是由结晶度较大的碳酸钙岩层组成的。大理石是白垩和石灰石在高温高压下形成的，而最著名的大理石产自意大利的卡拉拉附近，它的白度特别高。尽管地壳的5%以上是由碳酸钙岩层构成，但只有一部分沉积物能够达到填料的开采标准，纯度、白度、沉积尺寸和均匀性都是一些重要的开采参数。合成碳酸钙仅次于天然沉积物，它是由氢氧化钙溶液与二氧化碳形成的沉淀物生产出来的产品，也可以用作填料。这些等级的碳酸钙称为 PCC（轻质碳酸钙），它们的粒径尺寸特别小（可以达到纳米级别）。

源于世界各地不同的沉积物，可以开采出高纯度的石灰石，然后依次经过打磨、筛分，通常还要对其进行表面处理（包覆）。开采出来的白垩填料称为 GCC（重质碳酸钙）。在 PVC 的生产中，之所以大量使用碳酸钙作为填料，是因为它分布广泛并且价格低廉。另外，碳酸钙自身颜色泛白，相对于减少成本，这个特点所产生的“副作用”更加重要，这也是它作为实用型填料的另一优势。碳酸钙的来源对最终产品的质量也有很重要的影响，它的粒径尺寸、粒径分布和包覆层都很重要，而且颗粒的形态及所含的微量元素也因开采地点不同而有所差异，并且包覆层可以提高与 PVC 的相容性。

除了这些天然的来源，研究者还尝试从可再生资源中寻找可以作为填料的碳酸钙来源。美国文石公司经营鲕状文石，而这种鲕状文石主要存在于大海中。Oshenite 是巴哈马群岛海底的沉积物，它是由海洋微生物形成的，如海藻和浮游生物。“现在很多研究者对于将牡蛎壳粉用作塑料制品组分越来越感兴趣。例如，巴西研究者曾测试，将此可再生填料用在聚丙烯中，得到的实验结果十分乐观。而来自高级研究院和圣卡塔琳娜州大学的研究者，将牡蛎壳和蚌壳研磨后加热到500℃，保持2h，然后对比于商业碳酸钙，对合成的粉末进行了粒径和耐磨性的表征”[22]。

表2.5总结了一些 GCC 和 PCC 的化学和物理特性。对于窗框型材以及其他易受环境影响的应用，通常使用平均粒径为1μm的包覆型碳酸钙（方解石）。最常用的包覆剂是硬脂酸。包覆程度和包覆材料同样重要，包覆程度一般在0.7%～1.5%之间，过度包覆会增加填料的析出，尤其是在定型阶段；欠包覆会使填料在储存过程中发生吸水现象，或者在混合时发生凝聚，从而导致挤出制品光泽度下降且存在刮痕和凹槽等缺陷。通常建议使用包覆型碳酸钙。然而，此类碳酸钙仅适用于类似窗框型材等领域，而不适用于污水管。

判断碳酸钙是否包覆的简便方法为：拿一个盛有200mL水的透明玻璃杯，向杯中加入一匙填料样本，然后用小匙搅拌10s。接下来20s，仔细观察填料的悬浮状态。若杯中的水十分浑浊，而且大部分填料都沉积在杯底，则此填料没有包覆。反之，若水不是太浑浊，而且大部分填料悬浮在水中，还有一部分漂在水面，则此填料已包覆。假如所有的填料都漂浮在水面上，则此填料包覆过度。

表 2.5　聚氯乙烯常用几种填料的典型化学和物理数据

项目	GCC	PCC	白云石	滑石	高岭土	硅灰石	氢氧化镁	氢氧化铝
理论结构式	$CaCO_3$	$CaCO_3$	$MgCa(CO_3)_2$	$3Mg·4SiO_2·H_2O$	$Al_2O_3·2SiO_2·2H_2O$	$CaSiO_3$	$Mg(OH)_2$	$Al(OH)_3$
理论分子量	100.0	100.0	184.0	378.4	258.2	116.2	58.3	78.0
碳酸钙/%	98.50～99.50		54.00					
碳酸镁/%	0.50		45.60					
氧化钙/%						48.30		
氧化镁/%				30.00～33.00			69.10	
硅酸铝/%	1.00							
氧化铝/%					39.50			65.40
二氧化硅/%				40.00～62.00	46.54	51.70		
四氧化三铁/%	0.20		0.20	0.10～1.50			0.01	
三氧化二铁/%				0.10～6.00				
钙/%	39.40～39.80	39.40～40.00	21.60	0.21～0.71		34.50		
镁/%	0.14	0.00	13.10	18.00～19.80			41.40	
铝/%					20.90			34.60
硅/%				18.67～28.93	21.80	24.20		
铁/%	0.05		0.05	0.05～2.46				
灰分/%(1h,800℃)	56.20～56.70						67.00～69.00	65.40
结晶水/%				16.00～17.00	13.96			
残余水分/%	0.30						0.30	
相对密度	2.60～2.70	2.60～2.70	2.84～2.86	2.58～2.83	2.58	2.86～3.09	2.34～2.39	2.42
硬度(莫氏)	3.00	3.00	3.50～4.00	1.00	2.00～2.50	4.50～5.00	2.50	2.50～3.50
白度/%	85.00～95.00	90.00～98.00	85.00～95.00				96.00	80.00～98.00
pH 值	9.00～9.50		10.00	8.60～9.90	5.00～5.60		10.00～10.50	
吸油值/(g/100g 样品)	9.00～21.00	30.00～60.00	13.00～20.00	28.00～51.00				12.00～45.00
DOP①值/(g/100g 样品)	9.00～33.00							
BET 比表面积/(g/m^2)	15.00	10.00～60.00	10.00	1.00～10.00			6.00～20.00	0.20～11.00

①邻苯二甲酸二辛酯。

使用包覆型填料的原因如下：

① 降低表面张力。

② 使填料在聚合物熔体中更易分散。

③ 可以更好地被聚合物熔体润湿。

④ 降低填料的吸水性。

⑤ 减少填料对加工助剂的吸附。

⑥ 减小聚合物熔体间的摩擦力。

⑦ 改善自由流动性[23]。

了解这些基本性质后，可进一步研究碳酸钙填料对 PVC 加工过程和最终制品的影响，可见表 2.6。在验证析出现象的实验中（见 3.3.2.5.3 部分和文献 [24]），可以看到熔融时间、挤出扭矩和压力都随着碳酸钙填料用量的升高而增大（图 2.5）。另外在实验中还发现，碳酸钙的加入提高了静态热稳定性，见 1.5.1 小节。值得注意的是，基于填料的使用量产生的热稳定性所带来的效益没有预期的高，而产生这种现象的原因可能是：在测试热稳定性时产生的是干燥的氯化氢气体。根据基本化学知识可知，干燥的氯化氢气体很难或者不能与碳酸钙发生反应。

表 2.6　不同填料对 PVC 产品性能的影响

项目	GCC/PCC	白云石	滑石	高岭土	硅灰石	氢氧化镁	氢氧化铝
静态热稳定性	+	+	N	N	N	+	+
拉伸强度	−	−	−		−		
抗压强度	+	+	+				
弹性模量	+	+	+	+	+		
导热性	+	+	+	+	+	+	+
热膨胀系数	↓	↓	+	+	+	+	+
收缩率	↓	↓	↓	↓	↓	↓	↓
热变形温度	+	+	+	+	+	+	+
体积电阻	+	+	+	+	+		
耐化学腐蚀性	a	b	+	+	c	d	e
耐磨性				+	+		

注：+—有积极影响；−—有消极影响；↓—减少；N—影响无倾向；a—与酸反应；b—与酸反应，与冷盐酸反应缓慢，与热盐酸反应快速；c—在盐酸中有较高溶解性；d—与酸反应；e—与酸和碱反应。

虽然以上的结论没有明确的出处，但是 Shemwell 等发现，在 600℃时，干燥的氯化氢气体与碳酸钙几乎不发生反应[25]。

另外，填料用量越高，模具的析出物越少，可见 3.3.2.5.3 部分和文献 [24]。在填料用量相同时，粗质碳酸钙在减少析出物方面更有效。由于可以检测出模具钢中的凹槽，所以粗质碳酸钙也可以用来清洗模具。尽管粗质碳酸钙可以减少析出，但是持续使用不仅会磨损还会堵塞设备。

欧米亚是一个主要经营碳酸钙功能性填料的公司，该公司曾做大量实验以测试并验证他们的产品对 PVC 加工过程以及最终制品（通常是型材）的影响[26]，并发

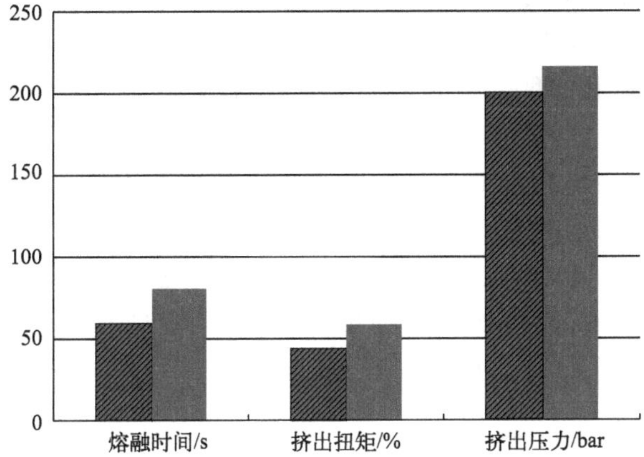

图 2.5 熔融时间、挤出扭矩和压力与重质碳酸钙用量的关系

■ 添加 3 份包覆型重质碳酸钙；■ 添加 8 份包覆型重质碳酸钙

现填料对工艺参数的影响类似链式反应。碳酸钙纯度或者用量的改变会使熔体黏度发生变化，并因此影响增塑过程中的扭矩。而改变剪切力和摩擦力，则会反过来影响主要熔融温度。如前所述，会导致 PVC 粉料总体凝胶化状况发生变化，而由此产生的变化也会影响挤出型材的性能。由于聚合物和矿物的热传导率不同，因此在共混物中，碳酸钙用量的显著变化也会使挤出型材的冷却性能得到改善[26]。

这些型材性能的变化是从试验中得到的，并且在填料分别为 8 份、12 份和 16 份的一系列试验中可以证明。Müller[23] 表示，一个 PP 注塑件的冷却时间随着填料用量的增加而变短（见图 2.6）。因为碳酸钙的热传导性能比 PP 和 PVC 都好，所以这个结论在 PVC 制品中也适用。所以在加工过程中添加碳酸钙具有优势，原因如下：

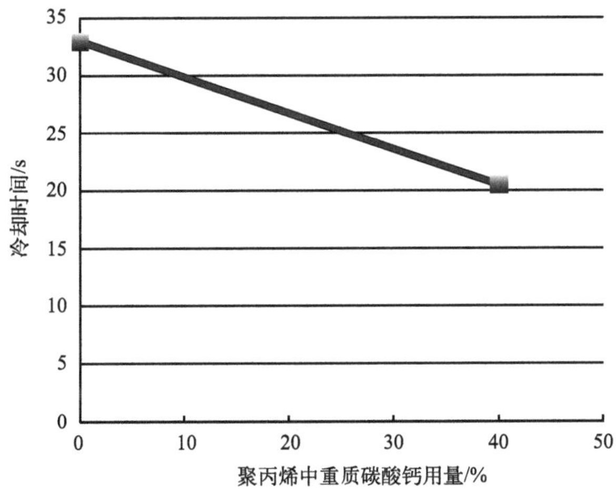

图 2.6 注塑件 PP（4mm）的冷却时间与碳酸钙用量的关系[23]

① 利用相同冷却水线，可以提高挤出速度；

② 挤出速度相同，冷却水线短的效率高；

③ 可以缩短注射成型的循环时间；若冷却过程最慢，则可以提高速度控制步骤的反应速度。

碳酸钙填料也会影响 U-PVC（硬质 PVC）的冲击强度。Cornwell 在一些讲述中表明了这个观点并且加以证明，尤其是使用 PCC[27]。Liefke[28] 也得出了同样的结论，见图 2.7。填料的最佳用量是 40 份，一旦超过这个标准，制品的冲击强度就会下降。Zeich 在研究窗框型材时发现，当填料用量为 16 份时，制品的冲击强度已经开始有所下降了[26]，见图 2.8。

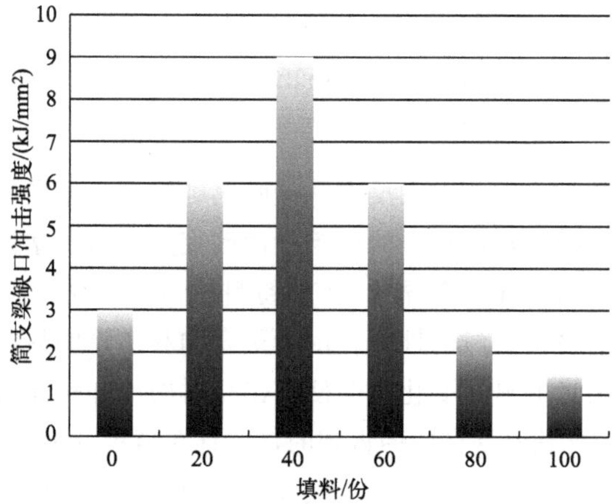

图 2.7　硬质 PVC 型材的冲击强度与碳酸钙用量的关系（型材配方和填料规格未知）[28]

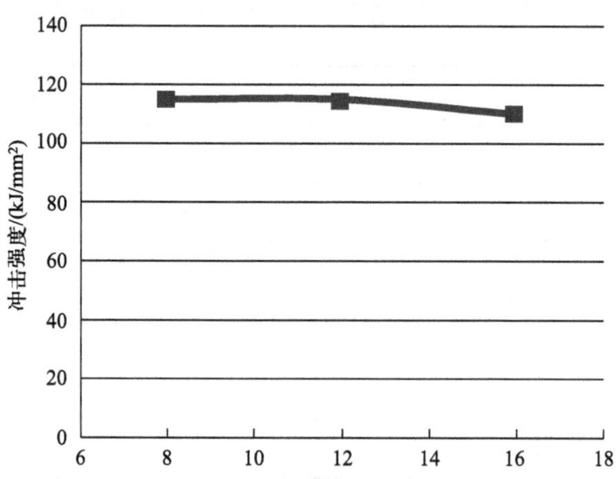

图 2.8　硬质 PVC 窗框型材的冲击强度与碳酸钙填料用量的关系[26]

这些结果的显著差异，恰恰掩盖了填料等级和冲击强度之间的关系，也可以描述为使用的碳酸钙的质量不同。Zeich 也表明，碳酸钙的颗粒粒径尤其是粗端粒径（D_{98} 以上）对材料的冲击强度有重要影响[26]，见图 2.9。粗端粒径粒子越粗糙，冲击强度越低。

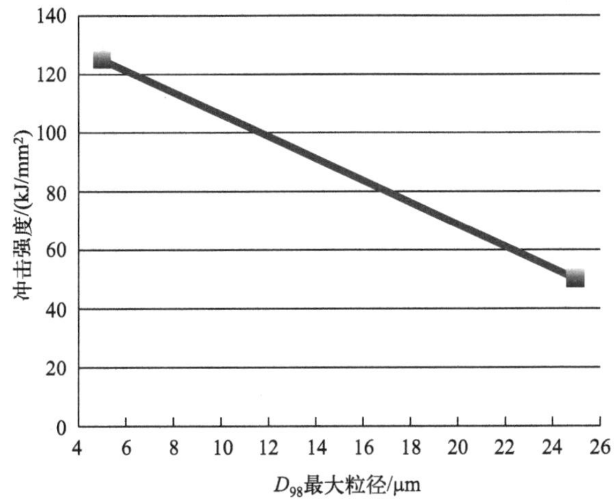

图 2.9　窗框型材的 Izod 缺口冲击强度与碳酸钙 D_{98} 最大粒径的关系[26]

Liefke 表示弹性模量（模量 E）也随着碳酸钙用量的增加而增大，见图 2.10[28]。

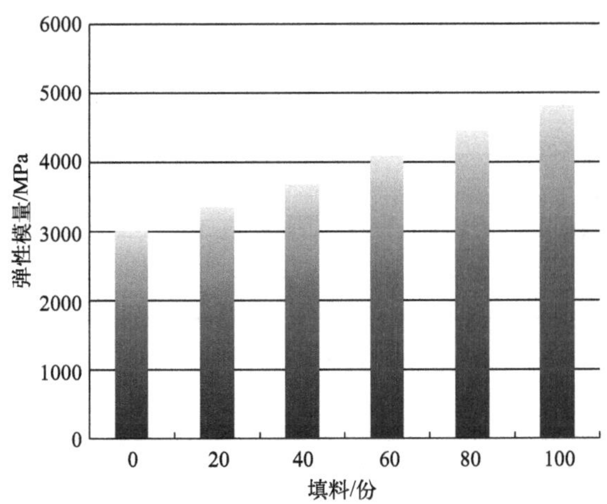

图 2.10　U-PVC 型材的弹性模量与碳酸钙填料用量的关系（型材配方和填料规格未知）[28]

填料用量也影响 PVC 制品的初始颜色。对于白色窗框型材，根据国际照明委员会所规定的 L、a、b 值可知，其明亮度（L 值）随填料用量的增加而下降[26]；见图 2.11。因此，对于某些特殊应用，填料的用量也会因制品的 L、a、b 值的规格而受到限制。若使用高级钛白粉填料或者在稳定剂中使用昂贵的着色改进剂，则可以补偿 L 值的损失，因此对填料用量的限制也可以放宽。但使用昂贵的助剂至少会抵消一部分由提高填料用量而节约的成本。对于 P-PVC，尤其是使用无铅稳定剂的绝缘电缆和护套，碳酸钙填料的影响也各不相同，见图 2.12。由于这些配方没有任何“增白”添加剂，如更加明亮或具有遮盖力的钛白粉，白度稍高的碳酸钙可以改善总体着色效果。

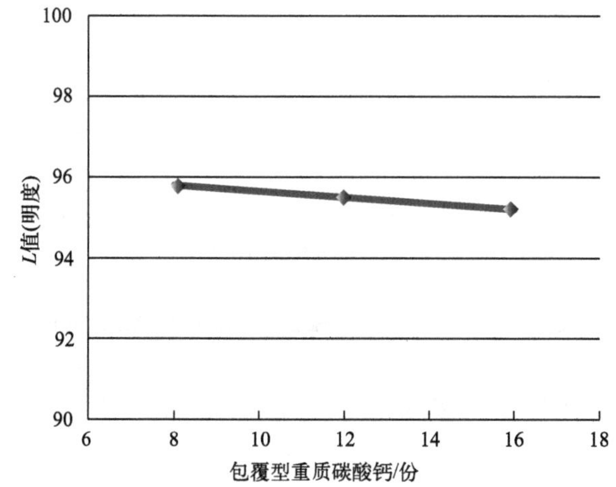

图 2.11　白色窗框型材的光亮度（L 值）与碳酸钙填料用量的关系[26]

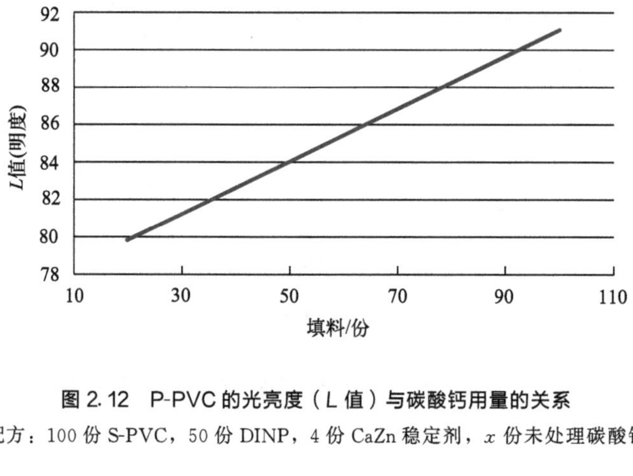

图 2.12　P-PVC 的光亮度（L 值）与碳酸钙用量的关系

配方：100 份 S-PVC，50 份 DINP，4 份 CaZn 稳定剂，x 份未处理碳酸钙

将 PVC 窗框型材焊接在转角上，从而进一步加工成窗框。焊缝漏出部位要尽可能地小，角焊接强度要达到标准，这样才能保证在未来的几十年的时间里窗户的性能良好。但窗框型材中弹性组分的减少（填料的增加）会导致角焊接强度下降，因为焊接时是将 PVC 树脂焊接在一起，而不是填料。Zeich 也通过他的试验对此做出了证明[26]，见图 2.13。他在试验中发现，当碳酸钙加到 15～20 份时，角焊接强度仍然高于标准要求水平，但是明显低于加入 5～12 份碳酸钙所产生的角焊接强度值。

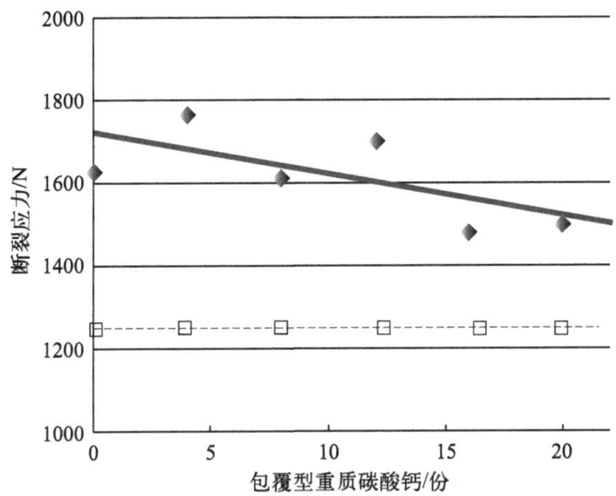

图 2.13 窗框型材的角焊接强度与碳酸钙用量的关系

虚线是标准所规定的最低要求[26]

许多顾客认为挤出型材或管材的色泽很重要。但这只是有限的重要性，原因如下：

① 塑料管材主要用于地下或者墙内，换句话说，就是看不到的地方。

② 在白色高光窗框型材上，可以清楚看到安装工的手印。如果安装工尝试用溶剂（可溶解 PVC）清除那些手印，那么窗框的耐候性会受到损害[29]。

③ 窗框一经安装并受到户外老化作用后，由于沉积灰尘而很快失去原有的光泽。

但是为了满足顾客的要求，窗框型材生产商力图使其产品的光泽度达到 70% 以上。从理论上讲，不熔融的添加剂会对光泽度产生不利影响。此外，不熔融添加剂越粗糙，光泽度损失越大。欧米亚公司通过比较两种不同粒径的表面包覆的 GCC 对此也做出了证明，见图 2.14。由于 PCC 比 GCC 的纯度更高，所以它的光泽应该更好，Cornwell[27] 和 Große-Aschhoff[30] 也证明如此，而且从我们的试验来看这也是正确的。Große-Aschhoff 指出，非常细的填料在经（筒仓）储存和转移时可能导致不可逆地聚集成大颗粒，从而使光泽度下降。

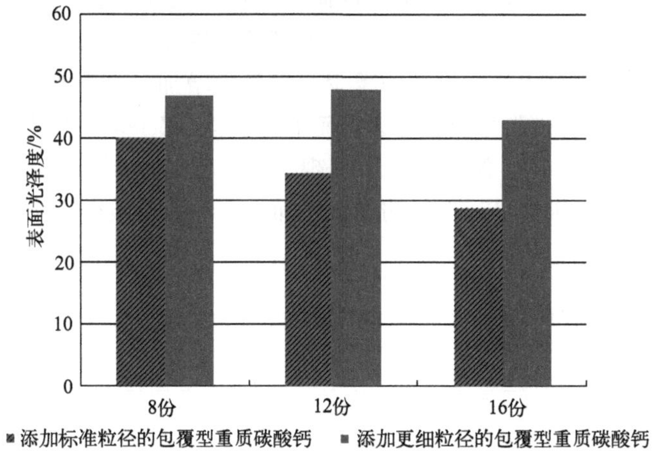

图 2.14 窗框型材的表面光泽度与碳酸钙填料用量和粒径的关系[26]

在讨论 P-PVC 中的碳酸钙之前，先研究一下碳酸钙如何影响制品的耐候性（见 4.6 节）。

在白色窗框型材的天然（或模拟）老化试验中，多次检测到大量的草酸钙，这与草酸盐和草酸都不能用于干混料的事实不符。但研究（4.6.1 小节和文献[31]）表明，草酸盐在干混料中的出现仅在碳酸钙（白云石）存在的情况下是可行的（另一种解释是：在老化过程中，研究需要花粉的存在）。

当填料用于高层次领域时，铁作为碳酸钙的追踪元素就显得尤为重要。在 Xeno 的测试中，铁对材料的模拟耐候性能有较大的影响，可能对天然耐候性也如此。但是铁含量越高，材料褪色越严重[32]。所以为了避免老化试验出现问题，在选择碳酸钙填料时要注意铁含量，见 4.6.2 小节。

在阳光或人工光源下，碳酸钙对所谓的填充型 U-PVC 制品的粉化也有影响[33]，更多细节见 4.6.3 小节。这种性能明显受碳酸钙用量的影响。在户外老化试验中，阳光的影响明显表明：相对于较弱的阳光，样本暴露在较强的阳光下，其外表的变化更迅速，且粉化作用更明显。另外，还有温度的影响，因为温度和降水也会有所不同。而降水问题为：冰雪会覆盖样本，从而拦截了阳光和紫外线。用人工老化设备模仿周期性的天气变化，只能部分加速老化作用。与人工老化试验相比，户外老化试验中样本往往伴随着额外的降解，这也为 L 值的变化提供了依据，最初 L 值在户外老化试验中先增大，而在人工模拟老化试验中又下降。粉化的程度因稳定剂体系（铅、钙锌、有机基）不同而有所差异[33]。

在 P-PVC 中，碳酸钙填料也影响其力学性能。材料的断裂伸长率与碳酸钙的 BET 比表面积有关，见图 2.15。当配方中含有 47 份邻苯二甲酸二（2-乙基己基）

酯（DEHP）和 70 份碳酸钙，BET 比表面积为 6～7m^2/g 时，材料的断裂伸长率是最大的。BET 比表面积和碳酸钙的平均粒径也有关，见图 2.16 和文献［34］。那么结合图 2.15 和图 2.16 的数据可知，断裂伸长率最终取决于图 2.17 中平均粒径 D_{50}。如果试验数据和粒径与比表面积之间的关系都是正确的，那么使用平均粒径 D_{50} 在 1.0～1.5μm 碳酸钙的 P-PVC 配方具有最大的断裂伸长率。当测试老化样本时，断裂伸长率最大值会出现在更小的粒径或更大的比表面积处。

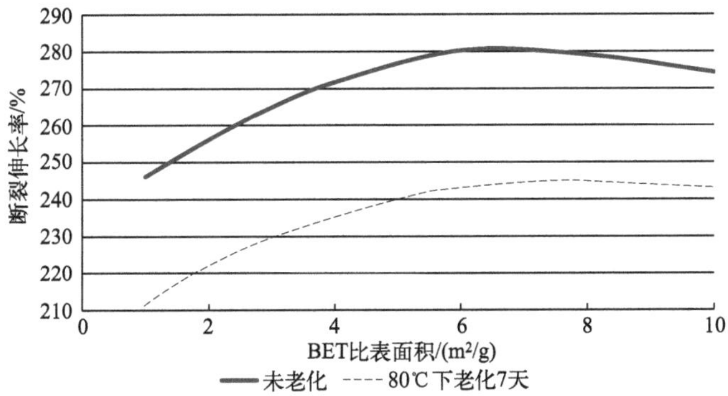

图 2.15　断裂伸长率与碳酸钙填料的比表面积的关系

100 份 PVC、47 份 DEHP、70 份碳酸钙、5 份稳定剂；老化和未老化样本[35]

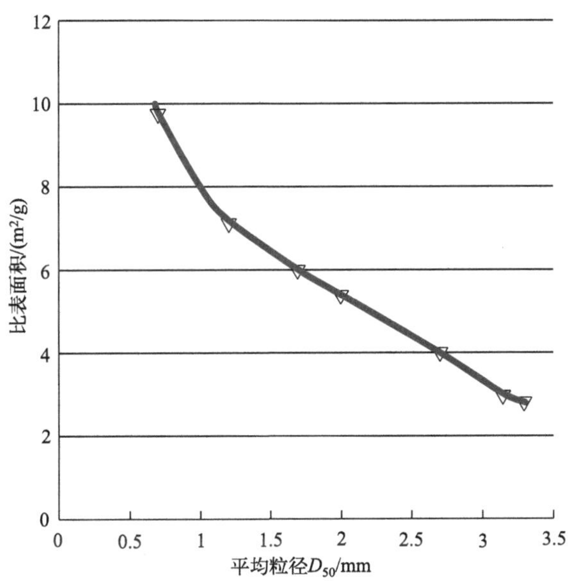

图 2.16　碳酸钙比表面积与平均粒径的关系[34]

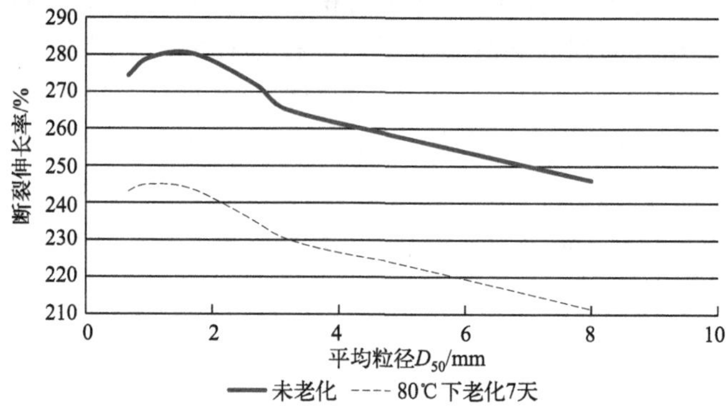

图 2.17　断裂伸长率与碳酸钙平均粒径的关系

100 份 PVC、47 份 DEHP、70 份碳酸钙、5 份稳定剂；老化和未老化样本

测试相同样本的伸长率[35]，见图 2.18。根据上述假设，在图 2.19 中可见材料的伸长率与填料粒径的关系。据此可知，当比表面积为 6～7m²/g 时或者平均粒径为 1～1.5μm 时，材料的性能最好。当测试老化样本时，最大值会出现在更小的粒径或更大的比表面积处。

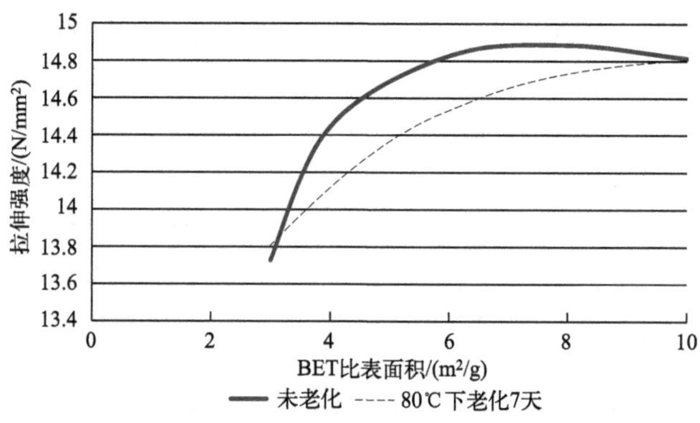

图 2.18　拉伸强度与碳酸钙填料的比表面积的关系

100 份 PVC、47 份 DEHP、70 份碳酸钙、5 份稳定剂；老化和未老化样本[35]

Penn 研究了拉伸强度与 PCC、高岭土添加量的关系[36]。结果和期望的一样：拉伸强度随着填料含量的增加而降低，见图 2.20。且 P-PVC 混配物的邵氏硬度随着填料含量的增加而提高，见图 2.21。同样的依赖关系也可以从体积电阻率（图 2.22）和电容（图 2.23）中发现。

我们关注的一项重要技术指标是：增加填料的比例对成本的影响。一个简单直接的方法是计算填料对材料重量的影响。然而，对于干混料，其密度会随着碳酸钙添加量的增加而提高，这会对成本产生重要影响。例如，我们从 0 到 70 份增加填

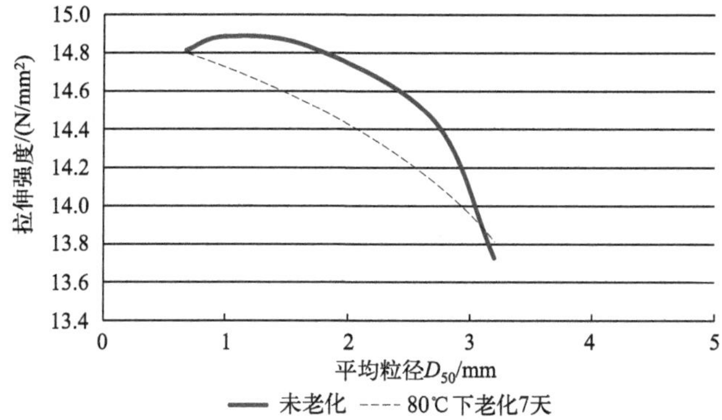

图 2.19　拉伸强度与碳酸钙填料平均粒径 D_{50} 的关系

100 份 PVC、47 份 DEHP、70 份碳酸钙、5 份稳定剂；老化和未老化样本

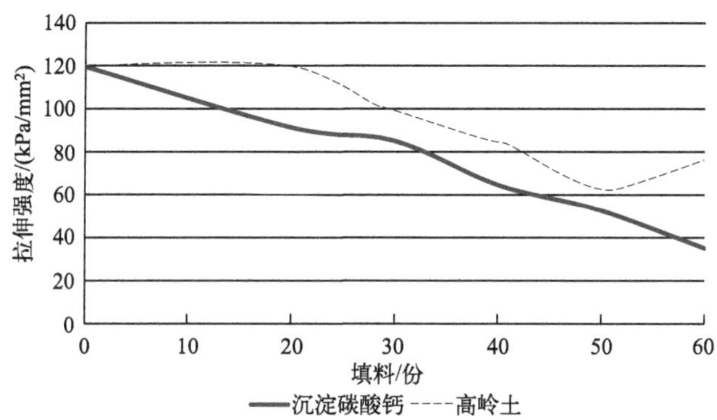

图 2.20　拉伸强度与沉淀碳酸钙、高岭土用量的关系

100 份 PVC、50 份 DEHP、x 份填料、7 份稳定剂[36]

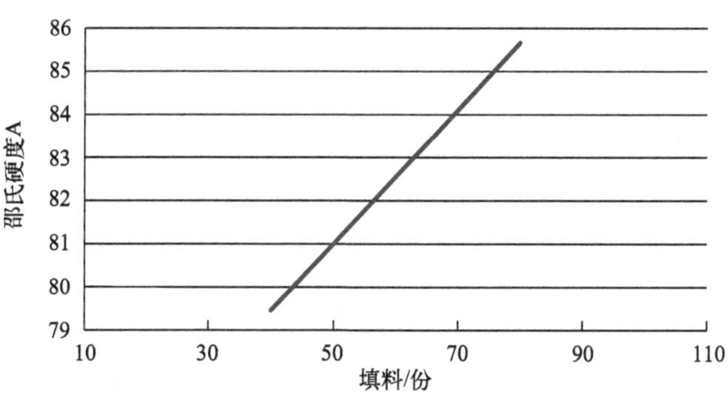

图 2.21　邵氏硬度 A 与未处理的 GCC 碳酸钙填料用量的关系

$D_{50}=2\mu m$；100 份 PVC、50 份 DINP、x 份 GCC、4 份 CaZn 稳定剂

料的量，见图 2.24 中实线，100kg 干混料的原材料价格从 74 欧元降到 54 欧元（减少 27%）。但如果按体积 100L 来计算的话，数据会有较大不同，见图 2.24 中

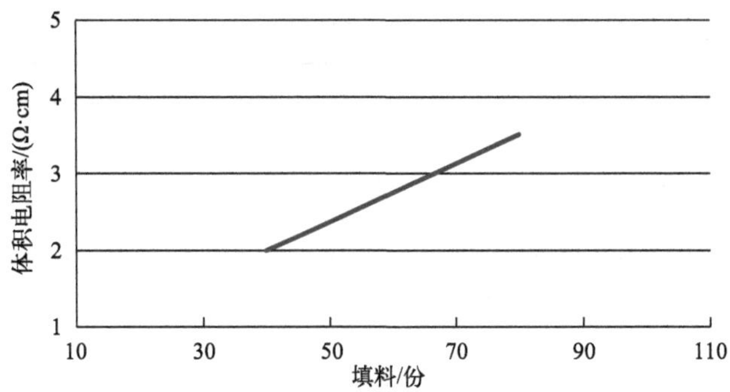

图 2.22　体积电阻率与未处理的 GCC 碳酸钙填料用量的关系

$D_{50}=2\mu m$；100 份 PVC、50 份 DINP、x 份 GCC、4 份 CaZn 稳定剂

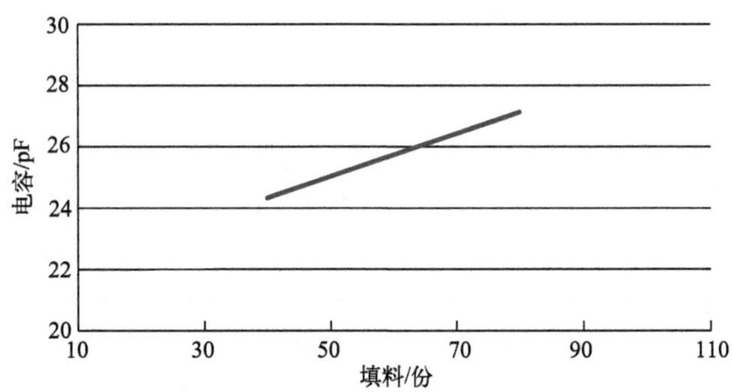

图 2.23　电容与未处理的 GCC 碳酸钙填料用量的关系

$D_{50}=2\mu m$；100 份 PVC、50 份 DINP、x 份 GCC、4 份 CaZn 稳定剂

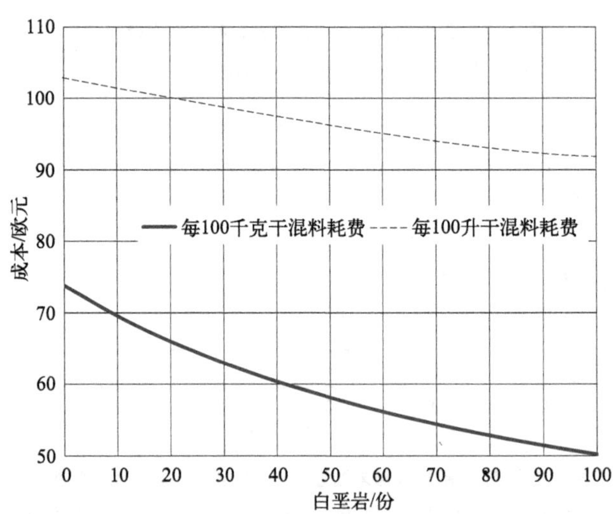

图 2.24　分别用欧元/100 kg 定义（实线）和欧元/100L 定义（虚线）的干混料成本与管道配方中碳酸钙填料用量的关系

直径 110mm，壁厚 3.5mm，生产量：干混料 1.17L/m 管道或 400kg/h[33]

虚线，成本仅下降 10%（从 103 欧元降到 94 欧元）。虽然增加填料用量对降低产品成本有积极的作用，但是考虑到提高产品的耐磨损、保养、能效以及低产量特性，我们需找到一个合适的配比[33]。

关于不要在 PVC 产品上过度使用填料节约成本的原因有很多。2012 年 10 月，在孟买举行的 i-PVC 大会上，Roy 在其题为《为何在 PVC 管的生产中要避免盲目填充》的报告中阐述了自己深刻的见解[37]。内容包括：

① 当填料含量较高时，PVC 管的特性，尤其是冲击强度和环向应力将大幅降低；

② 高含量的填料将导致短期和长期的爆裂压力有所降低；

③ 在其运输、储存和安装时，管道破裂将成为主要的问题；

④ 对于高压管，其合适的填充量是 8～10 份；

⑤ 冲击强度提高到一定程度，会随着填料含量的增加而降低；

⑥ 高含量的填料将导致螺杆和机筒的快速磨损和断裂，尤其当使用较廉价的碳酸钙时。

他还从六个方面做了题为《基于填料降低成本的陷阱》的报告：

① 通过增加填料含量来降低管材生产成本竞争激烈；

② 以每千克产品计算成本来降低管材的价格；

③ 降低价格不符合实际成本削减；

④ 通过减小厚度、提高填充量来降低管材的规格，从而弥补损失；

⑤ 质量下降，客户信心侵蚀，市场份额进一步萎缩；

⑥ 管道企业的倒闭。

按长度或按件被售出的 PVC 产品（型材、管件、管材、鞋类、板材等）都需要考虑类似的问题。一些产品按重量售出，但是制造商最好避免这种事情出现，因为这样会为无良或无知商人提供便利，这些商人认为不合理的填充物将不会影响产品质量。体积成本同样适用于增塑应用[37]。

除了碳酸钙外还有称为白云石的天然的碳酸钙和镁的混合物，见表 2.5 和表 2.6。在 18 世纪末，白云石被公认为是一种离散矿石。它在意大利的北方高寒地区被发现，后经法国地质学家 Déodat de Dolomieu 命名，成为如今人们所知的白云石。过去，白云石也被称为“苦晶石”，虽然它尝起来并不苦。其名称可以归因于其与硫酸反应生成的硫酸钙（石膏）和硫酸镁（泻盐、泻利盐）。白云石与酸的反应速度要显著低于其它碳酸盐，这是因为镁离子比钙离子要小很多。它们的不同可以从其与盐酸的反应看出：白云石只与热盐酸反应，而方解石与冷盐酸反应强烈。尽管白云石与碳酸钙有非常相似的性质。然而，白云石作为填料要比 GCC 用的少很多。原因是：白云石要比 GCC 稍硬，所以更耐磨，并且白云石价格要高。

滑石粉（表 2.5 和表 2.6）是一种天然的、含水的硅酸镁化合物。尽管滑石粉有多种形态，但仅有片状的被用作填料。继碳酸钙之后，滑石粉成为应用在塑料工业的最重要的一种矿石。虽然它的重要性在 PVC 的生产过程中比较有限。然而，我们想指出滑石粉填料在 PVC 产品中的影响，见图 2.25～图 2.27。与不加填料的样品相比，滑石粉显著提高了样品的弹性模量。这要比添加了高含量 GCC 填料的效果还要明显。正如预想的一样，高含量的滑石粉料导致了拉伸强度和断裂伸长率的降低。

高岭土（见表 2.5 和表 2.6）是花岗岩和长石风化后的产物，它也被称为陶土。从化学结构看，高岭土由水合硅酸铝组成。尽管其已经在世界多地被发现，但只有储量很少的高岭土拥有足够纯度可被应用在塑料行业。

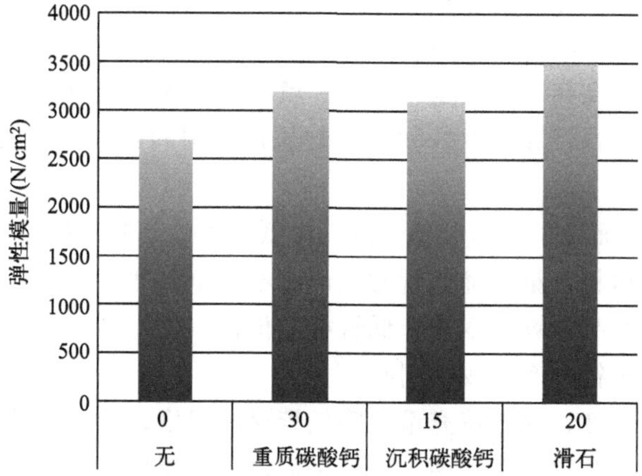

图 2.25　不同填料在不同用量时，对 U-PVC 样品弹性模量的影响（成分未知）[38]

足够纯度的高岭土有显著的白度。它是一种电绝缘体，所以经常作为电缆绝缘的填料被添加到 PVC 以及其他塑料中。高岭土提高了材料的电绝缘性能且降低了吸水性。

与 GCC、PCC 以及白云石相比，高岭土抗酸性非常好，甚至是极强酸。耐化学腐蚀性一般也能通过添加高岭土来提高。煅烧高岭土要比天然高岭土更硬。煅烧提高了高岭土填料的多种性质，尤其是电绝缘性。和滑石粉相似，高岭土有涂层结构，这可以提高其在 PVC 中的分散性。

硅灰石（见表 2.5 和表 2.6）是由硅酸钙组成的且在自然界十分常见。它有两种不同存在形式，即纤维状和针状，且化学结构相同，这一现象也被称为多态性。硅灰石耐化学腐蚀性非常好，与其它填料密度接近，但是更硬。它在塑料中的应用起到了加强效果，耐冲击性、绝缘性以及热稳定性能都得到提高。现在主要的生产商位于中国、印度和美国。尽管石棉纤维被归类为致癌物，硅灰石从结构上来说，并不会对健康造成威胁。在几天到几周内，硅灰石纤维可以完全溶解在有机体

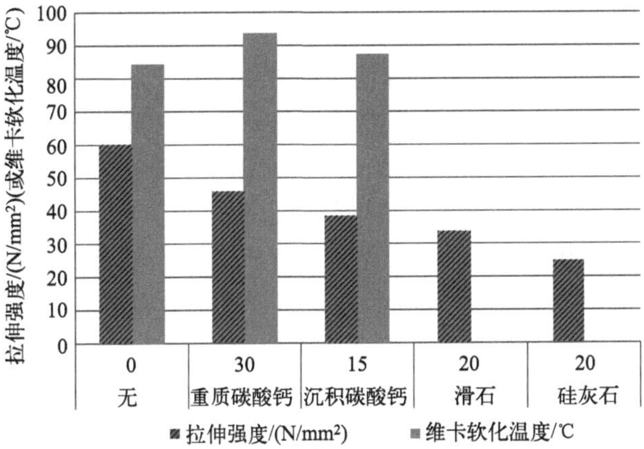

图 2.26 不同填料在不同用量时，对 U-PVC 样品拉伸强度及维卡软化温度的影响（成分未知）[38]

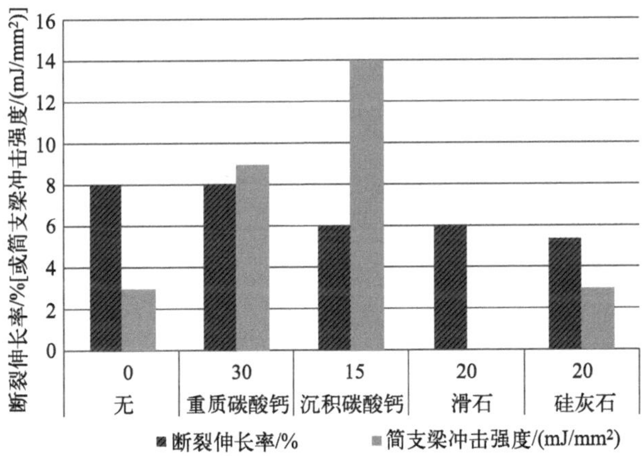

图 2.27 不同填料在不同用量时，对 U-PVC 样品断裂伸长率及简支梁冲击强度的影响（成分未知）[38]

系中。

氢氧化铝和氢氧化镁（见表 2.5 和表 2.6）可真正地被称为功能性填料。它们都是阻燃剂，而且是一种很好的氧化锑的替代品。为了实现较好的阻燃性则必须要添加高含量的氢氧化物。两种材料受热时都会产生水；然后水蒸气会稀释燃烧所需的氧气。水蒸气也会耗能。这两种效果最终赋予了氢氧化物阻燃特性。

氢氧化铝（ATH）是从铝土矿中通过拜耳法制备提纯而来。铝土矿可以在全球范围内开采到。已知拥有最大储量的国家是澳大利亚和几内亚。氢氧化铝制备过程中重要的一个副产品是红泥，由于其有着高含量的有毒重金属，会对环境造成严重影响，所以必须要进行处理。ATH 在 200℃时开始分离出水，见图 2.28，最终产品是氧化铝。

氢氧化镁（MH）存在于自然界的水镁石中［在此不要与板钛矿（一种改性二氧化钛）混淆］。纯水镁石是一种非常稀有的矿物。它可以通过多种工业化生产方法得到。氢氧化镁可以从钾碱液的残渣中沉淀出来，这是相对富镁的，还可以从海水中得到。沉淀试剂可以是石灰乳或煅烧白云石。为了降低氢氧化镁的含铁量，可以用氢氧化钠。在高压和高温 200℃条件下，沉淀的氢氧化镁通过水热法甚至可被转化成六方形片晶，见图 2.29（a）。由于其规则的片晶结构，晶体氢氧化镁对塑性熔体流变性的影响明显要超过沉淀法氢氧化镁。六方形片晶的结构和水滑石非常相似，见图 2.29（b）（这样看来，水滑石也可以作为功能性填料，但是水滑石的价格太高了）。和 ATH 相似，MH 在受热时会分离出水，见图 2.28。水在高于 250℃时开始分离，一旦水被完全分离，氧化镁就形成了。由于这个过程是可逆的，氢氧化镁也可以通过氧化镁加水而得到。这个过程称为水合作用。氢氧化钙又称为熟石灰，其制备方法同样采用的是水合作用。

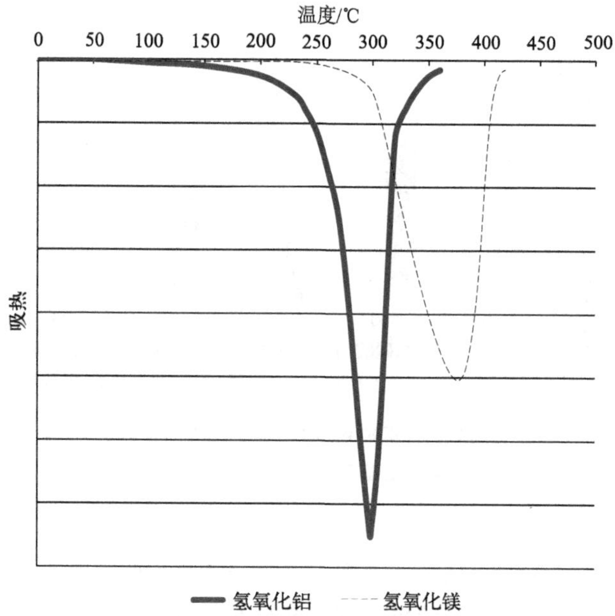

图 2.28 氢氧化铝和氢氧化镁的 DSC 谱图

一种相对新型的填料来自于电厂粉煤灰，与目前讨论的其他填料不同，那就是适用于塑料的粉煤灰制品，其特征是空心圆球。由于它们在低含量的改性行为，将在 2.5.2 小节无机改性部分进行讨论。

可再生植物组分，特别是木粉，已被应用到塑料制造中。早在 20 世纪初，

(a) 氢氧化镁　　(b) 水滑石

图 2.29　经水热处理的氢氧化镁和水滑石（电镜照片）

木粉已被用作酚醛树脂的填料。多年之后，木粉首次在美国被添加到 PVC 制品中。与此同时，基于 PVC 的木塑复合材料（WPC）在欧洲和美国打开了市场。木粉在 PVC 中的填充量要略低于其在聚烯烃中的填充量。PVC 的优势是不需要用粘接助剂来实现其与木粉的相容，通常也不需要加阻燃剂。木粉填料的可选范围非常大，因为可选木粉的种类以及粒径大小很多。可选的木材主要有两种：软木和硬木。正如后面讨论的那样，软木和硬木在科学意义上来讲涉及木材的密度。不要与较常用的对木材的分类描述混淆，即软木指针叶树木材而硬木指落叶树木材。不是所有的落叶树木材都是硬的且不是所有的针叶树木材都是软的。软木大部分来自于针叶树，举例来说，包括杨树、柳树和菩提树，这些木材的密度较低。硬木主要来自于落叶树且其密度较高。所有的树木普遍由纤维素、半纤维素和木质素组成。不同的木材由于其生物特性的差异，会有完全不同的组成。木材和木粉因生物成因与密度的差别，以及其它的因素会对其加工性能产生影响，例如：

① 水分含量会对其加工过程产生影响，尤其是当其水分变化超过 10％时。

② 矿物含量与加工设备的磨损有关。一般来说：高矿物含量将导致高磨损（矿物含量与木材的灰渣量成正比，或者说灼烧减量越大，矿物含量越低）。

木材里的水分会在大约 150℃时开始发生热降解，这也会对加工产生影响。这可以通过挤出型材的颜色变化和分解产物的释放而观察到。低温时（稍微高于 150℃），产生蒸汽和气体。温度达到 200℃时，会分解出可燃气体，这也与一些木材的闪点温度接近[39]。

2.2.3　功能性填料的表征与测试

功能性填料可以用大量的化学、物理和应用试验来表征。应用试验过程已在之前的 1.7 部分做过介绍。关于化学和物理的表征方法，我们必须列出明确的清单，这是因为大多数测试方法是标准的，且这些标准在各区域不尽相同。

不得不说，当使用填充料替代品时，应集中于那些有信誉的生产商。特别注意那些没有明确规定可以使用在塑料中的填充料。原因如下：

① 硬脂酸的过度包覆可能会造成大量高浓度游离脂肪酸的出现，会产生副作用。

② 潜在的析出可能会出现。

③ 高含量的铁可能会导致老化问题的出现。

表征填料的物理测试由以下几部分决定：

① 粒径分布（又称粒度分布）测试的方法有很多，同一样品的结果也会有所变化，取决于粒子的形状，包括针状、片状、球形和立方形等，详细的信息可以从测试设备的供应商了解到。

② 平均粒径 [当解释所谓的质量中位粒径（MMD）D_{50} 时，应当注意：D_{50} 的值不是计算重量而是粒子数，根据分布范围的不同会有不一样的值]。

③ 粗端粒径（D_{98} 值）（指 98%的粒子直径比这个值小，相同的提醒声明也适用于平均粒径）。

④ 筛余物是针对特定目数测定的（关于测量结果的解释应注意：假设筛余物含量为 0.1%，在极端情况下，可能是由大量仅差一点无法通过筛网的颗粒组成，并不会导致任何问题，或者只是很少一部分的较大颗粒在最终产品中造成斑点。因此，我们建议用规范的应用实验来检验填料的分散性）。

⑤ 颜色。

⑥ 挥发组分的含量，例如水分。

⑦ 任何可见污染。

⑧ 吸油值（这说明了填料具有晶体点阵结构，有特定的表面积）。

⑨ 特定的表面积。

⑩ 灰分、灰渣。

填料的化学测试有：化学成分分析。

当功能性填料用于户外或者任何其他对耐光性有要求的场景下，强烈推荐先通过 Xeno 测试或者其他任何之前提到的测试方法进行耐候性试验（见 1.7.8 部分）。

2.2.4 填料生产商

表 2.7 列出了一些生产功能性填料的厂家。贸易公司不包括在内（这一清单并不是详尽的）。

表 2.7 功能性填料厂家的选择，商品名称

厂家	填料类型	商品名称
Active Minerals International, LLC	高岭土	Acti-Min, Crown, Crown white, Champion
ADAÇAL Endüstriyel Mineraller Sanayi ve Ticaret A. Ş.	沉淀碳酸钙	Adacal
Alpha Calcit Füllstoff GmbH	氢氧化铝，研磨碳酸钙，高岭土，氢氧化镁，滑石	Alfrimal, Alphacarb, Calcilit, Calciplast, Alphafilm, Almisil, Alfrimal MG, Alphatalc
Anadolu Mikronize A. Ş.	研磨碳酸钙	Andcarb
Ankerpoort Sibelco	氢氧化铝，白云石，研磨碳酸钙，氢氧化镁，滑石，硅灰石	Hydroxal, Portadolomit, Portacal, Securoc, Tital, Casiflux
BASF	高岭土	Satintone, ASP, Translink, Ultrex, Metamax
Burgess Pigments Co.	高岭土	Burgess, Iceberg
Calcit d. o. o	研磨碳酸钙	Calplex
Calcit Schön+Hippelein GmbH	研磨碳酸钙	Calcit
Erciyes KireÇ ve Tuğla A. Ş	研磨碳酸钙	Erciyes
Gebrüder Dorfner GmbH	高岭土	Dorkafill
Herbert Lange GmbH	白云石	Heladol
Huber Engineered Materials	氢氧化铝，研磨碳酸钙，氢氧化镁	ATH, Hubercarb, MDH
ICL Industrial Products	氢氧化镁	FR-20
Imerys Performance Minerals (previously Luzenac)	白云石，研磨碳酸钙，高岭土，滑石	Calcidol, DRB, Polcarb, Carbital, Micronic, Polstar, Megastar, Polarite, Steamic, Vertal, Jetfine, Mistron, HAR
I. M. I. Fabi (Industria Mineraria Italiana Fabi S. p. A.)	滑石	HTP, HTP Ultra, HM
Jelu	木粉	Jeluxyl
J. Rettenmainer & Söhne	木粉	Arbocel, Lignocel
KaMin LCC	高岭土	Nucap, Nucote, Nulok, Polyfil
Kisuma Chemicals	氢氧化镁	Kisuma
Martinswerk/ Albemarle	氢氧化铝，氢氧化镁	Martinal, Magnifin
Microfine Industries	白云石，研磨碳酸钙，高岭土，滑石	Microdol, Microcarb, Microclay, Microtalc
Minelco	研磨碳酸钙，水菱镁矿	Microcarb, Ultracarb
Mineraria Sacilese S. p. A.	研磨碳酸钙	Calcitec
Mondo Minerals	滑石	Finntalc, Plustalc
Nabaltec	氢氧化铝	Apyral

续表

厂家	填料类型	商品名称
Nigtas	研磨碳酸钙	Mikrokal,Nigtas Mikronize
Nuova Sima SRL	氢氧化铝,研磨碳酸钙,氢氧化镁	Alufy,Microcarb,Italbianco,Hydrofy
Nyco Minerals	硅灰石	Nyad,Nyglos
Omya	研磨碳酸钙,白云石	Omyalene, Millicarb, Hydrocarb, Omyalite,Omyafilm,Omyacarb,Omyabond,Microdul,Myanit
ProvenÇale	研磨碳酸钙	Mikart,Calgar,Criscal,Alical
Quarzwerke Group	氢氧化铝,高岭土,硅灰石	Trefil,Chinafill,Kaolin,TEC Tremin
Reverté	研磨碳酸钙	Micral,Microcarb
Schäfer Kalk GmbH Co. KG	沉淀碳酸钙	Precarb
Shiraishi-Omya GmbH	沉淀碳酸钙	Hakuenka, Viscoexcel, Viscolite, Homocal
Solvay Advanced Functional Materials	沉淀碳酸钙	Socal, Winnofil
Vereinigte Kreidewerke Dammann KG	研磨碳酸钙	
Xilolite	滑石	Talc

2.3 增塑剂

2.3.1 引言

增塑剂是 PVC 助剂中另一重要的组分。2011 年增塑剂的全球用量 640 万吨[40]，只有 5%是没有应用在 P-PVC 中的。主要受益于增塑剂在新兴市场中的使用，预期其用量将进一步增加[40]。欧洲大约消耗 1 万吨增塑剂。北美洲和南美洲用量之和比欧洲稍稍多一些，但是在亚太地区用量达到了 350 万吨。全世界所用的增塑剂依旧主要是邻苯二甲酸酯类（约 87%）[40]。顾名思义，增塑剂增塑 PVC，使其更加有弹性更加柔软，需要满足以下几个要求：

① 好的性价比。

② 与 PVC 有良好的相容性。

③ 没有可见的颜色。

④ 没有明显气味。

⑤ 可接受的挥发性。

⑥ 好的低温性能。

⑦ 易于应用和使用。

⑧ 适用于不同加工工艺（混合、挤出、压延、增塑溶胶、注射成型、滚塑等）。

⑨ 适用于多种产品。

⑩ 保质期长。

⑪ 在特定应用中（玩具、食品、医疗）使用符合法律法规及相关标准的要求。

从化学的角度来看，增塑剂的作用介于润滑剂和溶剂之间。这主要与所用醇的碳链长度有关，见图 2.30。溶剂-增塑剂-润滑剂单个组分之间的区分边界通常是模糊的，这也体现在性能差异上，如图 2.31 所示[41]。随着分子量增加，一般：

① 挥发性下降。

② 溶解度、温度增大。

③ 相容性提高，达到最大值后又降低。

④ 润滑性增强。

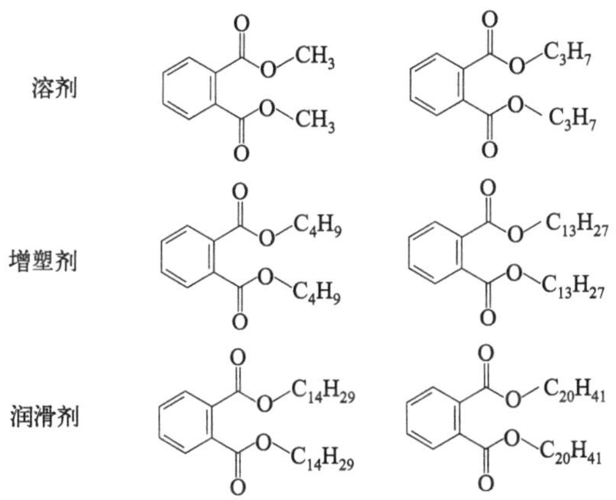

图 2.30 一些溶剂、增塑剂和润滑剂的化学结构比较

在 PVC 加工中增塑剂具有以下作用：

① 改善内润滑性；

② 降低内摩擦；

③ 降低与金属表面的黏附；

④ 降低加工温度；

⑤ 降低熔体黏度；

⑥ 改善填料和颜料的分散。

在最终的 PVC 制品中具有以下作用：

① 赋予柔软性和弹性；

② 降低弹性模量；

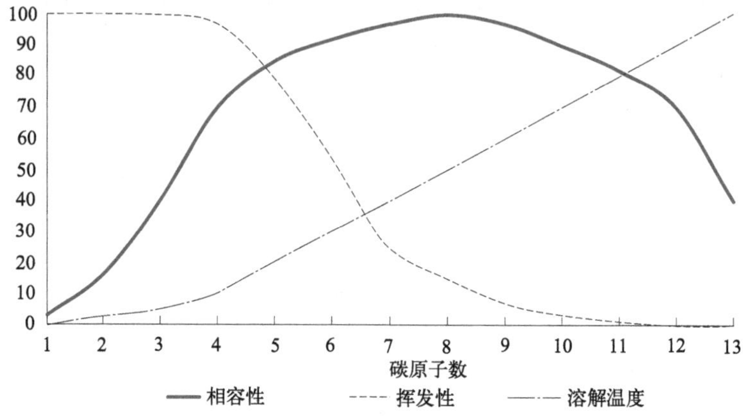

图 2.31 邻苯二甲酸酯的醇支链上的碳原子数与相容性、挥发性和溶解温度之间的关系[41]

③ 降低拉伸强度；

④ 降低玻璃化转变温度；

⑤ 降低脆性（用量较大的情况后面将会讨论）；

⑥ 改善抗静电性；

⑦ 提高伸长率和弹性；

⑧ 提高弯曲强度；

⑨ 提高冲击强度；

⑩ 提高韧性；

⑪ 提高光泽度和表面质量；

⑫ 改善防滑性能；

⑬ 提高相似或不同表面的抓地力；

⑭ 提高低温条件下产品的适应性。

2.3.2 化学特性和作用机制

关于增塑剂如何软化塑料（比如 PVC）有许多不同的理论解释。大家主要关心塑料的加工过程，而这些理论则是次要的。但是，为完整起见，将对这些理论做以下简单解释：

① 润滑剂理论，认为增塑剂具有内润滑的作用（图 2.32），因此降低了 PVC 链之间的分子间作用力。

② 极性理论，认为增塑作用是通过增塑剂和 PVC 链上的极性部分和非极性部分之间的相互作用实现的。

③ 溶剂化理论，认为聚合物（这里指 PVC）溶解于增塑剂中。假设溶剂化和非溶剂化之间即凝胶中存在一个平衡。

④ 热力学理论，认为增塑作用是一个热力学相平衡。

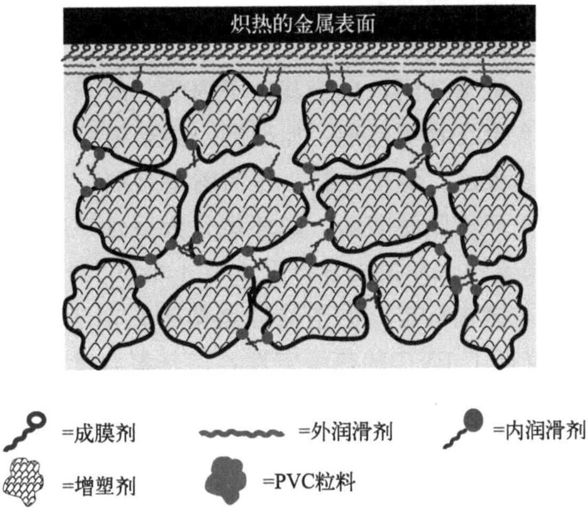

图 2.32 润滑剂和增塑剂复配的行为和效果

（成膜剂、外润滑剂、内润滑剂、U-PVC 粒料、吸收增塑剂的 PVC 粒料、P-PVC）

大多数增塑剂在少于 10 份的含量下会表现出所谓的反增塑效果。在此含量下 PVC 不但没有变软反而保持刚性，实际上变得更脆。对这种现象的解释如下：低含量的增塑剂主要占据了 PVC 分子间的自由体积，阻碍了分子链之间的旋转运动（缠结或曲轴旋转；大约每 100 个碳原子组成一个“曲柄”，见图 2.33）从而降低了冲击应力。分子机理的抑制作用在宏观上表现为 PVC 的脆性。

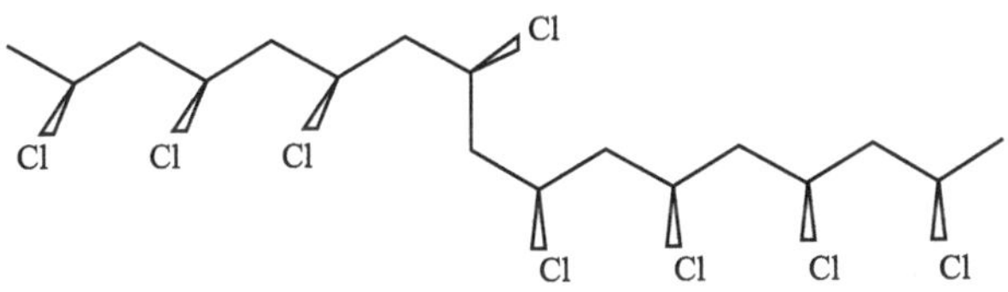

图 2.33 PVC 链结合成曲柄部分图

这些位置处的运动受阻降低了 PVC 的冲击强度，使其变成脆性

那些能够在不同应用中使用的增塑剂被称为通用（GP）增塑剂。几乎所有的邻苯二甲酸酯类增塑剂都属于通用增塑剂。除了邻苯二甲酸酯外，还有许多其他化学基团的 PVC 增塑剂：

① 环己烷-1,2-二甲酸二异壬酯（DiNCH），被认为是邻苯二甲酸二异壬酯（DiNP）的氢化形式。

② 对苯二甲酸酯类，如对苯二甲酸二辛酯（DOTP）。

③ 间苯二甲酸酯类。

④ 偏苯三酸酯类，如偏苯三甲酸三辛酯（TOTM）。

⑤ 二羧酸酯类，如己二酸二辛酯（DOA）和己二酸二异壬酯（DiNA）。

⑥ 磷酸酯类，也能作为消烟剂和阻燃剂使用。

⑦ 柠檬酸酯类。

⑧ 苯甲酸酯类。

⑨ 磺酸酯类。

⑩ 吡咯烷酮，由于其分子内的“离子”结构，能够降低体积电阻率。

⑪ 聚合物增塑剂，如聚酯、共聚聚酯和其三元共聚酯。

⑫ 聚乙二醇衍生物，作为辅增塑剂。

⑬ 环氧脂肪酸酯，如环氧化大豆油（ESBO），既能作为辅助增塑剂，也能提高热稳定性，相关内容可见 1.5.4 小节。

⑭ 氯化石蜡，也是辅助增塑剂，由于其含氯原子，在加热时能生成氯化氢，所以降低了 PVC 的热稳定性，但是氯含量的增大提高了 PVC 制品的阻燃性。

⑮ 扩展增塑剂，如碳氢化合物。

图 2.34 展示了几种具有邻苯二甲酸酯化学结构的增塑剂。邻苯二甲酸二辛酯（DOP）是最重要的常用增塑剂。然而，它正在逐渐失去市场份额，至于原因我们将在之后讨论。它主要被 DiNP 所取代。其它常见邻苯二甲酸酯增塑剂还有邻苯二甲酸二（十一烷基）酯（DUP，侧链上有 11 个碳原子，DEHP 中有 8 个碳原子）、邻苯二甲酸二异十一烷基酯（DiUP，侧链上也有 11 个碳原子）、邻苯二甲酸二异（十三烷基）酯（DiTP，侧链上有 13 个碳原子）。长链邻苯二甲酸酯挥发性少但是价格昂贵，常用于要求更高的电缆领域。

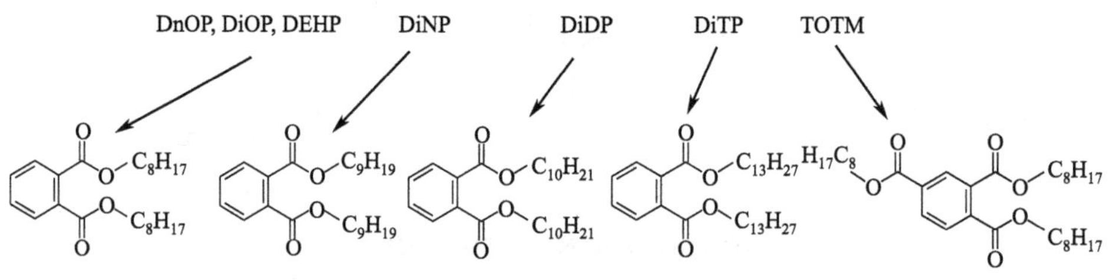

图 2.34 具有邻苯二甲酸酯结构的增塑剂

DnOP—邻苯二甲酸二正辛酯；DiOP—邻苯二甲酸二异辛酯；DEHP—邻苯二甲酸二（2-乙基己基）酯；DiNP—邻苯二甲酸二异壬酯；DiDP—邻苯二甲酸二异癸酯；DiTP—邻苯二甲酸二异（十三烷基）酯；TOTM—偏苯三甲酸三辛酯

邻苯二甲酸二(2-乙基己基)酯（DEHP）常被称为 DOP（邻苯二甲酸二辛酯）。在文中、图中和表格中我们将 DOP 和 DEHP 互换着使用。其它的邻苯二甲酸二辛酯将做以下区分：邻苯二甲酸二正辛酯被称为 DnOP，邻苯二甲酸二异辛酯被称为 DiOP。

Naert 根据以下分类和参数在蛛网图中比较了三种标准邻苯二甲酸酯增塑剂的性能（如图 2.35）：

价格（最重要的因素）；

加工性——溶解温度、凝胶化、流变；

经济性——有效性、密度；

可用性；

相容性——渗出、迁移、抗萃取性；

性能——低温有效性、挥发性、老化。

要选择合适的邻苯二甲酸酯增塑剂替代品还需要再借助图 2.35。表 2.8 总结了几种增塑剂的物理和化学性能。

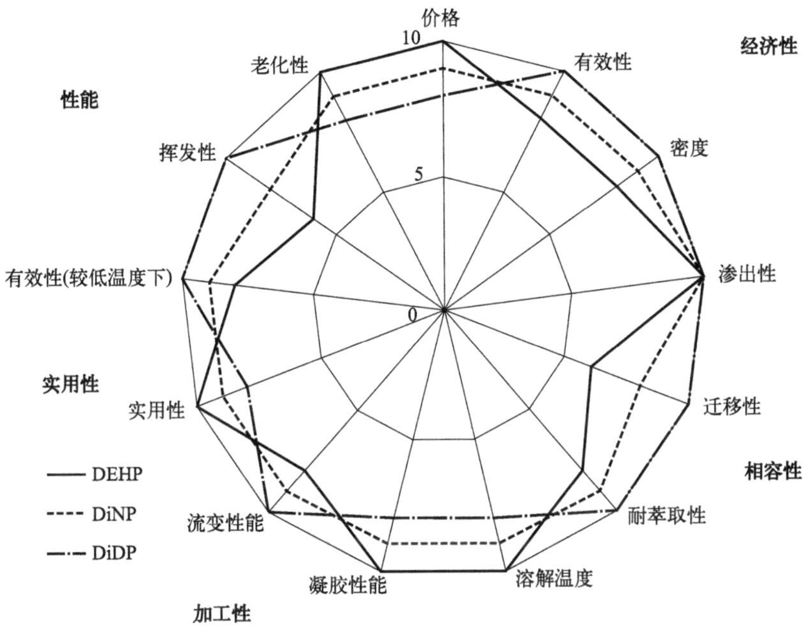

图 2.35 对 DEHP（DOP）、 DiNP 和 DiDP 从不同的参数进行比较[42]

表 2.8 增塑剂的名称、缩写和物化性质

项目	DEHP (DOP)	DnOP (DCP)	DiNP	DiNCH	DiDP	TOTM	DOA	DiNA	DOTP	DOIP	氯化石蜡	
											43%～54%Cl	50%～52%Cl
化学名称	邻苯二甲酸二(2-乙基己基)酯	邻苯二甲酸二正辛酯	邻苯二甲酸二异壬酯	环己烷-1,2-二甲酸二异壬酯	邻苯二甲酸二异癸酯	偏苯三甲酸三辛酯	己二酸二辛酯	己二酸二异壬酯	对苯二甲酸二辛酯	间苯二甲酸二辛酯		
分子量	390	390	418	424	446	546	370	398	390	390	聚合物	聚合物
密度/(g/cm³)	0.986	0.98	0.972	0.949	0.968	0.988	0.927	0.92	0.984	0.984	1.16	1.25
熔点/℃	−50	−49	−43	−54	−50	<−50	−68	−68				
沸点/℃	385	385	260	245	254	283	214	242	400			

续表

项目	DEHP (DOP)	DnOP (DCP)	DiNP	DiNCH	DiDP	TOTM	DOA	DiNA	DOTP	DOIP	氯化石蜡	
											43%～54%Cl	50%～52%Cl
压强/hPa①	1013.3	1013.3	7	7	5	4	6.7	7	1013.3			
折射率	1.485		1.486	1.461	1.483	1.483	1.447	1.45	1.485			
黏度(20℃)/(mPa·s)	75	42			122		14	18	10		20	150
酸值(理论)/(mg KOH/g)	<1	<1	<1	<1	<1	<1	<1	<1	<1	<1		
皂化值(理论)/(mg KOH/g)	287	287	268	264	251	308	303	281	287	287		
溶解度参数	8.83		8.77	8.7	8.56							
介电常数	5.18		4.62	4.5	4.47							
凝胶化温度②/℃	109		118		120							
热失重③/%	4.5		2.1		1.8							

① 1hPa＝100Pa。

② 凝胶化温度是通过不断升高温度测量悬浮 PVC 能快速吸收增塑剂的温度得到的，其中升温速率为 2℃/min[43]。

③ 含 67 份增塑剂的 P-PVC 在 87℃过量活性炭下放置一天后的重量损失[43]。

在塑料工业中似乎都存在同一种情况：一些人依旧以价格为主，而不是从价格-性能-密度三者的角度进行综合考虑。接下来这个电缆制造商的例子说明只注重价格其实将导致更大的损失。P-PVC 加工商想要把原先的增塑剂换成价格便宜一些、效果更好的另一种增塑剂，能使其用量降低近 10%，这样一来似乎能够显著地降低成本，然而，经过简单的计算之后就能揭示其真实的情况：每 100kg 干混料（重量）的成本将降低 4 欧元多（大约 5.35 美元），但是每 100L 干混料（体积）的成本将增大 1 欧元（大约 1.35 美元）。这样，新配方下将少挤出 15km 的电缆绝缘料，正如表 2.9 中所计算列出的。

讨论了软质 PVC 配方的经济性后，我们将关注增塑剂的相容性（见图 2.31）、加工性和使用性能。关于塑化时间和增塑剂向 PVC 颗粒中渗透吸收存在一个通用经验法则：增塑剂的醇基链越长，渗透吸收时间将会更长。但是，渗透吸收效果也取决于温度：温度越高，反应越快。塑化过程分为六个不同的步骤，这个概念早在几年前就被提出来了[44]。六个步骤如下：

① 多孔 PVC 颗粒的快速、瞬时和不可逆润湿，在没有溶胀和吸收的情况下 PVC 表面吸附增塑剂。

② PVC 颗粒表面的溶剂化和/或渗透，或多或少地为进入第三个步骤做准备。

③ 增塑剂的吸收和扩散，进入 PVC 颗粒中。增塑剂的吸收是一个动力学控制的过程，取决于增塑剂的化学性质、温度、PVC 的相对体积、增塑剂类型和时间。PVC 颗粒发生第一次溶胀和有限溶胀都依据以上这些参数。

④ 这一步骤开始于第 3 步，但是要进行得慢很多。类似于第 3 步，第 4 步中的增塑剂吸收仍旧在持续，并且所有的增塑剂需要完全进入 PVC 颗粒中。接下来 PVC 结晶相中的极性基团开始游离。在 PVC 的无定形区域自由化的极性基团与溶剂化 PVC 结合。

⑤ PVC 中结晶结构的完全分解，PVC 颗粒结晶区域的扩散和溶剂化。这一步骤取决于增塑剂的相容性和溶解度参数。

⑥ 基体作为一种凝胶结构进行重建。

表 2.9 关于三种不同的 P-PVC 干混料价格和密度的比较（依据欧洲的平均定价）

项目	密度/(g/cm^3)	价格/(欧元/kg)	干混料 1/份	干混料 2/份	干混料 3/份
PVC	1.39	0.65	100	100	100
填料	2.71	0.1	65	65	65
DEHP	0.985	1.57	55		
替代的增塑剂	1.15	1.55		55	45
钙锌稳定剂	1.4	2	4	4	4
总质量/kg			224	224	214
总体积/L			155	147	138
干混料密度/(g/cm^3)			1.449	1.528	1.552
比密度/(L/kg)			0.69	0.655	0.644
总成本/欧元(美元)			166(122)	164(121)	149(199)
单位质量成本/(欧元/kg)(美元/kg)			0.74(2)	0.735(1.85)	0.697(1.07)
单位体积成本/(欧元/L)(美元/L)			1.073(1.27)	1.124(1.21)	1.082(0.69)
绝缘料量/(km/100kg 干混料①)			220	208	205

① 用来计算的电缆尺寸：内径 1.5mm，绝缘料厚度 1mm。

Henrikson 写了一篇名为《增塑剂在软质 PVC 中的迁移》的优秀博士论文，

里面详细地记录了抽出和迁移的数据[43]。

增塑剂影响了软质 PVC 产品许多重要的性能。图 2.36 显示了增塑剂用量对制品拉伸强度和断裂伸长率的影响，从图中能够观察到以下趋势：

① 拉伸强度随着增塑剂用量增大而降低。

② 断裂伸长率随着增塑剂用量增大而提高。

③ 与同用量下的 DiNP 和 DiDP 相比，DEHP（DOP）在断裂处具有最高的伸长率和最小的拉伸强度。

④ 与同用量下的 DEHP 和 DiDP 相比，DiNP 在断裂处具有最低的伸长率和最大的拉伸强度。

⑤ DiDP 表现出中间行为。

⑥ 综合考虑断裂伸长率和拉伸强度，最佳的增塑剂用量为 33～35 质量份。

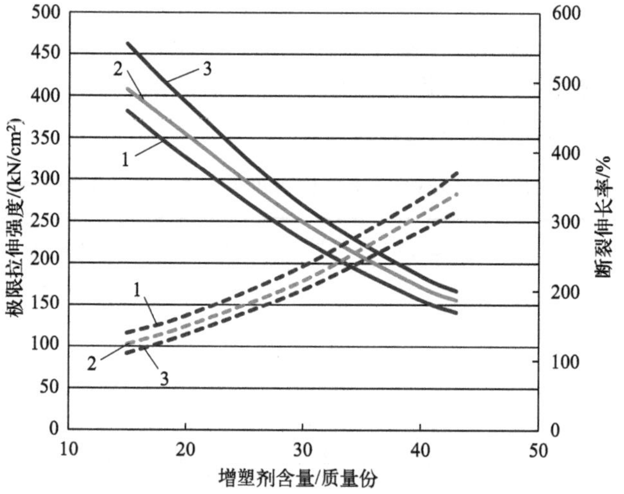

图 2.36　增塑剂用量对拉伸强度和断裂伸长率的影响[45]（干混料组成未知）

实线—拉伸强度曲线；虚线—断裂伸长率曲线；1—DOP；2—DiDP；3—DiNP

对于电缆绝缘材料，体积电阻率（VR）是一个重要的性能。体积电阻率也叫电阻率或电阻系数。体积电阻率量化了材料阻碍电流传导能力的强弱。低电阻率说明材料容易发生电荷的运动。体积电阻率的单位是 Ω·m，衍生单位比如 Ω·cm 也在使用。大多数材料的体积电阻率随温度会发生变化。

在一些国家，比如美国，也用电容来表征绝缘材料。在电磁学和电子领域，电容被定义为储藏电荷的能力。电容也指在给定电位差下衡量储存（或释放）电势能的一个指标。储能装置常见的一个形式是平行板电容器。由于设计的相似性，因此可以用测量电阻率的同一个装置来测量电容。

绝缘材料的体积电阻率随着温度的升高而降低，见图 2.37。这个现象正好与金属相反，金属的体积电阻率是随着温度的升高而升高的。因此其反而与大多数半导体的表现更为接近。

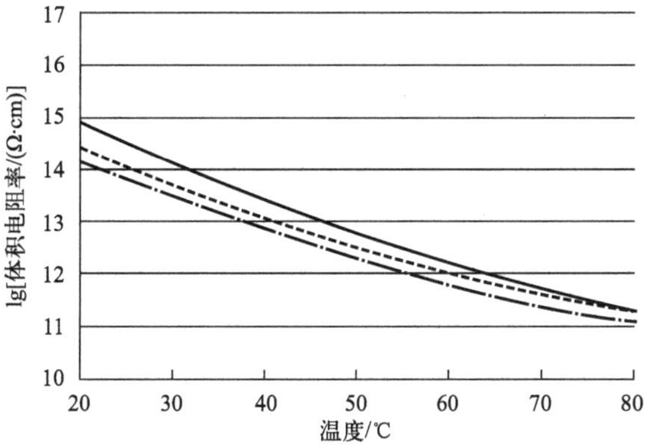

图 2.37　温度对体积电阻率 VR 的影响[45]（约 50 质量份增塑剂，无填料）

—— DiNP；--- DOP；—·— DiDP

在一个给定的温度下，DiNP 和 DiDP 分别具有最高和最低的体积电阻率。DOP（DEHP）体积电阻率居中。图 2.38 展示了 DOP 在不同温度和用量下与体积电阻率的关系。通过这张图我们能对 DOP（也包括其它增塑剂）做出以下结论：

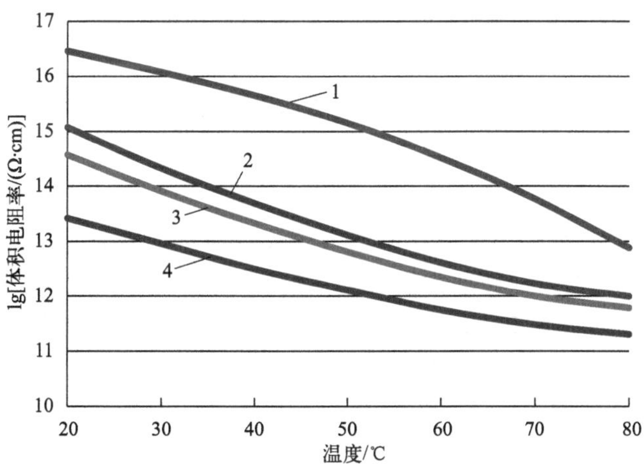

图 2.38　温度和 DOP 用量对体积电阻率 VR 的影响（无填料）[45]

1—25 份 DOP；2—43 份 DOP；3—50 份 DOP；4—66 份 DOP

① 随着 DOP 用量的上升，体积电阻率下降。

② 与图 2.37 对比，增塑剂用量为 50 质量份时体积电阻率还会随着温度的升

高而降低。

还研究了碳酸钙填充和 DOP 含量对体积电阻率（图 2.39）和电容（图 2.40）的影响。我们发现：

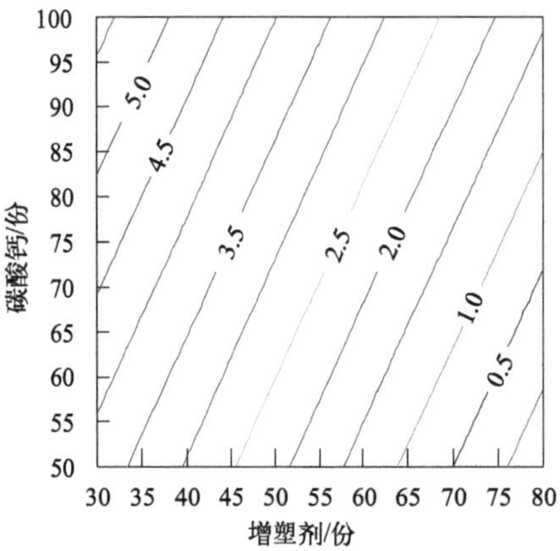

图 2.39 体积电阻率（$10^{13}\Omega\cdot cm$）与 DOP 和填料（碳酸钙，未经表面处理）用量的关系（钙锌稳定）

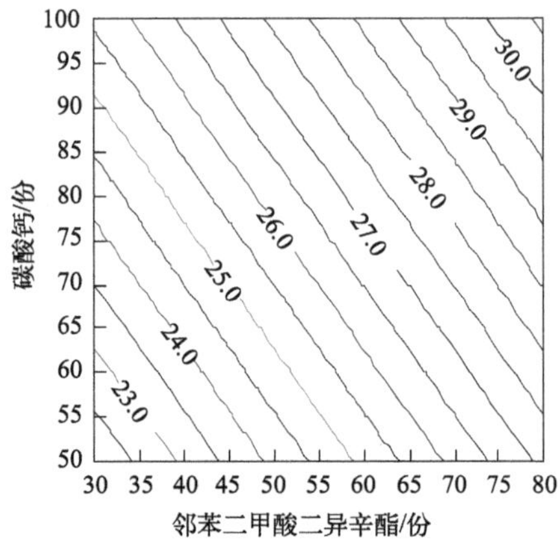

图 2.40 电容（pF）与 DOP 和填料（碳酸钙，未经表面处理）用量的关系（钙锌稳定）

① 与上面的结论一样，体积电阻率会随着 DOP 用量的升高而降低。

② 加入碳酸钙时也表现为相同的体积电阻率变化规律。

③ 体积电阻率在给定的 DOP 含量下随着填料用量的升高而增大。

④ 电容随着碳酸钙或 DOP 含量的升高而增大。

通过之前的讨论不难得出软质 PVC 的邵氏硬度的变化规律：

① 随着增塑剂含量的升高而降低，见图 2.41。

② 随着填料含量的升高而增大，见图 2.41。

图 2.42 展示了增塑剂用量、增塑剂种类及温度对邵氏硬度（A 和 D）的影响。由此看来，基于同一种酸的增塑剂在温度下降时其醇组分决定硬度：醇的分子量越低，邵氏硬度越低。并且对邵氏硬度 A 和 D 都是适用的。当醇组分相同而酸组分不同时，我们可以发现用脂肪酸的产品比用邻苯二甲酸酯的产品要软（但是，不仅有脂肪酸，还有壬二酸酯和癸二酸酯也可以作为低温软质产品的增塑剂）。

虽然（倒不如说，因为）这些通用邻苯二甲酸酯被广泛而大量地应用，但其仍然是非政府组织和政府机构的关注焦点。目前，亚洲的法律和政策对 PVC 和邻苯二甲酸酯保持中立或积极态度，北美的法律和政策对其保持中立或消极态度，与此同时，欧洲对邻苯二甲酸酯持有更多的是消极态度[47]。Emanuel 将原因归于亚洲的政策仍然以发展为导向，且 PVC 和邻苯二甲酸酯仅受到极少的关注。Cullen[40]

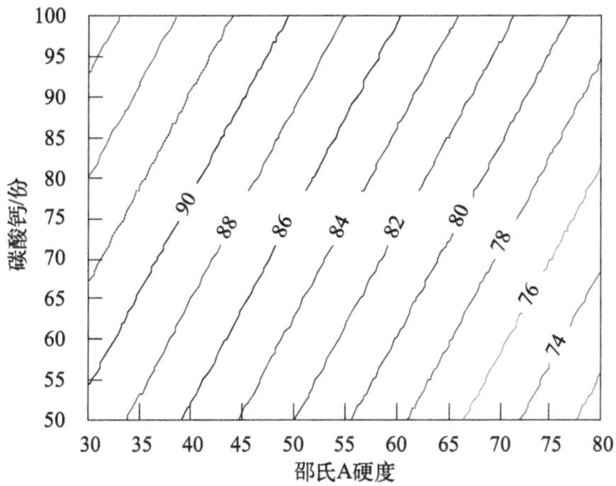

图 2.41 邵氏 A 硬度与 DOP 和填料（碳酸钙，未经表面处理）用量的关系（钙/锌稳定）

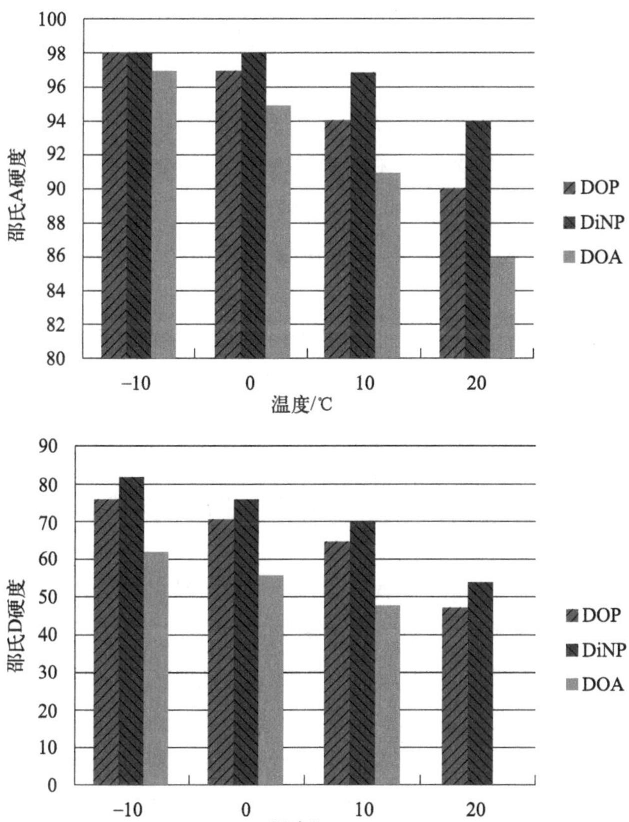

图 2.42 增塑剂用量、增塑剂类型和温度对邵氏 A 和邵氏 D 硬度的影响[46]

针对这个问题对欧洲和北美做出了一个简短的时间轴概要，见图 2.43。然而 DEHP（DOP）还是得到了欧洲 REACH 法规的授权许可。此外，芬兰和西班牙分别将非邻苯二甲酸的己二酸二（2-乙基己）酯和己二酸二异十三烷基酯加入 CoRAP 清单中。CoRAP 清单列出的物质将在之后的三年中由成员国进行评估。CoRAP 中包含的物质都是一些在其制造或应用中可能会对人类的健康或环境造成危害的物质。通过针对性的研究可以对这些物质的潜在危害进行评估，并排除这些危害。CoPAP 更新并简要说明了最初选择评估的物质的理由。此外，在 ECHA 网站上发表的 CoPAP 动态表格中，可以得到相关文档中对每种被关注的物质的更多细节描述。这些文档中仅指出最初关注的理由及选择对这些物质进行评估的原因。他们自身不对评估结果进行预判。在许多情况下，最初的关注与物质的持久性、生物累积性和化学毒性（PBT）特性、疑似内分泌紊乱或致癌、致突变或生殖毒性特性以及广泛的分散使用或消费者使用有关。一般情况下，这些物质的应用涵盖很多领域，不局限于特定工业、专业的或消费者的应用中。主要关注的物质的表述不限于成员国对其的评估，因为成员国可能在他们评估的过程中将他们的评估集中于相关的领域中[48]。

除了技术需求外，这些监管活动让我们有必要寻找正广泛使用的邻苯二甲酸酯类增塑剂的替代品。我们在这里并不打算详细讨论增塑剂替代品，这远超出了本书的范围。而且，也比不上增塑剂专家的经验和详细的知识。因此我们采用 Naert[42] 的卓越理念并将讨论范围限制在邻苯二甲酸酯类增塑剂替代品的主要优势和挑战上。

一个本身是重要的增塑剂，但也可以作为替代品的材料是 TOTM（其结构见图 2.34）。它主要用在高温领域中，如汽车线缆。TOTM 与邻苯二甲酸酯类增塑剂的性能对比见图 2.44。TOTM 表现出非常好的抗老化性能、低挥发性、良好的化学稳定性和最优秀的低温性能。然而，它相对昂贵的价格限制了它的使用。基于这些原因，TOTM 在某些应用场合会与邻苯二甲酸酯类或其它聚合物增塑剂组合使用。

其它的替代品是基于不同的二羧酸与 C_8～C_{10} 醇的酯化，如己二酸、癸二酸、壬二酸。这些增塑剂中，用于 PVC 的主要有己二酸二辛酯（DOA）、壬二酸二辛酯（DOZ）、癸二酸二辛酯（DOS）、己二酸二异壬酯（DiNA）、己二酸二异癸酯（DiOA）。这些增塑剂的优点是不含邻苯二甲酸，但它们价格比邻苯二甲酸酯类增塑剂要高。由于技术原因，它们通常被添加用于使材料在低温下有较好的柔韧性。己二酸酯类增塑剂和邻苯二甲酸酯类增塑剂的性能对比见图 2.44。

较新的增塑剂是 DiNCH（hexamoll DiNCH，BASF），它的结构与 DiNP 非常相似（根据化学家的分析，DiNCH 可以看作是氢化的 DiNP）。DiNCH 也是非邻苯

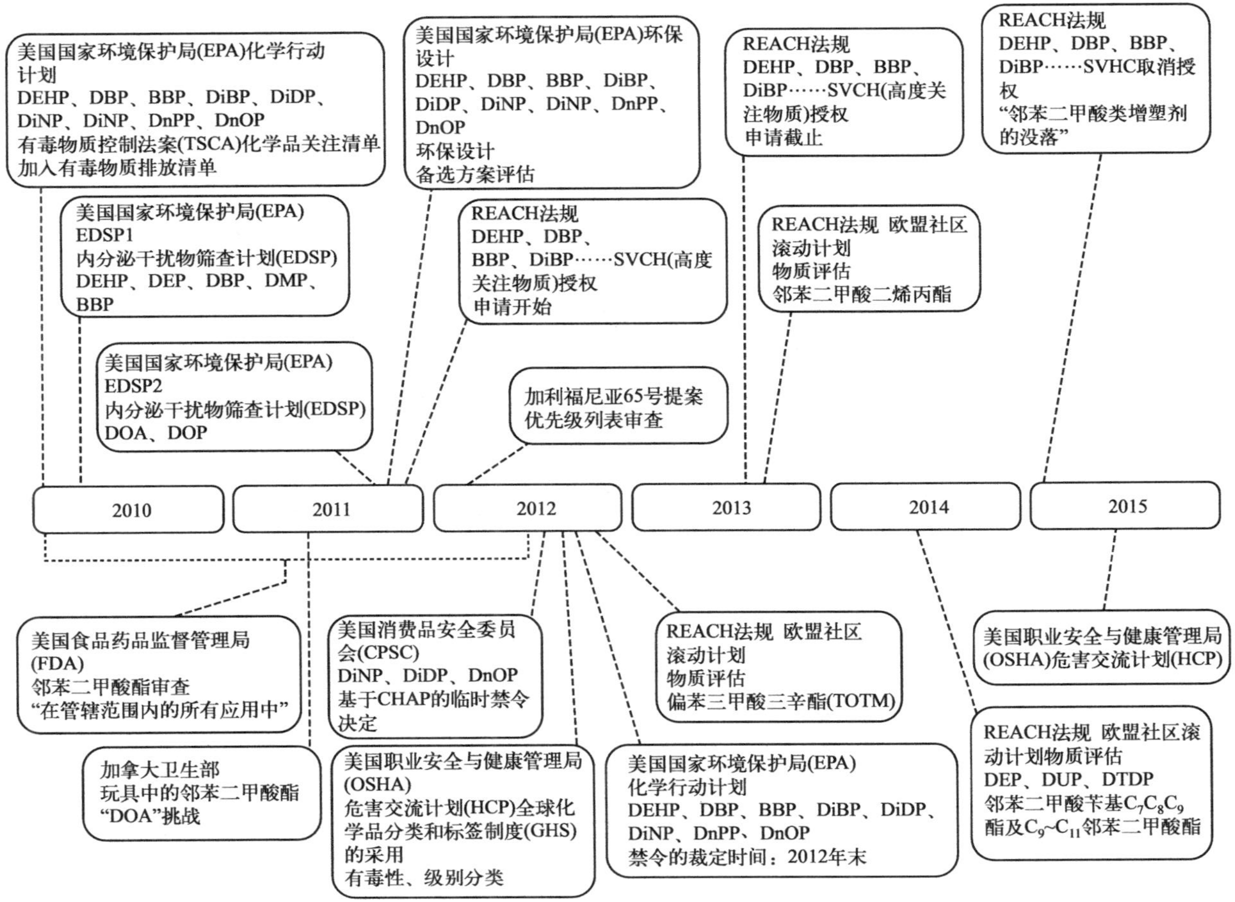

图 2.43 美国和欧盟增塑剂监管时间表[40]

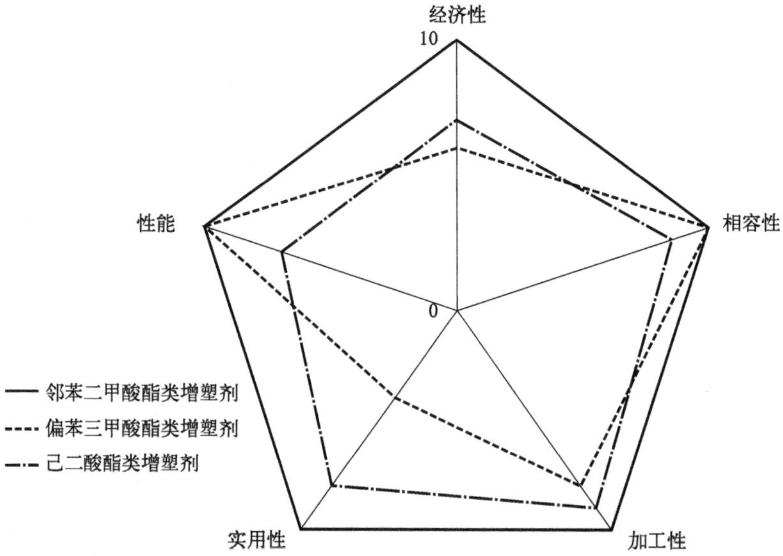

图 2.44　邻苯二甲酸酯、己二酸酯和 TOTM 在几个重要参数方面的比较[42]

二甲酸酯类增塑剂，它比邻苯二甲酸酯类增塑剂稍贵，但比己二酸酯类增塑剂略便宜。DiNCH 增塑剂与邻苯二甲酸酯类增塑剂总的性能对比见图 2.45。DiNCH 似乎是通用邻苯二甲酸酯类增塑剂的一个非常好的替代品，因为它的性能参数与邻苯二甲酸酯类增塑剂非常相近。然而，在特殊的应用领域，两者确实在相容性和某些属性上有显著的差异。目前 DiNCH 面临的最大挑战是它有限的实用性。

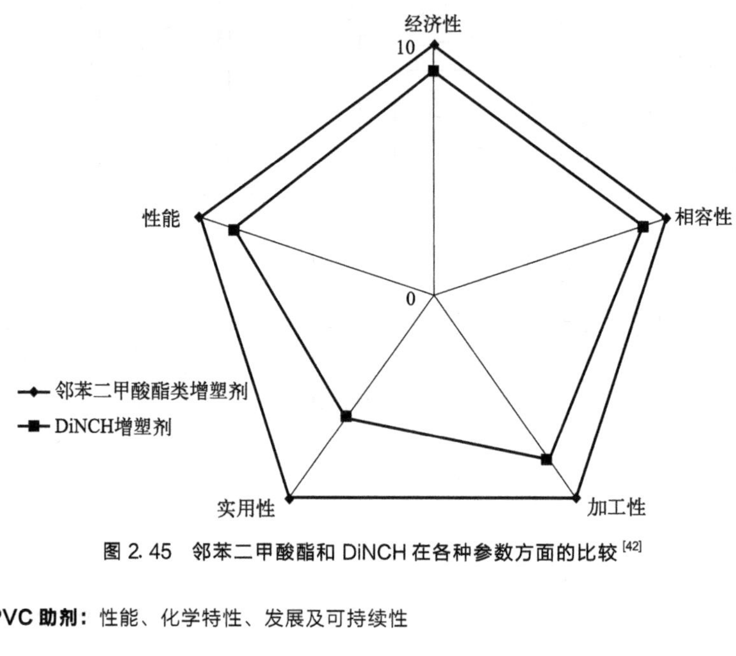

图 2.45　邻苯二甲酸酯和 DiNCH 在各种参数方面的比较[42]

用于增塑作用的增塑剂有：

① 间苯二酸酯（针对涂料有较好的化学稳定性）。

② 磷酸酯（低的凝胶化温度，有阻燃作用）。

③ 柠檬酸盐。柠檬酸盐相比标准的增塑剂，能给材料提供较好的生物可降解性并且生化副作用小，是一类特色增塑剂，所以它常应用于制备 PVC 血袋、控释药物、牙床及与食物直接接触的产品，如食品包装膜等。现在很多柠檬酸基增塑剂已经得到应用[49]。然而，由于柠檬酸类增塑剂相当昂贵的价格使其用量受到了限制，见图 2.46。

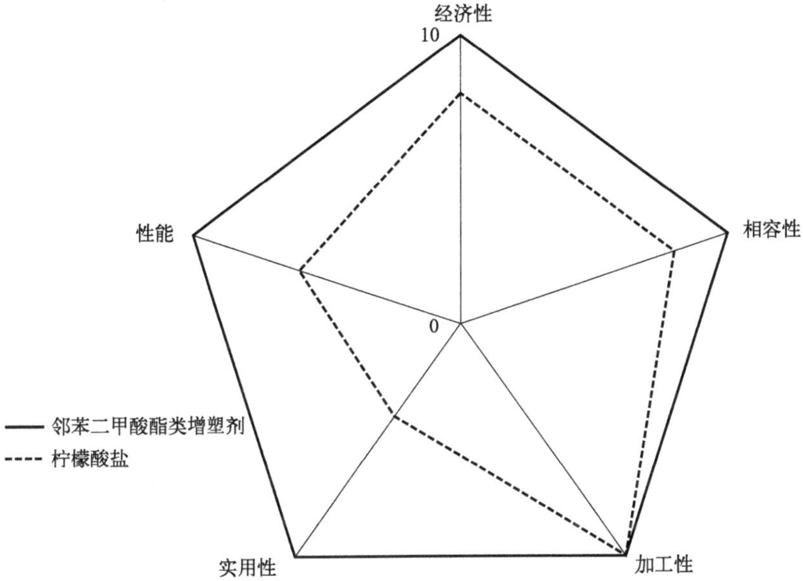

图 2.46 邻苯二甲酸酯和柠檬酸盐在各种参数方面的比较[42]

对苯二甲酸酯类增塑剂（见图 2.47）也是一种有效的邻苯二甲酸酯类增塑剂的替代品。它拥有与邻苯二甲酸酯类增塑剂相似的价格、使用性能、加工性能和相容性，只是在应用方面仍受到一定的限制。

另一类主要增塑剂在化学性质上非常不同，即所谓的聚合物增塑剂。它们可以是聚酯（如 Palamoll 654 和 658，Edenol 1200 系列）、EVA 三元共聚物（共聚类）和其它的聚合物。一些聚合物类增塑剂基于己二酸或壬二酸。由于它们拥有很多酯基，这类增塑剂具有极性，与 PVC 具有很好的相容性。它们有很好的化学和抗萃取性，尤其是对动植物脂肪和油类，同时也有很好的抗老化性能。聚合物类增塑剂与通用邻苯二甲酸酯类增塑剂的性能对比见图 2.47。

还有一些较特殊的永久型增塑剂，如 NBR（丁腈橡胶）和某些情况下使用的 ABS（丙烯腈-丁二烯-苯乙烯三元共聚物）。NBR 一般用在鞋底、靴子、电缆和软管中。ABS 主要用于耐磨汽车电缆和缓冲垫中。尽管有优异的性能、相容性，但

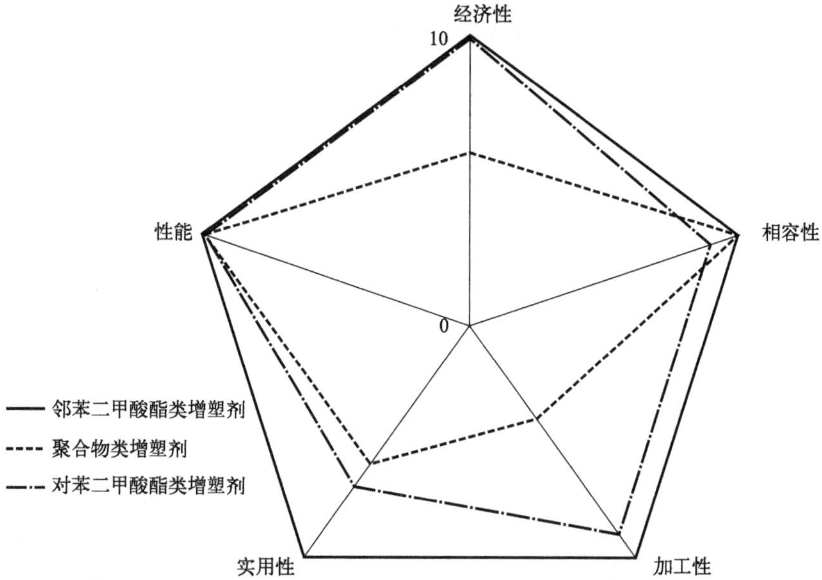

图 2.47 邻苯二甲酸酯、对苯二甲酸酯和聚合物增塑剂在几个参数方面的比较[42]

其高价和实用性仍是面临的关键问题。另外，其加工过程，尤其是混合过程，可能会增加额外的挑战。

增塑剂行业正大力发展邻苯二甲酸酯替代品和基于可再生资源的增塑剂，见表 2.10。所有的这些增塑剂都具有高的可持续性潜力，但没有一种能在成本和性能上同时赶上邻苯二甲酸酯类增塑剂而成为通用增塑剂[50]。基于蓖麻油衍生物的增塑剂（如 Grinsted Soft-N-Safe，见图 2.48）表现出一些有前景的性能，但它的实用性和价格是很大的问题。一些可替代增塑剂，尤其是基于大豆油的，是所谓的辅助增塑剂。辅助增塑剂与一般增塑剂相比，其与 PVC 仅有有限的相容性。由于这个限制，它的最大添加量受到限制，它们通常与其它增塑剂组合使用。最常见的辅助增塑剂是环氧化大豆油（ESBO、ESO）和它的烷基衍生物，见表 2.10。ESBO 相对便宜，基于可再生资源而且无毒，一般添加量在 2～5 份，较高时可以达到 20 份，这取决于与之组合的增塑剂的含量和种类。ESBO 的增塑效果要比一般的增塑剂小。作为辅助增塑剂，ESBO 还能提高 PVC 的热稳定性。当添加量过高或使用在错误的方案中时，ESBO 会对原色造成不良影响，还会有渗出现象，见图 2.48。

氯化石蜡也可以作为一种辅助增塑剂。与 PVC 相似，它们含有 43%～52%的氯元素，烷烃链上平均有 15 个碳原子。随着氯含量的增大，其密度也升高。但是，这些氯原子比较活泼，在 PVC 里面可能会更活泼，因此氯化石蜡会降低 PVC 混配物的热稳定性。为了提高热稳定性，必须要添加额外的稳定剂。因为氯化石蜡较为

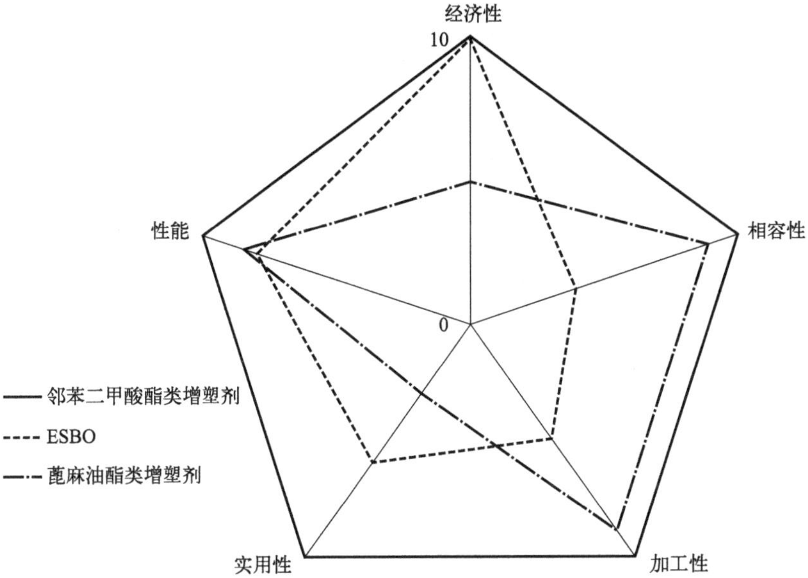

图 2.48 邻苯二甲酸酯、ESBO与蓖麻油酯在各种参数方面的比较[42]

便宜，它还被称为增塑剂扩展剂（尽管它们看起来每千克很便宜，但每升干混料的花费仍要精确计算，见表 2.9。）通常它的添加量是 10～25 份。氯化石蜡还可以作为阻燃剂和抑烟剂使用。除了这些积极效应，在选择供应商或产品时，用户还需要注意到所有氯化石蜡都是混合物，供应商应该保证它的产品不含任何只有 10～13 个碳原子的短链石蜡，因为这些氯化石蜡（CAS 编号为 85535-84-8）在 REACH 清单中受到高度关注[51]，因此需要避免使用。

2.3.3 增塑剂的表征与测试

增塑剂能通过很多化学的、物理的和应用测试程序测试。应用测试在之前的 1.7 节中已经描述过。作为补充，增塑剂的性能通常还通过测试 PVC 产品的力学性能来检测。一般的测试有拉伸强度、伸长率（在断裂时）、柔韧性（在低温下）和动力学行为（在各种溶剂中）。

在增塑剂的物理和化学表征方面，我们将仅列出基本选项。这是因为大多数测试方法是标准化的，且这些标准仅在不同地区有些微小的变化。

用于评价增塑剂的物理参数有：

① 密度。

② 折射率。

③ 颜色。

④ 挥发性。

⑤ 可见杂质的数量。

⑥ 气相色谱分析法得到的化学纯度。

化学参数有：

① 酸值，特指游离酸值。

② 皂化值，酯和酸官能团数量之和（为了计算酯基的数量，酸值必须从皂化值中减去）。

2.3.4 增塑剂生产商

表 2.10 列出了大部分知名的增塑剂生产厂家。列表并不全面，只进行贸易的公司不包含在列表里面。

表 2.10 增塑剂生产商及其商品名和它们的主页精选列表

生产厂家	增塑剂类型	商品名
Aekyung	邻苯二甲酸酯，己二酸酯，偏苯三甲酸酯，对苯二甲酸酯，聚酯，其它	Olicizer
Akdeniz Kimya	苯甲酸酯，环氧化大豆油	
艾科化学	环氧硬脂酸 2-乙基己酯(生物基)，环氧化大豆油	Lankreflex
阿科玛	DEHP	Garbeflex
巴斯夫	邻苯二甲酸酯，环己烷-1，2-二甲酸酯，己二酸酯，聚酯	Palatinol，Hexamoll，Plastomoll，Palamoll
丹尼斯克	12-羟基硬脂酸三乙酰基甘油酯	Grinsted Soft-N-Safe
DEZA	邻苯二甲酸酯，己二酸酯	
杜邦	聚酯	Elvaloy
Emerald kalama chemical	苯甲酸酯	K-flex
意慕利油脂化学	己二酸酯，壬二酸酯，癸二酸酯，偏苯三甲酸酯，环氧大豆油，聚酯，脂肪酸酯	Edenol
赢创	邻苯二甲酸酯，苯甲酸酯	Vestinol
美孚	邻苯二甲酸酯，己二酸酯，苯甲酸酯，偏苯三甲酸酯，烃类	
福禄	邻苯二甲酸酯，苯甲酸酯	Santicizer
加拉塔化工	生物基增塑剂	Drapex
Hallstar	邻苯二甲酸酯、己二酸酯 癸二酸酯、壬二酸酯 环氧化大豆油、聚合体、生物基	Plasthall， Hallstar， Dioplex， Paraplex， Hallgreen， Monoplex
HOBUM	环氧植物油、环氧化大豆油	Merginat

续表

生产厂家	增塑剂类型	商品名
ISP Corp.	吡咯烷酮	Flexidon
Jayant Agro-Organics	生物基二丙基癸二酸酯	DCS
Jungbunzlauer	柠檬酸酯	Citrofol
Kyowa Hakko	邻苯二甲酸酯	
Lanxess	磷酸盐,烷基磺酸酯,磷酸盐	Adimoll,Mesamoll,Disflamoll
LG Chemicals	邻苯二甲酸酯、己二酸酯、偏苯三甲酸酯、对苯二甲酸酯、2-乙基己酸酯	LG, LGFlex
Mitsubishi		
NanYa	邻苯二甲酸酯,乙二酸酯,环已烷-1,2-二甲酸酯,偏苯三甲酸酯	
Nexoleum	甲基环氧大豆酸酯(生物基)	Nexo
Novance-Oleon	乙酰化酯(生物基)	Rhadia
Oxea	脂肪酸酯,偏苯三甲酸酯,2-乙基己酸酯,对苯二甲酸酯,其他	Oxsoft
Oxochimie	邻苯二甲酸酯	
Perstorp	邻苯二甲酸酯	Emoltene
Petrom	环氧化大豆油	PLSGreen
Polyone	邻苯二甲酸酯,己二酸酯,偏苯三甲酸酯,偶氮酸酯,癸二酸酯	Synplast,reFlex
Proviron	烷基环氧基大豆酸酯(生物基)	Proviplast
Resypar	戊基环氧基大豆酸酯(生物基)	Resyflex
Roquette Freres	异山梨醇和脂肪酸的生物基二酯	Polysorb ID 37
Segetis	乙酰丙酸(生物基)	
Shandong Qilu plasticizer Co., Ltd.	邻苯二甲酸酯,己二酸酯,对苯二甲酸酯,偏苯三甲酸酯,癸二酸酯,柠檬酸酯	
Shandong Hongxin Chemicals Co., Ltd.	邻苯二甲酸酯	
Sinopec	邻苯二甲酸酯	
Teknor Apex	己二酸酯,偏苯三甲酸酯	TruVis Esters
UPC Group	邻苯二甲酸酯,己二酸酯,偏苯三甲酸酯	

续表

生产厂家	增塑剂类型	商品名
Varteco SA	邻苯二甲酸酯,己二酸酯,苯甲酸酯,环氧化大豆油,聚合物	Kalflex, V-ZICLUS
ZAK Spólka Akcyjna	邻苯二甲酸酯,对苯二甲酸酯	Oxoplast

2.4 二氧化钛

2.4.1 引言

二氧化钛是四价钛的氧化物。二价钛的氧化物也存在，被称为一氧化钛（价态更低的氧化物又被称为非整比的低价氧化物）。金属钛的密度为 4.506g/cm^3。非常有趣的是：所有类型的二氧化钛的密度都比金属钛要低（金红石为 4.24g/cm^3，锐钛矿为 3.79～3.97g/cm^3，板钛矿为 4.1g/cm^3）；而一氧化钛的密度为 4.95g/cm^3，比金属钛的密度要高。因此金属钛可能是最典型的处于重金属定义边缘的金属（重金属的定义是密度大于 4.5g/cm^3，见 1.4 节）。该定义将重金属定义为氧化物密度低于基体金属的金属，而将轻金属定义为氧化物密度高于基体金属的金属。

金属钛最先是 1791 年在钛铁矿物中发现的。早在 1908 年钛就开始用于工业用途。1916 年，二氧化钛被商业化生产并以“Kronos Titan White”的商品名称售卖。二氧化钛被广泛用作白色颜料。2011 年全世界的二氧化钛产量约为 650 万吨[52]。中国在 2006 年到 2011 年期间，二氧化钛的年产量翻了一倍，从 120 万吨扩到了 230 万吨[53]。二氧化钛主要应用于涂料，作为塑料染色的用量次之。有些彩色颜料中经常会加入一些白色颜料以提高遮盖力。

二氧化钛一般有两种不同的加工方法。一种是硫酸法，在这个方法中，稀硫酸是主要的副产品，它们可以浓缩后再利用。另一种是基于 Kroll 高温冶金加工方法的氯化法，氯元素作为主要的反应物，它可以在生产过程中循环利用。

二氧化钛主要有三种类型：①锐钛型；②板钛型；③金红石型。锐钛型和金红石型二氧化钛是重要的工艺颜料。一方面，锐钛型二氧化钛的折射率为 2.55，金红石为 2.75，高的折射率使其具有优异的着色能力和遮盖力。另一方面，二氧化钛是一种紫外吸收剂。

2.4.2 物理和化学性质

传统的光稳定剂将紫外辐射能转变成热能，经过表面改性的金红石型二氧化钛具有相似的作用。因为拥有这种性能，金红石型二氧化钛不仅可以作为白色颜料，还可以作为紫外线吸收剂。

为了论述金红石型钛白粉为何拥有吸收紫外线的功能，需要探索一些光化学基本原理。

光如果被吸收，它仅能引发一个光化学反应。这个现象也被称为格鲁苏斯-德雷珀（Grotthuss-Draper）光化学定律。如果金红石型钛白粉的含量适当，它能吸收波长在400nm以下的所有光线，吸收范围包含整个紫外光谱。锐钛型钛白粉的吸收稍微向较低的波长转移，又称为紫移，见图 2.49。

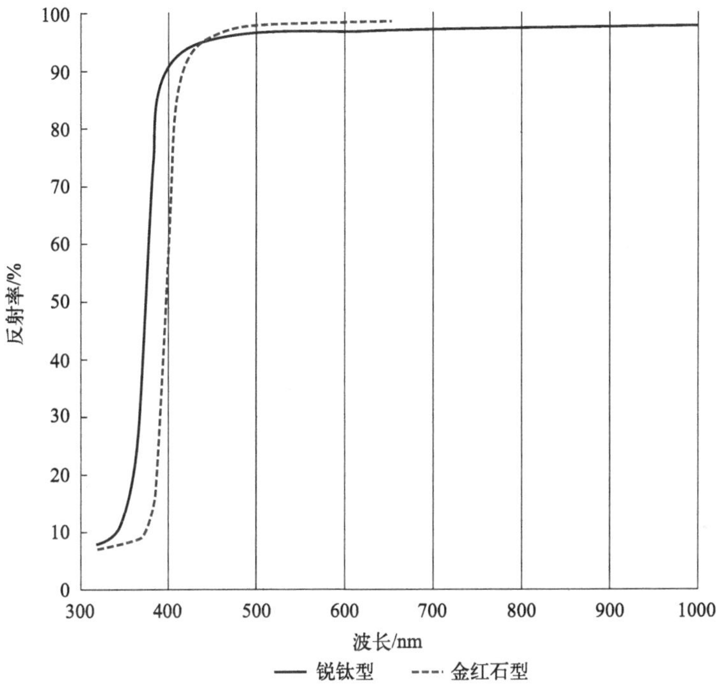

图 2.49　金红石和锐钛型的反射光谱

光密度值 E 指强度为 I_0 的（一个确定的波长）光线被试样吸收的量。被吸收的光强度表示为 I_{abs}。因此 I_0 是吸收光强 I_{abs} 和透射光强 I 的加和，见式(2.1)和图 2.50。光密度值 E 又称为吸光度，是 I 和 I_0 的商的负对数，见式(2.2)。

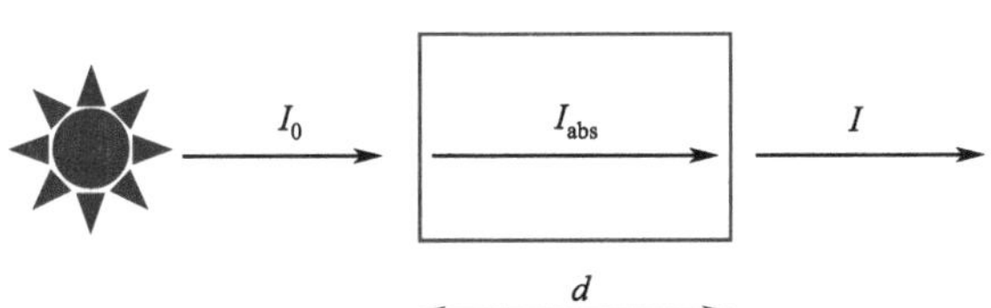

图 2.50　朗伯-比尔定律，见式（2.1）~（2.3）

光密度值 E 取决于：

① 入射光的波长；

② 光通过的样片厚度 d；

③ 吸光物质浓度 c；

④ 吸光物质和波长的比系数 ε，见式(2.3)。

$$I_0 = I_{abs} + I \tag{2.1}$$

$$E = -\lg(I/I_0) \tag{2.2}$$

$$E = cd\varepsilon \tag{2.3}$$

这些相关关系被称为朗伯-比尔定律。如果所有指定波长的光都被吸收，称为全吸收。这种效果用光吸收程度为99%的消光（平均光密度）值来表述，仅有1%的光通过试样。全吸收可以通过更大的试样厚度、更高的吸光物质浓度和更大的比系数 ε 实现。

二氧化钛作为紫外线吸收剂的作用机理：基态下二氧化钛的电子处于价带（vb）上，见图2.51。当光照在二氧化钛上时，波长低于400nm部分被吸收，一个电子 e^- 从价带升到导带（cb）上。这个过程使得价带上留下一个带正电的空穴 h^+。电子有一定概率落回到带正电的空穴中。当这种情况发生时，吸收的光能将转变成热能。这些过程是二氧化钛能作为紫外吸收剂的原因。电子和空穴的再复合越快，其紫外稳定效果越好。

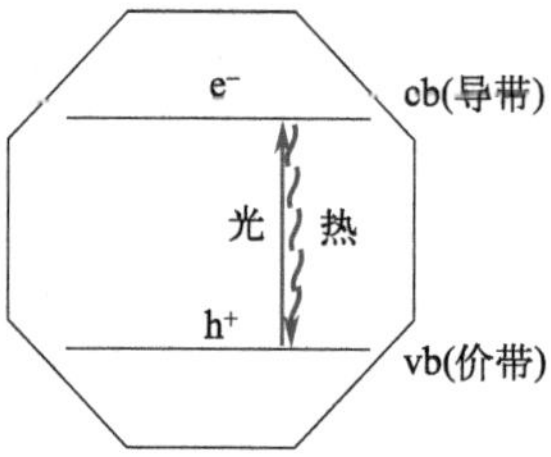

图 2.51 紫外线照射前后二氧化钛晶体中的光化学过程

电子 e^- 也可以游离在二氧化钛晶体表面，带正电的空穴 h^+ 也可以移动到晶体表面，但电子和阳离子空穴移动的速度不同，空穴的移动速度较电子要慢。这种情况可以用以下对照直观地体现：在双车道高速公路上，汽车在慢车道上以相同的速度行驶，这是价带。如果有一辆汽车，比作电子，接收到更多的能量，它将移动到超车道，即导带。以这个原理，汽车能返回它身后的间隙，正如二氧化钛上的电子能返回空穴。但当汽车在超车道时，它的速度比其它的汽车速度要快。在慢车道上的间隙仍保留，正如空穴 h^+ 保留在二氧化钛上。间隙将被跟随的汽车填充。因此间隙像是在相反方向缓慢移动，但事实上，由于整条线上的汽车是向前移动的，它与超车道上的汽车一样往相同的方向移动，见图2.52。

由于电子和空穴移动的速度不同，这个过程会产生一个可测量的电位差，见图2.53。这个电位差可以通过时间分辨实验测得。Damm 和 Schiller 对此进行了广泛的调查研究[54]。

图2.54展示了光电动势（PEMF）信号产生的原理及其衰减曲线。光电动势信号、最大电压（U_{MAX}）和在恒定速率常数 k 下的衰减时间是每种光半导体的特

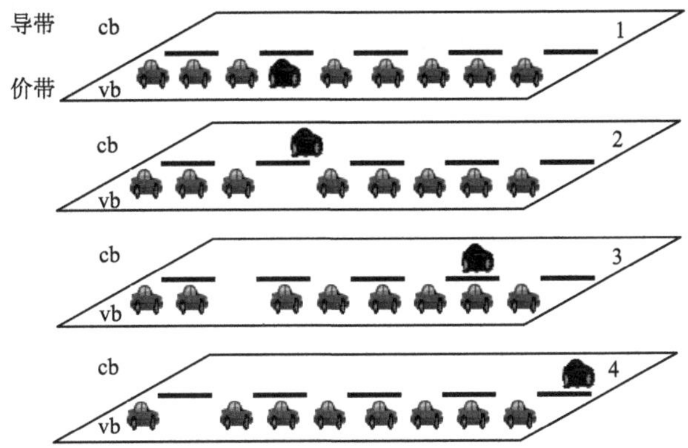

图 2.52 价带（慢车道）中的空穴（间隙） h^+ 与导带（超车车道）中的电子（汽车） e^- 的反向迁移现象（不同速度）的图示（想法来源于杜邦）

性。测量在没有任何接触和没有外部电场的环境下进行，这里描述的方法测量的是光半导体的自然行为。任何结构的改变都会体现为光电动势信号的明显改变。

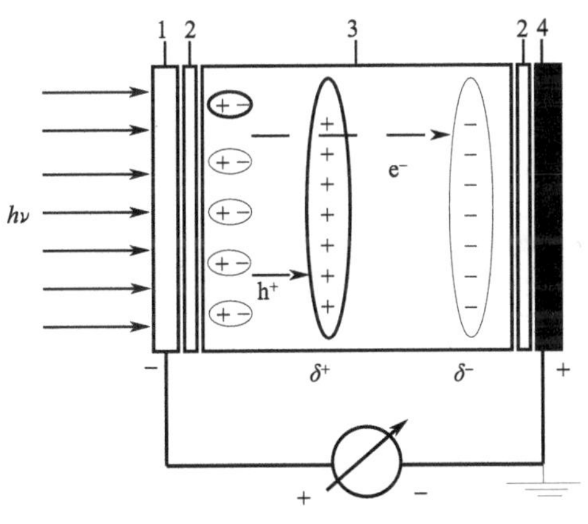

图 2.53 聚合物层光电动势（PEMF）测量的原理

1—透明玻璃电极；2—绝缘箔；3—样品；4—金属电极[54]

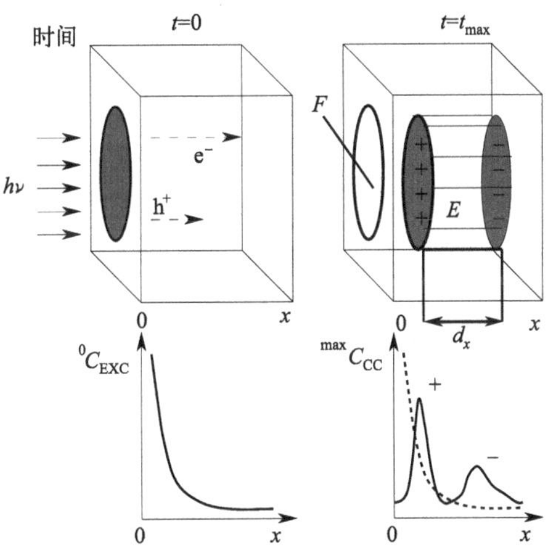

图 2.54 用于测定单晶中光电动势（PEMF）的原理布置

${}^0C_{EXC}$—$t=0$ 时的载流子分布；${}^{max}C_{CC}$—当电压 U 达到其最大 U_{max} 时，$t=t_{max}$ 时的电荷载流子分布；F—辐照面积；E—$t=t_{max}$ 时的内部电场；d—样品厚度；d_x—$t=t_{max}$ 时充电中心的距离[54]

光半导体的种类还决定了光电动势的趋势。纯的锐钛型二氧化钛的光电动势在微秒范围内向正方向演变，而在毫秒范围内其光电动势降低，见图 2.55。这说明锐钛型二氧化钛的光电动势行为像是典型的 n-型光半导体。纯金红石型的行为正好相反（图 2.56）：其光电动势在微秒范围内是一个负值，逐步向零线靠近。所以与锐钛型相比，金红石型二氧化钛的行为在微秒范围内像是 p-型光半导体。

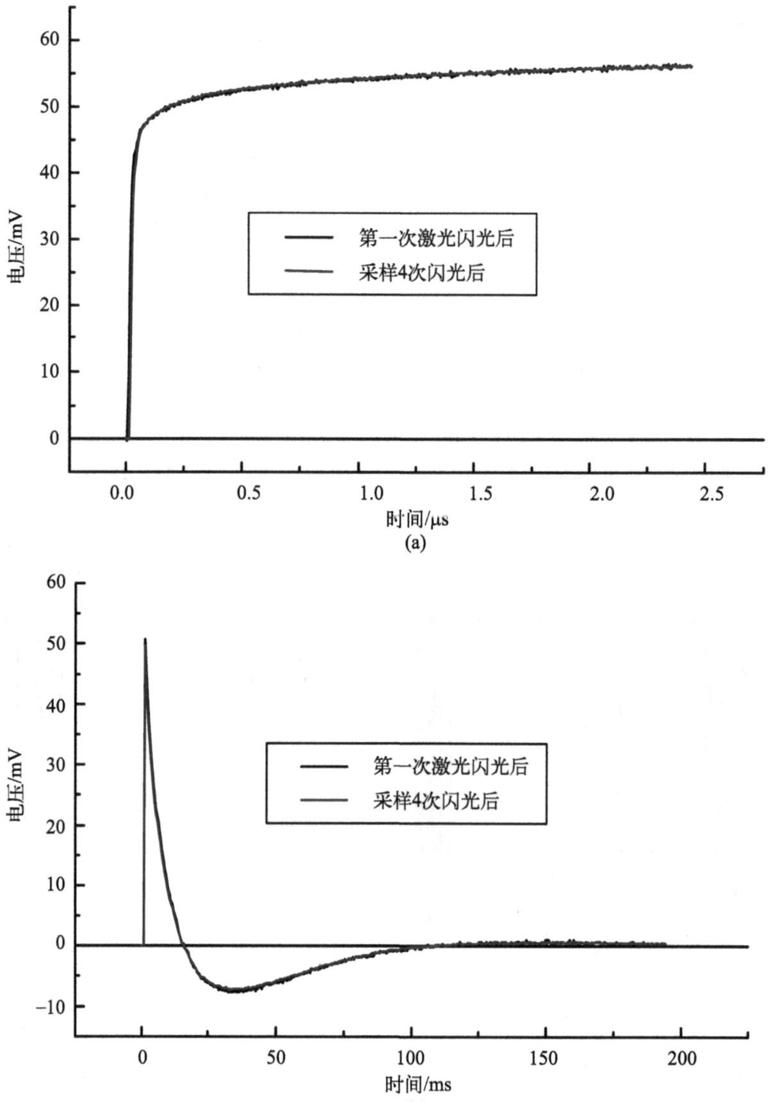

图 2.55　非表面处理锐钛型二氧化钛的 PEMF 信号（Kronos 3000）

（a）0～2.5μs；（b）0～200ms[54]

（见彩插）

最大电压 U_{max} 是一个在光照射下诱导电荷分离效率的相对值，它的值越高，在光吸收过程中产生的电荷越多。因此最大电压是用于衡量对应白颜料的光催化作用的。Schiller 和 Damm 在他们的研究中发现，对于不同类型的金红石型二氧化钛，即使结构保持不变，光电动势参数也会受到涂层的影响，见图 2.57[54]。

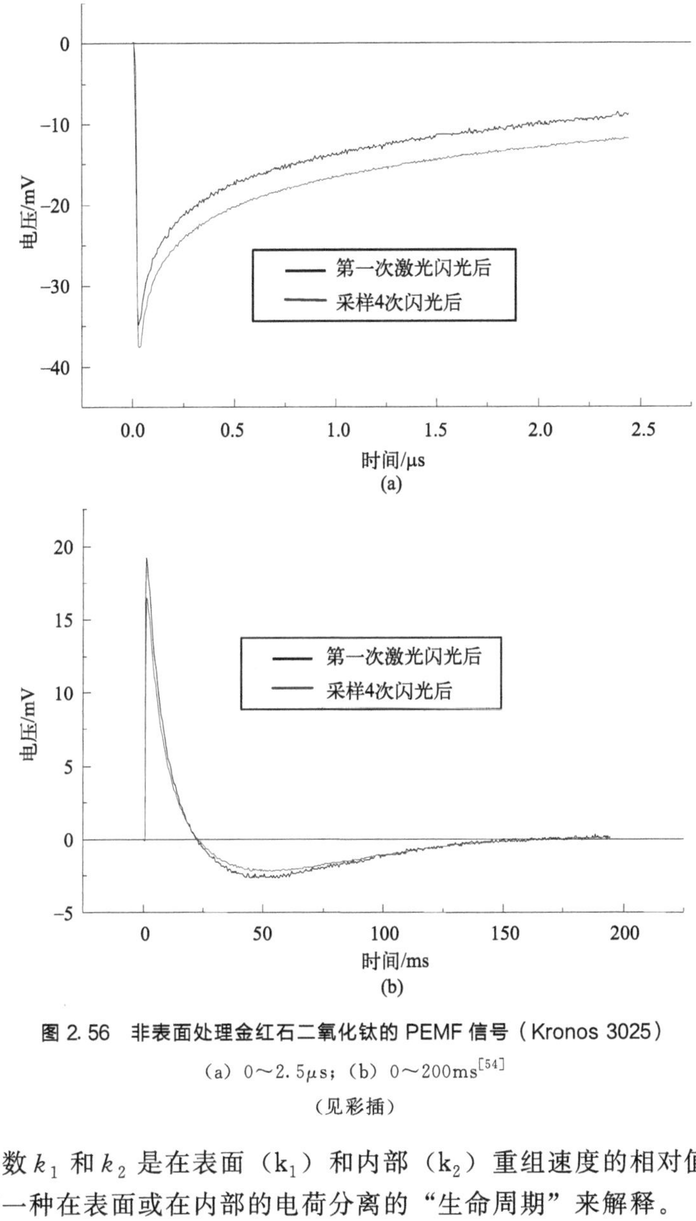

图 2.56　非表面处理金红石二氧化钛的 PEMF 信号（Kronos 3025）

（a）0～2.5μs；（b）0～200ms[54]

（见彩插）

衰减常数 k_1 和 k_2 是在表面（k_1）和内部（k_2）重组速度的相对值。速率常数的倒数能用一种在表面或在内部的电荷分离的“生命周期”来解释。

值得一提的是，在文献［54］的研究过程中，研究人员观察到，在仅持续纳秒的闪光之后，光半导体的寿命达几分钟。

累积电势根据它的大小和它的衰减行为决定了二氧化钛表面可能发生的反应。它决定了二氧化钛更像是紫外线吸收剂还是光诱导反应的催化剂。

这个表现受很多因素的影响：

① 金红石型和锐钛型二氧化钛对光的吸收范围略有不同，见图 2.49。

② 未经处理的金红石型二氧化钛是较差的光催化剂，但它是比未处理的锐钛型二氧化钛要好的紫外吸收剂。但锐钛型二氧化钛对 PVC 氧化的促进作用明显比金红石要高。

③ 表面的离子对任何反应过程都有影响，如氧化和水合过程[55]。

④ 所有配方中的促进或抑制光化学反应的成分。

⑤ 表面涂层对聚集的电荷和光氧化有明显的影响。晶格上的杂质离子也会影响光反应活性[56]。比如，三价铝取代一部分四价钛并被包含其中，这就产生了一个电子陷阱。这种情况的发生是因为三价铝相比四价钛要使其电子达到饱和时少需要一个氧。取代了这一个氧的同时产生了一个电子陷阱，它能在导带上俘获一个电子。当大多数电子被俘获到这个电子陷阱中后，空穴 h^+ 的移动就会更快。如果我们参考之前的汽车对照车道，电子陷阱就像拥挤的超车道。假若这样，慢车道上的间隙看起来移动得更快，见图 2.52。被捕获在电子陷阱中的电子的活化能相对较低，因此它们在室温下也能很容易地从陷阱中逃脱。

⑥ 颜料的使用量决定了吸收行为和光的透过深度。

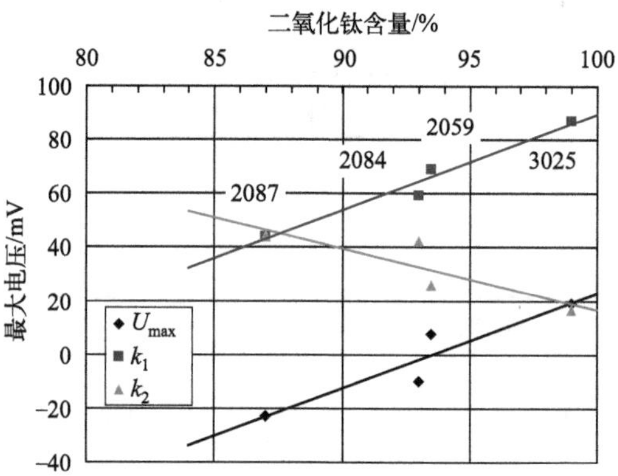

图 2.57 最大电压 U_{max} 和速率常数 k_1 和 k_2 与涂有不同氧化铝涂层的金红石二氧化钛含量的关系[54]

大多光化学过程会发生在二氧化钛表面基团上，见图 2.58。羟基、过氧化氢和羧基分解形成烷氧自由基 RO· 和氢氧化物。在基体中的乙醇和多元醇（ROH）和水也能分解成烷氧基 RO· 和氢离子。此外，光半导体能转移一个电子到 PVC 分解后的多烯链上（根据我们的调查，之前描述的与氧的反应只是其中的次要部分。）

基于实证的半定量“耐候性”级别（1 表示非常适用于室外应用；4 表示不完全适用于室外应用）并且假设锐钛型二氧化钛耐候性级别为 4（不耐候的），Schiller

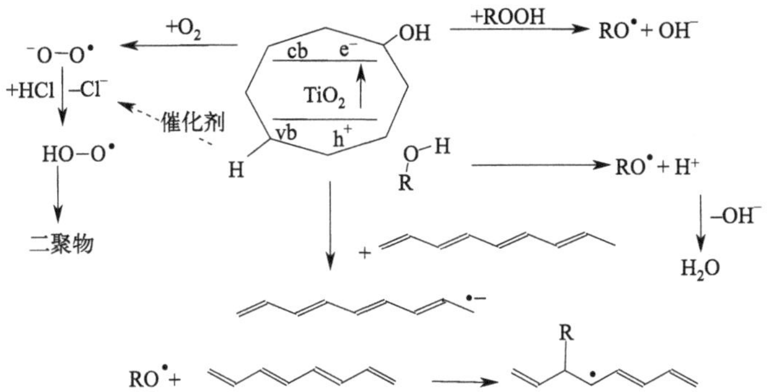

图 2.58 光吸收后二氧化钛表面可能发生的光化学过程[54]

和 Damm[54] 根据测量的 U_{max} 值绘制了一条针对这些半定量耐候性级别的曲线，见图 2.59。从而他们能辨别出以下定量关系：U_{max} 值越低，耐候性越好。

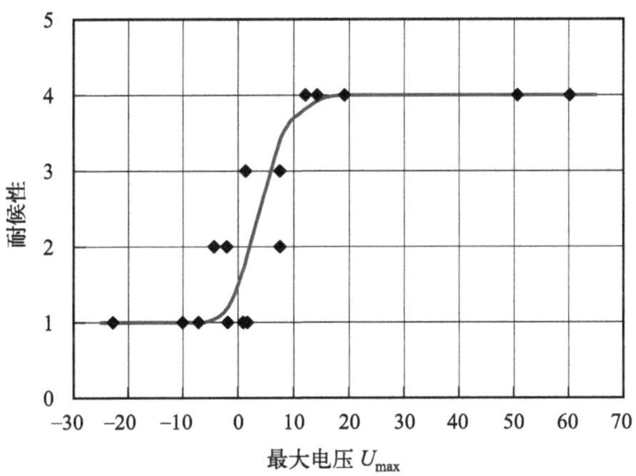

图 2.59 U_{max} 与耐候性的定性图[54]

1—最高；2—良好；3—平均；4—无

二氧化钛不仅对长期耐候行为有影响，还能影响相对短期（在几小时到几周内）的耐候行为。

举几个例子来说：

① 光致蓝，由 b 值的降低表征。

② 不同类型的光致粉，由 a 值的升高表征。

③ 真实的光致灰，由 L 值的降低表征。

这些现象将在第 4 章更详细地讨论。二氧化钛颜料（但不是唯一）的正确选择决定了 PVC 产品的耐候行为。因此，如果一个陌生的二氧化钛生产商提供一个新产品，那么应用应谨慎。一项涉及数千张安装好的窗户或墙板/包层的索赔可能会以多种方式损害公司：一是在经济上的昂贵的交易或整改成本；二是对公司的声誉的严重打击。尽管有产品责任险，但保险公司能取消合同和提高保险费。这也是为什么任何一个新二氧化钛供应产商都会被问以下问题：

① 请问你有亚利桑那州、佛罗里达州、法国邦多尔地区5年内（至少两年）的室外耐候数据吗？

② 请问你有定期使用这种材料的用户的室外耐候性结果吗？

③ 请问你有由保险商实验室等具备资质的机构提供的人工耐候性测试结果（如Xeno测试）吗？

④ 请问颜料在关于光致粉方面的性能如何，尤其是所谓"北朝向"的粉化？

⑤ 请问你的产品在世界范围内卖给门窗异型材消费者多少吨？

⑥ 这种门窗异型材的第一个定期交易是什么时候建立的？

尽管对这些问题作了详尽的解答，但对新的二氧化钛颜料仍要坚持对其性能进行检测，可以与具有认证资格和有经验的研究所进行合作。

另外前面提到过，并且仅仅为了完整性，法国食品、环境、职业健康与安全部门（Anses）将二氧化钛（CAS编号：13463-67-7）加入CoRAP列表中。CoRAP列表中的物质包含"欧洲共同体滚动条计划"清单，欧盟成员国将在接下来的三年对这些物质进行评估。计划中包含的物质被怀疑在其生产或使用过程中可能会对人类的健康或环境造成危害。在REACH（欧盟关于化学品注册、评估、授权和限制的法规）的框架下，这些物质的评估研究意在明确这些潜在风险[57]。

最初关注的理由有：

① 人的健康/CMR。

② 被怀疑为致敏物质。

③ 暴露/广泛分散使用。

④ 消费者使用。

⑤ 暴露在敏感群体中。

⑥ 总吨位。

我们将以感兴趣的目光看待其发展。如1940年中期到1960年中期的棒球职业运动员Yogi Berra所说："预测很困难，尤其是针对未来的预测。"

2.4.3 二氧化钛的表征与测试

二氧化钛能通过很多种化学的、物理的和应用测试程序进行检测。应用测试原理在之前的1.7章节中描述过。关于化学的和物理的表征方法，我们将对基本条件进行约束，因为大多数测试方法是标准化的而不同地区的标准略有不同。

用于表征二氧化钛的物理参数有：

① 平均颗粒尺寸（注意当解释为D_{50}值时，如果D_{50}值不是通过质量计算得

到而是通过颗粒数目计算得到，得到的结果不一样，这取决于宽度分布）。

② 粗端粒径 D_{98} 值（指98%的粒子直径比这个值小。在这要注意与平均粒径尺寸相同的问题）。

③ 筛余物取决于筛网网孔尺寸。

④ 颜色。

⑤ 明显的污染。

⑥ 吸油值。

⑦ 堆积密度。

用于二氧化钛的化学测试：对化学成分的分析。

二氧化钛，一般趋向于室外应用或十分注重耐光性的应用中，强烈建议通过人工老化测试（Xeno test）或任何其他上述老化性能测试程序来测试材料或产品。

2.4.4 二氧化钛生产商

表2.11列出了一些二氧化钛的生产厂家。仅进行贸易的公司不在列表上。这中国厂家众多，仅把最大的一些生产厂家列入表内。这些内容不能作为推荐。这与二氧化钛的质量和是否是适宜的选择无关。

表2.11 可供选择的钛白粉生产厂家及它们的商品名

生产厂家	商品名
安徽安纳达钛业股份有限公司	
蓝星新材广西分公司	
中核华原钛白股份有限公司	
科斯特	CristalACTiV
杜邦	Ti-pure
金浦集团·南京钛白化工股份有限公司	
河南佰利联化学股份有限公司	
亨斯迈	Tioxide/DELTIO
江苏太白集团有限公司	
康诺斯	
南京钛白化工股份有限公司	
宁波新福钛白粉有限公司	
山东东佳集团	
四川龙蟒钛业股份有限公司	
特诺	
云南大互通工贸有限公司	
浙江宁波新福钛白粉有限公司	

2.5 加工助剂及抗冲改性剂

2.5.1 引言

这一章所涉及的最后一组单一添加剂主要是聚合物添加剂。该组添加剂分为两类：一类是流动改性剂或者加工助剂；另一类是抗冲改性剂。前者作用体现在加工过程中，后者作用体现在最终产品性能上。

2.5.2 化学性质及作用

2.5.2.1 加工助剂或流动改性剂

流动改性剂大多基于甲基丙烯酸甲酯（MMA)。使用乳液聚合或悬浮聚合方法生产。不同的丙烯酸酯和苯乙烯也可与 MMA 共聚，从而改变其在聚氯乙烯加工过程中的性能。与聚氯乙烯的聚合类似，加工参数决定流动改性剂的链长。可以用凝胶渗透色谱法（GPC）测定链长。原则上，三类流动改性剂可以根据它们的链长区分开来（见表 2.12)：

① 短链，低分子量。

② 中链，中等分子量。

③ 长链，高分子量。

分析调查表明，流动改性剂几乎不含支链，几乎是线型聚合物。流动改性剂对聚氯乙烯加工行为的影响可以用多种方法进行研究。结果表明，流动改性剂对凝胶化的影响主要是添加量（图 2.60）而不是其链长。

对这种行为的解释如下：

① PVC 是壁面滑移聚合物[8]。

② 聚甲基丙烯酸甲酯（PMMA）是黏壁聚合物[9]。PMMA 与聚氯乙烯的相容性很好，因此也能溶于聚氯乙烯。通过共混聚氯乙烯和流动改性剂的混合物会转化为一种挂壁体系。

③ 具有不同链长的相同剂量的流动改性剂，在 PVC 干混料中的添加量相同，这也就解释了不同链长流动改性剂的添加量对影响凝胶行为的影响具有可比性（图 2.61)。不过共聚单体也可能会影响凝胶行为。

表 2.12 流动改性剂-平均分子量及其对聚氯乙烯熔体的影响

项目	短链	中链	长链
更低分子量限制[58]	700000	2000000	＞3500000
更高分子量限制[58]	2000000	3500000	≫3500000
增加熔体弹性	很少	中度	很多

续表

项目	短链	中链	长链
增加熔体黏度	更少	中度	更多
离模膨胀	很少	中度	很多
主要应用领域 (使用的份数)	注射成型(0.5～3.0份) 压延薄膜(0.5～1.0份) 热压成型(0.5～2.5份)	挤出成型(0.2～1.5份) 发泡芯层管 (发泡层1.0～3.0份) 污水管、排水管以及电工管道(多达2.0份) 致密片材(1.0～2.0份) 发泡共挤(外层3.0份) 压延薄膜(0.5～1.0份) 吹塑薄膜(1.0～2.0份) 家具箔膜(1.0～2.5份) 热压成型(0.5～2.5份) 注射成型(0.5～3.0份)	发泡挤出(6.0～12.0份)

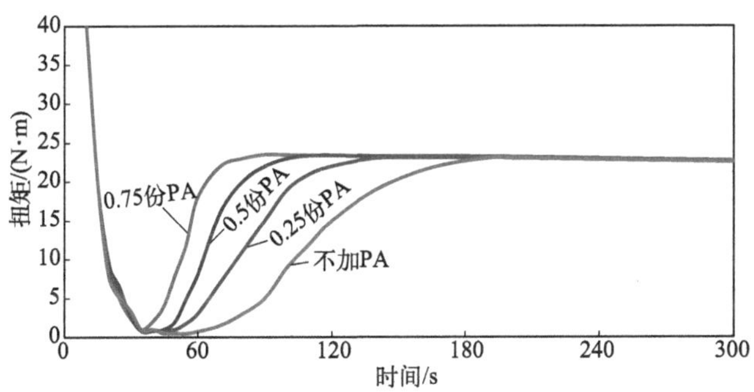

图2.60 中链长(PRO40; Akdeniz Kimya)流动改性剂剂量对凝胶行为的影响(使用钙锌稳定剂的门窗型材干混料)

纯PVC的熔体的固体流动可转变为剪切流动。通过这种方法，机械能能更迅速地转移到干混料中。一方面，相比于PVC高分子链，更长的PMMA聚合物链可以增加PVC颗粒之间的内摩擦，从而使PVC和PMMA聚合物链缠结而产生剪切应力。对K值为68的聚氯乙烯来说，链长大约为1000个单体单元，对中分子量流动改性剂来说，大约为20000～35000个单体单元。因此在这个例子里流动改性剂键长是聚氯乙烯链长的20～35倍。

流动改性剂的玻璃化转化温度也有一定影响，例如玻璃化转化温度较低的流动改性剂能在较低的温度下与聚氯乙烯高聚物链发生缠结，从而有助于更早释放能量。另一方面，聚氯乙烯和PMMA混合物的熔体具有挂壁效应，这增加了聚氯乙烯和热金属表面之间的摩擦，也会增加能量转移。因此缠结以及挂壁促进了干混料

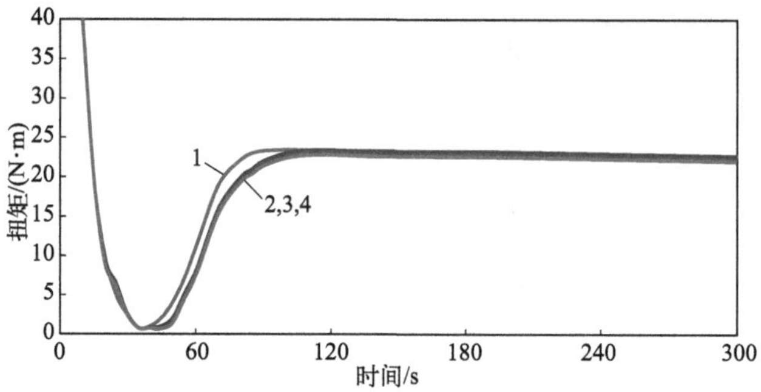

图 2.61　同剂量改变链长流动改性剂对凝胶化行为的影响

1—PRO60（中分子链）；2—PRO30（短）；3—PRO40（中）；4—PRO45（长）

Akdeniz Kimya；使用钙锌稳定剂的门窗型材干混料

（见彩插）

的塑化。因此，流动改性剂是一种适宜的添加剂，既能影响干混料的凝胶行为又不会对扭矩和熔体压力产生过强的影响。然而流动改性剂的作用范围仅限于此是不现实的。由定义可知，流动改性剂是调节聚氯乙烯加工参数的添加剂。它主要影响：

① 凝胶化（如上所述）；

② 熔体黏度；

③ 聚氯乙烯熔体均匀性；

④ 在模具中的熔体流动；

⑤ 熔体强度；

⑥ 熔体弹性；

⑦ 熔体延展性；

⑧ 离模膨胀；

⑨ 发泡聚氯乙烯制品的密度；

⑩ 加热后的收缩；

⑪ 表面性质（例如表面光滑、橘子皮、鲨鱼皮）。

流动改性剂的添加量及其链长也会影响聚合物的熔体黏度。随着流动改性剂分子量的增加，熔体弹性显著增加（见表 2.12）。这意味着拉伸熔体链需要越来越大的力。当熔体在设备中流动时，聚氯乙烯以及流动改性剂的高分子链被拉伸，取向趋于挤出方向。当熔体挤出模具后，空间就越来越多了。被拉伸和取向的聚合物链部分恢复到缠结形式——松弛。拉伸张力解除后，熔体膨胀（见图 2.62），这种效应称为离模膨胀。离模膨胀表现出极大的分子量相关性：流动改性剂分子量越高，离模膨胀效应将越显著[59]。增大流动改性剂的添加量，离模膨胀效应也会随之增加。如果产品的离模膨胀效应太明显，在定型过程中出现问题的概率就会增大。可以通过加快牵引速度以减轻离模膨胀行为，但是会增加两种聚合物分子链的取向程度。这种取向效应对产品冲击性能的影响不大，但是会增加制品收缩率。

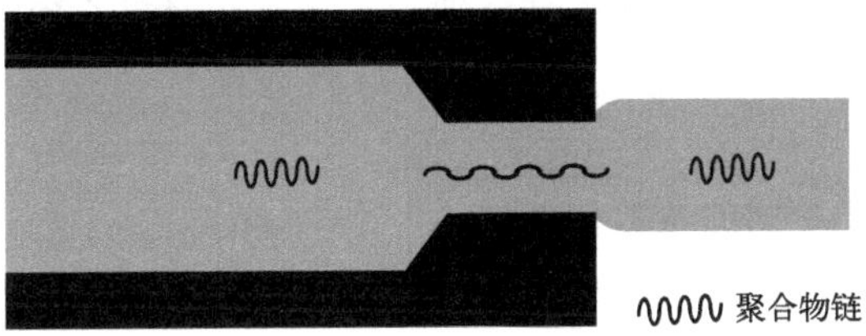

图 2.62 离模膨胀原因

流动改性剂还可以减少熔体破裂的发生，主要归功于 PVC-PMMA 熔体的弹性。单独的聚氯乙烯熔体，熔体强度很低。熔体会因为牵引速度给其自身造成很大的压力，从而表面破裂，这种现象又叫熔体破裂。熔体破裂能通过使用流动改性剂增加熔体弹性减轻。

粗糙表面且带有细微凹凸纹理的现象被称为鲨鱼皮效应。它的形成有两种可能的解释，一种理论认为鲨鱼皮现象是聚合物熔体在模具中发生快速黏滑而产生。另一种可能的解释是由于熔体在模具出口弹性能的释放。

对于挤出发泡型材，板材和管（芯层发泡管）中流动改性剂有着相同的作用。它们稳定了气泡并在模具中促进皮层的形成。这有利于更好、更稳定的细胞结构的生成。通过增加足够的长链流动改性剂，获得的 PVC 产品发泡密度能显著减少，见表 2.12。由于链长影响气泡的稳定性，特使用长链低分子量流动改性剂。更高的分子量也可以通过使用分子链长相同但是分子量更高的单体获得。

注射成型要求快速凝胶化和低黏度的聚氯乙烯熔体。在冷却过程中，要防止微裂纹的形成，需要最佳的熔体弹性。在注射成型中，流动改性剂的加入使熔体前沿非常光滑，从而提高了焊接线的强度。更光滑的表面会更受欢迎。

压延过程中流动改性剂使 PVC 熔体在两辊之间（空隙）的流动加快，从而减少夹气和厚度变化。熔体弹性可以产生更高的生产速度，因为薄膜在牵引下运行更流畅，挤出拉伸更好。基于这个目的，一般生产中都使用短链和中链的流动改性剂。

在聚氯乙烯吹塑成型的情况下，流动改性剂显示与所有其他挤出工艺相同的效果。由于提高了熔体在口模中的流动性，在挤出聚氯乙烯熔体管（型坯）时几乎看不到螺杆痕记。更高熔体强度能减少型坯的拉伸变形，型坯壁厚也更均匀。通常使用中等链长的流动改性剂。

对 PVC 薄膜和薄片进行热成型时，需要在生产配方中使用流动改性剂。不仅提高了拉伸行为，而且防止不必要的裂缝或机械薄弱点的形成，同时获得了更平均的壁厚。对于这一步，建议使用短链到中链的流动改性剂。

2.5.2.2 抗冲改性剂

抗冲改性剂是许多应用中的关键添加剂，尤其在聚氯乙烯门窗型材以及管道应用中。耐冲击性或冲击强度定义为“一个材料或结构承受突然负载而不失效的能力”[60]。

这种效果依赖于不同的参数，例如：

① 塑料类型；

② 塑料结构；

③ 冲击应力类型；

④ 冲击速率；

⑤ 温度；

⑥ 添加剂类型；

⑦ 添加剂用量。

PVC 作为一种纯聚合物已具有良好的冲击强度。然而在某些情况下，添加抗冲改性剂来进一步提高冲击强度也是很有必要的。最终 PVC 制品的抗冲击强度由很多因素决定[61]：

① 配方；

② PVC 的 K 值（K 值越高，抗冲击强度越大，见图 2.63）；

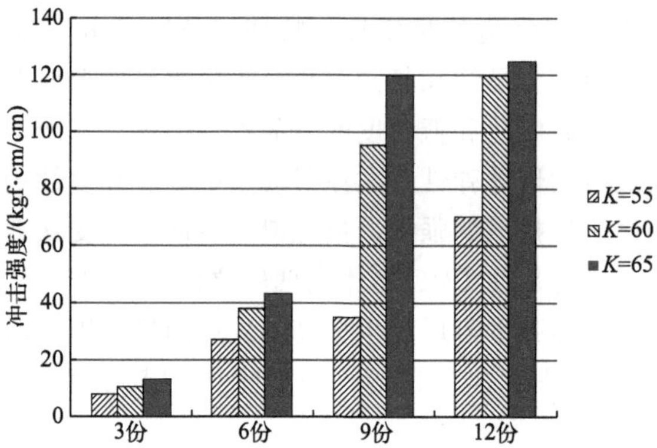

图 2.63　PVC 的 K 值和抗冲改性剂用量对冲击强度的影响[62]

1kgf＝9.80665N

③ 抗冲改性剂的类型，添加量以及质量，见图 2.62 和图 2.64；

④ 填料的种类和添加量，见图 2.65 和图 2.66；

⑤ 工艺；

⑥ 熔体温度，见图 2.67；

⑦ 凝胶化程度，见图 2.68；

⑧ 聚氯乙烯链自由体积；

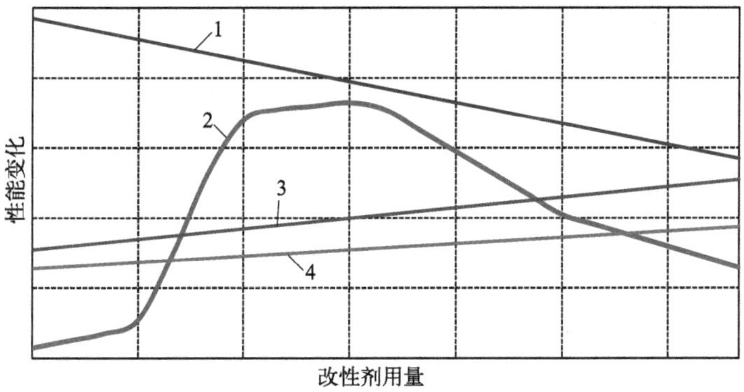

图 2.64 抗冲改性剂用量对各种性能参数的影响[63]

1—拉伸强度；2—冲击强度；3—成本；4—熔体黏度

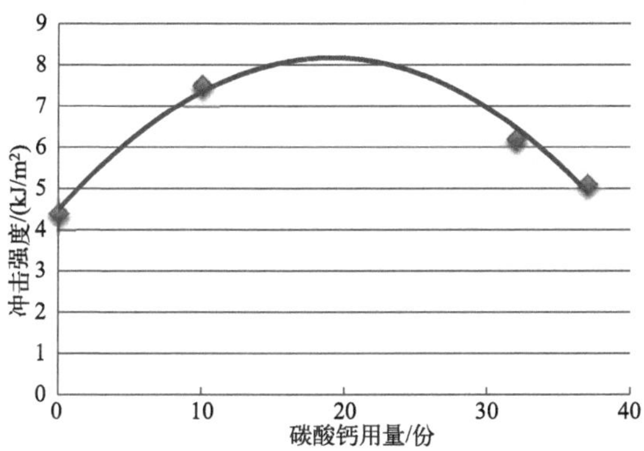

图 2.65 冲击强度与填料（研磨，表面处理碳酸钙）用量的关系[64]

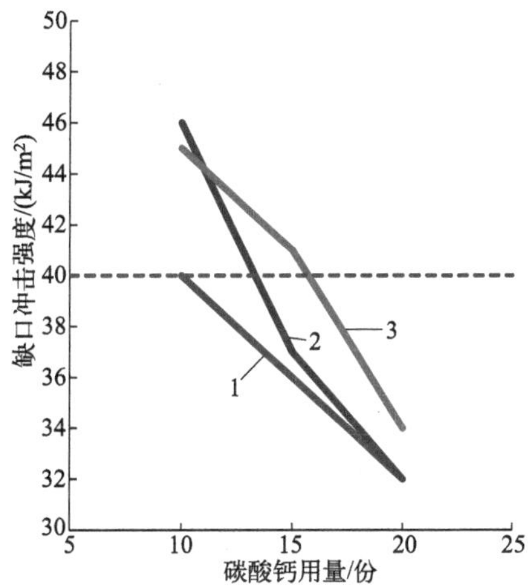

图 2.66 缺口冲击强度与填料（研磨，表面处理碳酸钙）用量的关系[61]

1—AIM A；2—AIM B；3—AIM C

AIM A、B、C 为丙烯酸抗冲改性剂代号简称

⑨ 应力积聚；

⑩ 冲击试验；

⑪ 冲击点的应力状态（平面与边缘的影响，缺口半径）；

⑫ 测试温度；

⑬ 应变速率；

⑭ 松弛时间和条件（作者自己增加的）；

⑮ 产品设计；

⑯ 壁厚。

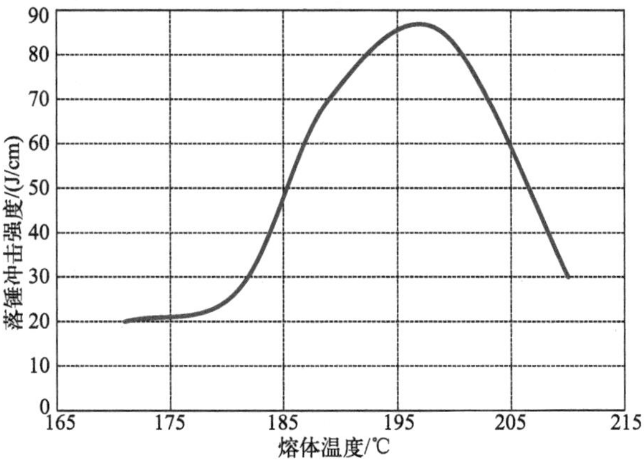

图 2.67 冲击强度（落锤试验）与熔体温度的关系[65]

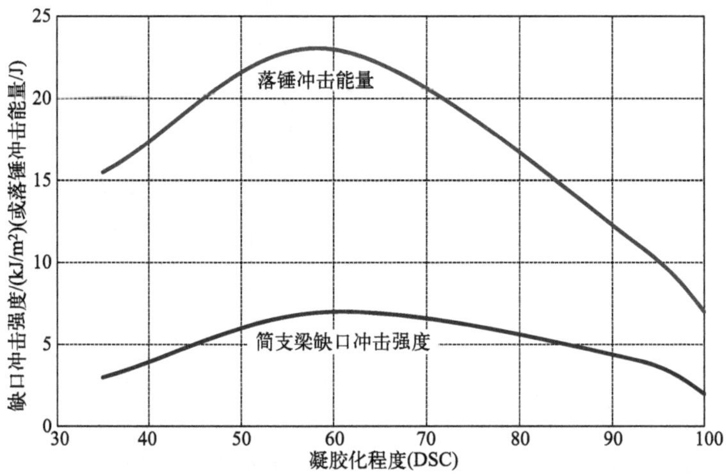

图 2.68 凝胶化程度与冲击强度的关系[66]

Lutz 和 Dunkelberger 将抗冲改性剂分为壳核结构和在聚合物中形成网络结构，见图 2.69[67]。核-壳改性剂分布在聚氯乙烯熔体里，因此基本没有剪切敏感性，而网络结构的抗冲改性剂剪切敏感性会更强。

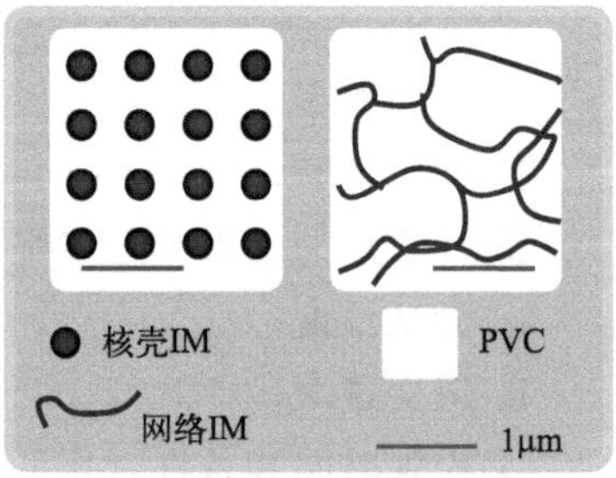

图 2.69 核-壳结构与形成网络结构的抗冲改性剂的区别

为了完整性，我们将介绍第三种抗冲改性剂——无机填料。它可以分为：

① 核-壳结构改性剂（图 2.70），例如甲基丙烯酸甲酯-丁二烯-苯乙烯（MBS）、丙烯酸酯类抗冲改性剂（AIM）、丙烯腈-丁二烯-苯乙烯共聚物（ABS）以及其他。

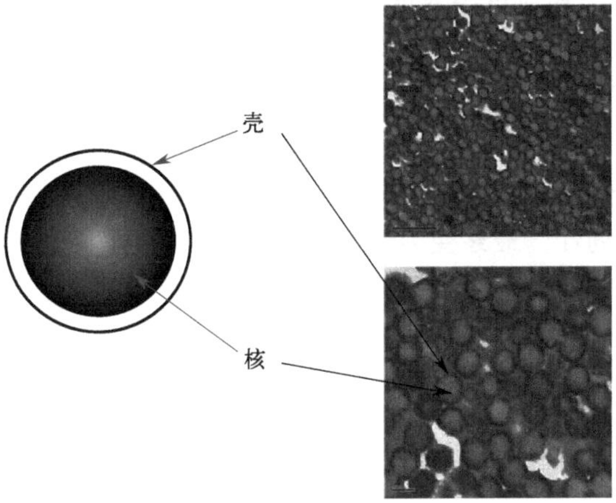

图 2.70 核-壳结构改性剂

② 部分相容网络结构改性剂，例如氯化聚乙烯（CPE）、乙烯-醋酸乙烯酯（EVA）、丙烯腈-丁二烯橡胶（NBR）以及其他。

③ 无机抗冲改性剂，例如沉淀碳酸钙（PCC）和某些合成（铝）硅酸盐。

（1）核-壳结构改性剂

核-壳结构的丙烯酸酯类冲击改性剂（AIM，见图 2.70）是通过自由基引发剂催化的乳液聚合法生产的[68]。其制备过程需将适宜的单体组合并通过聚合实现。加入交联剂是形成交联的橡胶相的核心，橡胶相玻璃化转变温度为－45℃到－60℃[69]。正如上文所述，这一核层技术的一个好处是，它可以防止产品在剪切过程中被破坏。不过橡胶核层的缺点是它的黏性。为了减小黏性，将不同单体接枝到核层表面。这种接枝的壳层有两种功能：它防止了 AIM 粒子与其他粒子相互黏附，在聚氯乙烯基中使用也有助于实现更好的分散性和相容性。

改性剂添加量对几个参数的影响见图 2.64。增加剂量将会导致：

① 在低剂量的情况下简支梁和悬臂梁冲击强度有少量增加；

② 在稍高剂量的情况下简支梁和悬臂梁冲击强度迅速增加；

③ 当改性剂用量进一步增加时，对冲击强度的影响较小；

④ 高剂量情况下抗冲击强度会降低；

⑤ 增加改性剂用量，拉伸强度下降；

⑥ 随着抗冲改性剂用量的增加，熔体黏度和成本都会增加[63]。

根据经验，当改性剂用量增加时，AIM 和 CPE 对口模析出没有任何影响，但改性剂的质量差异会影响析出（可参见第 3 章）。当 AIM 和 CPE 按照一定的比例和添加量在同一个配方中使用时对析出现象的影响已经做了报道。

在 PVC 中不溶的添加剂的粒径会对产品的性能产生影响。根据文献，上述现象同样适用于 AIM。颗粒过小或过大都不会有最佳抗冲击强度[70]。Takaki 等发现当改性剂颗粒尺寸为 200nm[71] 时，材料的抗冲击性能最好。Takaki 等还发现颗粒尺寸（<200nm）较小时，裂纹主导能量的吸收。颗粒尺寸较大时，剪切屈服成为主要的吸收机制。Wu 报道了粒子间的距离比改性剂颗粒粒径本身更重要[72]。Wu 观察到只要粒子间的距离保持不变，通过使用同一类型不同粒径的改性剂，可以实现同样的冲击韧性。最终变为粒子间距离大小的问题。作为一个例子，我们计算了以下干混料粒子间的距离：

100.0 份　　PVC；

4.0 份　　钙锌稳定剂；

4.5 份　　二氧化钛；

10.0 份　　碳酸钙填料；

5.5 份　　AIM。

结果是相当令人印象深刻的：对于一个立方结构来说，内部粒子间距几乎与粒径相同，见表 2.13。

表 2.13　冲击改性剂粒子间距及粒子内部距离

改性剂	粒子尺寸/nm	两个 AIM 粒子间的距离/nm
AIM 7	85	95
AIM 10	245	235

核-壳改性剂粒径的大小在乳液聚合中受几个参数的影响：

① 表面活性剂的种类及用量；

② 搅拌器的类型和速度；

③ 微胶粒浓度；

④ 可用单体的量。

研究这些参数的影响，相对比较容易得到直径可控的 AIM 颗粒。然而，结果发现外壳的厚度是非常关键的。如果太薄，将不能完全包住核心，导致 AIM 粒子彼此黏附，这将有很大风险。如果壳层太厚，在最终产品中橡胶芯的百分比相对较低，造成冲击强度降低。Chen 等[73] 的研究结果表明 MBS 抗冲改性剂壳厚最好在 4.2～9.8nm，由所用单体种类决定。

我们研究了粒径恒定的 AIM 壳厚度对冲击强度的影响。利用 Charpy 和 Gardner 冲击试验确定冲击强度。随着外壳厚度的降低，Charpy 冲击强度将会提高，见图 2.71。然而 Gardner 实验的结果完全不同，见图 2.72。相较于 Charpy，最大冲击能量某壳厚达到最大，见图 2.72[74]。壳厚更薄或更厚，Gardner 冲击能量都会下降。这些不同与两个因素相关：

① Gardner 实验和 Izod 或 Charpy 实验作用在样条缺口的冲击应力的状态不

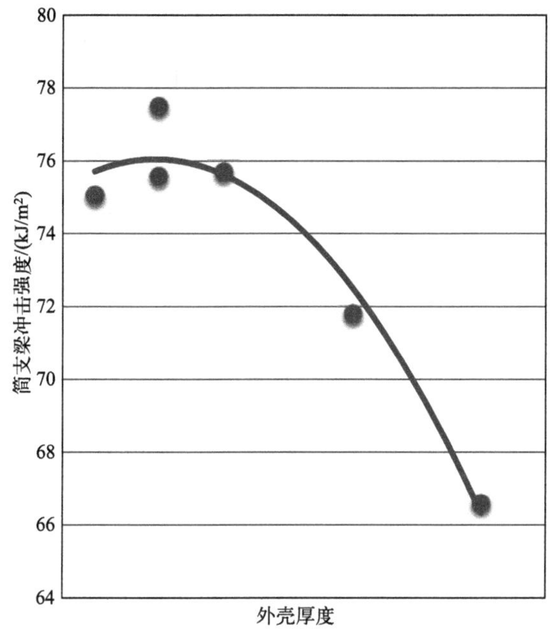

图 2.71　在恒定的颗粒尺寸下[74]，冲击强度（Charpy 测试）相对于 AIM 壳厚的变化

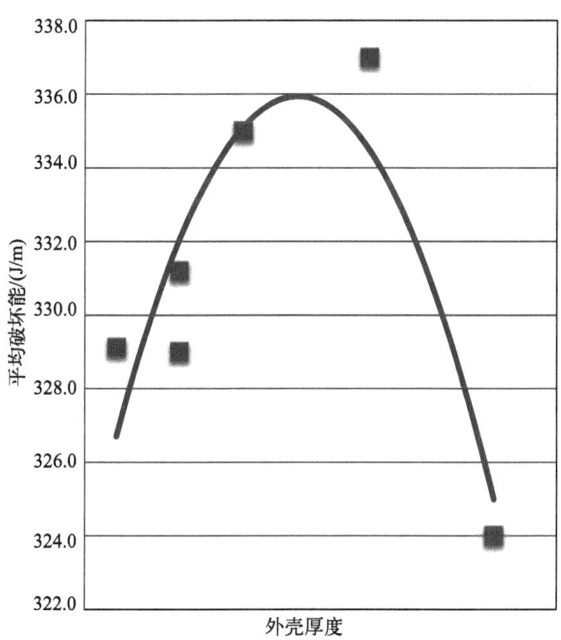

图 2.72　在恒定的颗粒尺寸下[74]，平均破坏能（Gardner 测试）相对于 AIM 壳厚的变化

同。Gardner 测试中，冲击区在双轴压力下，而 Charpy 或 Izod 测试中，冲击区在三轴压力下[75]。Izod 和 Charpy 值是缺口裂纹扩展能量的衡量，而 Gardner 测试是衡量裂纹萌生时的能量。裂纹萌生通常比裂纹扩张需要更多的能量。

② 冲击载荷，有三个机理：开裂、剪切屈服以及脆性断裂。

根据样品及其制备情况，至少这些机理中的第一个会和其他相互竞争。根据我们对现象的理解，银纹化是 Charpy 和 Izod 测试中的主要作用机理，然而剪切屈服是 Gardner 测试的主要作用机理。尽管机理不同，实际上我们能够确定一个最佳的壳厚度，保证在各种冲击试验中材料都有高冲击强度。正如图 2.64 所示，我们研究了抗冲改性剂的用量对 Charpy 冲击强度的影响，见图 2.73(a)。配方测试的结果与预期相当。假定对于其他冲击测试也能发现相似的趋势，利用 Gardner 测试程序，对相同样品进行测试，见图 2.73(b)。

实际结果与预期并不相同[74]。随着改性剂用量的增加，平均破坏能量(MFE) 下降并且一直持续到 AIM 的添加量大约为 3%时。基于经验和逻辑，可看作脆性破坏的区域。当 AIM 量进一步增加时，MFE 迅速增加到没有添加 AIM 时的初始值。最大值大约为 4 份 AIM。我们假定在最大值处，破坏机制从脆性到韧性变化。当 AIM 量进一步增加，大约 5 份剂量时 MFE 迅速下降。我们假设在这一点上实现了完全的延展性，并且多次重复这些数据，也使用不同来源的不同 AIM，在每一种情况下，都有类似的现象，正如图 2.73(a) 和图 2.74 所述。

差异仅存在于 Charpy 测试的绝对值和 MFE 上。关于 AIM 的含量，性能曲线也稍微转向更高或更低值。除了对脆性转变向韧性断裂的定性解释外，试图找到对这种行为的进一步解释。

图 2.73(a) 和图 2.74 的结合让我们想起了数学原理的推导和整合。如果计算图 2.73(a) 中曲线的导数，得到的函数曲线如图 2.74 所示。

把图 2.73(b) 和图 2.74 进行对比会发现相似点：AIM 的含量大概为 2.5%时，曲线开始上升，在 4.0 份和 4.5 份处达到最大值，然后大约为 5.5%时从最大值处开始快速下降。两个图主要的不同是图 2.74 中最大值是平滑升起的，而图 2.73(b) 中最大值是从一个斜坡下降开始的。这个不同使我们联系到以下事实：抗冲击强度由许多不同因素决定，我们测量了两种不同的影响机制，只有部分有共同的特点，不仅受一些共同的参数影响，例如测试温度和凝胶化程度，而且也受其他不同参数影响[76]。

简言之，Gardner 是在机械破坏发生过程中或者发生之后对冲击行为进行评估，而 Charpy 只是评估机械破坏之后的抗冲击强度。仅凭图 2.73 (a) 和图 2.74 不能确定 Gardner 和 Charpy 测试之间真的有数学相关性，但是可以挑战任何声称他们之间没有一点联系的理论。这个观点有可能只是一种新的视角，既不多也不少。将来我们将继续努力以基于数学理论的更科学的方法进行研究。

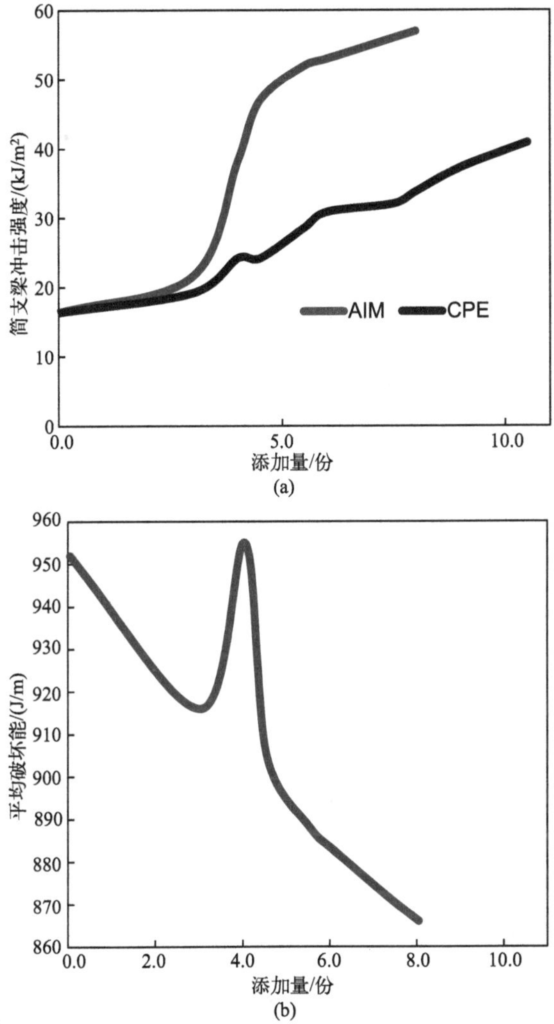

图 2.73　Charpy 测试中的冲击强度（kJ/m²）（a）和 Gardner 测试中的平均破坏能（b）与 AIM 11 添加量的关系

甲基丙烯酸甲酯-丁二烯-苯乙烯共聚物（MBS）抗冲改性剂，由苯乙烯、丁二烯和 MMA 共聚而成，与 AIM 具有相似的核-壳结构。MBS 制品的玻璃化转变温度比其他 AIM 制品明显要低，为－55℃[77] 以及更低的温度（低到－70℃[78]），因此 MBS 改性剂非常适合低温应用。然而，它们对透明性有负面影响，在室外应用中适用性有限。

为了完整性，含有交联硅的核-壳改性剂也应提及[79]。其玻璃化转变温度比 AIM 制品低很多，并且具有良好的耐候性。

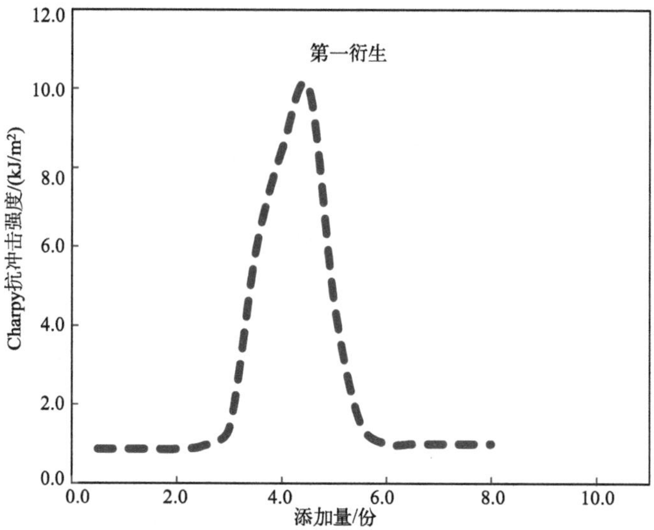

图 2.74 Charpy 抗冲击强度（kJ/m^2）与 AIM 11 添加量的第一衍生函数[74]

丙烯腈-丁二烯-苯乙烯三元共聚物也可归为具有核-壳结构的改性剂。制备过程中，丙烯腈与苯乙烯接枝到丁二烯橡胶中或丙烯腈接枝到苯乙烯-丁二烯共聚物中。由于它们玻璃化转变温度很低（低到－70℃），因此非常适合在低温应用。

（2）可形成网络结构的抗冲改性剂

此类抗冲改性剂可在 PVC 内形成网络结构，其中氯化聚乙烯改性剂是商业化中最具代表性的一种。高密度聚乙烯的氯化产物氯化聚乙烯作为 PVC 抗冲改性的历史已超过 40 年了。在氯化过程中高密度聚乙烯会失去一些结晶度，并且氯的含量达到 25%～50%。其中最经典也是最合适的氯含量是 35%（PVC 理论上的氯含量高达 56%）左右。高的氯含量可以提高其与 PVC 的相容性，但是抗冲击性能会降低。氯含量相对较低时，相容性和抗冲击性都会降低。氯化聚乙烯的 T_g 在－16℃左右而丙烯酸抗冲改性剂的 T_g 在－45℃左右[80]。氯化聚乙烯和丙烯酸抗冲改性剂相比，需要注意以下不同之处：

① 在实现相同的耐冲击性的情况下，氯化聚乙烯添加量较多而丙烯酸抗冲改性剂添加量较少。

② 由于和聚氯乙烯有相似的氯含量，所以氯化聚乙烯也对热和剪切敏感。这样会降低熔融过程和最终产品的热稳定性，所以必须通过添加稳定剂或者增加额外的酸捕捉剂来补偿。

③ 由丙烯酸抗冲剂转化为氯化聚乙烯会影响熔体的流变性能；凝胶化变得更早，扭矩和熔体温度略微降低而熔体压力会增高。

④ 氯化聚乙烯抗冲改性剂，与聚氯乙烯和丙烯酸抗冲改性剂一样具有良好的

耐候性及户外适用性。

⑤ 氯化聚乙烯抗冲剂可能被用于透明制品中，透明度不同对氯化聚乙烯的要求不同。

⑥ 但是必须指出：当选择氯化聚乙烯厂家和供应商时，将会遇到产品品质（例如，表面迁出性、耐候性、热稳定性）和品质持续性的问题。

乙烯-醋酸乙烯酯共聚物（EVA）是由乙烯和醋酸乙烯酯共聚而成。特别适合用于透明产品中，但是在要求有耐老化性质的户外应用中具有一定的限制。在生产中 EVA 的链长受到环境和引发剂浓度的影响。短链的 EVA 被用作 PVC 挤出的润滑剂而长链的共聚物被用作抗冲改性剂。醋酸乙烯酯的含量决定了 EVA 共聚物的相容性、结晶性和玻璃化转变温度。如果醋酸乙烯酯的含量高达 60%，共聚物的结晶性达到可检测的最大值。玻璃化转变温度 T_g 和相容性也会随着醋酸乙烯酯浓度的增加而增加。一种完美的 EVA 基改性剂应该和 PVC 有很好的相容性，有低的玻璃化转变温度和结晶性。由于两种单体组分对这些性质的相反影响，每一种 EVA 改性剂都是最后性能折中的产物：乙烯含量提高将会降低玻璃化转变温度，提高结晶度，降低与 PVC 的相容性。高比例的醋酸乙烯酯将会提高其与 PVC 的相容性，降低结晶性，提高玻璃化转变温度 T_g。

从化学角度，聚醋酸乙烯酯（PVA）和 PVC 很相似，见图 2.75。以化学家的观点来看，这种相似性主要是基于 PVA 的剪切和热敏感性。在剪切力或者加热的情况下醋酸将会分解。所以其低的热稳定性是显而易见的，正如 CPE 和 PVC 一样。

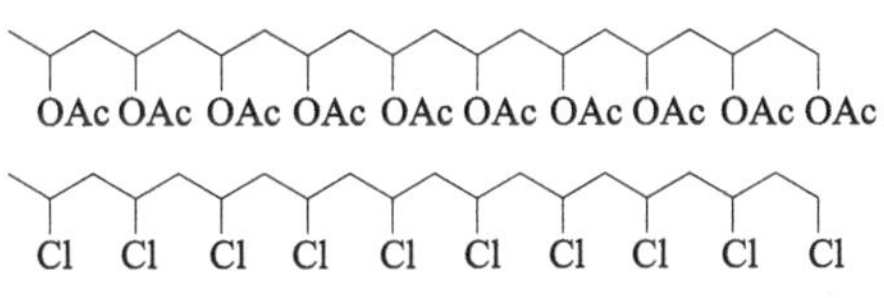

图 2.75 对照 PVC 和聚醋酸乙烯酯的化学结构

（3）无机抗冲改性剂

Cornwell[27] 是最早以轻质碳酸钙（PCC）作为抗冲改性剂的研究者之一。19 世纪早期，在布莱顿的 PVC 会议和其他的一些参考文献中，提出轻质碳酸钙可作为功能填料来提高 PVC 的抗冲击强度。

费尔南德斯和托马斯检测了不同等级的轻质碳酸钙和重质碳酸钙对 PVC 挤出型材的拉伸强度和 Charpy 冲击强度的影响[81-82]。结果表明超细轻质碳酸钙（UF-PCC）可以大幅提高缺口冲击强度。超细轻质碳酸钙的加入可以使冲击强度由 $9kJ/m^2$ 提高到 $79kJ/m^2$。这些结果与粒子的大小、形状，碳酸钙涂层的等级以及 PVC 配方的凝胶化特性有关。所得结果与文献［64］中的其他数据相一致。

Müller 提出，只有那些碾磨和表面处理过的碳酸钙在添加量至少为 10 份时才会使材料的冲击强度提高，或从图 2.65 推断可达到 15 份或 20 份，而当超过这个最大量以后会导致冲击强度下降[64]。冲击强度的提高（见图 2.65）可以通过碳酸钙颗粒附近形成的微裂纹（银纹）以及矿物颗粒表面发生聚合物链的交换来解释。颗粒越细，冲击产生微观变化和银纹形成需要的能量越多，所以降低了宏观断裂的可能性。然而，Cora 在含有三种不同 AIM 抗冲改性剂的配方中发现，碳酸钙用量在 10～20 份之间变化可导致以下性能的变化[61]。

① 按 Charpy 法测试冲击强度，见图 2.66；

② 弹性模量；

③ PVC 型材的密度；

④ b 值；

⑤ 老化过程中的侵蚀。

下面介绍一种不同类型的无机改性剂，从结构上来看也可认为是核-壳结构的改性剂，只不过其仅有无机的壳，核却是空的。从历史角度上看，这种添加剂在 PVC 加工工程中的应用相对较新。其中一些添加剂还有助于提升 PVC 可持续性，因为一些产品源于焚烧副产品——飞灰（关于 PVC 和可持续发展的更多问题，也可以见第 5 章）。

特殊工艺生产的无定形球形二氧化硅作为无机抗冲改性剂和流动促进剂，以品牌名称 Sidistar® 出售。

它可以取代用在硬质 PVC 中的传统有机抗冲剂，可以一定程度提高冲击强度而且也会提高刚性，改善熔体流动性，增加软化温度。这种球形二氧化硅源于高温气相生产，需要多个步骤。Sidistar 是一种添加剂，也可以改进复合材料黏度。然而，它不能完全替代传统的增强材料，但是可以和这些材料一起作用而不会影响复合材料的物理性能。它已经被当作硬质 PVC 的抗冲改性剂来研究[83-85]。二氧化硅作为初级粒子进行良好的分散是很有必要的，特别是对于冲击强度的提高尤为关键；而要实现良好的分散需在混合过程的较早阶段加入，见图 2.76。这两步混合过程确保了 PVC 颗粒第一时间被 Sidistar 包覆。这种球形的二氧化硅可以基于空化理论起到冲击改性的作用，而且可以提高其他成分在混配物中的分散性。研究发现 Sidistar 延迟了 PVC 复合材料的凝胶化，但是这可以通过对配方和加工条件的微调实现。加工过程中可使用 Sidistar 调整凝胶化时间，从而改善冲击性能。此外，含 Sidistar 的混配物展现出更宽的加工窗口。

另一种相对较新的用于塑料的中空球形功能填料是来源于发电厂的粉煤灰[86-87]。粉煤灰的传统处理方式是填埋处理，而最近才开始以未加工的形式作为环境友好型填料用于沥青和水泥中。由于化学反应活性、大小分布和杂质等原因，原始的粉煤灰不适合用在塑料中。一部分公司，如南非 Sarde Chemical 的 Plasfill

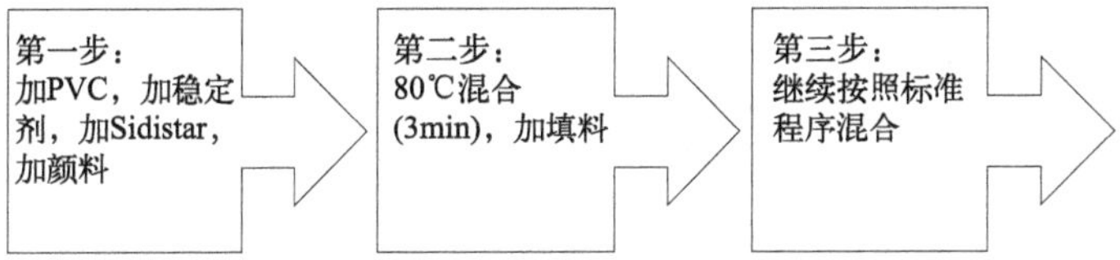

图 2.76 描述 Sidistar 是如何最好地被干混料吸收

系列、英国的 RockTron，已对其粉煤灰资源进行了处理，并改善了其性能，现已作为功能材料用在塑料中，包括硬质 PVC 和（增塑）软质 PVC 中。基于上述对 Sidistar 填料的讨论，粉煤灰产品是空心圆微球形，壳主要由硅酸铝组成。

不同品质的产品可被用在不同的塑料和涂料中。Plasfill 5 适合作为 PVC 挤出管材的填料，可以取代 2%～3% 的干混料，并且不会影响加工性能。当用作添加剂时，粉煤灰因其球形结构起着润滑剂和流动改性剂的作用，并且因其化学组分，使得其与极性塑料，如 PVC 有很好的相容性。

由于形状和组成使得这类填料有较低的吸油值，最终产品的抗冲击性和抗磨损性能较好，表面不粗糙（球形而不是砖形），而且作为流动改性剂时添加量不超过 3 份。Plasfill 5 通常来说比碳酸钙还要硬，但并没有增加机器磨损或工具表面划伤现象，这可能是由于粒子的结构是球形的。由于其空心球形结构，与上文所述的 Sidistar 一样，这种粉末产品也可以提高抗冲击性能，但是迄今为止没有测试结果报道。由于这种添加剂来源于大量废物流，简单加工处理即可使用，所以可以在塑料中持续运用（见第 5 章）。这里需提到的是一些可能存在的副作用，那就是粉煤灰的着色性能。其会使制品变成浅灰色，当然这会对灰色产品着色有促进作用，对一些暗的或者灰色的产品有利。很多公司正在研发更加亮的产品。另外，在某些应用中，粒径可能是一个问题。Plasfill 5 的粒径是 25μm (D_{99})[86]。

传统抗冲改性剂领域的新进展相对较少。值得一提的是一种叫作混合改性剂的品种（AIM）[88]，是把矿物成分添加到产品中。这主要提高了销售价格，但根据我们的经验，对效果也有轻微的提升。

2.5.3 加工助剂和抗冲改性剂的表征与测试

加工助剂和抗冲改性剂可以通过各种化学、物理和应用实验程序进行测试。该应用测试在前面的章节中有所阐述，见 1.7 节。

2.5.3.1 流动改性剂和加工助剂

最重要的特征属性是：

① 密度和堆积密度。

② 熔点（尽管很多产品都没有真正的熔点）。

③ 干混料的筛余物。

④ 折射率。

⑤ 熔体流动速率。

⑥ 分子量及其分布和支链化程度由凝胶渗透色谱法（GPC）进行测定。GPC原理类似于液相色谱法，溶解物质的分子可通过它们的分子大小进行分离。更精确地说，是通过物质的流体力学体积来分离。分离效果是基于不同大小的分子在多孔固定相中扩散体积的差异。固定相允许较小的分子渗透到更深的通道，从而增加其保留时间。因此小分子的保留时间大于大分子，大分子只存在于聚合物颗粒之间的空隙，所以大分子在 GPC 柱中流动更快。因此，较大的分子出现在较早的馏分，而较小的分子较晚被检测到。通常，多孔聚合物颗粒被用作固定相。GPC 可确定分子量的分布曲线，在此基础上计算平均分子量（数均、重均、黏均）和样品的多分散性指数。

⑦ 对干混料凝胶化行为的影响（见 2.1.3 小节）。

⑧ 对挤出过程中流变学的影响。

⑨ 对表面光泽度的影响。

⑩ 对熔体强度、熔体弹性和熔体延展性的影响。

这些研究可通过两种不同的方法来进行。第一种是所谓的 Rheotens 方法，一条圆柱状塑料条垂直向下，从两个齿轮中挤出。齿轮是自由悬浮的，这样拉力就可以测出来。在实验开始时，通过调整齿轮在一个较低转速来使拉力达到最小值。测量开始之后，齿轮的拉伸速度持续上升。这将会增加拉力，并且会持续增加直到塑料条断裂。所得的结果展示了力随拉伸速度的变化情况[89]。对可比较的聚合物来说，曲线的形状提供了有关分子量的差异及其分布和聚合物链支化的定性信息[90]，参见图 2.77。

第二种方法是当塑料熔体通过毛细管时在熔体泵的作用下发生剪切拉伸。该模具包含一个可以改变直径的单元，这将使塑料熔体在通过该单元时受到剪切而发生变形。还有一个传感器可以测试到熔体的压力，还可以得到一些关于流体的弹性行为和熔体弹性[91] 的有价值的信息。

2.5.3.2 抗冲改性剂

通常所说的抗冲改性剂的特征和流动改性剂的特征很相似（如密度、堆积密度、筛余物，见 2.5.3.1 部分）。然而，作为抗冲改性剂，一般是用来提高材料的抗冲击强度和韧性。有多种途径和标准来测试抗冲击强度，在之前已经简单地提到过：悬臂梁抗冲击强度测试，最初是由 Izod[92] 发明的，是美国材料与试验协会(ASTM)[93] 认可的一种方法。这种测试设备包含一个摆锤，它从一定的高度释放，所以包含一定的能量。这种样品是带有单一缺口的被加紧的固体块，准备好之后“放下摆锤[94]”。一旦摆锤释放就会撞击到样品带有缺口的一端对其造成破坏[图 2.78(b)]。基于样品吸收的能量，冲击强度就被算出来了。这种简单的测试程序就是简支梁冲击试验，见图 2.78(a)。Chapry 在 1901 年提出建议将这种方法标准化[95]。通过吸收的能量可以再次计算出缺口韧性。这种简支梁冲击试验也是用来研究脆韧转变点的方法之一。

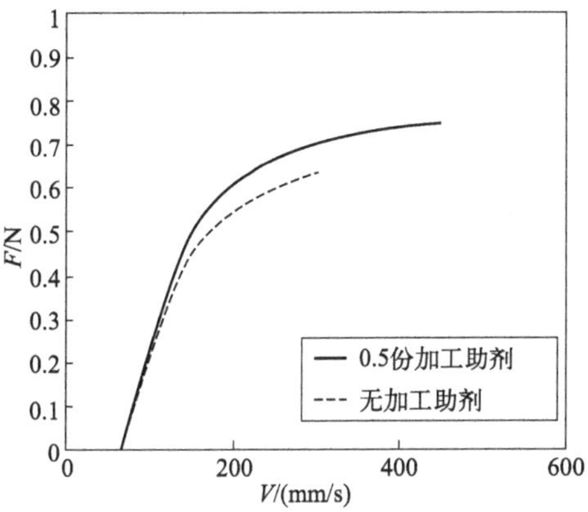

图 2.77　样品的流变曲线

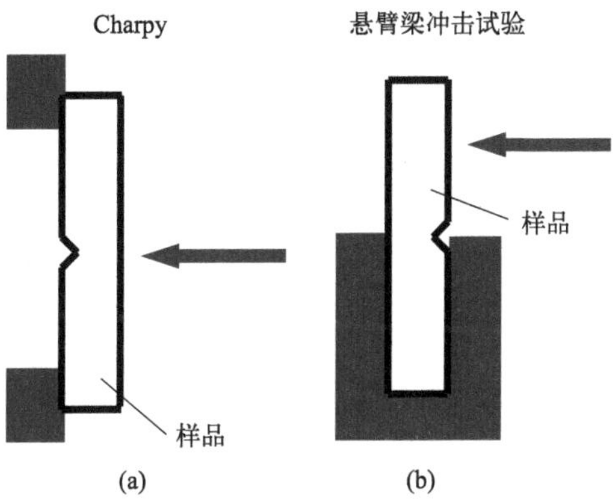

图 2.78　简支梁冲击试验（a）和悬臂梁冲击试验（b）的不同

Gardner 自由落下冲击试验采用了一种与其他冲击测试不同的原理，是评估塑料材料冲击强度常用方法之一。塑料试样被放在开口向上的基板上。冲击器放在试样的顶端，与没有任何支撑物的样品中心接触。在导管内将特定重量的重物提升到预定高度，然后释放落到冲击器上，迫使冲击器头部穿过试样。记录下落的高度、下落的重量大小和测试结果（通过/未通过）。这种方法的一种变体，适用于快速测试，是在室温或者是零下温度时使重物在特定的高度掉落到（窗户）型材上。由此产生的结果——“通过/未通过”可以对 PVC 产品的抗冲击强度进行快速定性评价。此外，可以用 Bruceton Staircase 法计算平均损失能量[96]。在澳大利亚，PVC 管的韧性测试方法和这个很相似，根据 AS-NZS 4765：2007，用重达 20kg 的鱼雷落锤从 20m 的高度撞击管道。在测试过程中，20kg 的鱼雷落锤经常会刺穿管材，而使测试结果“未通过”。

根据标准，管材必须以韧性形式发生破坏，在冲击口处不会产生银纹也不会产生撕裂。一个更加复杂的测试方法是 Fractovis Plus 系统，它可以提供更多有关冲击物刺入样品时[97]的重要的信息。见图 2.79。

通过 Fractovis Plus 系统分析结构行为的变化，多种冲击相可以在结果中分化出来：

① 当冲击物撞击试样时，存在一段较短的线性区域。

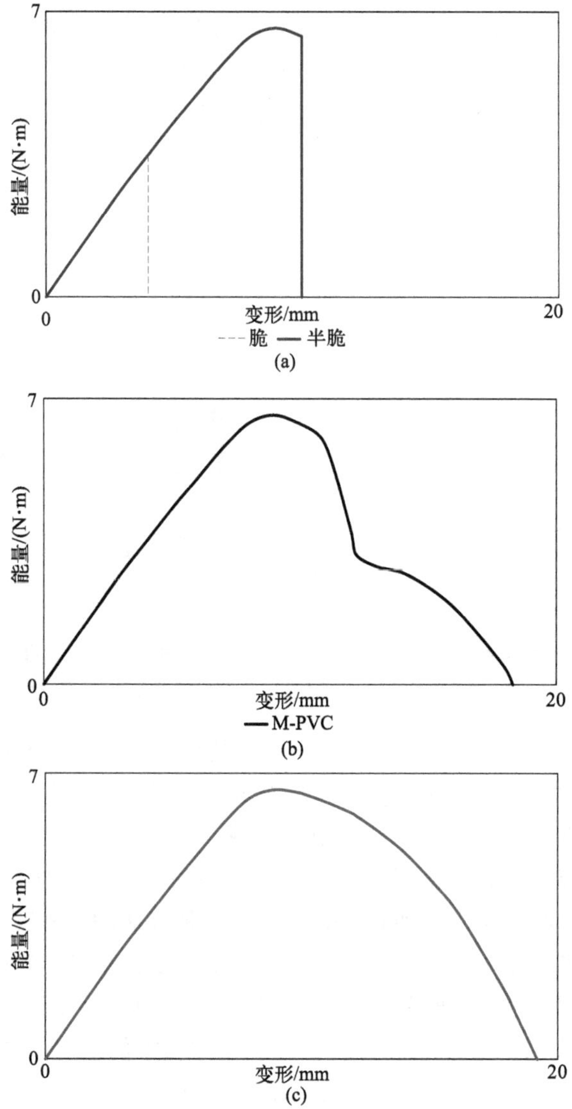

图 2.79　在 Fractovis 测试中观察到的不同因素的影响

② 样品会发生轻微弯曲或者发生脆性断裂。

③ 样品如果没有断裂，线性段会达到最大值。某些情况下，在这部分会看到一些小峰。这可能是添加弹性的核-壳结构的抗冲改性剂造成的。曲线达到峰值时，样品以延展方式变形并达到最大值。

④ 样品也可以以半脆性的形式断裂。这时候测试值会忽然降到零，见图 2.79。

⑤ 这种曲线或多或少地有对称性，可能表明有韧性，见图 2.79(c)。

⑥ 曲线不对称趋势代表样品正在开始发生断裂和出现裂纹。

⑦ 经过相当长一段时间后，冲击物会穿透试样，在图上表现为曲线急剧下降。

⑧ 最后样品彻底断裂，见图 2.79(b)。

通常认为这种测试结果和另一种方法的测试结果不可能相关联［尽管我们希望它们相关联，正如图 2.73(b) 和图 2.74 所讨论的核-壳结构抗冲改性剂］。悬臂梁和缺口冲击强度表示的都是样品在发生机械破坏以后的冲击强度，然而 Gardner 所描述的冲击强度则是在样品发生机械破坏以前的冲击强度。

2.5.4 加工助剂和抗冲改性剂生产商

表 2.14 列出了加工助剂和抗冲改性剂的生产商。对于那些仅仅做贸易的公司没有被列出来，信息不是很详细。但是它已经可以满足我们对信息的需求。

表 2.14 加工助剂和抗冲改性剂的生产商和产品

生产厂家	助剂	核壳抗冲改性剂							
		AIM	MBS	EVA	硅-丙烯酸	ABS	NBR	CPE	其他
Akdeniz Kimya	PRO	DMA							
Arkema 阿科玛	Plasti-strength	Dura-strength	Clear-srength						
BASF(巴斯夫)	Vinuran	Vinuran							
大创有限公司								Daisolac	
辽宁德诚集团有限公司								×	
道琼斯	Paraloid K	Paraloid Km	Paraliod BTA					Tyrin	
杜邦				Elvaloy					
埃肯硅材料									Sidistar
加拉塔化学品	Blendex						Blendex ABS		
日本钟渊化学	Kane Ace PA	Kane Ace FM	Kane Ace B						
朗盛				Baymod L Lebvar-pren			Krynac, Perbunan, Baymod N		

续表

生产厂家	助剂	核壳抗冲改性剂							
		AIM	MBS	EVA	硅-丙烯酸	ABS	NBR	CPE	其他
LG	LG PA	LG IM	LG EM，LG MB						
三菱	Metablen P	Metablen W	Metablen C		Metablen S				
日本 A&L Inc							Kralastic		
Rock Tron									生态矿物
Sarde 化学									Plasfill
山东三义化学有限公司								×	
山东昶升塑料有限公司								×	
东曹股份有限公司				Nipoflex					
潍坊高新化学科技有限公司								×	

参考文献

[1] M. Fish，R. Bacaloglu；J. Vinyl Addit. Technol.，3（1997）p. 112

[2] M. Fish，R. Bacaloglu；J. Vinyl Addit. Technol.，4（1998）p. 4

[3] http：//en. wikipedia. org/wiki/Butterfly_effect；downloaded（01/2013）

[4] O. -A. Neumüller（Ed.）；Römpps Chemie Lexikon，Frank' sche Verlagshandlung，Stuttgart Germany，8th ed.，（1983）pp. 4563-4564 [ISBN 3-440-04513-7]

[5] http：//www. brainyquote. com/quotes/quotes/a/alberteins100017. html；downloaded（12/2012）

[6] F. Hsieh，S. J. Mulvaney，H. E. Huff，S. Lue，J. Brent；Effect of dietary fiber and screw speed on some extrusion processing and product variables，Lebensm. Wiss. Technol.，22（1989）pp. 204-207

[7] F. Smutka，personal information

[8] G. Mennig；Visuelle Untersuchungen zum Wandgleitverhalten hochpolymerer Schmelzen，Rheologica Acta，Vol. 15，Issue 3/4（1976）pp. 199-205

[9] Oberflächenaktive Zusatzstoffe，In R. Maier，M. Schiller（Eds.）；Handbuch der Kunststoff-Additive，7th ed.，C. Hanser Publisher，Munich，Germany（currently in preparation）

[10] http：//de. wikipedia. org/wiki/Löslichkeit；downloaded（12/2012）

[11] C. E. Wilkes，J. W. Summers，C. A. Daniels（Eds.）；PVC Handbook，C. Hanser Publisher，Munich，Germany（2005）pp. 130-135

[12] http：//de. wikipedia. org/wiki/Ölsäure；downloaded（01/2012）

[13] M. Schiller，Ö. Aksin-Artok；Metal soaps under the view point of sustainability-One Vision，Surfac-

tants, Soap, and Detergent Symposium & Exhibition OLEO 2011, Izmir, Turkey, Dec. (2011)
[14] EP 1601718
[15] F. Preusser; personal information
[16] Federal Institute for Geosciences and Natural Resources (BGS, Hanover, Germany): Energy Resources-Coal
[17] E. RÖehrl; PVC-Taschenbuch, C. Hanser Publisher, Munich, Germany (2007) p. 26
[18] J. Hartitz; E. Polym. Eng. Sci. , 14 (1974) p. 392
[19] Ç. Heris, M. Schiller, T. Uysal, A. Sahin; Wider Processing Window for Lead-free Profile extrusion? PVC 2011, Brighton, UK, April (2011)
[20] http://www.toolingu.com/definition-500240-3663-filler.html; downloaded (07/2014)
[21] The Wolf and the Seven Kids In The Brothers Grimm Complete Fairy Tales, Wordsworth Editions (1998) p. 39 [ISBN 1-85326-898-4]
[22] Applied market Information (AMI); Filled from the sea, Film and sheet extrusion, Feb. (2013) pp. 38-39
[23] H. Müller; Mineral Modifier for PVC-Pipes Symposium, Arnoldstein, Austria, Sept. 26 (2002) 228 2 Additional PVC Additives
[24] M. Schiller, B. Pelzl, R. Haberleitner; "Plate out-mehr als nur ein Phänomen? (3) Plate out im Extruder-Der Einfluß von Kreide, Modifier, Titandioxid und Extrusionsbedingungen, GAK, 61, June (2008) p. 356
[25] B. Shemwell, Y. A. Levendis, G. A. Simons; Laboratory study on the high-temperature capture of HCl gas by dry-injection of calcium-based sorbents, Chemosphere, 42 (2001) pp. 785-796
[26] J. Zeich; Cost-optimised formulations for PVC window profiles, 7th Int. Plastic Window Congress, Wuerzburg, Germany, March (2009)
[27] D. W. Cornwell; Benefits of PCC as a PVC additive, Ind. Miner. , July (2001) pp. 35-37
[28] E. Liefke; Recent developments of PVC-compounds for special applications, PVC-Formulation Conf. (AMI), Cologne, Germany, March (2009)
[29] M. Schiller, D. De Souza, H. Huisman, J. Woschitz; Umwelteinflüsse auf die Bewitterung von Kunststofffenstern-Versuche zur Sanierung (2), GAK, 59, Jan. (2006) p. 29
[30] M. Große-Aschhoff; Kreide erhöht den Glanzgrad. Kunstst. , 89, Aug. (1999) pp. 52-53
[31] M. Schiller, H. Huisman, B. Pelzl, P. Klaess, P. Wilhelm, B. Chernev; A Kind of Magic-The Formation of Calcium Oxalate During Artificial Weathering of Window Profiles, PVC 2008, Brighton, UK, April (2008)
[32] M. Schiller, B. Pelzl; Einfluß von Spurenelementen in Kreiden auf die Bewitterung, GAK, 64, June (2011) p. 369
[33] M. Schiller, H. Huisman, B. Pelzl; The Miracle-Calcium Carbonate Load in uPVC and Chalking Of Pipes, PVC 2008, Brighton, UK (2008) http://files.hanser.de/hanser/statisch/fz/Chemson_Whitepaper_Calciumcarbonat.pdf
[34] C. E. Wilkes, J. W. Summers, C. A. Daniels (Eds.); PVC Handbook, C. Hanser Publisher, Munich, Germany (2005) p. 247
[35] Omya (exact reference unknown)
[36] W. S. Penn; PVC Technology, McLaren & Sons, London, UK (1966) p. 137

[37] S. Roy; Understanding Filler Loading Implications in PVC Pipes: Volume Cost & its importance in PVC Pipes, PVC 2012, Mumbai, India, Oct. (2012)

[38] R. Gächter, H. Müller (Eds.); Plastics Additive Handbook, translation of 2nd ed., C. Hanser Verlag, Munich, Germany (1984) p. 447

[39] http://www.tcforensic.com.au/docs/article10.html; downloaded (02/2013)

[40] S. Cullen; Global Plasticizer Update, SPI Flexible Vinyl Products Division 23rd Annual Compounding Conf. Presentations, Annapolis, MI (2012)

[41] H. Morgenstern; Plasticizers for PVC, PVC Formulation, Cologne, Germany, Mar. (2009)

[42] D. Naert; General Purpose Phthalate Plasticizers and their Alternatives, PVC Formulation, Cologne, Germany, Mar. (2009)

[43] L. Henrikson; Migration of Plasticisers from Flexible Poly (vinyl) chloride, PhD thesis, NTNU, Trondheim, Norway, Nov. (2004) p. 41 References 229

[44] J. K. Sears, J. R. Darby; Technology of Plasticizers, J. Wiley & Sons (1982) pp. 59-71

[45] Allgemeine Kurzinformation Kabel PVC Additive, Fig. 1, no further details known

[46] R. Gächter, H. Müller (Eds.); Plastic Additive Handbook, C. Hanser Publisher, Munich, Germany, English translation from 2nd ed. (1984) p. 262

[47] C. Emanuel; Plasticizer Market Update, SPI Vinyl Products Division 22nd Annual Vinyl Compounding Conf., Burlington, VT, July (2011)

[48] http://echa.europa.eu/information-on-chemicals/evaluation/community-rolling action-plan/corap-list-of-substances; downloaded (05/2013)

[49] http://www.chemvista.net/PVC_Citrate_Plasticizers.html; downloaded (07/2014)

[50] M. Schiller, M. Everard; Plasticisers based on renewable resources-A summary considering technical, economic and ecologic aspects of latest developments, 9th Global WPC and Natural Fibre Composites Congress and Exhibition, Stuttgart, Germany, June (2012)

[51] http://echa.europa.eu/web/guest/candidate-list-table; downloaded (04/2013)

[52] minerals.usgs.gov/minerals/pubs/commodity/titanium/mcs-2012-titan.pdf; downloaded (05/2013)

[53] http://www.businesswire.com/news/home/20120530006184/en/Research-Markets Production-Situation-Titanium-Dioxide-China; downloaded (05/2013)

[54] M. Schiller, F. Müller, C. Damm; Photo-physics of surface-treated titanium dioxides, J. Photochem. Photophys. A, 149 (2002) p. 227

[55] M. Schiller, S. Cockett, R. Wohlschiess: Profilverfärbungen durch Photoreaktionen-Mechanismen und Wege zur Problemlösung, 3rd Int. Plastics Window-Congress, Berlin, Germany, Feb. (2000)

[56] U. Gesenhues; J. Photochem. Photobiol. A, 139 (2001) p. 243

[57] http://echa.europa.eu/information-on-chemicals/evaluation/community-rolling action-plan/corap-list-of-substances; downloaded (5/2013)

[58] R. Maier, M. Schiller, H. Zweifel (Eds.); Plastics Additives Handbook, 7th ed., Carl Hanser Publisher, Munich Germany (in preparation, 2014)

[59] J.-L. G. Pfennig, D. L. Dunkelberger; Effect of acrylic processing aids on PVC die swell, ANTEC (1986) pp. 1230-1233

[60] A. F. Yee; Impact resistance, Encyclopedia of Polymer Science and Engineering, J. Wiley & Sons (6/1987) p. 36

[61] B. Cora; The effect of compliant rubber particles on the rheology and mechanical properties of PVC profiles, PVC Formulation 2014, Düsseldorf, Germany, Feb. (2014)
[62] M. Lavach, K. Yocca; Factors Influencing Impact Resistance of Rigid PVC Building Products, Profiles 2011, Philadelphia, PA (2011)
[63] C. E. Wilkes, J. W. Summers, C. A. Daniels (Eds.); PVC Handbook, C. Hanser Publisher, Munich, Germany (2005) p. 230
[64] H. Müller; Calciumcarbonat-Joker in der PVC-Extrusion, Kunstst., German Plastics, Dec. (2006) p. 62 230 2 Additional PVC Additives
[65] C. E. Wilkes, J. W. Summers, C. A. Daniels (Eds.); PVC Handbook, C. Hanser Publisher, Munich, Germany (2005) p. 219
[66] C. E. Wilkes, J. W. Summers, C. A. Daniels (Eds.); PVC Handbook, C. Hanser Publisher, Munich, Germany (2005) p. 218
[67] J. T. Lutz, D. L. Dunkelberger; Impact modifiers for PVC. The history and practice, J. Wiley & Sons, New York, NY (1992)
[68] S.-K. Ko; Darstellung von Core-Shell Polymeren mit Hilfe polymerer Azo-Initiatoren, H. Utz Verlag Wissenschaft, Germany (1998) p. 10
[69] C. E. Wilkes, J. W. Summers, C. A. Daniels (Eds.); PVC Handbook, C. Hanser Publisher, Munich, Germany (2005) p. 227
[70] C. A. Cruz-Ramos in D. R. Paul, C. B. Bucknall (Eds.); Polymer Blends, Vol. 1, J. Wiley & Sons, New York, NY (2000) p. 137
[71] A. Takaki, H. Yasui, L. Narisawa; Polym. Eng. Sci 37 (1997) p. 105
[72] S. Wu; J. Appl. Polym. Sci., 35B (1988) p. 549
[73] X. Chen, J. Wang, J. Shen; Effect of the Shell Thickness of Methacrylate-Butadiene Styrene Core-Shell Impact Modifier on Toughening Polyvinyl Chloride, J. Polym. Res., 13/4, Oct. (2006) p. 335
[74] M. Schiller, M. Başalp, A. Şahin, B. Aldanmaz, E. Alyamaç, Theoretical and practical aspects of impact modifiers, PVC 2014, Brighton, UK, April (2014)
[75] C. E. Wilkes, J. W. Summers, C. A. Daniels (Eds.); PVC Handbook, C. Hanser Publisher Munich, Germany (2005) p. 215
[76] B. Cora; Insight on the various factors that affect the Notch-Charpy and the Falling Weight impact strength of PVC profiles, 7th Int. Congress on PVC Windows 2009, Würzburg, Germany (2009)
[77] DE 2726256 C2
[78] Technical information-Clearstrength E-920; http://www.arkema-inc.com/tds/1325.pdf; downloaded (03/2014)
[79] US5969045
[80] C. E. Wilkes, J. W. Summers, C. A. Daniels (Ed.); PVC Handbook, C. Hanser Publisher Munich, Germany (2005) p. 228
[81] N. A. S. Fernando, N. L. Thomas; The effect of precipitated calcium carbonate on the mechanical properties of poly (vinyl chloride), J. Vinyl Addit. Technol., Feb. (2008) 13 pp. 98-102
[82] N. A. S. Fernando, N. L. Thomas; Investigation of precipitated calcium carbonate as a processing aid and impact modifier in poly (vinyl chloride), Polym. Eng. Sci., Nov. (2012) 52, pp. 2369-2374
[83] M. Gilbert, D. J. Hitt, G. Schmaucks, B. Friede, A. Sorhuus, J. O. Roszinski; Inorganic impact modi-

fier and processing aid for PVC, Plast. Rubber Comp. , March (2005) 34, pp. 111-116

[84] G. Schmaucks, B. Friede, A. Sorhuus, J. O. Roszinski, M. Gilbert, D. J. Hitt; Inorganic impact modifier and processing aid for PVC, PVC 2005, Brighton, UK, April (2005) References 231

[85] S. MacDonald; Unique amourphous Silicon dioxide-A new additive for PVC formulating with practical case studies, PVC 2008, Brighton, UK, July (2008)

[86] http: //www. ashresources. co. za/upload/file/Plasfill. pdf; downloaded (07/2014)

[87] http: //www. flyash. info/1999/newprod/kruger2. pdf; downloaded (07/2014)

[88] Patent EP1984442

[89] http: //www. goettfert. com/index. php/products/tensile-tester/rheotens; downloaded (07/2014)

[90] A. Bernnat; Polymer melt rheology and the Rheotens test, PhD thesis, Institut für Kunststofftechnologie Universität Stuttgart, Stuttgart, Germany (2001)

[91] H. Braun, W. Gleissle; Measurement of Elongation Viscosity of Polymer melts under processing, Company Brochure No. V 196 of Thermo Electron, Karlsruhe, Germany www. thermo. com

[92] E. G. Izod; Testing brittleness of steel, Eng. (1903) p. 431

[93] Standard ASTM D256

[94] F. Mercury, R. Taylor, J. Deacon, B. May; Hammer to Fall, The Works (Queen album) (1984)

[95] G. Charpy; Note sur l' essai des métaux à la flexion par choc de barreaux entaillés, Mémoire et compte-rendus de la Société des ingénieurs civils de France (1901)

[96] http: //www. ptli. com/testlopedia/tests/Gardner-D5420. asp; downloaded (12/2013)

[97] www. inteszt. hu/PDF/03/C2/Fractovis _ Plus-AP7520-01. pdf; downloaded (12/2013)

第 3 章

PVC 加工的未知领域：析出

3.1 有关析出的文献综述
3.2 排气装置中的析出
3.3 模具和模头接套中的析出
3.4 定型模中的析出
3.5 预防析出的主要措施
参考文献

“在某个‘问题’现场所看到的一切都是时间定格下的静态画面，不再是流动、生动且充满活力的动态场景。你可以基于这个静止的画面创造出多个故事，但这些仅仅是理论而已。就像‘侦探’一样，你可以收集确凿的事实和坚实的科学证据，但仍然可能得出错误的结论。更何况，其中还掺杂着谎言、误导性信息，以及那些想要帮忙却犯错的人。再加上那些为了迎合你的理论而说你想听的话的人，以及那些有着不可告人目的的人，还有那些可能故意放置虚假线索的‘其他人’。在这一切矛盾、不一致和谎言的混乱之中，隐藏着真相。”[1]

3.1 有关析出的文献综述

因纽特人对冰和雪有很多种表达[2]，但却没有表达“析出”的词汇。令非洲人感到惊讶的是，命名像雪这样简单的现象可以如此困难。另一方面，令化学家感到吃惊的是，“析出”的领域十分广大，却仅用一个词来描述。

析出现象在 PVC 加工过程中是非常常见的问题[3-10]，但是很少有文献来阐述这种现象。目前仍缺少对析出产生的原因、影响因子及机理的解释。波斯（Bos）等将析出定义为：“生产线长时间运行后，难以控制地在冷或热金属表面产生的，通常具有相当破坏性的沉积物或涂层。”[4] 在 20 世纪 70 年代末到 80 年代初期，析出问题引起了广泛关注[3,5-6]。

Parey 讨论了混合条件和 PVC 表面性能的影响[3,5]，然而其他人没有考虑这些影响因素。Parey 还认为含液态稳定剂的 PVC 配方比固态稳定剂产生析出的趋势更小。波斯等首次提出模具中析出和定型模中析出的区别[4]。

Lippoldt 提出了最可能被普遍接受的析出现象形成的机理[6]，见图 3.1。这个理论是由锡稳定系统发展而来，且以有机组分在熔融 PVC 中溶解度有限这一事实为基础。并假定这些低溶解度组分，如石蜡，作为异相从熔体中分离出来。这些分离相和不稳定的锡稳定剂连接，然后将无机粒子带到金属/聚合物的熔融表面。在受压区和非受压区，这些无机组分发生沉积，并成为更多沉积的引发物，然而作为金属和聚合物熔体之间的隔离剂，有机相继续沿着挤出方向移动。

Holtzen 和 Musiano 研究了聚合物熔体流变性在不同模具装置中的影响，以此来判断析出形成的精确区域[7]。

Leskovyansky 讨论了析出现象的产生与氧化金属表面可能存在的联系[8]。Bussman 和 Kerr 的研究方向与其相似，只不过研究的是钙锌稳定的 PVC[9]。他们将析出现象归因于钢制挤出机机筒的氧化和相关粗糙表面中过量润滑剂的迁移。

Pfister 和 Schlumpf 通过辊磨试验发现天然碳酸钙可以阻碍析出的形成[12]。Kronos 在 1993 年发文称，没有迹象表明二氧化钛颜料会对析出的形成有直接影响[13]。然而，在 PVC 配方中，所有组分（聚合物基体、颜料、填料、稳定剂、润

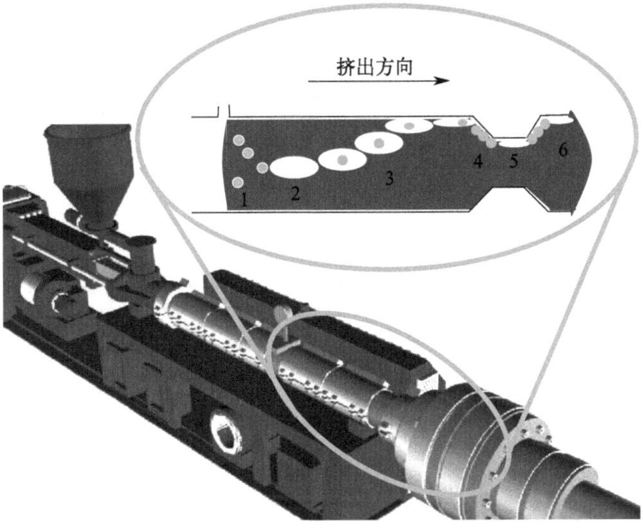

图 3.1　模具中析出的形成（挤出机图来自文献［11］）

1—无机粒子，如填料、（白）颜料、无机稳定助剂；2—非极性相，如不溶性蜡或聚乙烯蜡；3—非极性相对无机粒子的包覆及其在聚合物熔体与热金属表面间的迁移；4—在模具受压区的无机粒子沉积；5—在模具非受压区的无机粒子沉积；6—非极性相的再迁移

滑剂、脱模剂及增塑剂）的整体相容性十分重要。例如，仅仅稳定剂的改变可能会导致要重调配方，以免产生析出。

在很多情况下，可以通过添加某些润滑剂（例如，12-羟基硬脂酸）或者约2%（含量和整体配方相关）的天然或沉淀碳酸钙来改善析出现象。少量二氧化硅微粉或丙烯酸酯类加工助剂的加入也有利于减少析出。

另一个经常被忽视的说法是：析出的形成和混配物（或干混料）的生产、存储及老化有关。对于会产生析出现象的混配物，如果提前进行处理（老化），其加工性能可以得到改善。原因可能是随着时间的延长，PVC 混配物的颗粒结构发生改变。

一般的加工条件（机筒温度、熔体温度、熔体输出量及模具压缩比、模具的几何尺寸、模具材料和表面特性）也很重要。例如，亚琛工业大学塑料加工研究所（IKV）的研究结果如图 3.2 和图 3.3 所示。它们研究了温度和螺杆转速对析出的影响，当螺杆转速一定时，随着温度提高析出相增加；当温度一定时，螺杆转速提高析出相降低。图 3.4 表明，当二氧化钛颜料的含量从 3%，到 4.5%直至 6%时，压力和扭矩增加，然而产生析出的趋势显著降低。

几乎所有的研究都一致表明：析出相主要由无机组分组成，如二氧化钛、碳酸钙或基础（铅）稳定剂组分。有机组分，如硬脂酸钙、润滑剂、增塑剂和 PVC 本身，并不具代表性。对于模具中的析出现象，我们都可以假定它的化学组分不能反

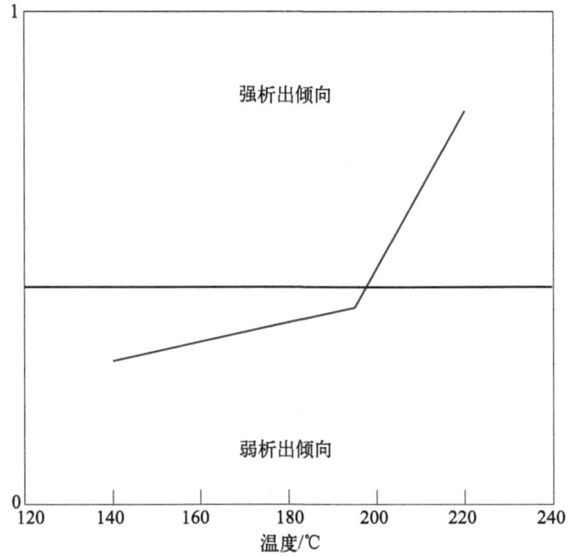

图 3.2　温度对析出的影响[13]

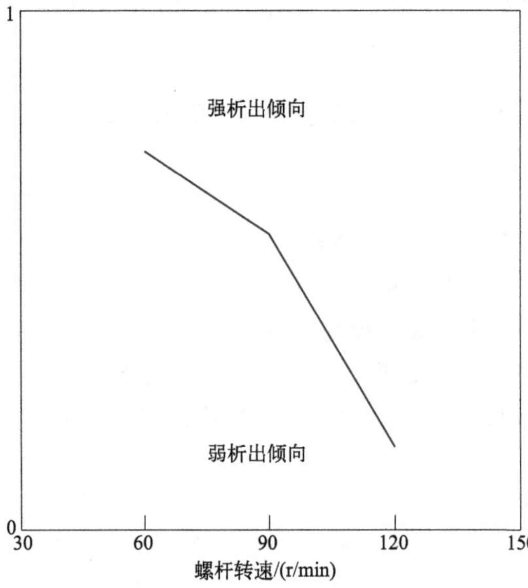

图 3.3　螺杆转速对析出的影响[13]

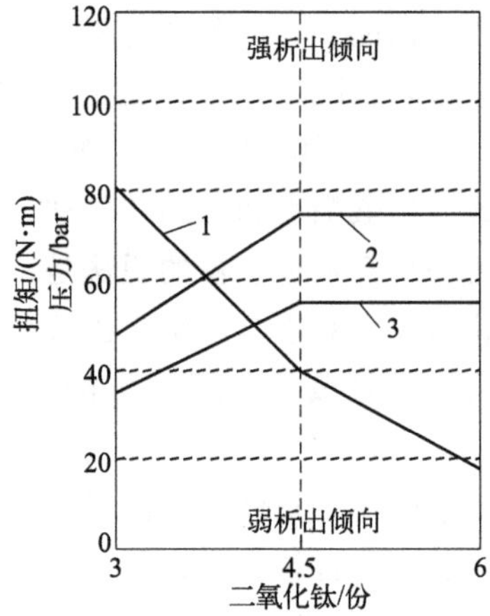

图 3.4　二氧化钛含量对析出的影响[13]

1—析出；2—压力；3—扭矩

1bar＝10^5Pa

映出整体的干混料配方。

一些研究指出，二氧化钛和碳酸钙的添加能够降低析出，这完全归因于这些材料优良的耐磨性能[4,9-10,12-13]。

目前对于析出形成的原因、影响因素及机制还不是完全清楚。接下来的部分介绍了析出的实验室研究方法，并检验了这种方法的可靠性。此外，实验结果还表明了不同的影响因素如何影响析出，并讨论了析出的分析结果。PVC 生产商将会在如何降低析出方面得到一些提示。

3.2 排气装置中的析出

管道生产商经常会遇到的问题是，在管子的某部分有微粒存在（图 3.5）。这些微粒不仅存在于内外表面区域而且遍布管子的横截面。很奇怪的是，问题不是发生在整个生产阶段，而是几乎有规律间隔发生。生产商生产了大约 30m 的废料之后，微粒自动消失，然后又迅速出现。对这些微粒做红外（FTIR）测试后发现，它们主要由季戊四醇组成（图 3.6）。微粒的形成主要是源于季戊四醇的升华（图 3.7）。图 3.8 为升华物的红外光谱。升华物更易在有相当高熔体温度和真空的地方形成，然后填料再次在较冷区域冷凝。经过周期性间隔，由于机械振动或重力影响，升华物又掉入挤出机和熔体混合。这个问题可以通过改变稳定剂“一包化”组分得到解决[14]。

图 3.5 微粒的扫描电子显微镜（SEM）图

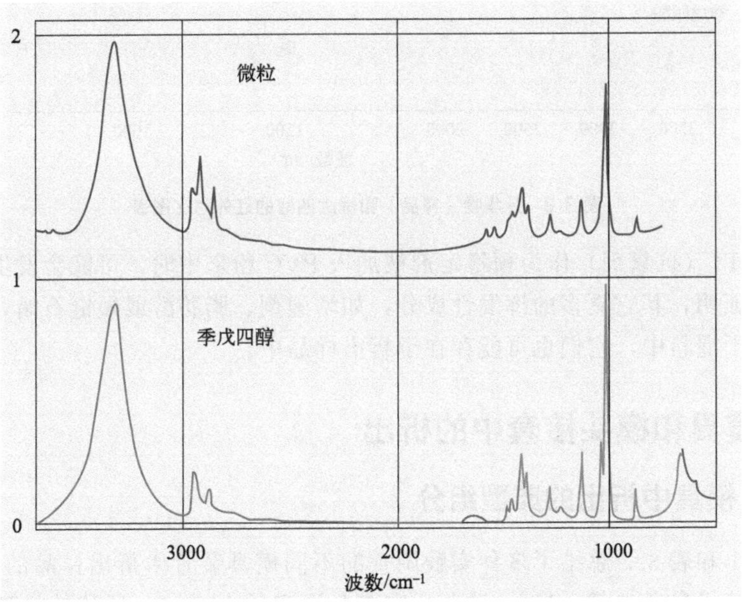

图 3.6 微粒和季戊四醇的显微红外对比图谱

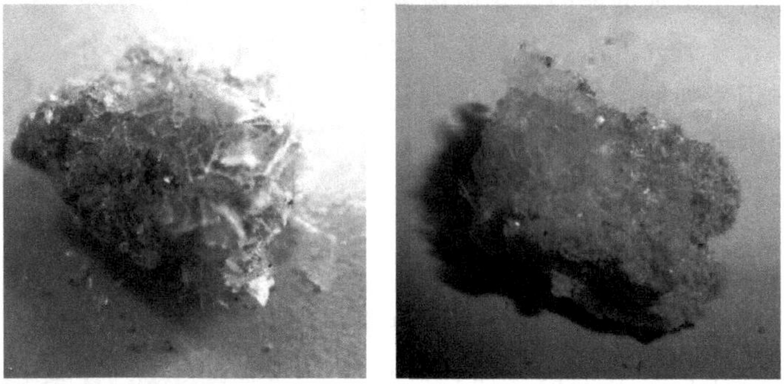

图 3.7 升华物的照片

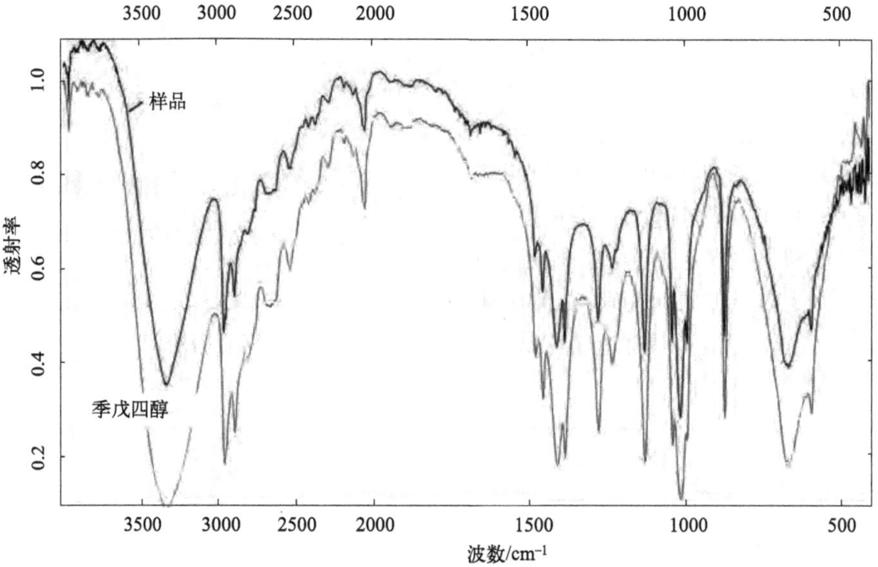

图 3.8 升华物（样品）和季戊四醇的红外对比图谱

当 BHT（抗氧剂）作为预稳定剂被加入 PVC 粉末中时，可能会发生相同的情况。实践证明，其它更多的挥发性成分，如增塑剂、脂肪醇或短链石蜡，经常被生产商加入干混料中，它们也可能存在于析出样品中。

3.3 模具和模头接套中的析出

3.3.1 模具中析出的典型组分

表 3.1 和表 3.2 总结了多种实践调查的不同模具装置中析出样品的化学成分。更多研究结果参考文献［15］。这些研究充分证实了 Lippoldt 所述的机理[6]：析出样品主要由无机成分组成（大约 65%到 98%），有机成分例如润滑剂、脂肪酸及丙

烯酸酯所占比重很小。有趣的是，析出样品中不仅含有干混料配方的组分，而且含有 PVC 稳定反应的产物。例如，高达 15%的氯化物、铅稳定剂中的钙和铅及钙锌复合稳定剂中的钙和锌。同样有趣的是，从模具中得到的析出样品成分和从定型模中分离的差别很大（见 3.4 节）。通过对模具中的析出样品进行分析可知，样品中只含有聚合物熔体的迁移成分，这不符合一般性结论。一方面，这授予了 Lippoldt 机理[6] 的某些普遍有效性；另一方面，这意味着为了更好地理解析出现象及辨别影响配方的主要因素，每个加工者必须进行析出试验。

表 3.1　型材挤出模具中析出样品的化学成分

（半定量百分比）

成分	型材	型材	型材	型材	型材	型材	型材	型材	型材
钛	12	15	22	11	5	10	7	10	16
铅	21	23	31	34	36	31	0	0	0
钙	15	11	5	8	13	12	17	19	12
锌	0	0	0	0	0	0	4	1	2
有机物	17	20	14	22	16	16	29	22	35
氯化物	pos.①	pos.	8	pos.	0.3	0.4	pos.	pos.	pos.

① pos. 指确定的，但量特别低。

表 3.2　板材和管材挤出模具中析出样品的化学成分

（半定量百分比）

成分	管子	管子	管子	管子	板材
钛	30	0	4	25	17
铅	9	27	64	0	0
钙	7	18	4	10	17
锌	0	0	0	2	2
有机物	22	24	2	35	23
氯化物	pos.①	2	15	pos.	pos.

① pos. 指确定的，但量特别低。

3.3.2　实验室试验

3.3.2.1　引言

当对模具中的析出进行仿真分析时，大概会想起“这是真实人生？还是虚幻的世界…”[16] 这句话。我们已经用平行双螺杆挤出机（直径 25mm，Krauss-Maffei 及 Göttfert）进行了大量的析出试验（约 500 次）。这些试验需要一种构造特殊的工具（如图 3.9）。每个加工区至少需要三个人对析出进行评定。“0”值表示没有析出，“5”值表示析出较多（见图 3.9 中样品）。这是在计算每个区的平均值和平均值的总和之后进行的。通过对比试验（相关细节不在此展示），我们可以确定：对于同样的干混料，挤出机和装置中的析出是具有可比性的。有关此研究的一些相关成果已经发表[15,17-19]。

图 3.9　析出图例从左至右分别是：干净上部；干净底部；试验后上部；试验后底部[15]

通过在恒定条件下进行 19 次（甚至更多）干混料制备然后挤出试验，对方法的准确性和可靠性进行了初步测试（图 3.10）。模具析出值的平均值为 8.03，标准偏差为 0.6。结果的一阶导数为一条典型的钟形高斯分布曲线（图 3.10）。

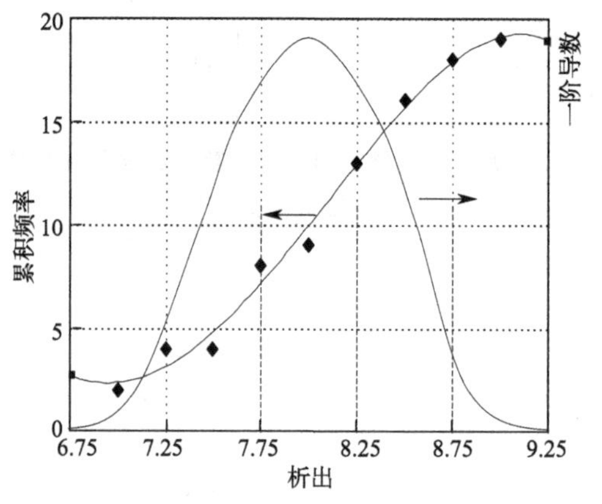

图 3.10　给定干混料单模块析出值总和与该函数的一阶导数（KMDL25 挤出机）[18]

另一组在恒定条件下，进行了 20 次干混料制备后挤出，得到模具析出值的平均值为 11.42，标准偏差为 0.8。这些实验证明：合理的工作量下，此方法和干混料测试很适合模拟装置的析出。

3.3.2.2　水分的影响

根据从硬质聚氯乙烯加工设备得到的信息，在北部的春季和秋季，析出发生的频率增加。这些都是高湿度的季节。因此假设，湿度促进了析出的形成。为了证明这种联系，在制备干混料时，向冷却混合器中添加了大量的蒸馏水。由此产生的析出如图 3.11 所示，这些结果是显而易见的，在干混合料中，少量的（额外的）水分（0.05 份）就能够使析出明显增加。随着水分增加，曲线平缓至接近极限值。

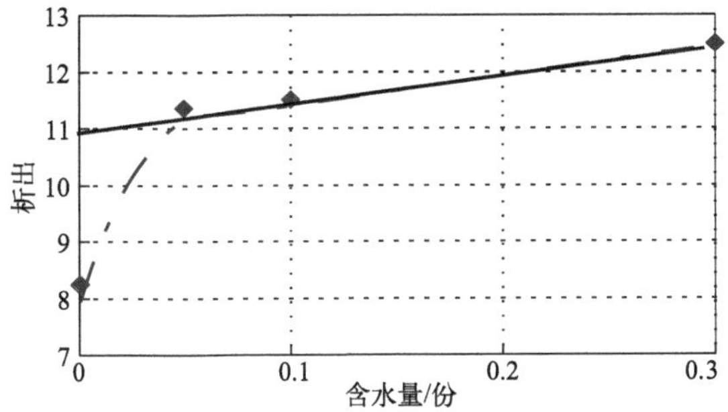

图 3.11 模具中析出形成与干混料含水量的关系（KMDL25 挤出机）[18]

干混料中水分产生的几个原因：

① 根据它们的规格，大多数原材料已含有一定量的水。这可能是由生产过程或添加剂的化学成分导致的。表 3.3 列出了一些典型原材料的最大含水量。请注意，相同的原材料，由于不同的等级或不同的供应商，其含水量可能略微不同。

② 原材料通过未干燥的输送气体（筒仓产生的冷凝水分）从外部筒仓运输进入混合室。

③ 混合在很低的温度下进行，因此水分残留在干混料中。

④ 混合过程虽然没有问题，但当达到最大的混合温度时，水分没有被提取。

⑤ 热混合过程也没有问题，但在冷混机冷凝（冷却水温度太低）时重新引入了水分。

⑥ 若混合器有泄漏，那水分也会从泄漏处进入干混料中。

⑦ 干混料通过未干燥的输送空气从混合室输送到挤出装置内。

⑧ 当干混料到达挤出机的排气装置时，凝胶化已经很严重，挥发性成分不能再被排出（最佳的凝胶化状态中，水分应在排气装置中被抽离）。

⑨ 有些原材料在高温下失去水分，例如 4Å 沸石和水滑石。图 3.12 明显表明，沸石在 170℃可能会失去多达 17%的水。但这其实更多的是理论兴趣而不是一个真正的问题。根据实践经验：管材和型材挤出过程中，当温度达到 170℃时，通常在排气装置抽提水分。而对于水滑石，与沸石情况不同，在 170℃只有 2%的水分被分离，它不会引起任何问题。在 200℃左右，又有 2%水分被分离，如果此时再有其他处水分被分离而导致水分增加，那就出现问题了。

表 3.3 根据厂家规格得到的添加剂最大水分含量

物质	最大含水量/%
PVC	0.30
碳酸钙 V	0.30

续表

物质	最大含水量/%
碳酸钙Ⅱ	0.35
碳酸钙Ⅶ	0.40
碳酸钙Ⅷ	0.50
着色颜料(α)	0.50
着色颜料(β)	1.00
着色颜料(γ)	2.00
硬脂酸钙	3.00
酯蜡	0.30

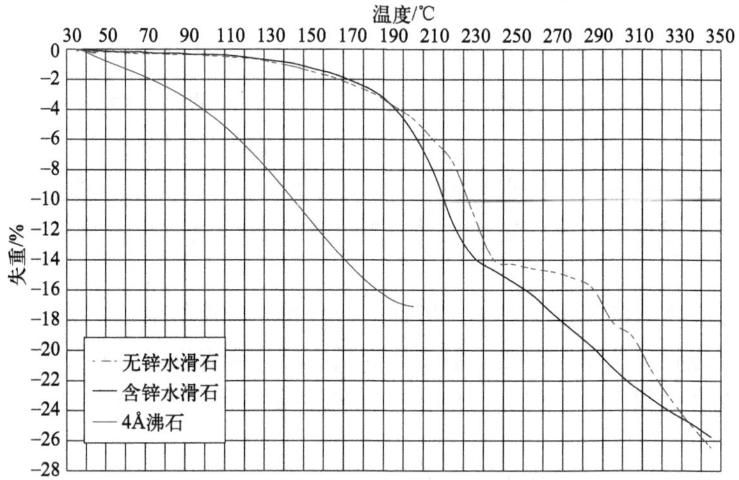

图 3.12　选定沸石和水滑石的失水（记为失重）与温度的关系

⑩ 由盐酸（HCl，来自 PVC）与碱性干混物成分中和形成的水量是不可避免的，并且相当难以估算[式(3.1)～式(3.5)]。含有高氯酸盐的系统（主要是无铅和无锌配方，表 3.6 和表 3.7）同样适用。

盐酸和碳酸钙反应形成水：

$$CaCO_3 + 2HCl \longrightarrow CaCl_2 + H_2O + CO_2 \tag{3.1}$$

盐酸和金属氧化物反应形成水［Me＝CaO 中的 Ca、MgO 中的 Mg、PbO 中的 Pb 等，例如二碱式硬脂酸铅（DBLS）或二碱式亚磷酸铅（DBLP）］：

$$MeO + 2HCl \longrightarrow MeCl_2 + H_2O \tag{3.2}$$

盐酸和金属氢氧化物反应形成水（Me＝熟石灰/钙氢氧化铝中的 Ca 或氢氧化镁中的 Mg）：

$$Me(OH)_2 + 2HCl \longrightarrow MeCl_2 + 2H_2O \tag{3.3}$$

盐酸和无锌水滑石反应形成水：

$$ZnMg_3Al_2(OH)_{12}CO_3 \cdot 3H_2O + 14HCl \longrightarrow ZnCl_2 + 3MgCl_2 + 2AlCl_3 + 16H_2O + CO_2 \tag{3.4}$$

盐酸和含锌水滑石反应形成水：

$$ClO_4^- + PVC \longrightarrow Cl^- + \text{其他产品} + 4H_2O \tag{3.5}$$

PVC 和高氯酸反应形成水：

$$ClO_4^- + PVC \longrightarrow Cl^- + \text{其他产品} + 4H_2O \tag{3.6}$$

多元醇和高氯酸反应形成水：

$$3ClO_4^- + C_6H_{12}O_6 \longrightarrow 3Cl^- + 6CO_2 + 6H_2O \tag{3.7}$$

这些实验的结论是为了让加工者确保以下事项：

① 输送空气保持干燥。

② 混合器中大部分的水分已经被排除（并没有添加）。

③ 排气装置的凝胶化状态适合任何残留水分的排除。

通过这些相对简单的措施，无故障挤出时间可以明显延长。通过添加适量的抗析出填料，还可以大幅度改善析出现象。

3.3.2.3 混合过程的影响

混合中的标准操作程序是将 PVC 和各种添加剂添加到加热搅拌器中，并在相对较短时间内混合且由摩擦所产生的混合温度高达 120℃。在现代混合装置中，挥发性成分从干混料中被提取。然后热干混料被倒入冷却混合器中，并被冷却至较低的温度。在所谓的双配料过程中，正常量的聚氯乙烯结合了两倍的添加剂并被热混合。然后将剩下的聚氯乙烯加入冷却混合器中（为了构成正常的混合物）。该过程形成了双倍混合能力而不需要任何投资，但可能产生其它新的问题，因为：

① 一部分 PVC 颗粒加入了添加剂，而冷却混合器中另一部分 PVC 颗粒表面没有添加剂。

② 冷却混合器中的 PVC 没有排气，可能含有高达 0.3%的水。即使 0.05 份水也可能会显著增加析出（见第 3.3.2.2 部分）。

③ 在挤出时，混合条件将影响挤出过程中的凝胶化水平，但在共混物中聚氯乙烯颗粒的混合历程是不同的[20]。

为了评估析出的影响，四种不同的干混料（压力管的配方）分别正常混合和分别双配料，之后研究了这些共混物的析出。正如预期的那样，相比标准的混合方式，通过双配料生产的所有共混物的析出更加明显（图 3.13）。这个结果可以通过额外的水分做出合理的解释：这是由于在冷却混合器中添加了（未排气的）PVC。有趣的是，同时也验证了我们的方法，这些结果与 PVC“真实加工过程”经验相符合。包含铅稳定共混物的模具析出经验似乎可以转换到 OBS 系统，这个结果并不令人惊讶。

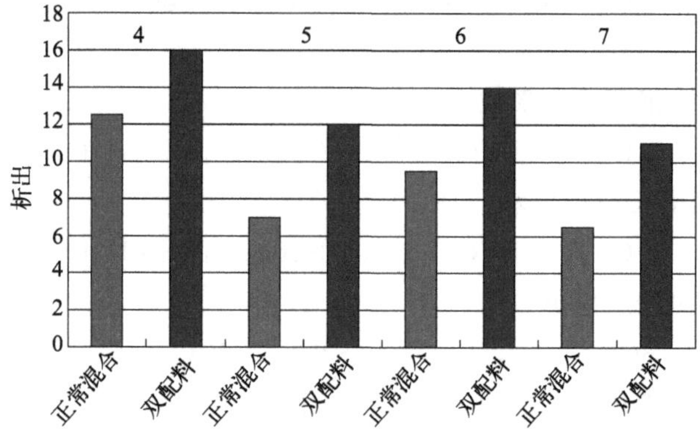

图 3.13　关于四种不同稳定剂配方中混合条件对析出的影响

（干混合 4～7）

① Lippoldt 机制的析出（见图 3.1）最初被假定为锡稳定系统。

② 之后这种机制被转移到铅稳定系统，这种机制可能具有普遍有效性。

③ 基于一般的加工经验，相对于钙-锌稳定系统，OBS 系统似乎与锡稳定系统更具有可比性。

因此，如果 OBS 系统结合合适的原材料和润滑剂，也可实现较低析出，这类似于铅稳定系统（见图 3.13，干混料 5 和干混料 7）。

除了双配料，其他相关混合方式也会导致析出：

① 如果在加热混合器中混合装置被错误连接，因为没有适当的涡流形式，混合时间可能增加。由于通风系统出现问题和过滤器堵塞，水分无法被适当抽提。如之前提到的，干混料中额外的水分可能导致析出增加。

② 如果冷却混合机中的冷却水过冷，水分将会在内部混合器壁上冷凝。水分将被引入干混料，从而增加析出。除此之外，冷凝将减少混合器壁上的热交换从而延长混合时间。并且，（潮湿）器壁上硬皮和涂层的形成可能导致加工过程中小颗粒的产生。

③ 除了混合器的排气，抽吸装置也是必要的，它可以从干混料中抽取溢出的水分。生产中的实例证明了这一事实。配备抽吸装置的混合设备可长期生产干混料且不会出现问题。若不配备抽吸装置，短期内会产生较多的析出。

3.3.2.4　模具质量的影响

很多 PVC 管材生产商发现，在使用相同的挤出生产线和干混料时，使用标准钢制作的模具要比镀铬模具有更多析出。这似乎是合理的，因为镀铬模具和普通钢模具不一样，其表面更平整，表层更密实，纳米级或微级孔隙少，所以初始无机析出层形成的可能性很小。据文献可知，非合金工具钢比镀铬或镀钒钢更容易形成析出[21]。

3.3.2.5 熔体温度、熔体压力及挤出扭矩、碳酸钙、二氧化钛和改性助剂的影响

根据PVC生产商的意见和文献可知，配方中的碳酸钙越多，析出越少[12]。通常认为这是由碳酸钙的耐磨损特性导致的。但问题是，碳酸钙是一种相当软的矿物，即使通过改性处理，其莫氏硬度也才达到3～4[22]（沙子的硬度为6～7）。根据Lippoldt所述的机理，碳酸钙含量越低析出越少，因为无机粒子太少，析出很难形成。那么碳酸钙的作用是根据实际经验还是Lippoldt的机理去理解呢？碳酸钙包覆层的影响是什么呢？粒径的影响是什么呢？

如果说某一填料可以作为磨料，那一定是二氧化钛。它的莫氏硬度为5.5～6.5，比碳酸钙要硬很多。一些研究也提出假设，高含量的二氧化钛将减少析出[13]。但也有一些矛盾的实践经验。这些是特例吗？这些和二氧化钛的生产商有关吗？

而且仍存在很多待解决的问题：

① 抗冲改性剂的影响是什么？对氯化聚乙烯（CPE）来讲，这个问题已经得到解决[23]。

② 丙烯酸酯的作用是什么？

③ 增大熔体压力是否会减少析出的生成？

④ 挤出扭矩的影响是什么？

⑤ 熔体温度有什么影响？

与Lippoldt不同，实验采用铅稳定剂来代替锡稳定剂（由于Lippoldt机理被普遍认为可以解释模具析出的形成，所以此操作不会产生其他影响）。另外，实验还研究了碳酸钙包覆层、颗粒粒径、二氧化钛、丙烯酸抗冲改性剂以及熔体温度、挤出压力和扭矩对析出形成的影响。

在试验中，添加量会在一定范围内波动，这是由统计实验设计（或实验设计）确定：

① 二氧化钛2.00～5.00份（A生产商）。

② 丙烯酸类抗冲改性剂5.00～8.00份（1生产商）。

③ 碳酸钙3.00～8.00份（Ⅰ类型）。

实验配方中含有二氧化钛、抗冲改性剂、碳酸钙，但是三者的添加量及比例都各不相同。挤出干混料，记录流变数据，并确定析出值（见表3.4）。

表3.4 析出测试的原始数据：添加量、挤出参数以及由ECHIP法（Göttfert挤出机）得到的析出测量值和计算值

测试编号	改性剂1/份	TiO_2(A)/份	碳酸钙Ⅰ/份	扭矩/(N·m)	压力/bar	析出	
						测量值	计算值
1	6.5	3.5	5.5	235	215	12.0	11.5

续表

测试编号	改性剂 1/份	TiO_2(A)/份	碳酸钙Ⅰ/份	扭矩/(N·m)	压力/bar	析出	
						测量值	计算值
2	5.0	2.0	3.0	179	200	9.5	9.1
3	5.0	5.0	3.0	200	208	15.0	15.1
4	5.0	2.0	8.0	234	200	6.0	5.6
5	5.0	5.0	8.0	256	225	11.0	11.9
6	8.0	2.0	3.0	198	190	8.0	9.4
7	8.0	5.0	3.0	214	205	16.0	15.1
8	8.0	2.0	8.0	255	197	6.5	6.1
9	8.0	5.0	8.0	274	214	12.0	12.1

3.3.2.5.1 原始数据的软件（ECHIP）分析

三个变化的原始数据以及扭矩和挤出压力都作为变量输入 ECHIP 中[24]。ECHIP 是一个能够设计并分析统计实验（或实验设计）的软件程序，而且析出值在 ECHIP 中被定义为结果值。在计算中，程序假设五个变量相互影响，而基本计算模型是线型。图 3.14(a) 表示，由 ECHIP 得到的析出计算值与测量值非常吻合，尤

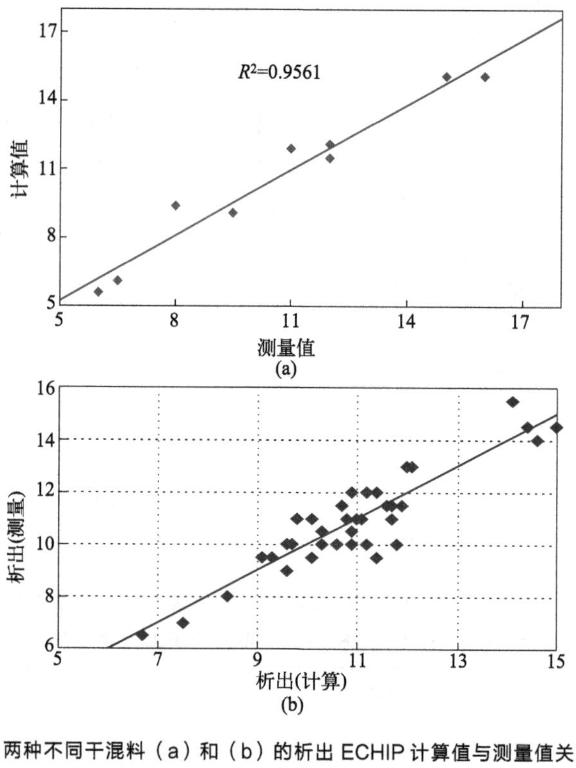

图 3.14 两种不同干混料（a）和（b）的析出 ECHIP 计算值与测量值关系曲线图

其当后者考虑到实验误差范围以后。根据 ECHIP 的计算算法，应该能够确定研究所用的碳酸钙、二氧化钛、改性助剂的任意组合在恒定压力和扭矩下产生的析出值，而且对于给定的干混料组分，还有可能进一步计算出挤出参数对析出的影响，然而这仅仅是一种可能，因为计算的组合可能在真实的实验框架之内或之外，而对于那些框架外且偏离很远的配方，其析出的计算值会呈现严重错误。

3.3.2.5.2　挤出参数的影响

文献中记载，大多数情况下，熔体温度越高，产生的析出越多[19]（图 3.15），而 Bos 等也得到了同样的结论[4]，而这种现象是由碳酸钙用量升高后，聚合物熔体黏度下降导致的。根据 Lippoldt 机理，无机组分在这种情况下更容易迁移，见图 3.15。

然而，在某些情况下，熔体温度的升高也会导致析出减少（图 3.15，PE4），可能是因为大多数化学物质在高温下溶解性更好，因此，Lippoldt 机理所需的硬脂酸钙的次级润滑阶段无法形成，从而析出减少。Parey 认为还有另外一种可能，他发现在低熔体温度处和高熔体温度处产生的析出一样多，而在这两处之间，析出明显减少。在这些过渡区内的析出也受许多不同因素的影响，如挤出类型、模具、干混料、稳定剂组分或混合条件。

表 3.4 中数据的计算考虑到了扭矩和压力变量，并保持干混料组分恒定（图 3.16）。

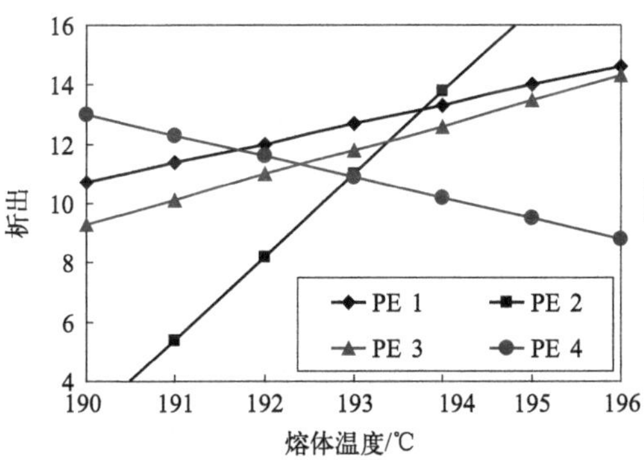

图 3.15　析出与熔体温度的关系

［配方：100 份 PVC（$K=67$）、0.35 份 PE 蜡、0.35 份硬脂酸钙、0.35 份中性硬脂酸铅；KMDL25 挤出机，也可见 3.4.2 小节］

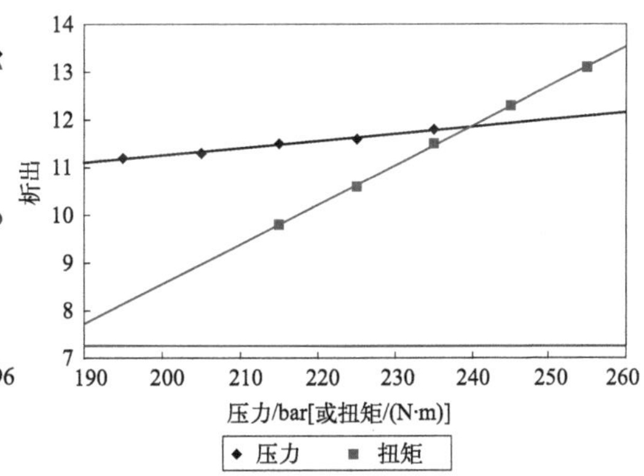

图 3.16　析出与扭矩（恒压 215bar）和压力（恒定扭矩 235N·m）的关系

［配方：100 份 PVC（$K=67$）、5.40 份"一包化"铅稳定剂、5.50 份碳酸钙Ⅰ、3.50 份钛白粉（A）、6.50 份改性剂 1；Göttfert 挤出机］

结果表明，扭矩对析出具有明显可检测的影响：扭矩越大，可观察到的析出越多。

相比之下，似乎压力对析出的影响很小。然而，硬质 PVC 的生产商经常会有不同的经验：压力越大，产生的析出越少。对此有以下几种解释：

① 在实际生产中，至少会出现一种情况，即静态混合器中的析出随着压力的增大而增加。另外，生产商在大于 400bar 的特高压下进行挤出，所以产生的析出使压力增大，而压力的增大又进一步促使析出产生。

② 在实验中，根据干混料组分以及使用设备，将工作压力设定在 190～230bar 之间。也许存在一个压力范围，在这个压力范围内，产生的析出与压力无关。也可能在更高的挤出压力（实践中常用的是 400bar）下，产生的析出会减少，因为磨料配方组分开始产生作用。

③ 另一种解释是，挤出车间的操作工忘记了他通过以下方式增大了压力：调整了挤出机的控制元件，或者改变了干混料组分。总之以上任意操作都可以解释析出减少的现象。

④ 从柯南道尔的名言也可以得到启示："当你排除了所有的不可能，剩下的即使再不可能，那也是真相。"[25]

3.3.2.5.3 碳酸钙的影响

分别比较表 3.4 中测试（2 和 4，3 和 5，6 和 8，7 和 9）的原始数据，可以看出：当干混料中其他组分相同时，碳酸钙组分越多，析出越少。尽管生产商倾向于认为这是经过抛光研磨后的碳酸钙的作用，但是这个现象仍难以解释。另外，在这些首次观察中，并没有考虑到流变学的影响。对此，ECHIP 又重新做出了计算并验证，如图 3.17 所示。

用于管材稳定的"一包化"OBS 稳定系统也验证了这些实验结果（图 3.18），而且此"一包化"稳定系统曾经在窗框型材干混料中也做过测试。根据对挤出设备和干混料组分的了解可知，铅稳定剂能够顺利转移到"一包化"OBS 中。

除了以上实验，还尝试分析了碳酸钙包覆层和颗粒粒径的影响（表 3.5）。然而，由于不存在两种碳酸钙，它们同时具有相同的来源、粒径、吸油值等，但只在表面包覆方面不同，且能够从声誉好的供货商那里获得，因此导致以上的分析失败。不过，仍测试了四种碳酸钙，它们常用于窗框型材，而且最接近需求，然而又产生了第二个问题：实验的析出种类都在测量的误差范围之内（见图 3.18，碳酸钙Ⅱ和Ⅲ）。

表 3.5 实验所用碳酸钙的性质

碳酸钙种类	包覆层	粗端粒径/μm	平均颗粒粒径/μm	小于 2μm 的数量/%	吸油值
碳酸钙Ⅰ	无	4	1.00	90	20
碳酸钙Ⅳ	硬脂酸盐	5	1.40	70	16
碳酸钙Ⅴ	硬脂酸盐	4	1.00	90	18
碳酸钙Ⅱ	硬脂酸盐	5	0.85	84	17

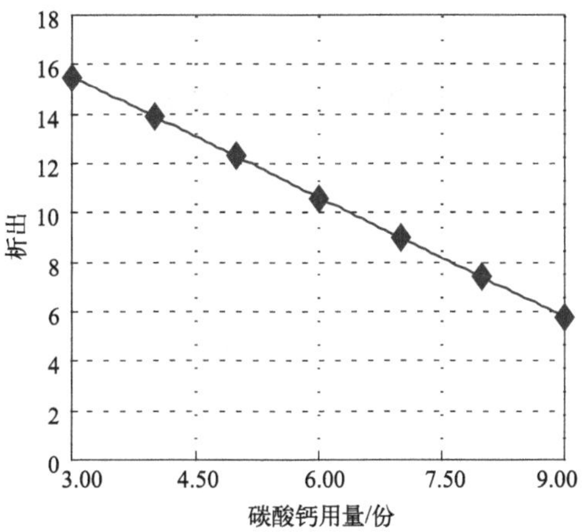

图 3.17 析出与碳酸钙用量的关系

［铅稳定剂；配方：100 份 PVC（$K=67$）、5.40 份“一包化”铅稳定剂、3.50 份钛白粉（A）、6.50 份改性剂 1；挤出扭矩 235N·m、压力 215bar；Göttfert 挤出机］

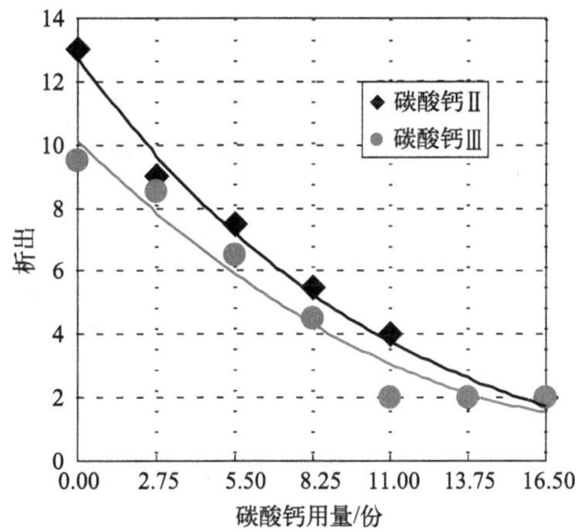

图 3.18 析出与碳酸钙Ⅱ和碳酸钙Ⅲ用量的关系

［OBS 稳定剂；配方：100 份 PVC（$K=67$）、2.80 份“一包化”OBS 稳定剂、3.50 份钛白粉（A）、6.50 份改性剂 1；Göttfert 挤出机；原始数据］

图 3.19 表明，与期望和实际经验矛盾的是：加入 0.2 份硬脂酸钙后，产生析出的趋势变小了[19]，而任何对此数据的其他解释都具有创新性。碳酸钙Ⅰ和碳酸钙Ⅳ，理论上只有涂层不同，实际上它们的颗粒参数也不同。碳酸钙Ⅰ相对于碳酸钙Ⅳ，其析出量的轻微减少，是因为后者的涂层，还是因为粗大的颗粒结构？碳酸钙Ⅰ和碳酸钙Ⅴ看起来很相似，它们只有涂层不同，但是对析出没有什么影响，因为这种差别相对于实验误差范围可以忽略。碳酸钙Ⅵ出自大理石采石场，它在 PVC 加工中没有什么作用，但是它有别于颗粒粒径的标准等级，且没有涂层。经测试，平均颗粒直径为 2μm、5μm、10μm、15μm 和 40μm。当碳酸钙Ⅰ的添加量为 5.5 份时，产生的析出值为 11，而 2μm 的碳酸钙Ⅵ在同样浓度下的析出值只有 3，另外，在相同条件下，5μm 的碳酸钙Ⅵ没有产生析出。若平均颗粒粒径为 15μm 或者更高，会发现挤出方向上有刮痕，模具会受损。另外，挤出物表面还会出现灰色条纹，但这种条纹中没有铁屑。因此可以得出结论：碳酸钙越粗糙，产生的析出量越少。但是：

① 光泽度下降。这种现象与碳酸钙的颗粒粒径有关。研究发现，光泽度会随着无机组分颗粒粒径的增大而下降[26]。

② 螺杆、机筒与模具的磨损和刮擦增多。

③ 如果将粗大的和细小的碳酸钙共混，且粗大碳酸钙含量较少，产生的析出和只有细小碳酸钙产生的析出一样。所以由于粗糙材料造成的析出减少，明显不是

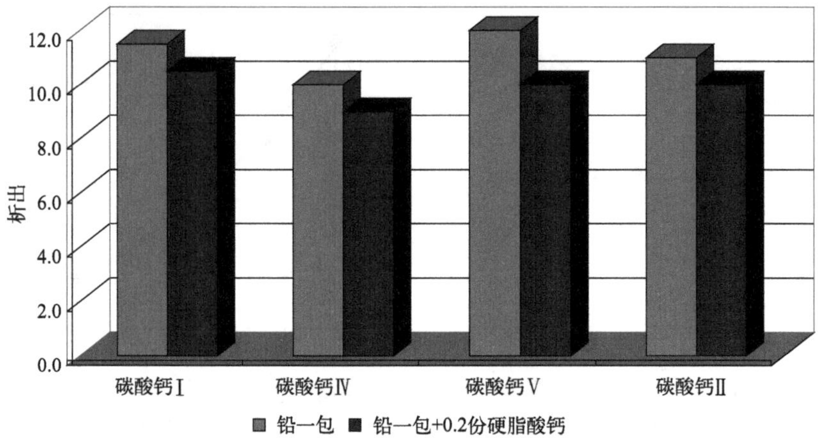

图 3.19　给定配方中析出与碳酸钙类型和硬脂酸钙的关系

[配方：100 份 PVC（$K=67$）、5.40 份铅稳定剂、3.50 份钛白粉（A）、6.50 份改性剂 1、5.50 份碳酸钙；Göttfert 挤出机；原始数据]

因为粗糙度，而是因为粗大颗粒难以迁移。

3.3.2.5.4　二氧化钛的影响

分别比较表 3.4（2 和 3，4 和 5，6 和 7，8 和 9）中的原始数据，当干混料中其他组分相同时，二氧化钛用量越高，产生的析出越多，但这与文献中所描述的是相反的[13]。若是碳酸钙，则在第一步中可以忽略流变学的影响。ECHIP 计算了整个实验数据并绘制了相应的图（图 3.20），这也证实了产生的析出随着二氧化钛用量的增多而增多，这可能是二氧化钛的普遍特性，或者是特定批次的特性，又或者是特殊生产设备造成的性能。为了评估这些因素，研究了三个可比性，比较了二氧化钛的户外环境等级，这些二氧化钛出自三个不同产地，且有两个浓度（图 3.21）。

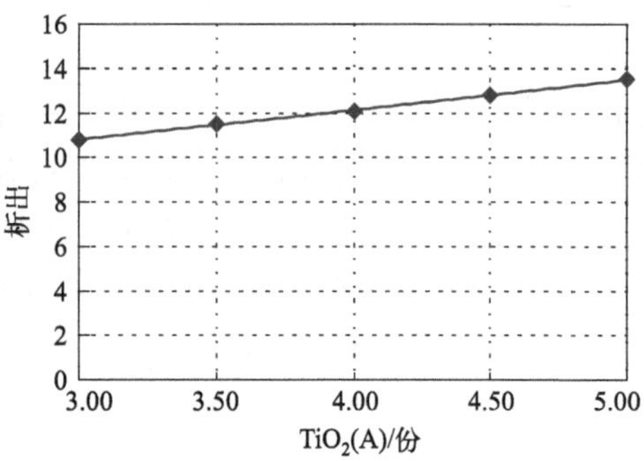

图 3.20　析出量与二氧化钛（A）用量的关系

[铅稳定剂；配方：100 份 PVC（$K=67$）、5.40 份铅稳定剂“一包化”、5.50 份碳酸钙Ⅰ、6.50 份改性剂 1；挤出扭矩 235N·m、压力 215bar；Göttfert 挤出机]

从以上实验可以得出：二氧化钛的等级实际上对析出没有影响，无论添加量为 3.5 份还是 7.0 份。

然而，产生的析出的确随着二氧化钛用量的增加而增大，这种现象很常见。而对产生这种现象的原因推测如下：

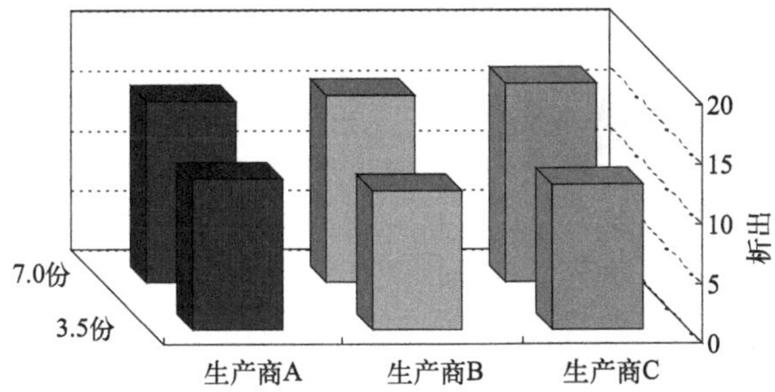

图 3.21 析出量与二氧化钛用量和产地的关系

[铅稳定剂；配方：100 份 PVC（$K=67$）、5.40 份铅稳定剂"一包化"、5.50 份碳酸钙Ⅰ、6.50 份改性剂 1；挤出扭矩 235N·m，压力 215bar；Göttfert 挤出机]

① 是否是由于二氧化钛表面包覆 SiO_2、Al_2O_3 和聚二甲基硅氧烷（PDMS），钛白粉的极性增大，导致其与相对极性较低的 PVC 不相容？

② 包覆层是否形成封闭的表面？

③ 与碳酸钙和其他无机组分相比，二氧化钛会因其粒径而在聚合物熔体中更易迁移吗？对碳酸钙（图 3.22）和二氧化钛（图 3.23）的 SEM（扫描电子显微镜）图片和粒径分布的比较，使我们更倾向于认为这种差异是导致析出的原因。但是，"这仅仅是推论！"[27]。

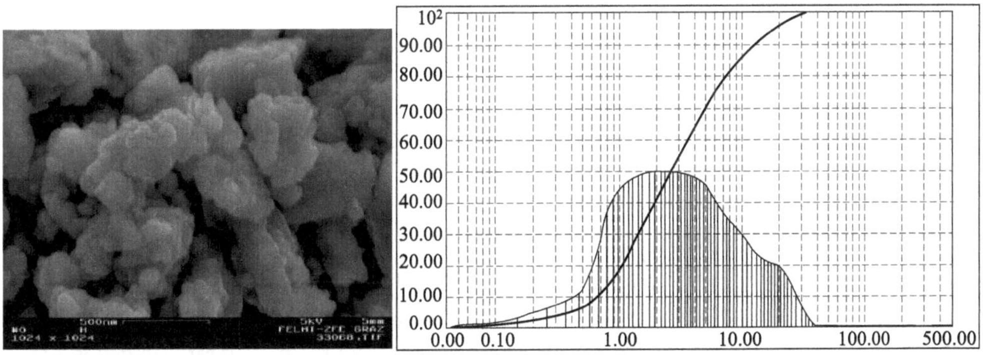

(a) (b)

图 3.22 碳酸钙Ⅱ的 SEM 照片（a）和其粒径分布（b）[28]

3.3.2.5.5 抗冲改性剂的影响

再次分别比较表 3.4（2 和 6，3 和 7，4 和 8，5 和 9）中的原始数据，发现丙烯酸酯抗冲改性剂对析出没有影响。如果 ECHIP 在计算中（图 3.24）忽略了流变学的影响，那么此发现证实了：改性剂 1 不会对析出的生成产生负面影响；相反，它会起到积极的作用。

在研究了碳酸钙、二氧化钛和改性剂 1 对析出的影响后，接下来要探究来自不

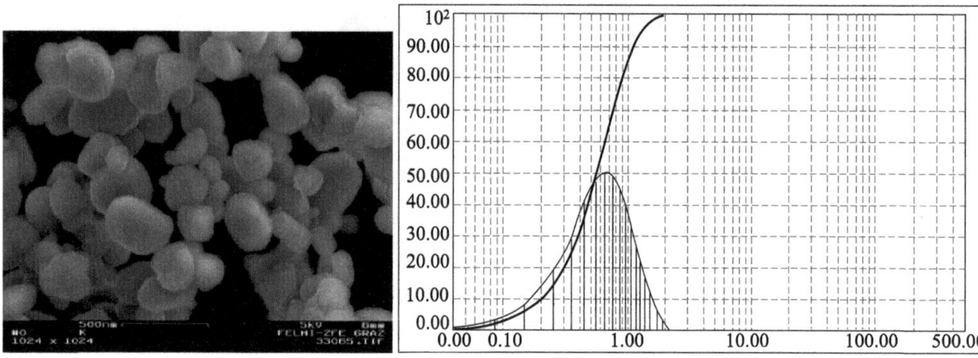

(a) (b)

图 3.23　二氧化钛 A 的 SEM 照片（a）和其粒径分布（b）[28]

同产地的改性剂的影响。改性剂 1～8 都是丙烯酸酯类抗冲改性剂；改性剂 9～10 是欧洲的氯化聚乙烯（CPE）。表 3.6 和图 3.25 总结了实验结果，且第一组测试表明的趋势也已经得到证实：

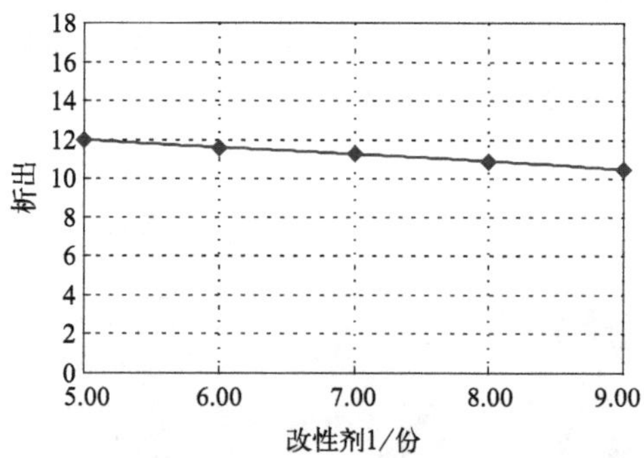

图 3.24　析出与丙烯酸酯抗冲改性剂 1 用量的关系
［配方：100 份 PVC（$K=67$）、5.40 份“一包化”铅稳定剂、5.50 份碳酸钙Ⅰ、3.50 份二氧化钛 A；挤出扭矩 235N·m、压力 215bar；Göttfert 挤出机］

① 抗冲改性剂的添加量越大，可观测到的析出越少。但也存在特例，即加入改性剂 6 时，析出明显增多。

② 若使用改性剂 4 时不加流动改性剂，那产生的析出明显比加入流动改性剂之后要多。

③ 当添加量为 5 份时，产生的析出按以下顺序依次增加：改性剂 4＝改性剂 9＜改性剂 3≤改性剂 7≤改性剂 10＜改性剂 2＜改性剂 1≤改性剂 6＜改性剂 4*（不加流动改性剂）＜改性剂 5＜改性剂 8

④ 当添加量为 8 份时，产生的析出按以下顺序依次增加：改性剂 9＜改性剂 4≤改性剂 3≤改性剂 1＜改性剂 10≤改性剂 2＜改性剂 7＜改性剂 5＜改性剂 4*（不加流动改性剂）＜改性剂 6＜改性剂 8

⑤ 根据对析出行为的测试，最值得推荐的抗冲改性剂为：改性剂 4（带有流动改性剂）、改性剂 3、改性剂 10、改性剂 2 和改性剂 1。

⑥ 改性剂 4*（不加流动改性剂）、改性剂 5 和改性剂 6 的可推荐性有限。

⑦ 不推荐改性剂 8。

⑧ 在测试配方中，含有氯化聚乙烯改性剂的配方析出性与含有优良的丙烯

酸酯改性剂的配方析出性相当，但比含有劣质丙烯酸酯改性剂的配方的析出性好。

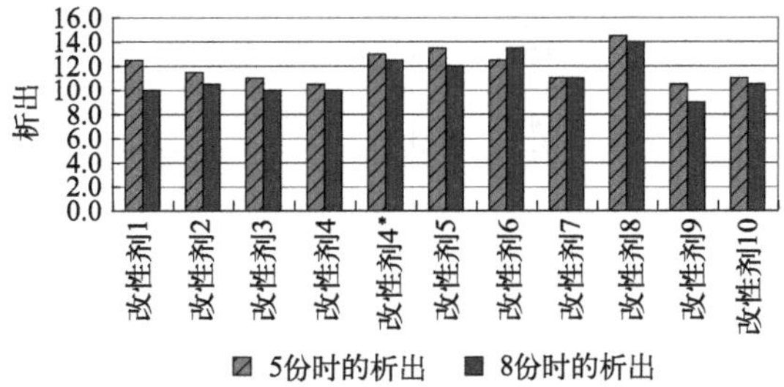

图 3.25 抗冲改性剂（出自不同产地）及其用量对析出的影响

［配方：100 份 PVC（$K=67$）、3.50 份二氧化钛 A、5.50 份碳酸钙 Ⅰ、5.40 份“一包化”铅稳定剂；改性剂 4* 中不加流动改性剂］

表 3.6 不同抗冲改性剂的用量、流变学数据和析出值

［配方：100 份 PVC（$K=67$）、3.50 份二氧化钛 A、5.50 份碳酸钙Ⅰ、5.40 份“一包化”铅稳定剂］

抗冲改性剂	用量/份	析出	扭矩/(N·m)	压力/bar	熔融温度/℃
改性剂 1	6.5	11.0	260	205	197
改性剂 1	5.0	12.5	230	202	197
改性剂 2	5.0	11.5	240	200	198
改性剂 3	5.0	11.0	237	190	197
改性剂 4	5.0	10.5	231	190	197
改性剂 4*①	5.0	13.0	244	210	197
改性剂 5	5.0	13.5	125	195	198
改性剂 6	5.0	12.5	224	200	197
改性剂 7	5.0	11.0	222	205	197
改性剂 8	5.0	14.5	210	190	198
改性剂 9	5.0	10.5	222	197	197
改性剂 10	5.0	11.0	205	180	197
改性剂 1	8.0	10.0	266	210	198
改性剂 2	8.0	10.5	272	200	197
改性剂 3	8.0	10.0	270	197	198
改性剂 4	8.0	10.0	263	195	198
改性剂 4*①	8.0	12.5	260	215	197
改性剂 5	8.0	12.0	155	220	198

续表

抗冲改性剂	用量/份	析出	扭矩/(N·m)	压力/bar	熔融温度/℃
改性剂 6	8.0	13.5	240	210	197
改性剂 7	8.0	11.0	246	215	197
改性剂 8	8.0	14.0	235	200	198
改性剂 9	8.0	9.0	227	205	198
改性剂 10	8.0	10.5	203	185	197

① 不加流动改性剂。

3.3.2.5.6 氯化聚乙烯（CPE）改性剂的影响

从 CPE 抗冲改性剂 9 和 10 的实验结果来看，可以对其中一种改性剂进行类似的研究，比如统计实验设计（DoE）。然而，以下添加剂在一定范围内是可以变化的：

二氧化钛(A 产地)	2.00～5.00 份
碳酸钙(种类Ⅰ)	3.00～8.00 份
CPE 抗冲改性剂 9	5.00～8.00 份

在实验中，二氧化钛、抗冲改性剂、碳酸钙三者之间的比例是变化的。挤出干混料样品，记录流变数据，并确定析出值(表 3.7)。

表 3.7 CPE 抗冲改性剂 9 的析出、添加量、挤出参数以及 ECHIP-析出计算值的原始数据[24] (Göttfert 挤出机)

测试编号	改性剂 1	钛白粉 A	碳酸钙Ⅰ	CPE 改性剂 9	扭矩 /(N·m)	压力 /bar	析出	
							决定值	计算值
标准	6.5	3.5	5.5	0.0	267	235	11.3	—
1	0.0	2.0	3.0	5.0	130	135	9.0	8.6
2	0.0	5.0	3.0	5.0	160	165	13.0	12.9
3	0.0	2.0	8.0	5.0	192	177	5.0	5.5
4	0.0	5.0	8.0	5.0	218	187	11.5	12.3
5	0.0	2.0	3.0	8.0	137	155	7.0	7.4
6	0.0	5.0	3.0	8.0	167	165	14.5	14.5
7	0.0	2.0	8.0	8.0	200	190	6.0	5.4
8	0.0	5.0	8.0	8.0	228	200	13.0	12.3
9	0.0	3.5	5.5	5.0	222	197	10.5	9.7
10	0.0	3.5	5.5	8.0	227	205	9.0	9.9

ECHIP 有“预测”功能，它能够根据给定的变量计算出结果，得出以下结论(图 3.26)：

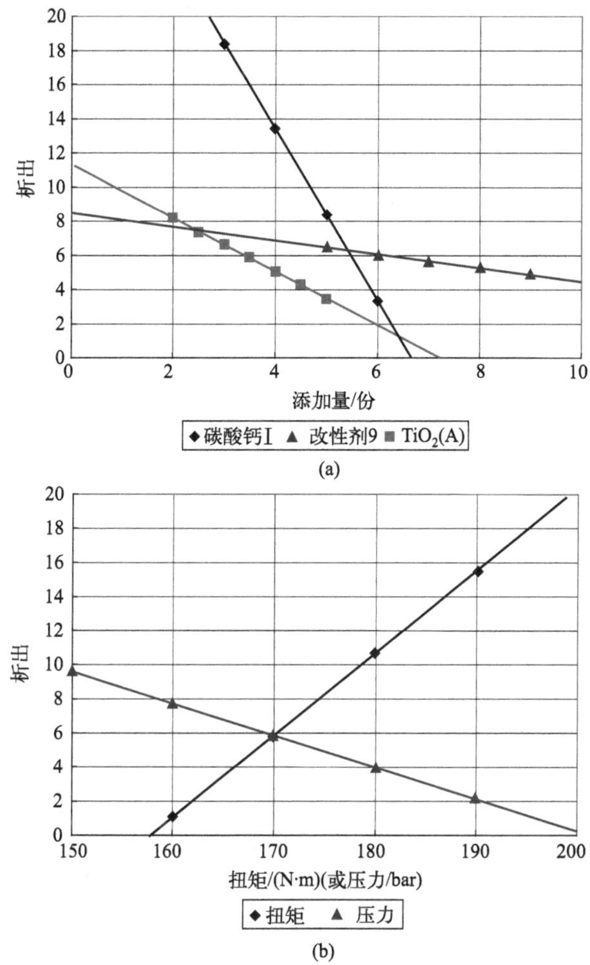

图 3.26 恒定扭矩 170N·m和恒压 170bar 下，改性剂 9、碳酸钙、二氧化钛三者对析出的影响（a）；恒定组分（6.5 份改性剂、3.5 份二氧化钛、5.5 份碳酸钙）下，扭矩和压力对析出的影响（b）

① 二氧化钛添加量越大，产生的析出越多，这正与之前丙烯酸酯改性剂的结论相符。

② 碳酸钙添加量越大，产生的析出越少。

③ 改性剂 9 仅在实验误差范围内对析出有影响，换言之为没有影响。

④ 析出随扭矩的增大而增多，在丙烯酸酯改性剂的实验中也发现这种现象，但是其影响效果不大。

⑤ 在与改性剂 9 的结合中，挤出压力的增大会减少析出。这个结果与丙烯酸酯改性剂不同，在丙烯酸酯改性剂的实验中发现：挤出压力对析出没有影响。

根据以上实验，可以得出结论：就析出性而言，CPE 改性剂可以替代丙烯酸酯抗冲改性剂。而在模具析出方面，改性剂 9 比改性剂 10 的效果略好（表 3.6），后者与丙烯酸酯改性剂相当。

3.3.2.6 润滑剂和金属皂的影响

3.3.2.6.1 聚乙烯蜡的影响

通过统计实验设计（DoE）的一系列实验，测试了聚乙烯蜡、氧化聚乙烯蜡（见表 3.8）和硬脂酸钙对模具析出的影响。主要的实验步骤与以上实验描述的一致；配方是铅稳定剂。

表 3.8 测试用聚乙烯蜡的性质

编码	熔点(DSC)/℃	密度/(g/cm³)	酸值	皂化值
PE1	120	0.93	<1	<1
PE2	113	0.93	<1	<1
PE3	113	0.93	<1	<1
PE4	102	0.91	<1	<1
PE5	104	0.92	<1	<1
PE6	106	0.92	<1	<1

根据实验结果，可以利用 ECHIP 分别计算出 193℃熔体温度下两种金属皂（硬脂酸钙和硬脂酸铅）以四种组合出现时，模具析出与聚乙烯蜡用量的关系（图 3.27）。

可以检测出实验用的聚乙烯蜡之间存在明显差异。使用 PE1 的结果是析出的产生非常严重[图 3.27(a)]，但是析出与 PE1 添加量相关性非常低。另外，四种金属皂浓度的计算结果非常接近，似乎金属皂也会影响析出。换言之，PE1 具有相对较宽的加工窗口，析出仅仅是一种从属于配方的产物。

当浓度较低时，相对于 PE1，PE2 产生的析出较少[图 3.27(b)]，但随着 PE2 用量的增加，其产生的析出也明显增多，如果 PE2 用量足够多，那产生的析出比 PE1 要多。析出也可以看成配方的附属物：不同金属皂用量的四条计算曲线距离相当远。

PE3 的析出行为与 PE1 的非常相似。当 PE3 用量较少时，“起始线”非常低，但是随着 PE3 用量增加，“起始线”的增长趋势比 PE1 更加显著。可以看出：PE3 比 PE2 有更宽的加工窗口，和 PE1 更接近。

PE4 却表现出与其它三种聚乙烯蜡不同的析出行为[图 3.27(d)]。PE4 的析出与浓度的相关性不大，它的加工窗口比 PE1 窄，但比 PE2 宽。

PE5 和 PE6 在模具析出行为方面非常相似。在低用量时，“起始线”非常高；相对于 PE4，它们与 PE1 更有可比性。在选定的配方中，虽然聚乙烯蜡用量在持

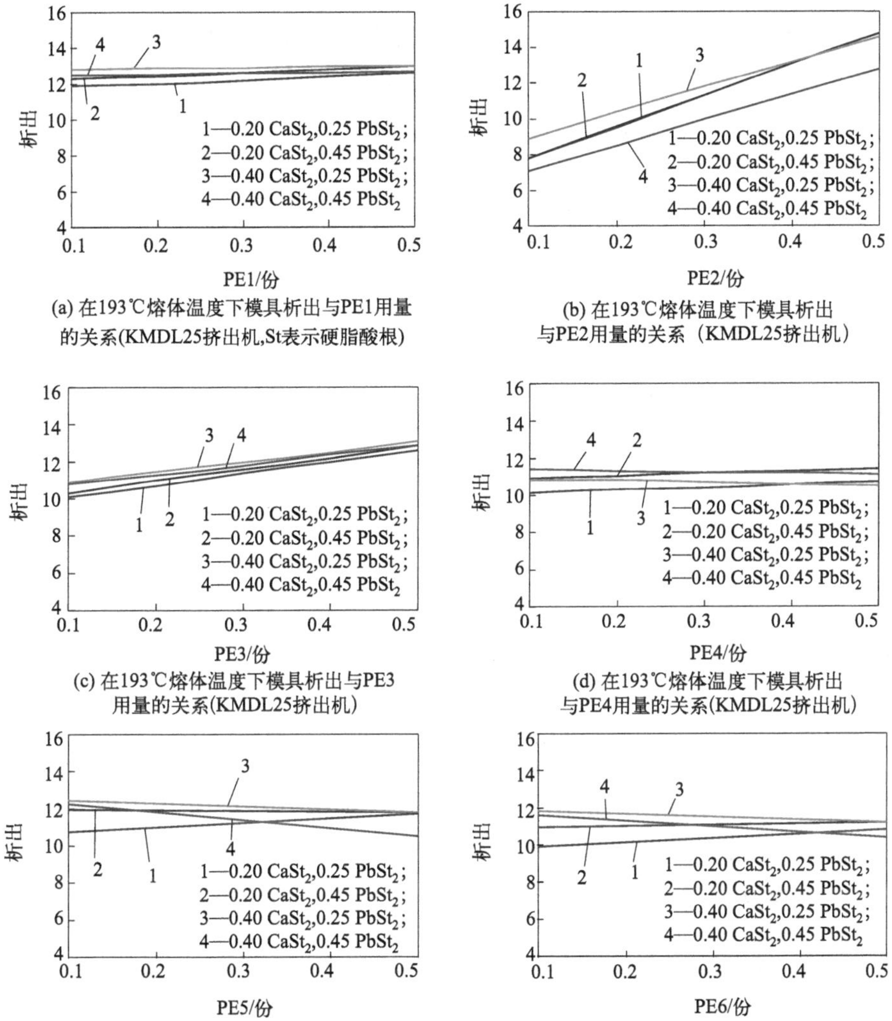

(a) 在193℃熔体温度下模具析出与PE1用量的关系(KMDL25挤出机,St表示硬脂酸根)

(b) 在193℃熔体温度下模具析出与PE2用量的关系（KMDL25挤出机）

(c) 在193℃熔体温度下模具析出与PE3用量的关系(KMDL25挤出机)

(d) 在193℃熔体温度下模具析出与PE4用量的关系(KMDL25挤出机)

(e) 在197.5℃熔体温度下模具析出与PE5用量的关系(Göttfert挤出机)

(f) 在197.5℃熔体温度下模具析出与PE6用量的关系(Göttfert挤出机)

图 3.27　模具析出与聚乙烯蜡用量的关系

续增加，但是产生的析出量的改变却很小，且所有的聚乙烯蜡都存在这种现象。图 3.27(e) 和图 3.27(f) 中的线都距离较远，这表明两种金属皂的确对这两种聚乙烯蜡的析出行为都有影响。PE5 和 PE6 都比 PE2 有更宽的加工窗口，但也都比 PE4 更窄。

表 3.9 总结了一些有关实验中聚乙烯蜡的析出行为的结论。

实验更进一步确定，一旦 ECHIP 计算消除了流变学影响，析出就会随着 PE 用量的增加而增多。这个结论可以由聚乙烯蜡在析出行为、流变、加工窗口方面不同的事实来解释。

但是这些结论没有真正的原因，因此通过凝胶渗透色谱法（GPC）对分子量分布以及链长度分布进行了分析。表 3.10 总结了这些分析结果。

表 3.9 测试用聚乙烯蜡的析出行为的定性总结

聚乙烯蜡	低用量时的析出	添加量的影响	熔体温度的影响	加工窗口
PE1	强	弱	弱	宽
PE2	弱	强	强	窄
PE3	弱	中等	弱	中等
PE4	弱	弱	减少析出	宽
PE5	中等	弱	无研究	中等
PE6	弱	弱	无研究	中等

表 3.10 PE1、PE2 和 PE5 的 GPC 分析结果

聚乙烯蜡	M_n	M_w	M_{min}	M_{max}	U①
PE1	2530	6920	178	81300	1.74
PE2	3320	6720	162	42700	1.02
PE5	4210	13100	263	16600	2.10

① $U=M_w/M_n-1$。

3.3.2.6.2 硬脂酸钙的影响

利用四个不同浓度的中性硬脂酸铅和 PE 蜡演算了 193℃熔体温度下析出与配方中硬脂酸钙含量的相关性，见图 3.28。

对 PE1 配方而言，图 3.28(a) 与图 3.27(a) 看起来很相似。在中性硬脂酸铅含量较高的情况下，析出似乎与硬脂酸钙含量没有关联，而是基本保持不变。但在中性硬脂酸铅含量较低的情况下，析出却稍稍有些增大。这再次印证了 PE1 有宽泛的加工窗口。

对 PE2 配方而言，图 3.28(b) 与图 3.27(b) 表现出了类似的规律。在这里硬脂酸钙似乎对析出没有影响甚至是反而稍稍降低了析出。图中各配方的曲线相距甚远，这说明 PE2 对金属皂的组合很敏感，甚至是配方或温度的微小变化就会导致模具析出的明显增大或降低。

当硬脂酸钙与 PE3 复配使用时，其含量提高似乎会使析出增大[如图 3.28(c)]。此时的加工窗口适中。

PE4、PE5 和 PE6（本书中没有展示）与图 3.28(a) 中的 PE1 表现出类似的规律。但是 PE4 和 PE6 的配方中发生析出的“起始线”明显要更低。当再次通过 ECHIP 消除 PE5 和 PE6 中流变影响的时候，关于析出与硬脂酸钙的相关性通过新的计算并没有得出新的或自相矛盾的结果。

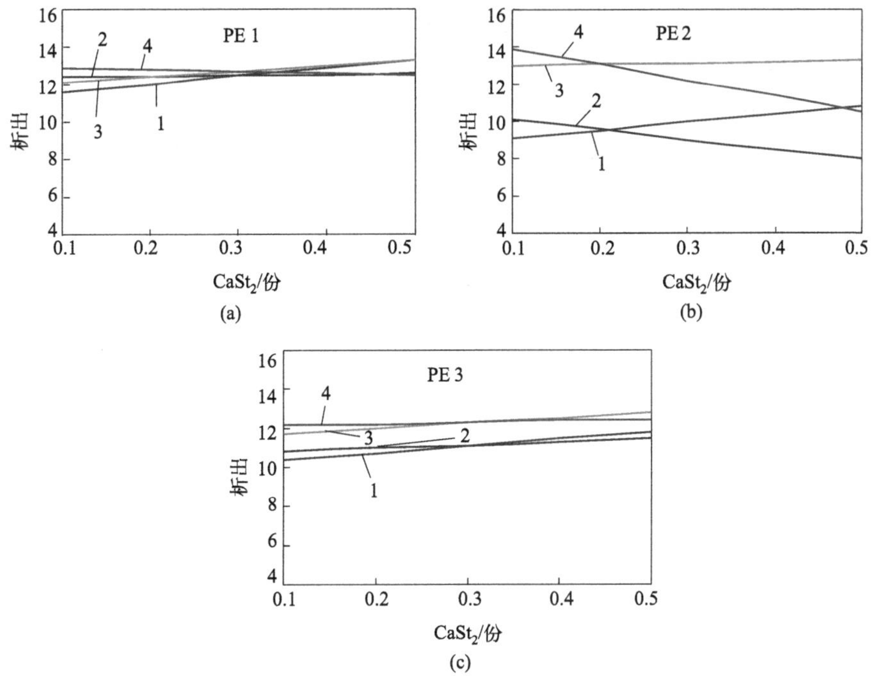

图 3.28 析出对与 PE 1（a）、PE 2（b）和 PE 3（c）组合的硬脂酸钙用量的依赖性

（物料温度 193℃；KMDL25 挤出机）

1—0.25$PbSt_2$，0.20PE；2—0.25$PbSt_2$，0.40PE；3—0.45$PbSt_2$，0.20PE；4—0.45$PbSt_2$，0.40PE

这些全面的研究只是部分验证了 Lippoldt 机理[6] 和硬脂酸钙的作用。硬脂酸钙的析出增大明显依赖于润滑剂和金属皂的组合以及 PE 蜡的结构和化学性能。

鉴于以上呈现的实验，我们可以预测一定范围内配方和加工对析出的影响。这些知识也可以反过来推出所研究原材料的加工窗口。结合相容性的研究，Lippoldt 机理如今可以被看作是得到了印证的机理并且其对于铅盐稳定剂体系是有效的。

3.3.2.6.3 氧化聚乙烯蜡的影响

实验中除了使用非极性的、未氧化的聚乙烯蜡（见 3.3.2.6.1 部分），在这一节中我们还研究了氧化 PE 蜡对析出的影响。实验中使用了相似规格的不同氧化聚乙烯蜡（见表 3.11）。

表 3.11 实验用氧化聚乙烯蜡（oxPE）的表征（平均值）

编号	熔点(DSC)/℃	密度/(g/cm^3)	酸值	皂化值
oxPE1	106	0.95	17.5	38
oxPE2	107	0.95	16	>30
oxPE3	106	0.93	16.5	30

再次利用 ECHIP 计算四个不同硬脂酸钙和硬脂酸铅配比下析出与氧化聚乙烯蜡含量的相关性（见图 3.29）。结果显示了明显的差异。oxPE2 表现出了较高的析出[如图 3.29(b)]，但是析出与 oxPE2 含量的相关性不容忽视，随着其含量的增加析出也增大。图中四条不同硬脂酸钙和硬脂酸铅配比的曲线也相当接近，似乎硬脂酸钙和硬脂酸铅都影响析出水平。换句话说，oxPE2 具有较宽的加工范围，（高）析出似乎不受配方的影响。

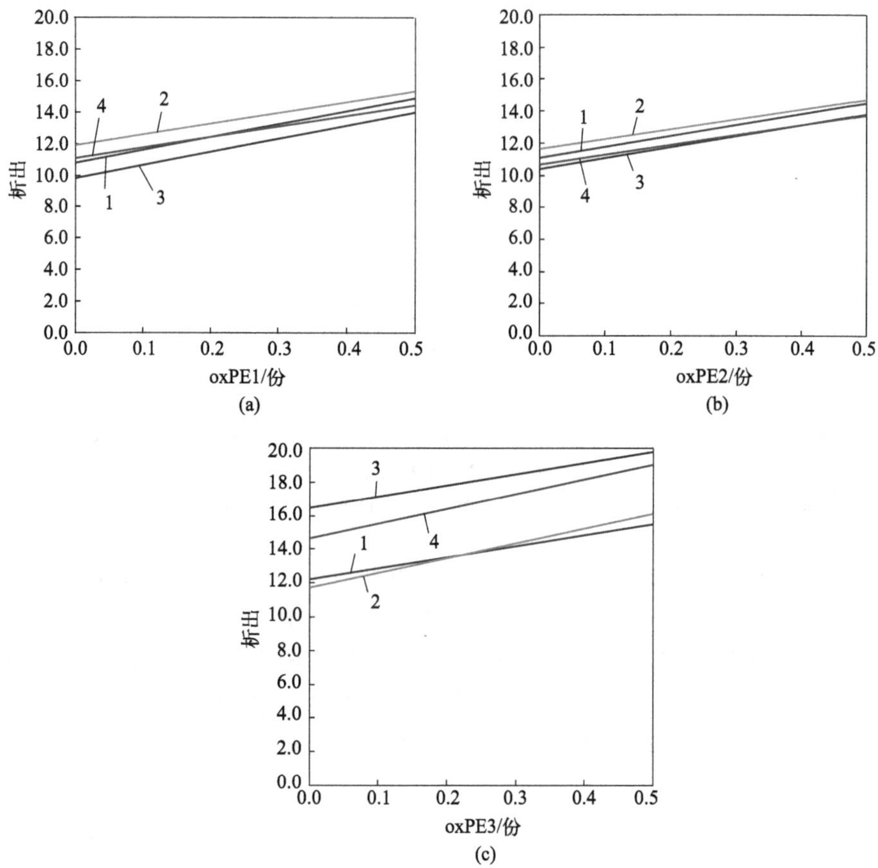

图 3.29 析出与 oxPE1（a）、 oxPE2（b）和 oxPE3（c）用量的关系

（温度为 197.5℃，扭矩为 235N·m，压力为 215bar，Göttfert 挤出机）

1—0.20$CaSt_2$，0.25$PbSt_2$；2—0.40$CaSt_2$，0.25$PbSt_2$；3—0.20$CaSt_2$，0.45$PbSt_2$；4—0.40$CaSt_2$，0.45$PbSt_2$

oxPE1 的析出现象[图 3.29(a)]非常接近于 oxPE2。析出也随着氧化聚乙烯蜡的含量而增大。然而，四条不同硬脂酸钙和硬脂酸铅配比的曲线稍稍有点分开。根据我们的经验，这样的结果意味着相比于 oxPE2，oxPE1 具有更窄的加工范围。至于析出水平，oxPE2 和 oxPE1 具有整体可比性。

oxPE3[图 3.29(c)]是这节中最大的例外：四条不同硬脂酸钙和硬脂酸铅配比的曲线相距非常远。这就意味着硬脂酸钙和硬脂酸铅含量都能够非常大地影响析出结果——oxPE3 的加工范围相当窄。

当再次计算硬脂酸钙影响的时候（见 3.3.2.6.2 部分），oxPE1 和 oxPE2 表现得非常相似[图 3.30(a)和图 3.30(b)]。硬脂酸钙的影响只是微小的，计算得到的曲线都比较接近。正如之前的计算，其加工范围较宽。然而，oxPE3 正如预期的那样，表现相当不同，其加工范围很窄。整个配方对析出具有显著的影响。

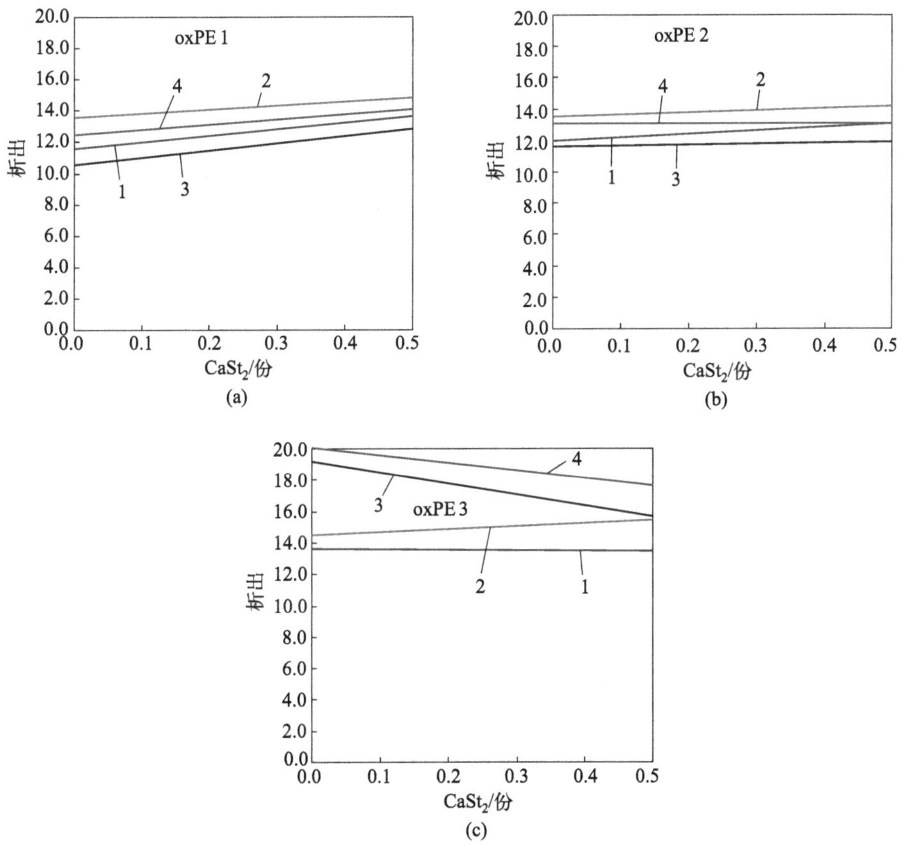

图 3.30 在与 oxPE1（a）、oxPE2（b）和 oxPE3（c）复配中，析出与硬脂酸钙用量的关系

（温度为 197.5℃，扭矩为 200N·m，压力为 200bar，Göttfert 挤出机）

1—0.25$PbSt_2$，0.20oxPE；2—0.25$PbSt_2$，0.40oxPE；3—0.45$PbSt_2$，0.20oxPE；4—0.45$PbSt_2$，0.40oxPE

通过对压力和扭矩的计算，一方面印证了 oxPE1 和 oxPE2 之间的差异，另一方面也印证了 oxPE3 的差异（如图 3.31）。随着扭矩的增大，oxPE1 和 oxPE2 的析出稍微减少，而 oxPE3 的析出却明显增加。压力对三者的析出影响恰恰相反。随着压力的增大 oxPE1 和 oxPE2 的析出只是稍微增加，然而 oxPE3 的析出却有所减少。图 3.31(c) 中 oxPE3 的曲线要明显高于 oxPE1 和 oxPE2[图 3.31(a)和(b)]，说明 oxPE3 具有更高的析出水平。这些发现也许能够解释当一种氧化聚乙烯蜡被另一种看似等效的蜡替换之后所出现的意想不到的析出现象。

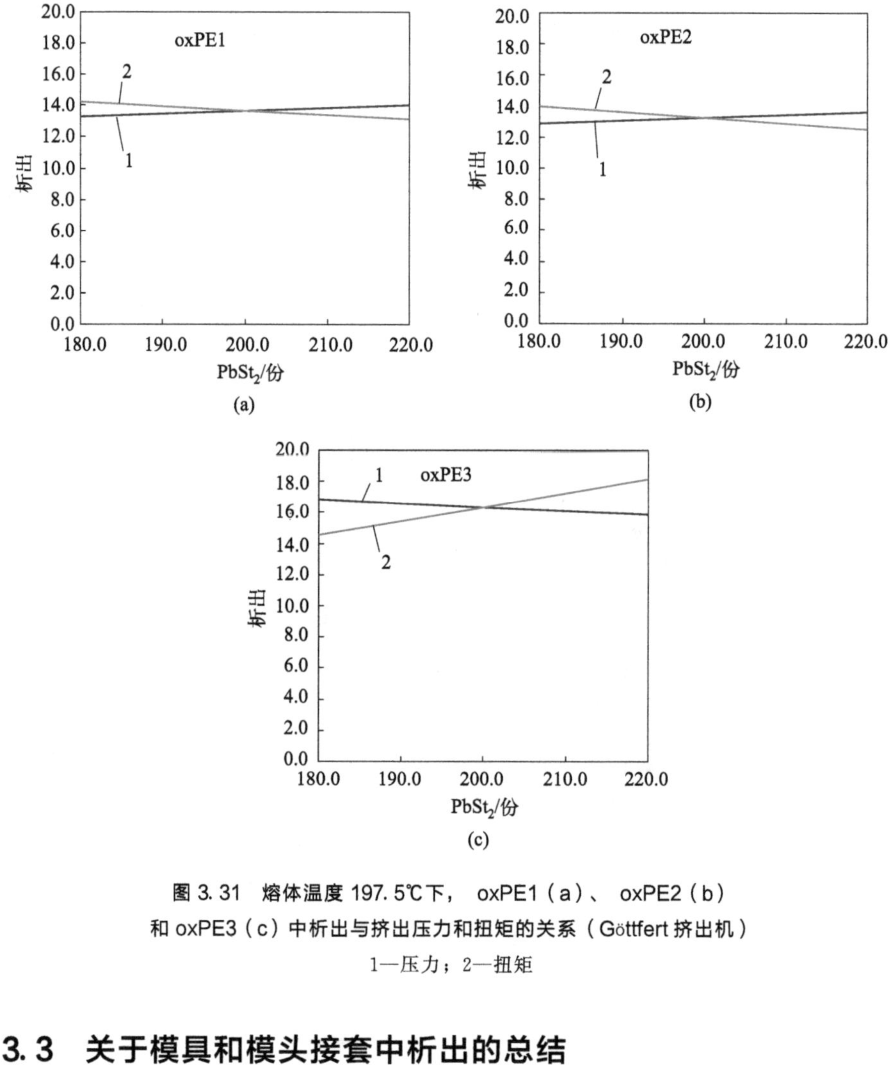

图 3.31　熔体温度 197.5℃下， oxPE1（a）、 oxPE2（b）和 oxPE3（c）中析出与挤出压力和扭矩的关系（Göttfert 挤出机）

1—压力；2—扭矩

3.3.3　关于模具和模头接套中析出的总结

当使用锡类、铅类或 OBS 体系时，常常出现模具析出。总的来说可以概括为以下几点：

① 在镀铬板模具中的投资能够通过减少停机时间来回收成本，因为形成的析出沉积物会更少。

② 在许多情况下，水分是析出的首要原因。

③ 与标准的混料过程相比，双配料将引起更多的析出。

④ 增大挤出扭矩和熔体压力往往会使析出增多而不是减少。

⑤ 碳酸钙对析出具有积极的影响：碳酸钙使用越多，析出越少。这是因为碳酸钙的研磨作用要小于其粒径的作用。

⑥ 越粗的碳酸钙析出减少得越多。然而，较粗的碳酸钙还会带来其他的问题（比如光泽度的损失）。

⑦ 析出会随着二氧化钛用量的增加而增多。但是，我们必须考虑到大量的产品需要最少量的白色颜料来达到适当的耐候性能（通常最少量的二氧化钛也是按照标准规定的）。整个过程明显就是确保最小的光稳定性和最佳的挤出时间这两者之间的协调，直到模具和模头接套器的下一次清洗变成必要的。

⑧ 优良的丙烯酸类抗冲改性剂虽然对析出的影响很小，但是不同质量的影响较大。

⑨ 与普遍的看法相反，测试的欧洲产氯化聚乙烯（CPE）抗冲改性剂并没有比丙烯酸类抗冲改性剂出现更多的析出。这些发现也适用于模具和定型模的析出。

⑩ 硬脂酸钙在铅类稳定剂和锡类稳定剂配方中对析出分别表现出不同的作用。

⑪ 不同 PE 蜡的析出性能大不一样。一般来说，析出随着 PE 蜡含量的增大而增多，石蜡也是一样的规律。对氧化聚乙烯蜡也同样适用。

⑫ 聚乙烯蜡的析出表现目前能够通过实验来确定，但是其化学结构或物理性能对析出的影响却无法通过实验来确定。这是因为硬脂酸钙和硬脂酸铅（也有可能是其他润滑剂）也可能会影响析出。一种相同的 PE 蜡在不同的干混料配方中能够表现出不同的析出特性。实践经验正好与我们的实验室试验相一致。

⑬ PE 蜡与硬脂酸钙或硬脂酸铅能形成均匀的混合物，该混合物具有单一的熔点。

⑭ “随时随地都会有新的发现……”[16]。

3.4 定型模中的析出

锡类、铅类或 OBS 稳定剂体系易在挤出生产线上“热的”区域引起析出，而钙-锌稳定剂体系更容易在定型装置那种“冷的”区域发生析出。关于定型模析出在文献中并没有被过多提到[4,20]。

3.4.1 定型模中析出样品的典型组分

接下来，总结了许多来自实际生产中析出样品的分析研究。常见的组分如下：

（1）无机组分

① 痕量氯［来自 PVC 或金属氯化物（可参考 1.4.3 小节）。］

② 痕量金属，如钙、锌和铅（<5%）。

③ 痕量钛。

（2）有机组分

① 短链脂肪酸。

② 低熔点润滑剂。

③ 共稳定剂以及其分解产物。

④ 抗氧剂（其也经常被 PVC 厂家加入 PVC 中）。

与模具析出经验形成对比，对定型模析出的分析确实帮助解决了产生的问题。根据全面的分析和实验，关于定型模析出的产生提出了两个通用机理。

3.4.2 定型模析出形成机理

在文献中，润滑剂被分为“内润滑剂”和“外润滑剂”[29]，见 2.1 节。外润滑剂通常是没有极性的，而 PVC 由于其结构中的氯原子而具有一定极性。正因为两者之间的极性不同，所以外润滑剂与 PVC 的相容性不好，同时也不能非常好地溶于 PVC。因此它们能从 PVC 熔体中迁移出来，并且在 PVC 熔体和加热的金属表面形成了一层隔离层。相反，所谓的内润滑剂相当有极性，与 PVC 相容性非常好。因此内润滑剂主要是影响 PVC 颗粒和聚合物链之间的流动性，它们中的大多数都能很好地溶于 PVC。从日常生活中我们知道，只有非常少的物质相互之间有无限大的混溶性或溶解性。例如，乙醇（普通的酒精）能够无限大地溶解在水中。许多其他的物质在溶剂中只有有限的溶解性，比如：

① 糖溶解在茶里；

② 盐溶解在水中；

③ 二氧化碳气体溶解在香槟中；

④ 酒精中的溶解问题；

⑤ 内润滑剂溶解在 PVC 中。

如果香槟中二氧化碳气体超过了其溶解度，那么气体将以泡沫的形式逸出来并且产生问题。同样的道理，如果 PVC 中内润滑剂超过了其溶解度（如图 3.32 底部），那么内润滑剂和 PVC 之间将变得（部分地）互不相容，因此部分内润滑剂将至少表现得像外润滑剂一样。这就是为什么塑料技术人员从科学的角度对“内部”和“外部”润滑剂的分类过于简单化的原因。

除某些特例外，绝大多数的物质在溶剂中的溶解度都是随着温度升高而增大（对于这个规律，一个明显的例外就是二氧化碳气体溶解在水中，任意打开一瓶受热的香槟或苏打水就可以证明），如图 3.32 所示，如果 PVC 熔体在一个相对较短的时间里（正如在定型模中）从约 200℃冷却到 80℃（玻璃化转变温度或维卡软化

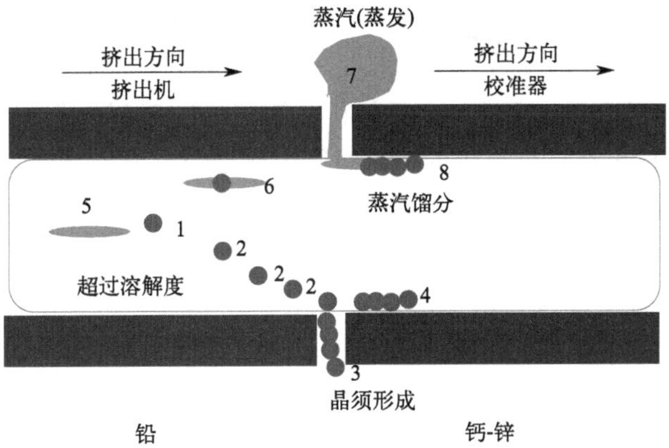

图 3.32 定型模中析出形成的可能机理

点）将会出现什么现象呢？“内部”润滑剂（图 3.33 中 1）的溶解度降低——它们变得更不相容，并从“溶剂”PVC 中迁移出来（2）。这要么会引发“晶须形成”(3)，要么在冷的定型模中形成析出（4）。以上是关于解释定型过程中析出形成的一种可能的机理。

另外一种可能的机理是蒸汽蒸馏（见图 3.32 顶部）。Wikipedia 对蒸汽蒸馏机理的描述如下：“蒸汽蒸馏是一种特殊类型的蒸馏（一种分离的过程）……许多有机化合物在持续高温下都趋于分解。常规分馏得到的分离物将不会是一种纯净物，所以水或水蒸气将会被带入蒸馏装置。通过添加水或水蒸气，化合物的沸点被降低，使其能在更低的温度下蒸发，若能够降低到材料性能变差时的温度以下就更好了……蒸馏之后蒸汽像往常一样被压缩，通常会出现一个水和有机物的两相体系……”[30]。这就意味着某些不溶于水的物质能够随着蒸汽被带走。但是这如何能与 PVC 挤出和定型模析出的问题联系上呢？联系其实能够很容易地被建立起来。在 PVC 挤出中水无处不在[见式(3.1)～式(3.7)和表 3.3]。因为水是强极性的，在正常情况下不溶于 PVC，但是在挤出温度（205℃之上）和挤出压力（400bar 或更高）的条件下，水蒸气（图 3.32 中 5）在 PVC 熔体中并没有特定的溶解度。在蒸汽蒸馏过程中，比如内部和外部润滑剂、芳香族类抗氧剂和共稳定剂（6）也能够转化成蒸汽——挥发组分。在模具和定型模之间的缝隙，压力陡降几个数量级至大气压（atm，1atm=101325Pa)。水蒸气（7）部分挥发。在一个真空定型模装置中，压力和温度将再一次下降。因此“蒸汽蒸馏液（8）”沉积下来并形成了析出。

虽然目前还无法确定哪一个机理能够解释析出问题，但并不能说假设的两个机理是错误的，因为 Bos 等得到的结论对这两个机理都有一定的支持作用[4]。他们发现定型模中的析出随着熔体温度的升高和产量的提高而增大。考虑到析出增大的这个主要原因，他们认为随着熔体温度的升高和螺杆转数的增加，更多的瞬间蒸发物和冷凝物将用于形成析出物。

3.4.3 定型模析出形成分析

利用 INEOS 设备研究了钙-锌配方和“抗析出”助剂的作用[4]。根据 Bos 等的结论，定型模析出在一个很短的挤出时间内就已经形成了（见图 3.33）。

在第一组测试中，利用一台 BEX 2-50-16V（巴顿菲尔德）挤出机研究了五个不同的钙-锌干混料配方（见表 3.12 中 1～5）。确保五个配方都采用完全相同的熔体温度在挤出机中运行 2～3h，这对于实验来说非常重要。这可以通过调节机筒温度来实现。特制的析出工具沿流道具有多个压缩段和释压段来促进析出。由于形成的定型模析出经常被真空定型模吸走，所以采用了一个特殊的结构。一块铝板被安装到冷却的定型模下半部分，然后另一块铝板通过垫块以一个确定的距离被定位到上面；再将定型模的上半部分放置在第二块铝板的上面。因此定型模里的析出被隔开了，然后在干燥器干燥，并进行量化和组分分析。

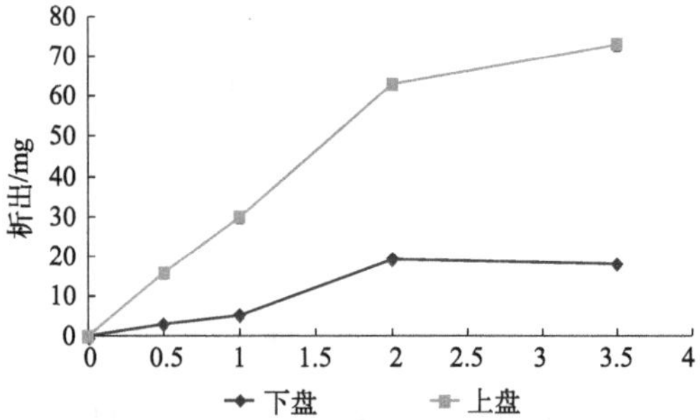

图 3.33 定型模析出形成随时间的变化关系图

表 3.12 关于定型模析出的配方测试和结果

项目	1	2	3	4	5	6	7
钙-锌皂/份	1.45	1.45	1.45	1.15	1.6		
额外的润滑剂/份	0.1	0.15	0.15	0.45			
抗析出剂 1/份		0.1					
抗析出剂 2/份			0.1				
稳定剂用量/份	4	4.15	4.15	4.15	4.15		
模具析出	无	无	无	无	无	无	无
定型模析出/mg	63	47	58	40	44	28	30
析出物的气相色谱分析							
脂肪酸 1	100	68	90	68	44		
脂肪酸 2	4	4	4	2	10		
共稳定剂	32	27	31	18	33		
抗氧剂	7	7	7	4	6		
脂肪醇	2	2	3	1	7		
石蜡	1	1	1	0	1		

续表

项目	1	2	3	4	5	6	7
根据 SEM 的元素分布(并不精确)							
Cl	22	26	4	38	25		
Ca	14	8	25	27	11		
Ti	12	6	21	15	8		
Zn	30	5	6	0	6		
O	21	30	35	21	27		
Fe	0	6	0	0	4		
Cu	0	0	0	0	6		

注：干混料组成：PVC100 份，碳酸钙 7.6 份，二氧化钛 4 份，抗冲改性剂 7 份，共稳定剂 1.8 份，润滑剂 0.65 份。

通过扫描电镜（SEM)，在析出物中发现了氯（Cl，来自 PVC 和金属氯化物)、钙（Ca，来自滑石粉和钙皂)、钛（Ti，来自二氧化钛)、锌（Zn，来自锌皂)、铁和铜（Fe 和 Cu，来自定型模和模具钢)。与析出主要沉积在模具和口模中的铅盐稳定剂配方形成对比，钙-锌稳定剂配方的析出只存在于定型模中。傅里叶变换红外光谱并没有提供出对这些分析有用的数据，所以未采用该技术。通过 GC-MS 分析研究发现大多数析出物含有有机物成分。这些沉积的有机物主要是短链的脂肪酸、低熔点的“内部”润滑剂、共稳定剂和抗氧剂。在 3.4.1 小节中提到的有机物和一些未知的物质都被发现了。所谓的“抗析出”助剂的加入确实减少了定型模的析出。金属皂复配和润滑剂的最优化也进一步改善了 PVC 析出现象。基于这些实验和进一步的发展，得到几乎没有析出的 PVC 挤出配方成为了可能（如表 3.12 中第 6 列和第 7 列)。

文中我们再次重点强调了生产团队降低生产过程中每一步含水量的必要性。一些研究已经证实在冷却的混合机中仅仅只添加 0.05 份的水就会在短短两个小时内大大增加模具中的析出。我们还进一步发现熔体温度的升高也将导致口模和模具析出的增大。这些发现已经被 Bos 等公开发表了[4]。

模具析出受熔体温度影响的关系已经被建立了（如图 3.15)。Bos 等发现定型模析出的形式也依赖于熔体温度[4]：当熔体温度从 194℃升高到 202℃时，定型模析出显著增加（图 3.34)。

在钙-锌稳定剂的干混料中研究了抗冲改性剂 2、9 和 10（表 3.6）对性能的影响。为了得到析出物，将一块薄铝板放置在定型模的挤压带的顶部和底部。这样的组装相当于 Bos 等描述的那个装置[4]。每次挤出实验在挤出速率为 4kg/h 下持续 2.5h。而且每次挤出实验之后都将铝板烘一整晚，然后记录铝板增加的重量（见表 3.13)。该数值越低则说明该配方下的析出沉积越少。该值在 25～30mg 之间就

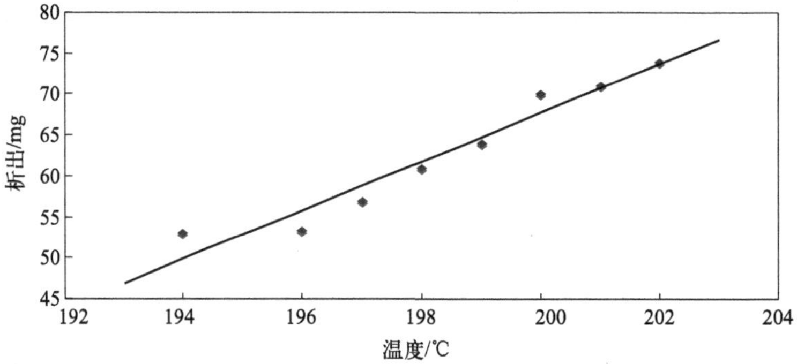

图 3.34　定型模析出随熔体温度变化的关系图[4]

说明干混料只有非常少的定型模析出。实验过程中，在两种 CPE 和丙烯酸类抗冲改性剂 2 之间并没有观察到明显的定型模析出区别。在抗冲改性剂用量为 8 份时，CPE 改性剂 9 甚至表现出最少的沉积。析出沉积物的化学分析显示最显著的单组分既不是来自于"一包化"稳定剂也不是来自于抗冲改性剂，而是被证实来自于 PVC。

表 3.13　关于定型模析出的配方测试和结果

干混料	1	2	3	4	5	6
抗冲改性剂 2/份	6	8				
抗冲改性剂 10/份			6	8		
抗冲改性剂 9/份					6	8
扭矩/(N·m)	145	156	136	132	123	119
压力/bar	192	201	179	174	165	160
定型模析出/mg	30	28.1	26.9	27.2	30.4	19.3

注：干混料组分：S-PVC 100 份（$K=67$），碳酸钙 10 份，二氧化钛 5 份，钙-锌稳定剂 3.75 份。

3.5　预防析出的主要措施

如果在模具或定型模中出现析出现象，那么应当从以下问题进行着手处理：

(1) 原材料/干混料

① 原材料的质量或供应商是否已经发生变化？

② 原材料中任一组分的含水量是否发生变化？

③ 当前的天气状况怎么样？相当潮湿、有雾或下雨？如果原材料是充气情况下运输的，那么使用了未经干燥的输送用空气将带入额外的水分。这个很容易被核实，只要通过确定原料或干混料在运输之前和之后的含水量即可。这个测试很容易进行，仅需要一台天平和一个干燥箱。称量样品的质量，然后在 105℃下或者稍微

高点的温度下干燥 1h，最后在干燥环境中称量冷却后的样品。损失的质量主要是水分和少量的其它挥发物质。

（2）混合过程

① 最大混合温度对定型模析出形成的影响非常小[4]。根据 Bos 等的研究发现，混合速率对析出具有显著的影响[4]，且混合速率的提高将减少定型模上部的析出。Bos 等也发现碳酸钙和二氧化钛的加入将减少析出。他们假设在这种情况下干混料的堆积密度发生变化将导致挤出熔体温度的变化，从而改善析出的表现。

② 在加热搅拌机中是否还有渗漏物或结露？

③ 混合组分是否已经被改性过？

④ 送吸气装置是否正常工作？

⑤ 是否有填料堵塞？

⑥ 在冷却搅拌器中是否有冷凝形成？

⑦ 助剂添加顺序是否发生变化？额外的原料如润滑剂是否已经添加？任一原料的供应商是否发生变化？

⑧ 产品的挤出量是否发生变化（比如粉末到颗粒，导致干混料的堆积密度发生变化）？

（3）挤出

① 排气段是否正常工作？

② 排气段的凝胶化是否正确（依旧是多孔的而不是粉末的）、是否未发生改变？

③ 是否有流变学的变化，是否有挤出压力或扭矩变化的证据？

一旦解决这些问题，在生产过程中将会很容易就找到处理关于析出问题中突发事件的出发点。

参考文献

[1] Adapted from John Corey，In N. DeMille；Plum Island（1990）

[2] http：//www. washingtonpost. com/national/health-science/there-really-are-50-eskimowords-for-snow/2013/01/14/e0e3f4e0-59a0-11e2-beee-6e38f5215402 _ story. html

[3] J. Parey；Plate-Out in Flow Channels in PVC Extrusion，Conf. Proceedings，IKV Colloquium，Aachen，Germany，March（1980）p. 432

[4] A. Bos，T. Hülsmann，S. Jürgens，M. Sander；Plate-Out in Extrusion，Conf. Proceedings，Neuigkeiten in der Extrusion，Würzburg，Germany（1999）

[5] J. Parey；Plate-Out：Cause and Remedy，Kunststoffberater，4（1980），p. 39

[6] R. F. Lippoldt；How to Avoid Plate-Out in Extruders，Plast. Eng.（1978）p. 37

[7] D. A. Holtzen，J. A. Musiano；Die Lip Plate-Out：A Proposed Mechanism，Reg. Tech. Conf. Promot. Sci. Color Plast.，（1996）pp. 95-103

[8] P. J. Leskovyansky; Testing for Plate-Out Using the Torque Rheometer, J. Vinyl. Techol., 6 (2) (1984) p. 82

[9] G. Bussman, H. Ruse, B. Kerr; Plate-Out in PVC Processing, Kunstst., 88 (1998) 12, p. 2154

[10] B. R. O. Pointer; Extrusion of Unplasticised PVC: A Study of Plate-Out Phenomena, Internal report PL/510/B, Imperial Chemical Industries Ltd, PVC Division, Welwyn Garden City, England, p. 1

[11] Extruder drawing used with kind permission of G. Aylett & Associates, Australia

[12] H.-J. Pfister, H. P. Schlumpf; Natürliche Calciumcarbonate als Anti-Plate-Out-Mittel, Swiss Plast. 2, Nov. (1980) p. 33

[13] Kronos Titandioxid in Kunststoffen, Kronos (1993) p. 37

[14] M. Schiller, A. Egger, P. Stern; Profile, Produktion, Probleme: Eine Unvermeidbare Dreieinigkeit?, Conf. Proceedings, Neuigkeiten in der Extrusion, Würzburg, Germany (2000)

[15] M. Schiller, T. Uysal, A. Sahin; unpublished results 280 3 Uncharted Territory in PVC Processing: Plate-Out

[16] F. Mercury, B. May, J. Deacon, R. Taylor; "Bohemian Rhapsody" (1975)

[17] Neil Varshney; Doctoral thesis, Lubrication Effects on Die Plate-Out in Poly (vinylchloride) Extrusion, Loughborough University, IPTME (2004)

[18] M. Schiller, R. Haberleitner, M. Gilbert, N. Varshney, K. V. Soom; Plate-Out: Mehralsnurein Phänomen? (1) Plate-Out im Extruder, GAK, 56, Dec. (2003) p. 786

[19] M. Schiller, R. Haberleitner, M. Gilbert, N. Varshney, M. Walon: Plate-Out: Mehralsnurein Phänomen? (2) Plate-Out im Extruder, GAK, 57, Feb. (2004) p. 106

[20] M. Schiller, B. Pelzl; Ein Nachhaltiges Polymer; Dessen Additive; Einsatzgebiete und Trends, Kunststoffe Seminar, PVC, Mannheim, Germany, March (2009)

[21] G. Menges, J. Parey, H. Brimmers; Ablagerungen im Werkzeug beim Extrudieren von PVC, Forschungsbericht IKV, Aachen, Germany (1980); referenced from [4]

[22] Handbook of Chemistry and Physics 61st ed., pp. B-203 ff and D-56 ff

[23] J. Clarke, D. Gerlach: Effect of Stabiliser/Lubricant System and Impact Modifier on Calibrator Plate-Out, Current Trends in PVC Technology, Loughborough, England, Nov. (2003)

[24] http://www.experimentationbydesign.com/index.php

[25] Sir A. C. Doyle: The Adventure of the Beryl Coronet, The Penguin Complete Sherlock Holmes, Viking (1981) [ISBN 0713914440] p. 315

[26] M. Schiller, R. Haberleitner, unpublished results

[27] K. Berger, quoted from an internal meeting

[28] http://ww38.cilasus.com/

[29] H. Zweifel, R. Mayer, M. Schiller (Eds.); Plastic Additives Handbook, 6th ed., C. Hanser Verlag, Munich, Germany (2009)

[30] http://en.wikipedia.org/wiki/Steam_distillation; accessed (08/2013)

第4章 PVC 产品使用的未知领域：光效应

4.1 PVC 产品光化学降解的文献综述
4.2 光致蓝
4.3 光致粉
4.4 光致灰
4.5 环境对塑料窗框耐候性能的影响
4.6 硬质 PVC 产品中碳酸钙填料对型材耐候性能的影响
参考文献

为了更好地理解本章，建议读者先阅读 2.4 中有关二氧化钛的光化学导论和相关评述。

4.1 PVC 产品光化学降解的文献综述

4.1.1 PVC 的光化学降解

在理论上，PVC 光化学降解相当于热降解。然而，作者确信热降解主要基于离子机理，而光氧化降解主要遵循自由基机理。为了研究 PVC 产品的光化学降解，必须进一步区分光是被 PVC 自身吸收还是被另一组分吸收。比如二氧化钛，在光主要被二氧化钛吸收的情况下，会生成多种不同的自由基。假如光主要被 PVC 自身吸收，那么第一步就是按照反应式(4.1) 和 (4.3) 产生自由基[1]。而第二步几乎与实际生成的自由基无关。唯一重要的是氢原子的吸收，即所谓的脱氢反应，应满足热力学条件。最可能的第二步就是根据反应式(4.4) 通过脱氢反应形成孤立双键（文献 [1] 中呈现的这个反应式是错误的）。反应式(4.5) 的机理在理论上也是可能的。一般的理解是这一步反应以拉链式机理在光化学和热诱导下开启了 PVC 的持续降解。

PVC 链吸收光导致 C—Cl 键断裂：

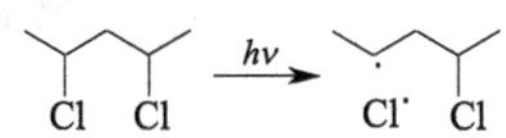

(4.1)

PVC 链吸收光导致 C—H 键断裂：

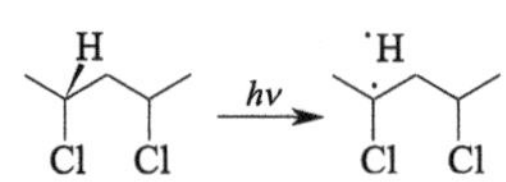

(4.2)

PVC 链吸收光导致另一个不同的 C—H 键断裂：

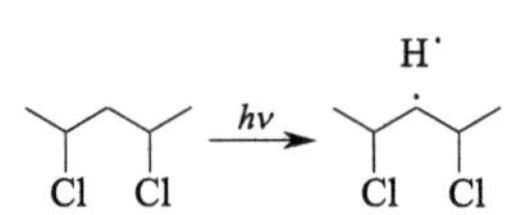

(4.3)

氯原子与聚合物自由基反应形成双键（脱氢反应）：

(4.4)

氢原子与聚合物自由基反应形成双键（脱氯反应）：

(4.5)

这个“链式”反应过程导致共轭双键的形成，也叫多烯序列。这些反应也理所当然与具体的化学结构和温度有关。这些多烯序列的形成可通过以下手段观察到：

① 紫外-可见分光光度法（UV-VIS）光谱[1]，吸收波长与共轭双键的数目相

关（图 4.1 和表 4.1）；

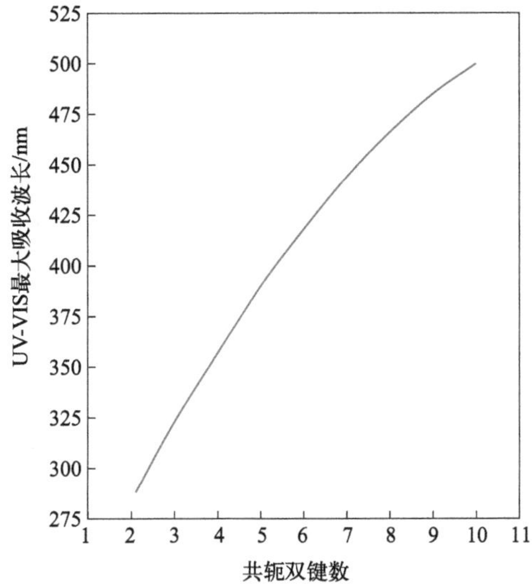

图 4.1 UV-VIS 最大吸收波长与多烯序列共轭双键数目的关系

表 4.1 多烯序列中的 UV-VIS 最大吸收波长（*n* 为双键数目）[1]

n	同分异构体	UV-VIS 最大吸收波长/nm												
3	三烯	240	248	257	268									
4	四烯				267	278	290	304						
5	五烯					279	290	304	317	334				
6	六烯							300	313	328	344	364		
7	七烯								316	332	350	368	390	
8	八烯									332	349	367	386	410
	平均	240	248	257	268	279	290	303	315	332	348	366	388	410

② 双键吸收带的 FTIR 研究；

③ 拉曼光谱分析[2-5]。

为了这些测试，我们将不稳定的 PVC 储存在 70℃的环境中，在特定的时间内记录拉曼光谱图（图 4.2 和图 4.3）。最值得关注的区域位于 $1000cm^{-1}$ 和 $1600cm^{-1}$ 之间。C—C 单键的拉曼信号约在 $1100cm^{-1}$ 处，而 C ═C 键的拉曼信号约在 $1500cm^{-1}$ 处。在图 4.2 和图 4.3 中，代表“原始”PVC 的 C ═C 键消失了。随着热应力逐渐增加，不含稳定剂的 PVC 在 $1500cm^{-1}$ 处的拉曼信号也一点点增长。

有趣的是，C—C 键的拉曼信号也随之增大（见图 4.3），这是一个在降解过程

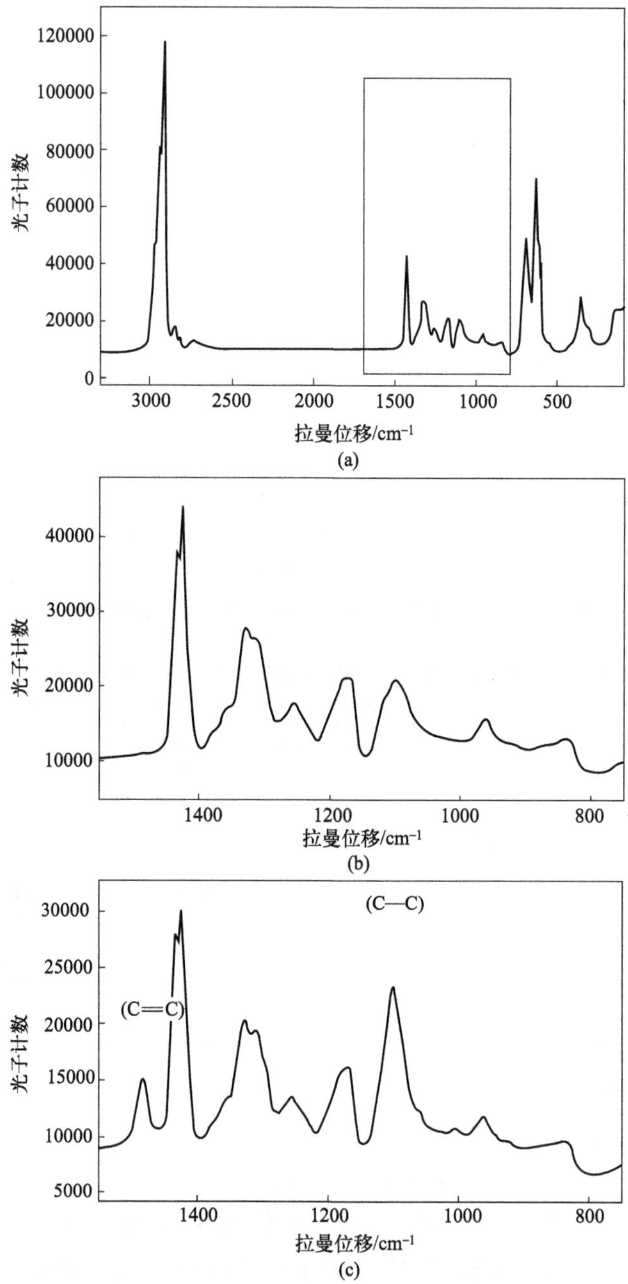

图 4.2　不稳定 PVC 的拉曼光谱，未受热下的光谱（a）和未受热下的特定拉曼位移下的光谱（b）以及受热后特定拉曼位移下的光谱（c）

中生成共轭双键序列的证明。在这个实验中，我们发现了一个有趣的现象，在

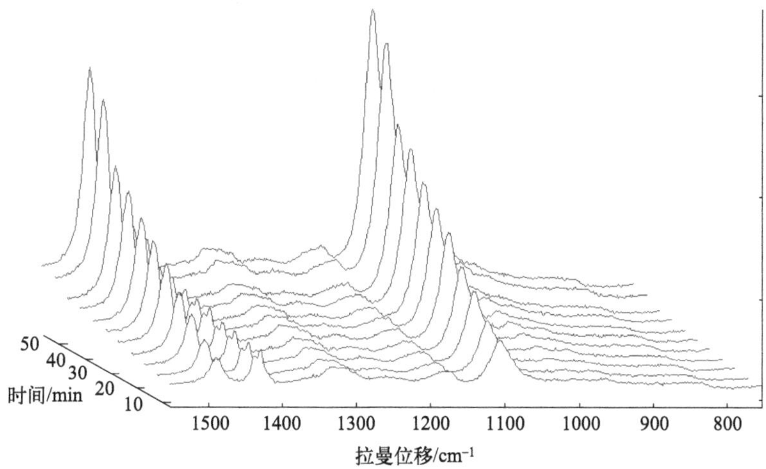

图 4.3 不稳定 PVC 在 70℃下的拉曼光谱与照射时间的关系

70℃下保持一个小时后，尽管共轭双键已经生成，但是却没能观察到 PVC 的变色。这个事实强调了拉曼光谱对多烯序列非常敏感。通常人们都认为必须有大约 7 个共轭双键才能使 PVC 显示出一个可见的色变或使其变黄。表 4.1 中的数据正好验证了这些经验。接下来的问题就是：到底需要多少个多烯序列才能使 PVC 变黑？根据文献［6］可知，最多需要 20～65 个共轭双键。

除了每增加一个共轭双键，吸收行为都会发生变化（见图 4.1、表 4.1）这一事实外，氧自由基也会干扰降解过程。多烯序列和 PVC 碳链也会被这些氧自由基氧化，这就导致了多烯序列的中断，使吸收带向短波处偏移。最后，PVC 将分解为水、二氧化碳和盐酸。在二氧化钛存在的情况下，这种降解仅存在于约 20μm 的深度；反之，将持续降解到 400μm 的深度。

关于以上内容，Rhone-Poulenc 在一系列论文中发表的研究是有意义的。在该系列论文的第一部分[7]，Anton-Prinet 等报道了以下发现。薄层上的绝大多数稳定剂在起初几天之内都会消失。随着稳定剂的消耗，多烯序列的数量显著增加，与此相关的是由于持续的脱除 HCl（脱 HCl 作用）导致的质量损失。在所有稳定剂消耗殆尽之前，无法观察到明显的多烯生成，只有在薄层的上部（约 80μm 处）有扩散控制的氧化反应。吸收的氧绝大部分转化成了羰基和羟基，羰基和羟基的形成似乎只在稳定剂耗尽的时候才出现，而且通过升高温度还能够加速氧化反应。持续生成的 HCl 可以催化多烯序列的生成，且此反应对温度的依赖要大于氧化反应，这可能是由反应的非光化学特性所引起的。通过与自由基结合、与大分子的氧发生反应，或者是与 CHCl 官能团中的 Cl* 自由基反应，能够终止这个链反应。通过上述反应得到的丙烯基氯在热力学上是不稳定的。在 80℃以下，预期的脱 HCl 反应是非常有限的，故需要 HCl 作为催化剂。

该系列论文第二部分的研究主要集中在哪些反应和过程发生了以及发生在哪一层[8]。该研究是以不耐光稳定的 PVC 为样品，并于 70℃下用荧光灯辐照（$\lambda \geqslant$ 300nm）。辐照 500h 之后，把样品剥离成 20μm 的连续薄层并加以研究。得到以下结论：

① 最上面的一层，大概 100μm 的厚度，以分子量显著降低和含羰基氧化产物的大量增加为特征。

② 接下来一层，大概 100～400μm 的厚度，具有以下两个特征：一个是与形成共轭双键相关的脱氯化氢反应；另一个是多烯序列的交联反应。两个反应最强的地方是在 200μm 的深处，这一层变得不可溶和严重变色。

③ 样品的中心（离表面 400μm 以下）未发生变化。

通过对用足量二氧化钛着色样品的计算可知（PVC100 份、填料 10 份、改性剂 5.5 份、稳定剂 4 份、二氧化钛 5 份），由于白色颜料的光吸收、光散射以及其它作用，以上发生相关反应所对应的厚度约减小了 0.05～0.1（见图 4.4）。

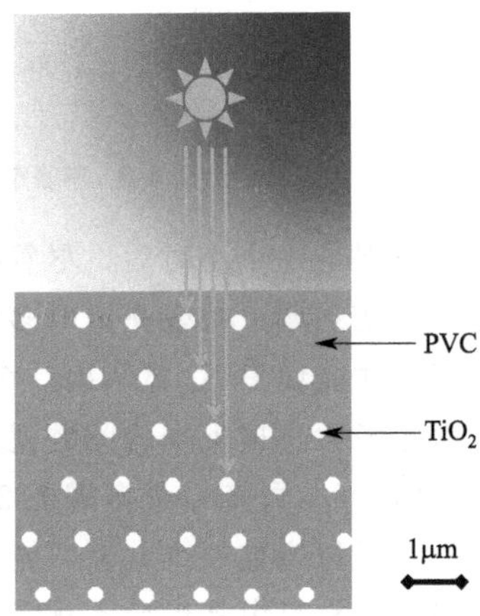

图 4.4 PVC 窗框型材的光降解

根据 Rhone-Poulenc 发表的系列论文第三部分的结果可得出以下结论：辐照强度在相关样品厚度层之内对光化学产物的分布具有较小的影响[8]。厚度剖面上光化学产物的浓度说明存在两个层面，其中上面一层（<100μm）富集了氧化产物比如羰基化合物，下面一层（50～400μm）主要是多烯。与其他人发表的论文一致，我们也发现氧化过程为准一级反应：氧气消耗速率与氧气浓度成反比。

通过使用扩散控制动态测量法，本研究进一步尝试估算了氧化层的厚度。同时，也测定了吸收了 90%光的所谓的“辐照层”厚度。结果看起来好像前几天辐照下的氧化反应受到了氧气扩散速率的限制。但是由于多烯结构形成的保护层会阻碍光老化过程进一步渗透到核心区域。这一现象和氧化层厚度将光强度降低到了初始值的 25%。这也解释了为什么辐照条件对样品内光产物的分布影响较小。

然而所出版的系列研究的前三个部分只涉及未被着色的 PVC，第四部分才研究了二氧化钛对 PVC 耐候行为的影响[9]。利用 UV 和 IR 光谱，对已经生成羰基化合物或多烯结构层面的层厚比进行了研究。结果显示：着色的 PVC 和未被着色的 PVC 之间存在明显的差异。另外，光降解的程度与波长约为 390nm 的辐照似乎存在着某种联系，其原因很有可能与二氧化钛的吸收特征有关（图 2.50）。当把这些结果与我们之前计算出来的结果（图 4.4）进行对比的时候，这样的解释似乎也合理。

Abeler 和 Schramm 采用更加实用的方法研究了 PVC 的耐候性[10]。他们发现由于气候导致的颜色变化可以分为三个不同的阶段：

① 初期，以黄色色调的饱和度增加为特征。

② 中期，颜色和亮度的变化加剧。

③ 末期，主要为亮度的减少。

初期现象可用盐酸的脱离（脱氯化氢作用）以及形成多烯序列来解释。在较短的时间内本身就建立了多烯序列长度分布。其中起主导作用的是短链长度，那些超过 12 个双键（最大吸收波长大于 450nm）的链仅少量存在。多烯序列的数量随着时间的增长而增加。在降解后期，除了多烯结构也需要考虑其它的发色基团，如生成的交联结构。

当然，像 Kronos 公司等二氧化钛生产商也会致力于研究他们的产品应用在塑料中的影响。文献中简要介绍了光降解可能的机理[11]。除了本书中已经介绍的机理，没有其他新的发现被报道。

本书强调了水分（湿度）对降解反应的影响程度。在没有水分的情况下，填充二氧化钛的塑料只表现出黄变而没有出现粉化，出现这种现象的原因主要是缺少 OH^* 自由基。如果水分和二氧化钛同时存在，黄变和粉化都会发生。由于 UV-诱导而引起的脆化也会导致力学性能的变化。

在文献中也讨论了颜料的种类、浓度和档次对硬质 PVC 耐光性和耐候性的影响[11]。建议颜料浓度最少为 3%～6%。

如上文所述，白色 PVC 型材的长期耐候性也被研究和发表了。下面要提及的是，对于 PVC 型材制造商来说，存在着许多引起变色的问题，但鲜有研究和发表。众所周知，光效应会在相当短的辐照时间（2～1000h）里发生。伴随着光致粉，红色 PVC 型材出现明显可见的粉红色，光致灰色目前只在与铅类稳定剂复配中被观察到。在光漂白/光致蓝过程中，型材颜色变得更浅。

4.1.2 在气候老化过程中含邻苯二甲酸酯类增塑剂的 PVC 的降解

截至目前，我们只研究这种 PVC 产品的降解行为：含有专用 PVC 树脂、稳定剂、随意选择的光化学惰性填料（碳酸钙）或者光化学活性颜料（二氧化钛）的配方。假如配方中还含有作为增塑剂的邻苯二甲酸酯类、作为抗冲改性剂的丙烯酸酯以及其它填料，那将会出现什么现象？下面的内容将为偏重实践的塑料技术员提供基本的和尽可能充分的概述。

假设邻苯二甲酸酯类增塑剂的降解方式与聚对苯二甲酸乙二醇酯（PET）类似，而 PET 的降解在文献中已被描述[12]。至于 PVC，其它组分的反应也依赖于哪一个部分吸收光能。类似于以上的解释，在二氧化钛的存在下某个组分将形成自由基。如果这个组分是邻苯二甲酸酯类增塑剂，它将吸收紫外线。图 4.5 显示了发生键断裂的位置。从实际角度出发，唯一重要的是这个过程迟早会生成酸。而这些酸的存在，尤其是在无铅的体系中，可能会消耗吸酸剂如氢氧化钙或水滑石，这意味着中和了来自 PVC 降解而逐渐产生的盐酸。因此必须用抗氧剂来保护增塑剂，目前许多供应商提供的都是已经预稳定化的增塑剂。另外一种经常被忽略的气候老化作用是任何酯类增塑剂都能引起的皂化反应。在只有微量水分的情况下，催化量的酸或碱即足以引发酯类增塑剂的皂化反应，且该反应的产物为醇和酸。

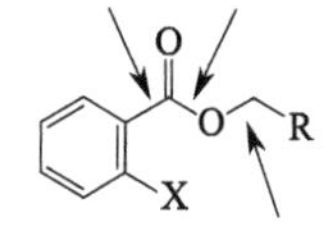

图 4.5 邻苯二甲酸酯类增塑剂可能发生键断裂的位置

4.2 光致蓝

光致蓝现象在欧洲尚未得到普遍关注，只有几篇已公开发表的文章涉及了光致蓝机理[13-17]。因此我们要开始加强对该现象的研究，而首要目标是要确定能保证光致蓝系统研究得以进行的配方和试验条件。

4.2.1 基础试验

试验采用的共混物中 S-PVC 树脂 100 份、表面处理的碳酸钙 5 份、抗冲改性剂 7 份、白色颜料 4 份、稳定剂-润滑剂“一包化”助剂 5 份。在 170℃条件下，配方中的各个组分在辊轧机上被混合、塑化，最后压成 2mm 厚度的片材。光致变色试验是将得到的样品置于 Xeno 试验装置（Beta-LM，厂家：Atlas）和户外（Arnoldstein，奥地利）来进行气候老化。为了使得到的试验系列结果更容易比较，b 值恒定为 5（如果要考虑 b 值的绝对变化 Δb，可以通过查表得到 b 值的绝对值、初始值和标准值。但是不得不承认的规律是 b 值初始值越高，Δb 越大）。

4.2.2 结果与讨论

4.2.2.1 Xeno 试验和户外气候老化的重现性和比较

当证实了 Xeno 试验的重现性以后，再将其与户外气候老化的结果进行比较。通过比较可知，具有恒定的照射条件和可再现性结果的 Xeno 试验成为了最优的方法（图 4.6 和图 4.7）。另外还发现在 Xeno 试验中，最强的老化作用出现在第一个 24h 内。而且，Xeno 试验结果与户外气候老化结果呈定性相关的关系（图 4.8）。Xeno 试验中，第一个 4～24h 的 b 值与在 Arnoldstein 进行的户外气候老化试验中第一周测得的结果相关，这也有可能与季节和实际天气相关。

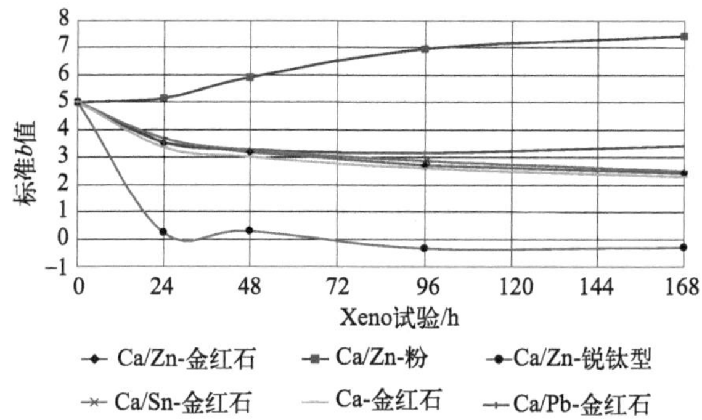

图 4.6　不同混配料标准 b 值的变化（于 1997 年混合并进行 Xeno 试验测试）

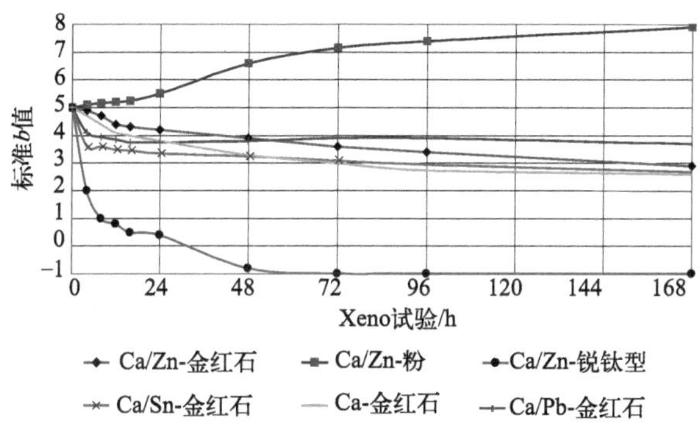

图 4.7　不同混配料标准 b 的值变化（于 1999 年混合并进行 Xeno 试验测试）

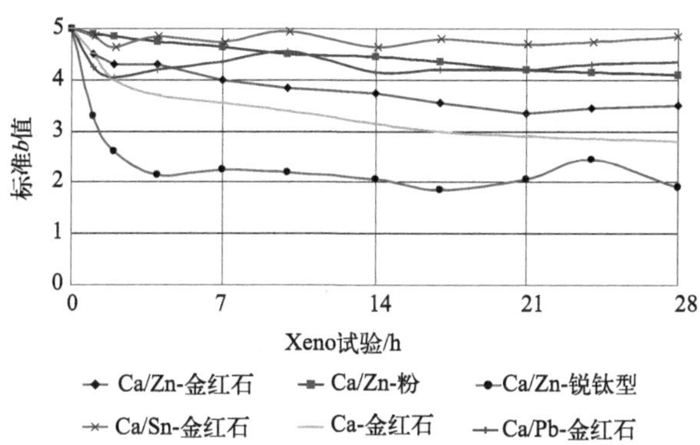

图 4.8　图 4.7 中的混配料标准 b 值的变化

（于奥地利的 Arnoldstein 混合并进行户外气候老化测试）

4.2.2.2 PVC稳定剂的影响

当普通的稳定剂体系相互比较时，能明显发现不同的稳定剂体系在前两天的光致蓝变化差距相当小，而在接下来的 4 天内差距逐渐变大，然后在长期气候老化下它们之间的差距再一次消失（图 4.9）。

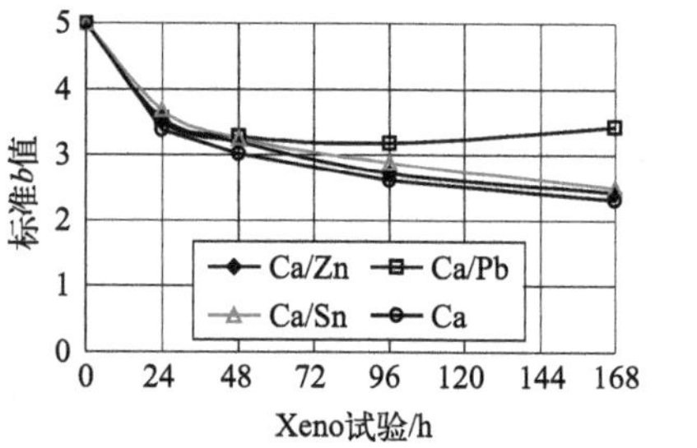

图 4.9 钙-锌（Ca/Zn）、钙-铅（Ca/Pb）、钙-锡（Ca/Sn）和不含重金属（Ca-有机物）配方在 Xeno 试验中 b 值的变化

令人费解的是含铅稳定剂的样品（Ca/Pb）似乎要远胜于其它三种稳定剂的样品。通常认为在 Ca/Pb 存在的情况下有两个反应发生：光致蓝和光致灰。在光致灰的过程中，有少量的金属铅形成[18]，而这些金属铅在第二步被空气中的氧气氧化为黄色的氧化铅（PbO）。淡黄色的 PbO 也可作为一种颜料，使 b 值提高，因此型材会出现更浅的蓝色调。

二碱式亚磷酸铅在二氧化钛和光照下生成金属铅：

$$2PbO \cdot PbHPO_3 \cdot 0.5H_2O \longrightarrow Pb(\text{黑色}) + \text{副产物} \tag{4.6}$$

金属铅氧化生成黄色的氧化铅：

$$2Pb + O_2 \longrightarrow 2PbO(\text{黄色}) \tag{4.7}$$

根据此机理可知，与其他稳定剂体系相比，含铅稳定剂似乎能够引起较少可见的光致蓝。如果此理论是正确的，在老化后的样品中应该能够检出氧化铅或金属铅。

出乎意料的是，在不含氧气的氛围下（氮气气氛），L 值出现了轻微的下降。这意味着形成了金属铅（暗色的）（表 4.2）。而且与未老化对照样品的 b 值差异（Δb）是最大的（负 b 值）。在空气气氛下，L 值只是稍微升高，而与对照物的 Δb 比小约 1 个单位；在纯氧氛围下，L 值进一步增大，而与对照物的 b 值差异 Δb 甚至更小。这些结果正好支持了我们的假设。

表 4.2 含 Ca/Pb 稳定剂的样品与金红石型二氧化钛（未经表面处理）复配，在不同气氛下用 Xenon 高压灯（XBO 100，距离灯泡 120mm）光照 24h 之后 L、a、b 值的变化

气氛	L	a	b
未气候老化的样品	93.6	0.34	8.10
氮气	93.2	−0.31	3.30
空气	93.9	0.16	4.38
氧气	94.7	0.17	5.35

4.2.2.3 稳定剂生产商的影响

1996 年，为了评价稳定剂生产商的影响，更确切地说是评价他们不同的配方技术的影响，我们对几个从不同的欧洲生产商那里获得的钙-锌稳定剂体系进行了对比。如图 4.10 所示，尽管能够看到轻微的差别，但是所有的供应商提供的样品都出现了类似的蓝变现象。该现象可用“一包化”助剂的不同成分来进行解释。例如 Klaess 发现 β-二酮有助于减小光致蓝[19]，看起来合乎逻辑的原因是这些共稳定剂通过阻断多烯序列改善了 PVC 的初期颜色。这同时也改变了 PVC 样品的吸收行为，并且根据 Grotthuss-Draper 定律[20] 可知，光吸收将减弱。随着光吸收的减弱，被引发的光化学反应也减少了。经研究发现抗氧剂也有类似的作用。如图 4.11 所示，双酚 A（BPA）的加入也导致了光致蓝浓度依赖性的降低。这就意味着蓝变现象是一个自由基反应，因为 BPA 通过清除自由基起到了抗氧剂的作用。

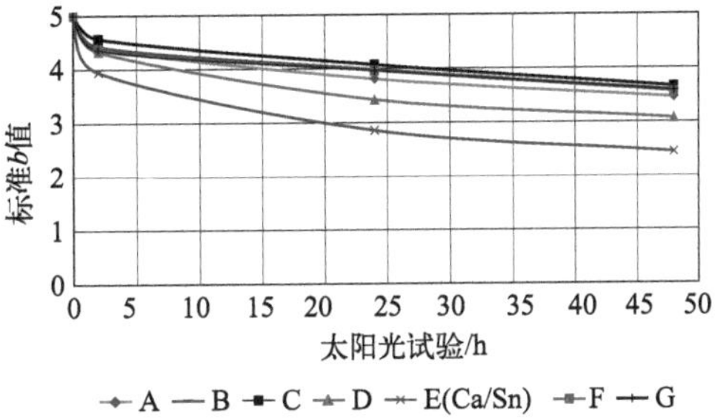

图 4.10　不同厂家的钙-锌稳定剂“一包化”助剂在太阳光试验中 b 值变化的比较
[PVC（$K=68$）100 份、抗冲助剂 KM355 7 份、表面处理的碳酸钙 7 份、二氧化钛（金红石型）5 份；760W/m^2，35℃]

遗憾的是，上文中提到的 β-二酮和抗氧剂的使用两者都不是完美的解决方案，因为他们只能减弱光致蓝，尽管用量越大，效果越好，但这些物质较高的浓度势必会带来其他问题：如配方价格提高，流变性能变化，析出可能随之发生。

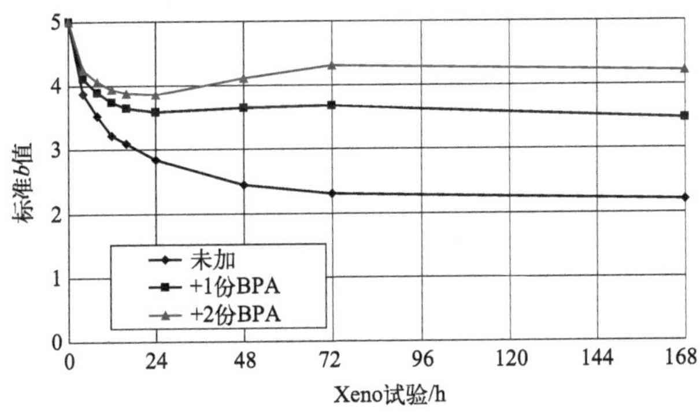

图 4.11　含不同浓度的双酚 A（BPA）、Ca/Zn 配方在 Xeno 试验中的 b 值变化比较

根据这些研究以及含铅稳定剂在欧洲正逐渐被淘汰的时代背景（见第 5 章），我们选择 Ca/Zn 体系作为进一步试验的比较标准。选定了稳定剂体系后，即可测试其它组分对光致蓝的影响。

4.2.2.4　PVC、碳酸钙和加工条件的影响

在这些体系中最主要的成分是 PVC。因此对来自不同供应商 K 值为 67～68

的 S-PVC 进行了测试（图 4.12）。正如预期的一样，通过户外气候老化测试的标准 b 值发现，不同厂家的 S-PVC 样品，其光致蓝没有发生变化。

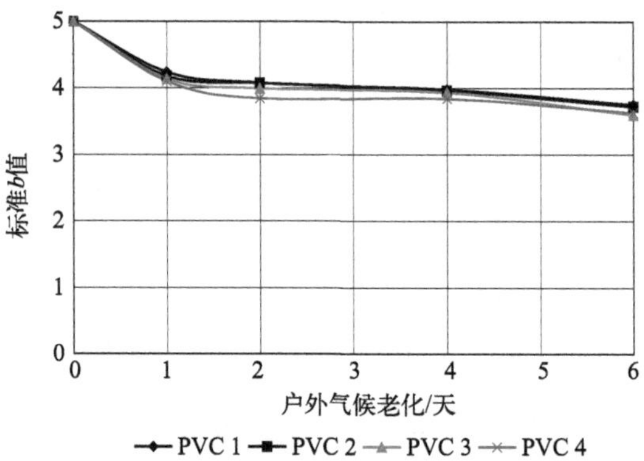

图 4.12 不同厂家的 S-PVC 样品户外气候老化试验后 b 值的变化（Ca/Zn 稳定剂体系）

碳酸钙作为填料对光致蓝的影响与 S-PVC 类似。但是，值得注意的是仅研究了两种不同的碳酸钙类型。同时也研究了不同的加工条件对其光性能的影响，正如预期的一样，并没有发现其对光致蓝有明显的影响。

4.2.2.5 改性剂和白颜料的影响

由于改性剂和白颜料的光吸收和光催化性能，可预测它们会对光致蓝具有显著的影响。为了研究，我们分别对两种改性剂（丙烯酸树脂和 CPE 改性剂）和两种白颜料［二氧化钛（金红石型）和硫化锌（ZnS）］进行了试验。在试验中，含 ZnS 样品的 b 值变化非常小（图 4.13）。这能够用 ZnS 的光催化活性低于二氧化钛来解释，因此其样品产生的光致蓝效应也没那么明显。在含 ZnS 的样品中，甚至

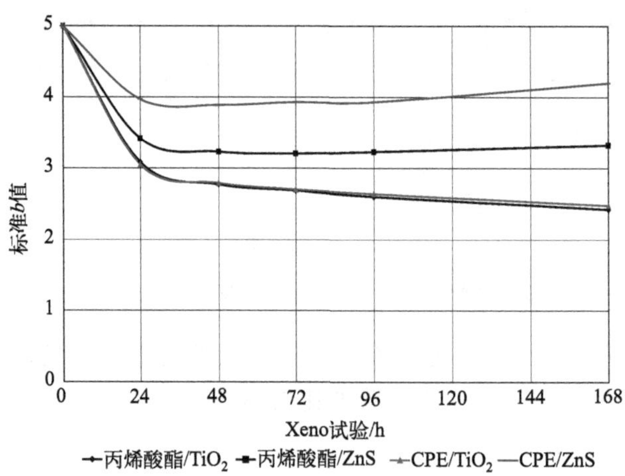

图 4.13 含有不同改性剂和白颜料组合的 Ca/Zn 配方在 Xeno 试验中 b 值的变化

能观察到两种改性剂之间 b 值变化的差别（图 4.13）。由于分子中羰基基团的存在，丙烯酸酯改性剂能吸收紫外线，这对有 ZnS 存在的体系的短期气候老化性能具有显著影响。而在含二氧化钛的配方中，光催化效应过于突出，所以检测不到丙烯酸树脂和 CPE 气候老化性能之间的差别。从这些试验可以得出结论：二氧化钛对光致蓝具有最显著的影响。

4.2.2.6 二氧化钛晶型结构的影响

人们也研究了各种晶型结构二氧化钛之间光活性的差异（图 4.14）。显而易见，当表面涂层相同时，锐钛型比金红石型二氧化钛表现出更加明显的光致蓝。若用碳酸钙替代颜料，则不会出现光致蓝现象，代之而来的是多烯序列的出现，从而导致样品发生黄变。

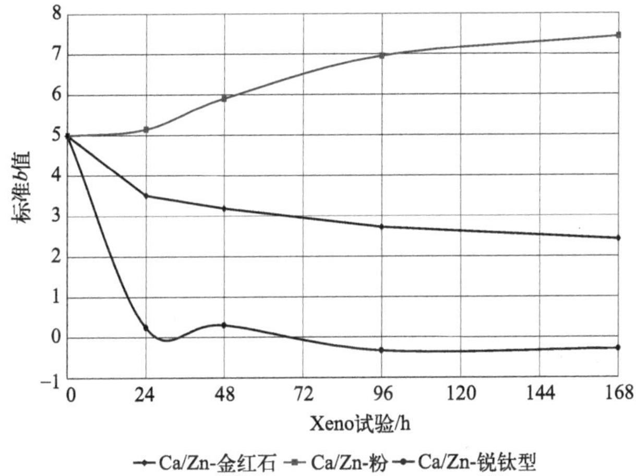

图 4.14 Xeno 试验中 b 值随二氧化钛晶型的变化（Ca/Zn 配方，碳酸钙作为比较用）

4.2.2.7 二氧化钛包覆层的影响

更为值得关注的是对包覆层不同的二氧化钛进行的比较，我们比较了几种相互竞争的颜料（不考虑它们是否适用于户外）。如果将同一个厂家提供的颜料进行比较，则显示出气候老化性能的明显差别是由表面包覆层引起的（图 4.15）。那么更进一步用不同含量的聚二甲基硅氧烷（PDMS）对未经处理的金红石型二氧化钛进行包覆（图 4.16），由试验可得知光致蓝随着包覆量的增加而减弱。包覆越多，则二氧化钛的表面被覆盖得越好，因此光活性点更少，从而导致降低光致蓝。

4.2.2.8 二氧化钛用量的影响

从理论上来讲，提高配方中二氧化钛的含量能够减弱光致蓝效应，这是因为更少的光透过表面，并且高含量的白颜料能够更好地掩盖光致蓝。另一方面，通过增加二氧化钛的含量，更多的光催化剂进入聚合物基体中，这会产生相反的效果。所

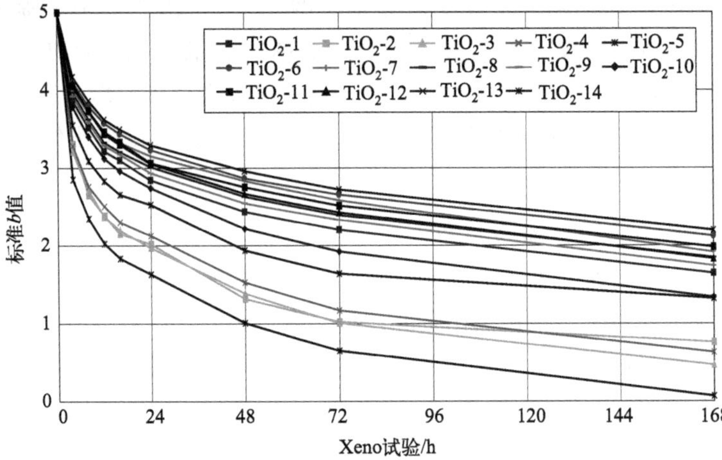

图 4.15 含不同表面处理的二氧化钛（金红石型： TiO_2-1 和 TiO_2-6～TiO_2-14；锐钛型： TiO_2-2～TiO_2-5）的 Ca/Zn 配方在 Xeno 试验中 b 值的变化

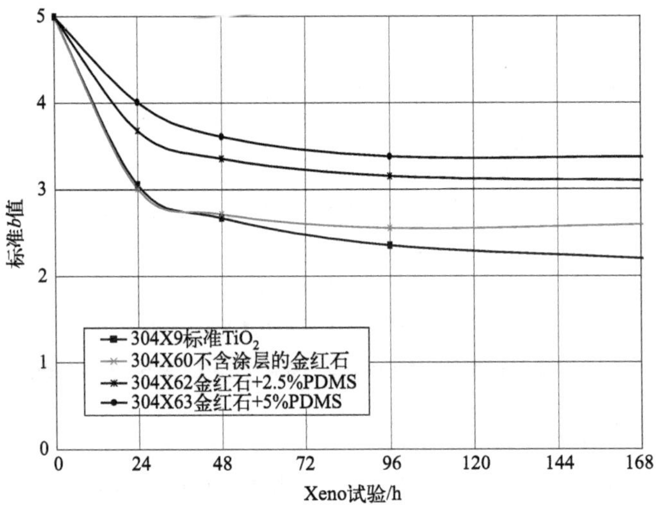

图 4.16 含不同含量 PDMS 包覆的金红石型二氧化钛以及标准类型的二氧化钛的 Ca/Zn 配方在 Xeno 试验中 b 值的变化

以为了解决这个问题，采用了不同含量的二氧化钛进行了试验（图 4.17）。试验结果表明，随着二氧化钛含量的增大，光致蓝逐渐减弱。因此在这种情况下，二氧化钛的颜料化特征超过了其紫外线吸收性能。

4.2.2.9 氧气的影响

氧气在含铅稳定剂的配方中起到了重要的作用（见 4.4.2.2 部分中的表 4.2），所以其对钙-锌体系的光致蓝也有重要的影响。因此对含有二氧化钛和丙烯酸树脂

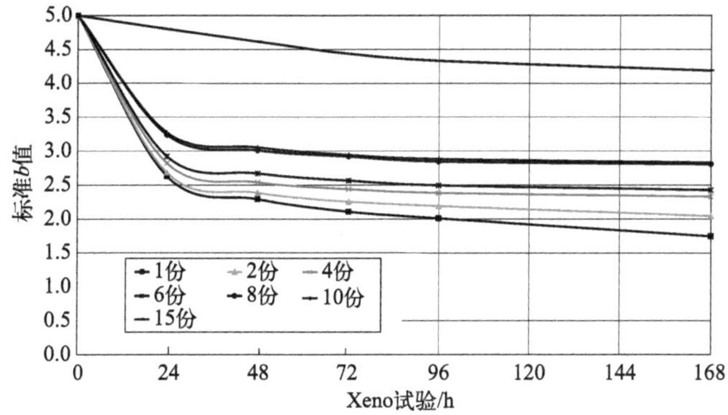

图 4.17　具有不同含量的二氧化钛的 Ca/Zn 配方在 Xeno 试验中 b 值的变化

改性剂的 Ca/Zn 标准配方（图 4.17 所示）在不同的氧气浓度下进行了测试。但是结果却发现是否含有氧气似乎对样品的蓝变并没有任何影响（图 4.18）。

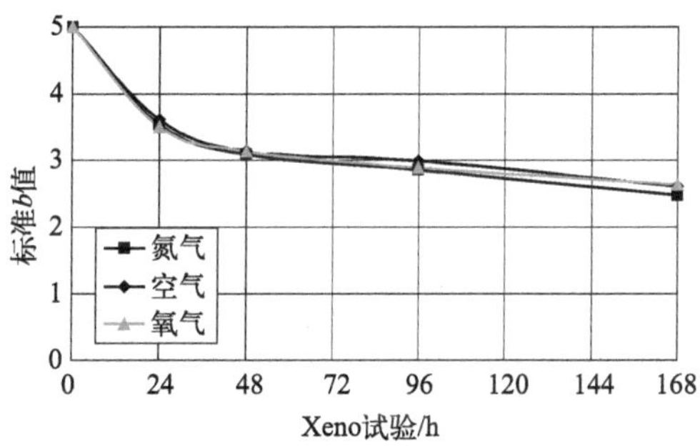

图 4.18　在不同的氧气含量下的 Ca/Zn 配方在 Xeno 试验中 b 值的变化

4.2.3　光致蓝结论

在总结上述研究的基础上，可得出结论：二氧化钛对光致蓝具有显著的影响。这是因为二氧化钛一方面被称为紫外线吸收剂，另一方面也被认为是光氧化的催化剂。此外，二氧化钛具有两种主要的晶型，分别为金红石型和锐钛型，两者的活性各不相同。金红石型主要具有阻挡光线的作用，而锐钛型主要以光催化活性为主。金红石型确实也有与锐钛型类似的光催化活性，但是其程度较小。这些结果在采用同一厂家提供的不同类型的二氧化钛进行的试验中得到了印证。到目前为止，对于二氧化钛不表现任何的光致蓝现象的说法还尚未被证实。

接下来主要问题集中在白色颜料和对其表面进行的光化学过程的理解上。基于上述试验，目前我们能够假设如图 4.19 所示的光致蓝的模型。

在光照过程中，二氧化钛中的一个电子从价带（vb）跃迁进入导带（cb），这样就形成了一个光半导体，并且决定了之后的反应。在光半导体的表面，不同的催化过程可能发生在相应的表面化学官能团上。通过这些反应，形成了许多不同的自由基。在光半导体寿命期间形成的所有自由基都能够与多烯结构发生反应并且破坏能产生颜色的共轭体系。外部观察者观察到光致蓝效应，但实际上所基于的事实是 PVC 表面变得“不再那么黄”。

光半导体的反应活性取决于其在活化态的寿命。通过与德国哈勒-维腾贝格大学合作，经过仅有几纳秒的光闪烁激活之后，测试得到了活性光半导体的寿命为几分钟。

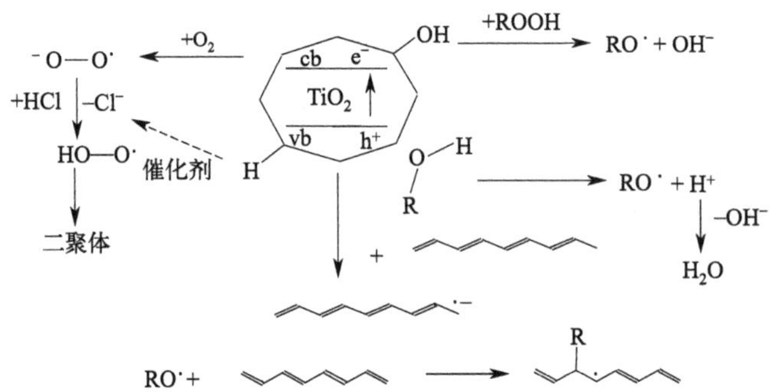

图 4.19 光致蓝的假设机理

如图 4.19 所示，通过使用自由基捕获剂可以证明二氧化钛表面自由基的形成，这与抗氧剂的例子很相似（图 4.11）。

4.2.4 展望

如果达到以下两种情况，光致蓝现象是可减小的甚至是能避免的：

① 通过某种方法对二氧化钛进行改性，使其光半导体的寿命极短以至于没有任何的自由基生成，或者是自由基不能迁移到 PVC 中；

② 找到高效的自由基捕获剂。

在找到解决问题的方法之前，型材供应商们必须确保堆积的型材不暴露在强（日光）辐射下，否则被暴露的那一层经过一段时间后将“褪色”，而未被照射的型材会保持原态。用能反射光线的箔纸或者是外白内黑的箔纸包住型材可避免变色。

4.3 光致粉

光致蓝被检测到是由于 b 值发生了改变，而光致粉则显示了本身 a 值的增加。光致粉可分为三种：

① 所谓的英国“北面粉”，主要指的是朝北开的窗户的褪色粉变，但前提是存在水分且户外温度相当低。粉变褪色是不可逆的，并且在强光下颜色消失，在黑暗

中颜色保留。

②“地中海粉”发生在比较干燥的大气氛围和强烈的阳光下。这种粉变现象虽不可逆，但也表明有两个可能的过程。使用特种添加剂能够显著减弱粉变。而这种特种添加剂是可获得的，并为所有的欧洲稳定剂生产商所用。

③ 与不含铅、锡和锌的新型稳定剂体系相关，在经历气候老化后也可观察到粉变褪色过程。这种效果最初只发生在与1,3-二甲基-6-氨基尿嘧啶混合的体系中，因此称其为“尿嘧啶粉色”。

“北面粉”的情况似乎略有不同，它只发生在含铅稳定剂的混合体系中，上文中能够解决“地中海粉”问题的添加剂，不适用于“北面粉”。对于这类粉变机理只搞清了一部分。然而，众所周知，这里所使用的二氧化钛并不适合户外应用[21]。而铅（Ⅳ）已多次被定义为诱色化合物[22]。根据Walreavens的研究，“北面粉”当前最切实际的解决方案就是使用优质钛白粉和优质铅稳定剂的共混物。根据研究发现，使用无铅稳定剂体系也能够为“北面粉”提供技术解决方案。在2014年德国杜塞尔多夫的PVC配方大会上，Schiller等提出了“北面粉”与由BPA得到的醌型结构的形成有关的假设[23]。在芳环上存在C—H取代基的酚类抗氧剂会发生形成醌型结构的化学反应[24]。由于醌类化学结构的存在，制品会显示微黄色到微红色的颜色。然而，BPA芳环上并没有—H取代基。不过，Nomiyama等[25]更新的研究表明：在水和钛白粉的存在下，BPA会形成作为中间产物的4-乙烯基苯酚、4-羟基乙酰苯以及1,4-苯二酚。这些中间产物可能会形成醌和有色样本。这种假设是如何适用于铅（Ⅳ）化合物的生成的[22]？一方面铅（Ⅳ）是强氧化物质，它能够将上述三种中间产物氧化成醌类；另一方面醌类能够和盐酸发生反应，最终生成氯醌衍生物。氯醌是一种强氧化剂，能够将铅（Ⅱ）氧化成铅（Ⅳ）。这就又转变成“鸡和蛋的问题”：谁先产生？这个问题永远得不到解决，因为到目前为止，实验室中所有尝试模拟“北面粉”的试验都以失败告终。但是，根据Xeno试验中钛白粉和BPA在聚乙烯醇缩丁醛和模拟气候老化中的PEMF调查结果，Schiller等仍然支持这个假设，前提是存在醌类和氧化还原化学计算的情况下[23]。最终的问题是：为什么“北面粉”无论在光下还是黑暗中都是可逆的？这是因为建筑物的北侧光强较弱，能够使醌类和铅（Ⅳ）的分解与再生达到平衡。

最初对“尿嘧啶粉”普遍存在疑惑，它所产生的影响无法解释或总结，但也不能避免，甚至在使用非常稳定的有机物时也会出现，如BGAC、TGAC、1,3-二甲基-6-氨基尿嘧啶等（见1.4.1小节）。后来经实证发现：体系中钛白粉和水分的存在对于光致粉现象形成是非常关键的因素，很多年后才提出能够模拟这种光效应的可靠方案[26]。

用这种程序来测试PVC样本“尿嘧啶粉”的产生非常容易，同时，通过使用特殊填料或带有光电动力性能的钛白粉能有效延缓甚至可以避免粉变的产生[26]。2014 年，在英国布莱顿举行的 PVC 大会上，Artok 和 Schiller 曾提出假设："尿嘧啶粉"可能与一种所谓的电荷转移配合物的形成有关，这种配合物介于活跃的金红石和给电子体之间，如 1,3-二甲基-6-氨基尿嘧啶[27]。此假设基于以下事实：

① 不存在能够使 1,3-二甲基-6-氨基尿嘧啶发生光反应的色种。Johns 等发现了二聚化产物[28]，Lucas 等研究了尿嘧啶对钛白粉的光化学作用[29]，Anheden 等研究了在钛白粉存在下 5-氟尿嘧啶光催化治理废水的情况[30]，Wait 等研究了紫外线对尿嘧啶衍生物的影响[31]。另外一些文献也记录了 DNA 和其氨基酸的光化学作用。考虑到所有情况之后，Artok 和 Schiller 发现尿嘧啶能够发生二聚化和光氧化作用，在分解时第一步降解为二氧化碳、氨等，具体分解情况取决于辐照条件。所有的研究都无法解释粉变过程，所查文献中也没有提及变色光产物。

② 1,3-二甲基-6-氨基尿嘧啶和硝酸中的硝阳离子形成有色电荷转移配合物（CT 配合物[32]），这种 CT 配合物无法分离，但是向硝酸中有色 CT 配合物的溶液中加入更强的给电子体后，CT 配合物被破坏[27]。

③ 使用 PEMF 技术的研究发现，钛白粉（金红石型）和 1,3-二甲基-6-氨基尿嘧啶在聚乙烯醇缩丁醛中存在 CT 配合物。存在湿度的情况下，1,3-二甲基-6-氨基尿嘧啶猝灭了两种不同金红石的 PEMF 信号。湿度对增加尿嘧啶在聚乙烯醇缩丁醛中的迁移具有重要作用（尿嘧啶不溶于聚合物但溶于水）。另外，相对于尿嘧啶，强给电子体（液态和水溶性的）有更强的猝灭效果。

④ 当 Artok 和 Schiller 用这种强给电子体处理含钛白粉的粉色 PVC 管材时，在液态给电子体迁移到变色 PVC 管材后，粉色消失了[27]。

4.4 光致灰

4.4.1 真正的光致灰

提到光致灰，大部分文献一致认为[18] 金属铅是导致灰变的原因，利用 XPS 分析（X 射线光电子能谱分析）可以追踪到金属铅（零级氧化）[33]（图 4.20），紧邻铅的是二碱式亚磷酸铅（二级氧化）。对于金属铅的形成，铅稳定剂的类型和使用的钛白粉的质量都起着至关重要的作用。因此为了避免光致灰，PVC 生产商要同时使用优质钛白粉及优质铅稳定剂或无铅稳定剂。

4.4.2 表观光致灰

相对于真实光致灰，其他灰变现象也经常被误认为是光致灰过程。根据现有知识，我们可以区分出硫交叉染色[见式(4.1)]和起雾现象，比如由于有机物或者煤

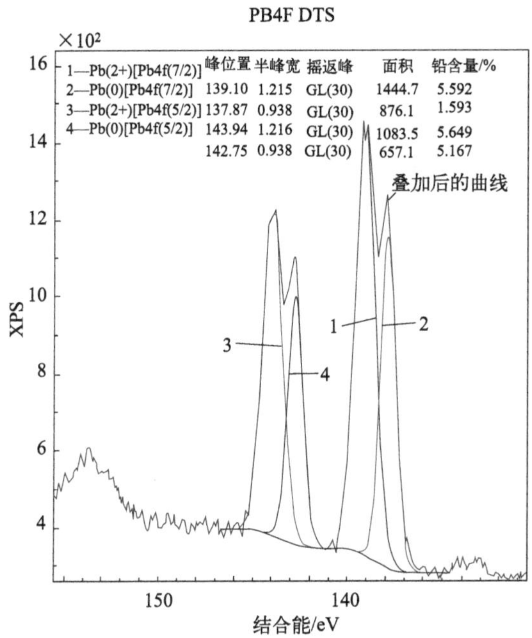

图 4.20 XPS 分析金属铅的图谱

烟和含银物质混合后作为杀菌剂用于窗框和门框，从而导致家具变黑的现象[34-35]。当使用硫黄（硫化物）加工含有铅稳定剂的 PVC 时，也会产生硫交叉染色现象，在很多案例中可以明显看出灰变或者黑变过程的来源。如果最终 PVC 制品在放置一段时间之后才变成灰色，情况就更加复杂了。参考两个真实的案例：其一，鲜肉市场的冷藏室外层使用 PVC 墙板覆盖；其二，某业主在整个房子使用 PVC 墙板。这两个案例中所使用的 PVC 都含铅稳定剂。第一个案例中所有的墙板都会发生不同程度的灰变。第二个案例中只有某个房间会发生灰变，如浴室，且地势越低变色越严重，随着高度的增加此现象逐渐轻缓，而其他房间不存在这种问题。浴室变色的原理和工厂一样，只是变色出现在内部。通过上述的 XPS 分析可以检测到二级氧化的硫黄（图 4.21）。空气中含有的微量硫化氢是导致变色的最重要的原因：蛋白质在腐烂和分解过程中释放出硫化氢，因此可以用来解释上述两个案例中的变色现象。

以下所提到的“起雾”和“黑房间”现象都是基于实践经验的。上述第二个案例中的户主表示自从安装了塑钢窗之后，住宅内出现了大量的污物。经过实地走访，证实了屋内确实到处是黑色的，并且有黏稠的沉积物覆盖在表面。影响最严重的是窗户和外墙（内侧），尤其是卧室。在窗框、加热器顶部、家具、其他设备以及白色窗帘上都覆盖着沉积物，并且这种沉积物就算使用清洁剂也很难清除。实际上，通过使用标准家用清洁剂至少可以清除窗框上的沉积物。所以灰色表面沉积物是可以清除的。

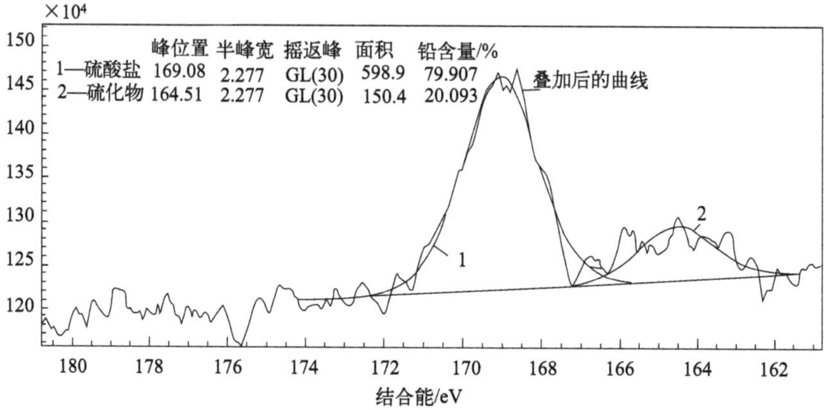

图 4.21　XPS 分析硫化物的图谱

房间内的热量由中央油加热系统提供，某工程公司追溯这种现象到所谓的“起雾”或“魔尘”，其中“起雾”在文献中被定义为一些增塑剂和其他挥发性组分在某个特定环境里挥发的趋势增加的现象[36]。Zweifel、Mayer 和 Schiller[37] 表示最终沉积物会以液滴的形式出现。因此假设此现象导致“黑房间”，且通常情况下与“起雾”有关联。

文献中也曾多次记载“黑房间”事件[38-39]，但是到目前为止，还没有发现产生灰尘沉积物的原因。

曾经研究过一些不同的因素，但是在寻找合理解释的时候，所有可能的影响因素都没有产生黑色沉积物。同时，时间线也变幻无常，即大部分可见沉积物在几天到几个星期内出现；很少在几年后出现。对于不同的案例，其影响因素也存在差异。房屋翻新改造、存在冰冷的外墙，热桥效应会通过日益明显的泛灰现象显现。还有燃烧的蜡烛和香烟烟雾也是。然而，用这些来解释此现象并不能让人信服。

因为单一的真实原因不能在现有知识的基础上建立，任何有关如何去避免这些现象的建议都尚未确定。这些问题没有得到令人满意的答案，因为还需要考虑构造相关的潜在协同因子（材料、热桥、空气对流），以及居住者的个人因素（家具、香烟烟雾、通风设备、蜡烛）。然而，基于可检测物质或物质群体，可以试着找到优先资源和沉积物主要组成之间的关系。

在上述案例中，利用一系列不同的方法研究了部分受影响的窗框，且窗框组成符合此领域的正常标准，根据填料供应商可知填料中不包括炭黑或液体。通过拉曼光谱分析得到的唯一解释：煤烟沉积物清晰可见（图 4.22），煤烟源于漏气管道（烟囱）并且严重威胁健康。

另一个光致灰案例的原因却很特别：Remizov 在专利申请书[34] 中提出一种聚

合物的合成方法，而这种聚合物可以用来挤出门框或窗框型材，且具有稳定的抗菌性能，这个合成过程中需要添加含银物质，该物质可能是含银沸石（含银沸石也是一种杀菌剂[35]）。众所周知，银和含铅稳定剂配合使用时有杀菌作用。本书作者也是一位光化学教育家，他选择此职业是因为他在幼年时喜欢拍黑白相片，有时经常会冲洗一些底片，并将这些底片在照相纸上放大。但是他忘了底片和照相纸都含有银卤化物。银的卤化物（以及硝酸盐）都是光敏性的，假如暴露在阳光下，它们会形成黑色细分散的金属银。根据专利，我们挤出了两种完全相同且无铅稳定剂的窗框型材，它们之间唯一的不同是其中一种型材含有 0.2 份的含银沸石。两种型材挤出后外表十分相似，尤其是颜色。之后将这些型材的样本转移到土耳其的伊兹密尔的户外进行研究。经过短时间的气候老化，相对于无银样本，含银样本的 L 值下降了 3 个单位，并且 b 值上升了 10 个单位。颜色的变化主要是由于样本暴露在阳光下从而形成了金属银。银（Ⅰ）到银（0）的还原反应与照相过程中的反应一样。

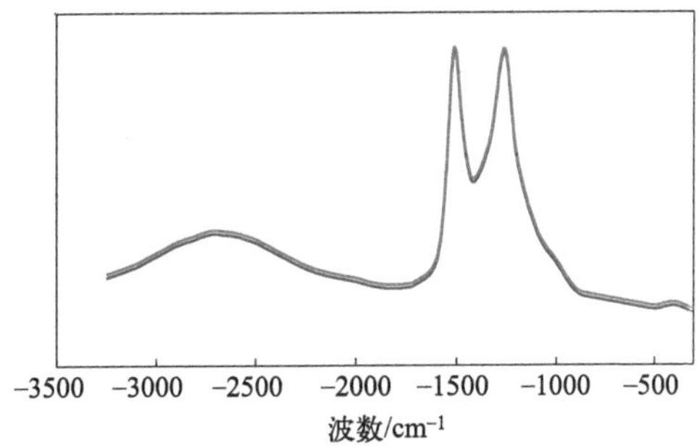

图 4.22　拉曼光谱分析煤烟的数据

4.5　环境对塑料窗框耐候性能的影响

4.5.1　引言

对于白色塑料窗框的耐候性能的研究已经非常广泛了（应该着重强调的是虽然以上的研究对象均为 PVC 窗框型材，但是得到的发现和结论也适用于其他硬质 PVC 产品，如墙板、管材、排水槽等）。根据在美国亚利桑那州和佛罗里达州以及在法国的长期户外气候老化结果，PVC 型材的生产商保证他们的产品在十年内不会出现微裂纹和变色。Reichert 等收集了 PVC 型材在德国多个区域进行气候老化测试的数据[40]。另外，在八年的时间里，环境影响如日照时间、风、雨和空气污染都被记录下来了。Schiller 等的研究表明煤烟和花粉对窗框型材有损坏作用，不论型材的稳定体系是什么（图 4.23）[41-43]。Klaess 等对因锈膜而导致型材上形成黄色斑点的现象做出研究[44]。

一般情况下，任何窗户都是朝南或者朝西，很少有朝东或朝北的。另外一项研究表明不是整个框架受到影响，而是水平方向影响最严重，并且所有的斑点都出现在窗框的 1/3 处，最高至窗框的 1/2 处，在窗框竖直方向的上端未受影响。窗框表面不会发生变化但是总是会出现参差不齐的斑点，这样就排除了稳定的窗框型材其纯粹光反应的原因。

图 4.23　由于环境暴露导致样本产生淡黄色斑点和变色现象

为了模拟自然气候老化作用，开发了许多测试方法如 Xeno 测试、QUVA、QUVB、光照测试、Bandol Wheel 和 SEPAP 测试。通过不同的角度可假设理论模型来解释耐候性能。从化学角度来讲，在白色 PVC 中发生的两个过程之间存在相互竞争的关系：

① 脱氯化氢反应和共轭双键（聚烯序列）的形成导致 PVC 发生变色。

② PVC 制品漂白以后会发生光氧化作用，继而生成氢过氧化物、醇、碳化物、酸类，随后聚合物链段开裂，最后多烯序列也会断裂。

相反，塑料专家关心的是产品光泽度下降、粉化、变色以及其他影响。

以下内容涉及由自然或工业环境引起的气候老化现象，假设这些污染物的一般机制如下所示[42]：

① 污染物处于型材的水平部分。

②（冷凝）水沿着窗户上的玻璃流下来。

③ 水萃取了污染物中的水溶性物质。

④ 此溶液迁移进入型材表面，或水在阳光下蒸发而污染物却沉积在型材表面。

⑤ 型材的光泽度下降。

⑥ 型材表面变得粗糙。

⑦ 窗框型材的吸收和反射性能发生了改变。

⑧ 阳光“灼烧”的残渣留在了型材上。

⑨ 产生黄棕色斑点。

⑩ 需要进行修复。

接下来了解一下几类最常见的污染物。

4.5.2 锈膜

锈膜这种类似化学物的物质在很多情况下都会产生，常出现在钢铁加工行业和铁轨附近，尤其是开关周围、火车站附近。沙漠的沙中含有铁（表 4.3），加热系统的煤烟中也含有大量铁，这些铁元素可能源于油、木块、气或煤（表 4.4）。铁元素的另一个来源是交通工具的尾气（如汽车、卡车、柴油机车等）。在较宽的范围内，烟尘的整体组成相同，但是其中的铁含量各不相同。现代的油加热器产生的烟尘含有铁硫化合物，很可能是三价铁的硫酸盐以及很少的碳，这种烟尘 pH 值为 1，呈极酸性。老式的油加热器产生的废气含有大量的碳，而其中的铁元素和硫元素含量非常少。

金属铁及其化合物都会导致黄色斑点的形成[44]，众所周知，铁化合物是路易斯酸，对 PVC 的分解起到催化作用，这就导致了 PVC 热稳定性、变色以及黄色斑点的生成等问题。

表 4.3 撒哈拉沙漠中沙子的组成

元素	质量分数/%	元素	质量分数/%
磷	0.1～0.2	硅	18.5～25.0
钙	5.6～9.9	钾	1.6～2.7
钛	0.3～0.5	铁	2.3～4.9
钠	0.3～0.4	氧	45.3～61.5
镁	2.1～2.2	硫	pos.
铝	7.6～9.2		

注：pos. 为能检测到但无法量化。

表 4.4 不同烟尘样本的分析（质量分数，%）

项目	油加热器现代系统	油加热器老式系统	木材加热	叉车Ⅰ废气	叉车Ⅱ废气
样本编号	WJ364	WJ365			
铁	28.3	8.0	3.4	15.4	1.4
钙	<0.1	0.1	11.5	1.8	0.7
碳	0.8	75.0	21.0	34.0	63.0
氮	0.2	<0.1	0.6	0.7	2.3
硫	19.5	0.8	1.0	4.0	1.4
pH 值	1.3	n.a.	12.4	2.5	n.a.
可萃取甲苯	2.9	0.5	4.6	3.0	n.a.
芳烃	pos.	pos.	pos.	pos.	n.a.
其它金属	pos.	pos.	pos.	pos.	pos.

注：n.a. 为由于样本尺寸较小而无法检测到；pos. 为能检测到但无法量化。

验证锈膜是否存在，可以用能量色散 X 射线（EDX）来分析，也可以在扫描电子显微镜（SEM）下观察，或者使用元素分布成像（图 4.24～图 4.27）分析。

图 4.24 中浅色区域氯元素含量较低（图 4.25），铁元素含量较高（图 4.26），氧元素含量也较高（图 4.27），这四张图表明这些区域含有铁氧化合物，很有可能是三价氧化铁。

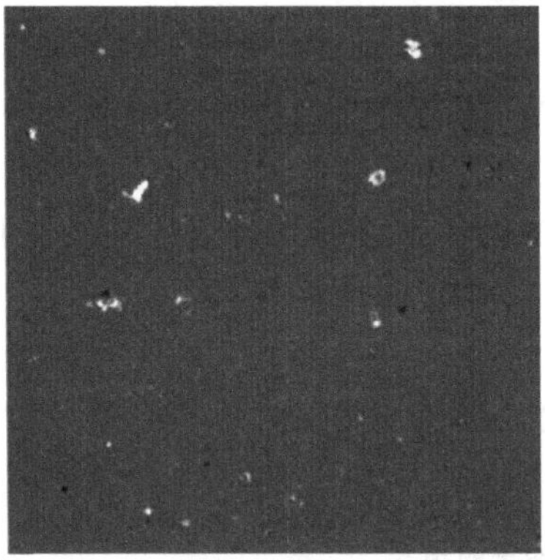

图 4.24 图 4.25~图 4.27 的元素分布区域的 SEM 照片

图 4.25 图 4.24 中氯元素的分布（浅色区域氯元素含量较低）

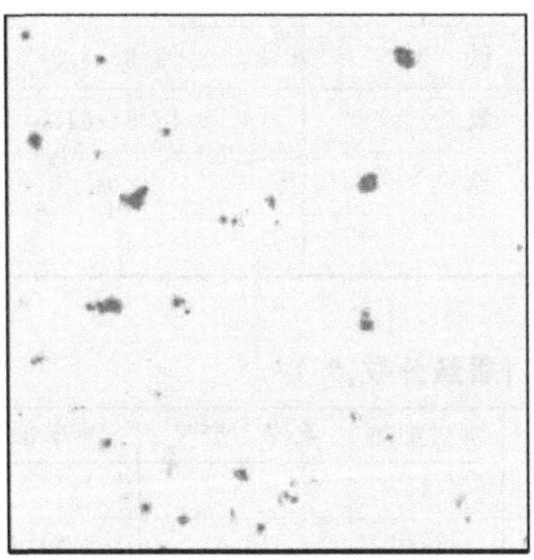

图 4.26 图 4.24 中铁元素的分布（深色区域铁元素含量较高）

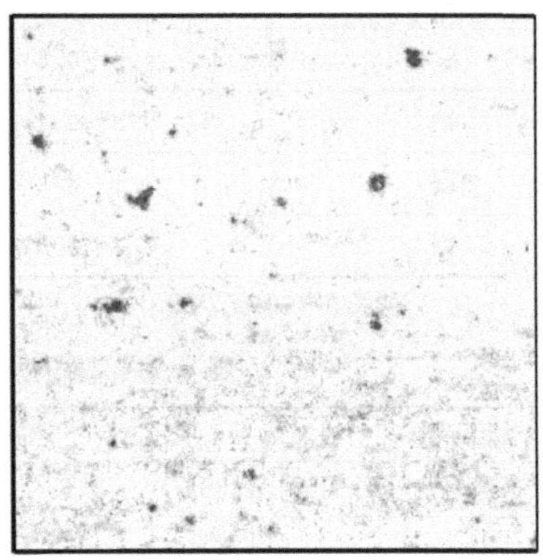

图 4.27 图 4.24 中氧元素的分布（深色区域氧元素含量较高）

4.5.3 烟尘

烟尘对耐候性能的负面影响在早期文献中就提到过[42-43]。通过对炭黑的颜色的辨别可知，可以将烟尘从汽车、工业烟囱、加热设备等排出的废气中区分出来。

烟尘与其他物质的不同点在于其多环芳烃（PAHs）的含量。碳颜料（炭黑）中 PAHs 的含量小于 0.1%，而汽车、工业烟囱、加热设备排出废气所含的烟尘中，PAHs 的含量比较高，而且种类较多，高达 16 种，其中包含萘、蒽、菌和芘类等[45]，除此之外还包括其它有机化合物和不同的金属（表 4.4）。

现代燃油供暖（WJ364）所排放的烟尘中含有比较纯的硫酸铁，且 pH 值为 1.3，这种硫酸铁中，含有 18%的硫酸亚铁、66%的硫酸铁以及 5%的 Fe_3O_4（表 4.4），而老式油加热器 WJ365 的烟尘分析与此大相径庭（表 4.4），它主要包含碳，只有 8%的铁，而这些铁元素主要以灰尘及少量硫酸铁的形式存在。分析表明，铁元素是普遍存在的，而且通常存在于尘土中且浓度能达到 3%[46-47]。

为了判定烟尘对窗框型材的污染情况，对 WJ364 和 WJ365 的“表面电荷”进行了探讨，即将不同的烟尘样本分散在水中，然后研究其在不同 pH 值时的表面电荷。

由于 WJ365 呈酸性（即使在低浓度时），且烟尘颗粒在 pH 为 4.5 时携带表面正电荷，所以烟尘对窗框型材具有较高的亲和力。表面正电荷越高，窗框型材的吸附力越大。由于含有大量的碳，WJ365 也具有较高的疏水性，从而使窗框的吸附性能更强。

WJ364 呈表面负电荷，这增加了颗粒之间的斥力。在 pH 值为 3～10 的范围内，WJ364 样本均呈表面负电荷，即使 WJ364 分散在水中（不考虑 pH 值）也表现为负电荷。

4.5.4 花粉

花粉中含有的某些化合物对涂料和塑料有侵蚀性，除了金属化合物（表 4.5），花粉还含有蛋白质、DNA、淀粉、糖类、脂肪类、类胡萝卜素（结构类似维生素 A）、生长素、叶酸（维生素 B_9）及抗坏血酸（维生素 C）。类胡萝卜素和叶酸都是有色物质，当迁移到型材表面时，就会产生色斑[48-49]。早期案例已经证明花粉对型材耐候性能的负面影响[42-43]。

表 4.5 花粉的元素分析

元素	质量分数/%	元素	质量分数/%
镁	0.05	磷	0.30
钙	0.06	硫	0.20
钾	0.56	碳	44.6
锌	<0.05	氮	2.70
铝	<0.05	氯	0.37

到目前为止，还没有确切证实花粉颗粒存在于塑料型材中。由于花粉浓度太低且渗透层太浅，所以常规光谱法无法验证多变组分中的多组分混合物，就算比较灵敏的测试方法如飞行时间二次离子质谱仪（TOF-SIMS）和 XPS 也无法提供明显

的证据。通过使用 EDX、SEM 且配合元素分布成像和傅里叶红外光谱分析，能够得到较好的信息以证明花粉的存在。

4.5.5 模拟环境效应

德国塑料加工工业协会（GKV）针对不同型材实施了老化循环试验，这些型材采用钙-锌稳定剂或铅稳定剂，且这些型材来自于多个欧洲生产商。随后参与的公司根据其内部程序和工艺对这些匿名样品进行了测试[50]，以便日后对整体方法进行比较。

4.5.5.1 样本

在“循环试验”中，除了外部的 GKV 样本，还测试了另外三种不同的稳定剂体系：铅（Ca/Pb），钙-锌（Ca/Zn），OBS（Galata 的注册商标名称）。根据内部标准配方把这些样品制备成膜然后压制成片（表 4.6），测试研究了 GKV 样本的光泽度、L 值、a 值、b 值以及热稳定性（经脱氯化氢作用，表 4.7）。此外，还进一步假设型材表面的微结构能够表现出材料对环境污染物（如烟尘、花粉和锈膜）的敏感性和黏附性。因此通过 ESEM（环境扫描电子显微镜）进行研究，在不同放大倍数下得到不同的图像（图 4.28～图 4.81，表 4.7）。在更高的分辨率下，图像更加清晰，这都归因于电荷和一些白色圆形的可见区域。

表 4.6 模拟环境效应的样本

样本来源	样本编号(803Ex,x=)	配方/稳定剂体系
内部标准 1	1	100 份 PVC(K=68),5 份表面改性的碳酸钙,7 份丙烯酸酯抗冲改性剂,5 份钛白粉;x 份 Ca/Pb 稳定剂
内部标准 2	2	100 份 PVC(K=68),5 份表面改性的碳酸钙,7 份丙烯酸酯抗冲改性剂,4 份钛白粉;x 份 Ca/Zn 稳定剂
内部标准 3	3	100 份 PVC(K=68),5 份表面改性的碳酸钙,7 份丙烯酸酯抗冲改性剂,4 份钛白粉;x 份 OBS 稳定剂
GKV	56	Ca/Pb
GKV	57	Ca/Zn
GKV	58	Ca/Pb
GKV	59	Ca/Pb
GKV	60	Ca/Pb
GKV	61	Ca/Pb
GKV	62	Ca/Pb
GKV	63	Ca/Zn

续表

样本来源	样本编号(803Ex,x=)	配方/稳定剂体系
GKV	64	Ca/Zn
GKV	65	Ca/Zn
GKV	66	Ca/Pb
GKV	67	Ca/Pb
GKV	68	Ca/Pb
GKV	69	Ca/Zn+Pb
GKV	70	Ca/Zn
GKV	71	Ca/Zn
GKV	117	Ca/Pb
GKV	118	Ca/Zn

表 4.7 样本的光泽度、*L*、*a*、*b* 值、稳定性(脱氯化氢，DHC)及其与图 4.28～图 4.81 之间的关系

样本编号(803Ex,x=)	稳定剂体系	光泽度/%	L	a	b	DHC	5μm尺度图	20μm尺度图	50μm尺度图
56	Ca/Pb	41	92.36	−0.07	2.57	90	4.28	4.29	4.30
57	Ca/Zn	46	91.8	−0.54	2.88	44	4.31	4.32	4.33
58	Ca/Pb	55	93.3	−1.03	2.36	77	4.34	4.35	4.36
59	Ca/Pb	59	93.5	−0.44	2.15	88	4.37	4.38	4.39
60	Ca/Pb	70	93.4	−0.8	2.08	80	4.40	4.41	4.42
61	Ca/Pb	43	93.8	−0.95	2.08	96	4.43	4.44	4.45
62	Ca/Pb	30	95.3	−1.08	2.56	99	4.46	4.47	4.48
63	Ca/Zn	25	95.3	−0.79	3.11	41	4.49	4.50	4.51
64	Ca/Zn	53	93.99	−0.72	2.49	39	4.52	4.53	4.54
65	Ca/Zn	52	94.2	−0.72	2.43	38	4.55	4.56	4.57
66	Ca/Pb	56	90.5	0.03	−1.26	98	4.58	4.59	4.60
67	Ca/Pb	65	90.3	0.02	−1.14	96	4.61	4.62	4.63
68	Ca/Pb	41	93.9	−0.64	1.74	77	4.64	4.65	4.66
69	Ca/Zn+Pb	20	93.3	−1.03	1.86	37	4.67	4.68	4.69
70	Ca/Zn	36	92.3	−0.87	1.98	42	4.70	4.71	4.72
71	Ca/Zn	39	92.2	−0.87	1.97	42	4.73	4.74	4.75
117	Ca/Zn	49	93.6	−0.72	2.88	47	4.76	4.77	4.78
118	Ca/Pb	38	93.5	−0.88	3.17	96	4.79	4.80	4.81

产生上述现象的原因是表面存在有机物（外部润滑剂），也就是说型材即使表面较为紧实，也无法始终呈现较好的光泽度。例如，样本 803E70 和 803E71 50μm 尺度的表面（图 4.72 和图 4.75）比较紧实，但光泽度仅为平均水平的 35%～40%。相反，样本 803E 64 的光泽度为 53%，在显微镜下其表面非常粗糙。因此，仅从微结构表面上无法解释光泽度的结论，反之亦然。按照逻辑，光泽度取决于多个影响因素，如碳酸钙质量、碳酸钙含量、润滑剂的平衡、挤出条件以及挤出后表面处理等。

图 4.28

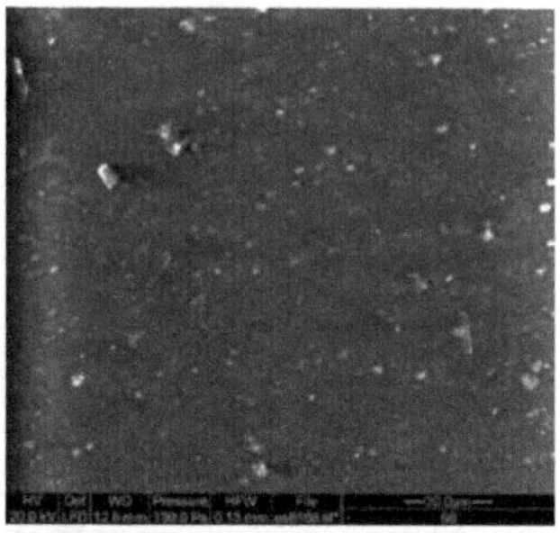

图 4.29

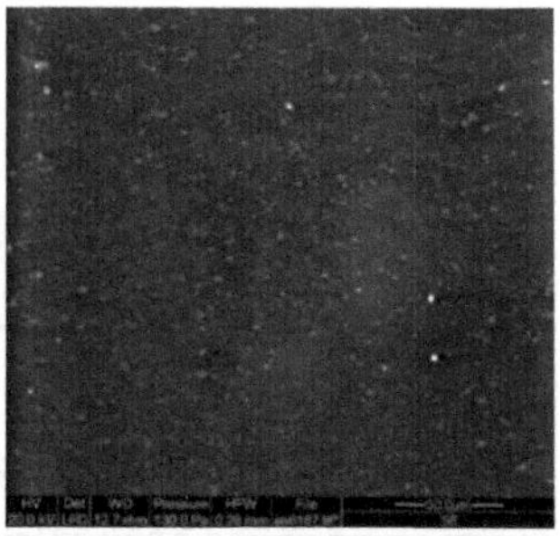

图 4.30

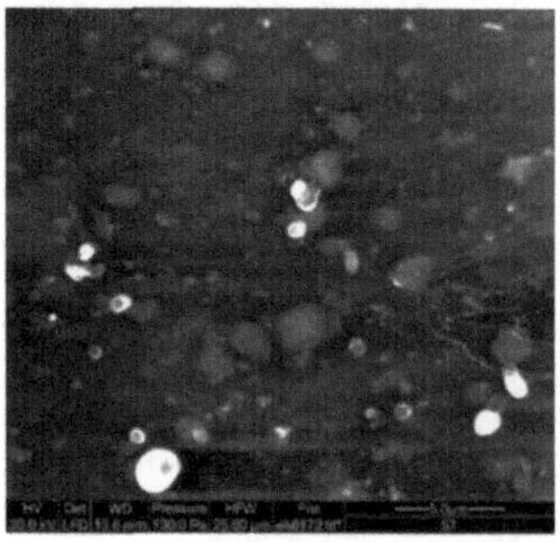

图 4.31

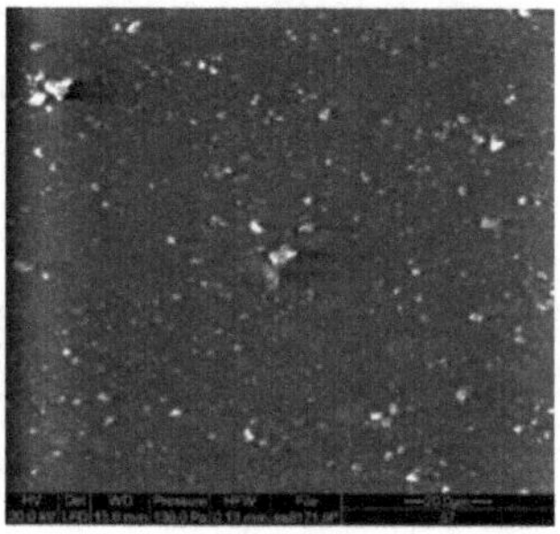

图 4.32

图 4.33

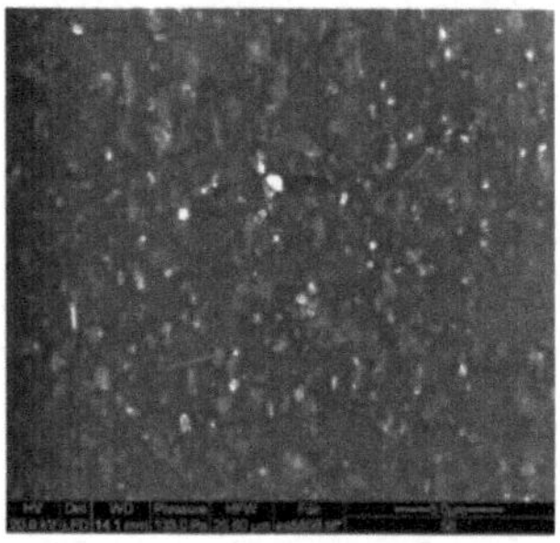

图 4.34

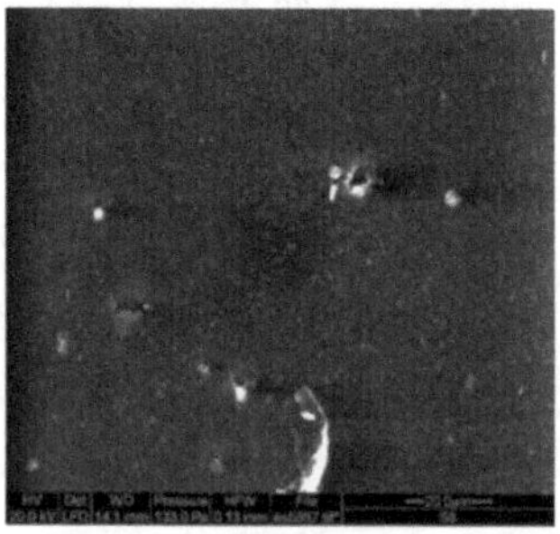

图 4.35

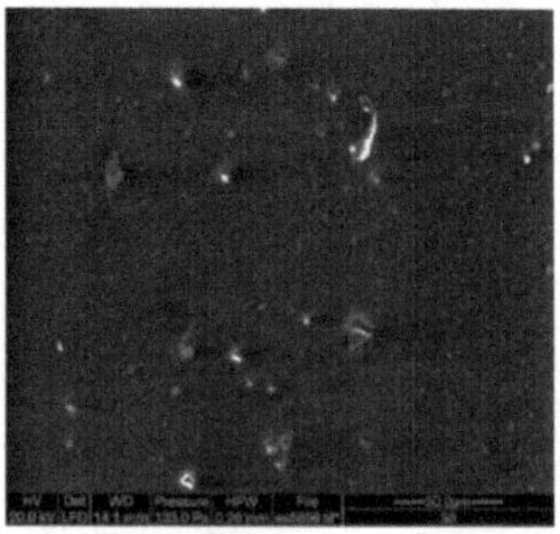

图 4.36

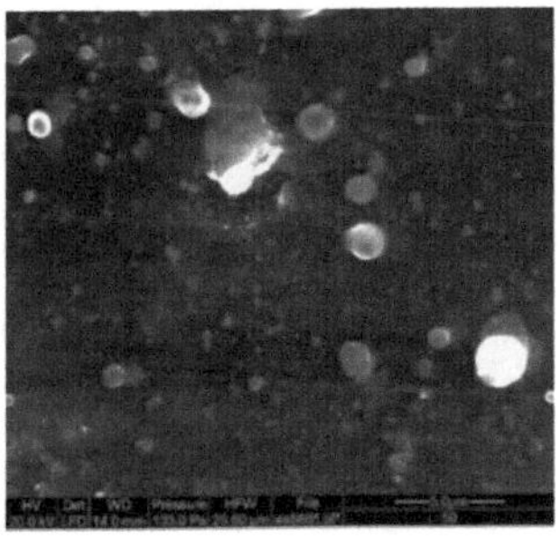

图 4. 37

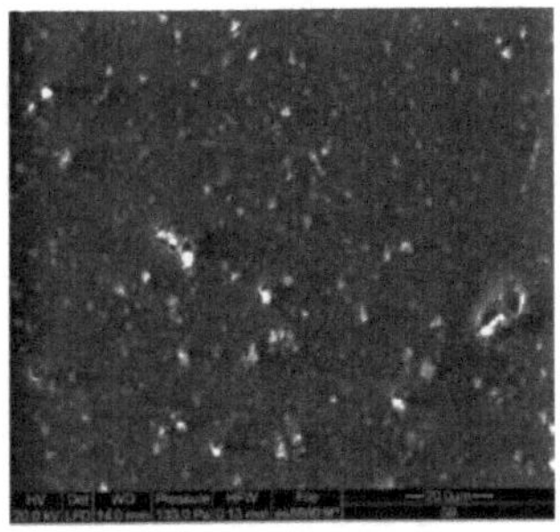

图 4. 38

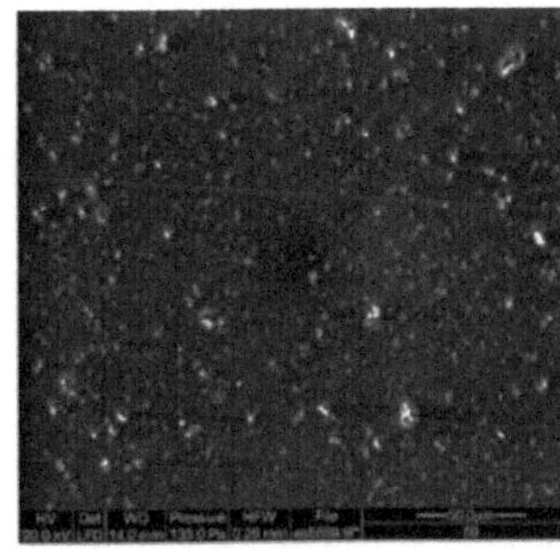

图 4. 39

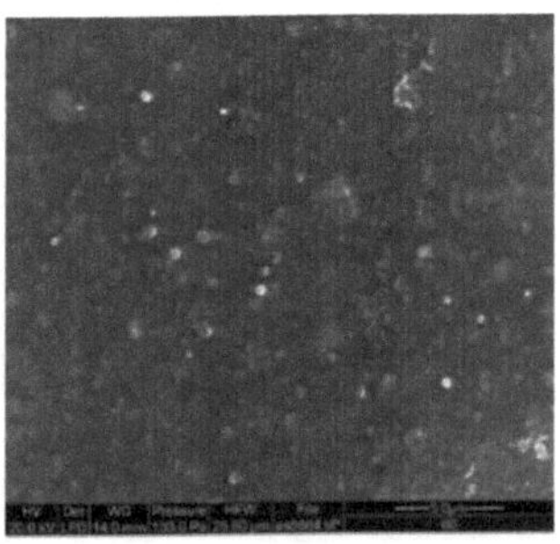

图 4. 40

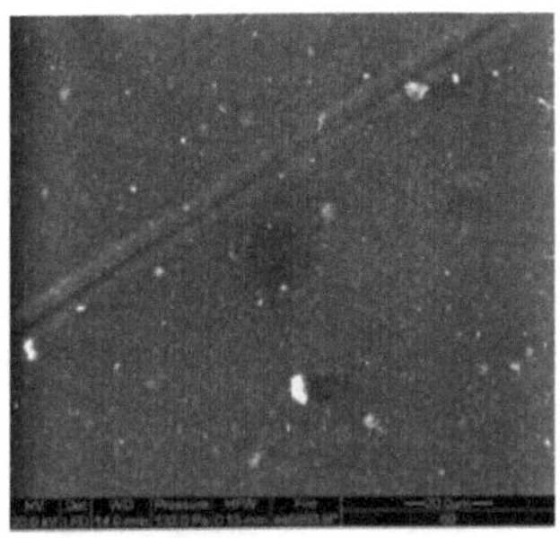

图 4. 41

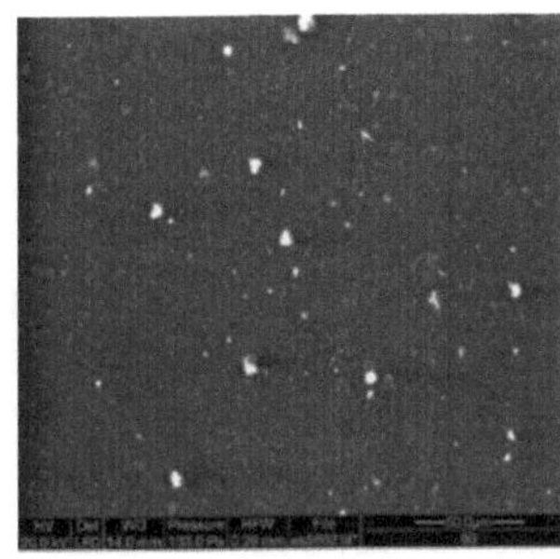

图 4. 42

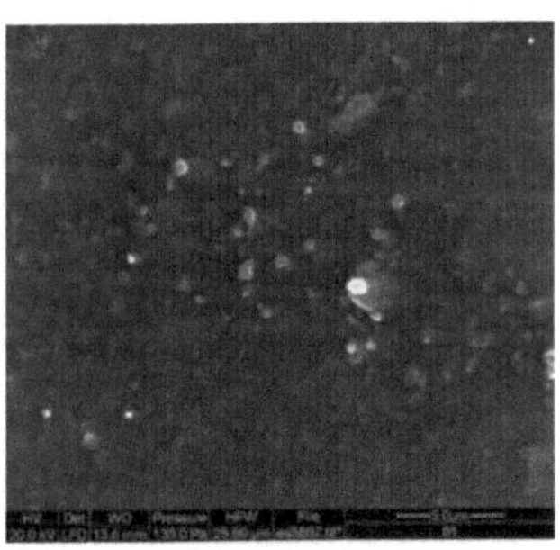

图 4. 43

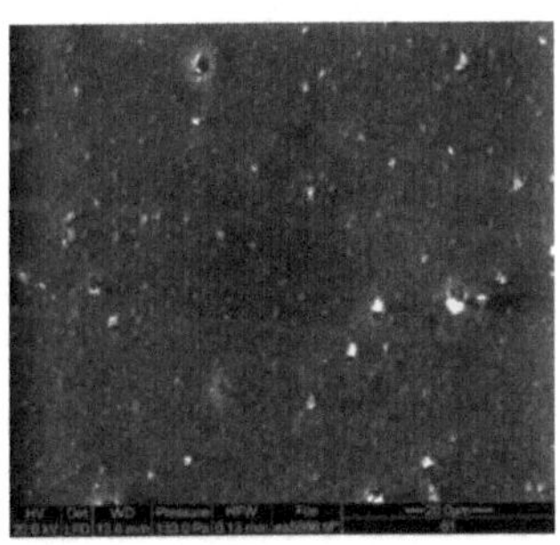

图 4. 44

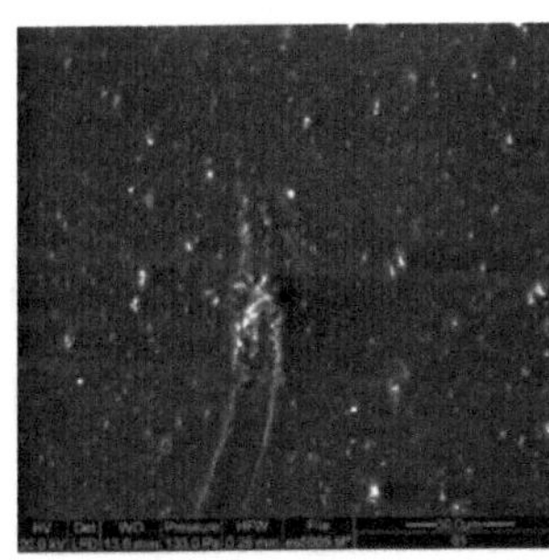

图 4. 45

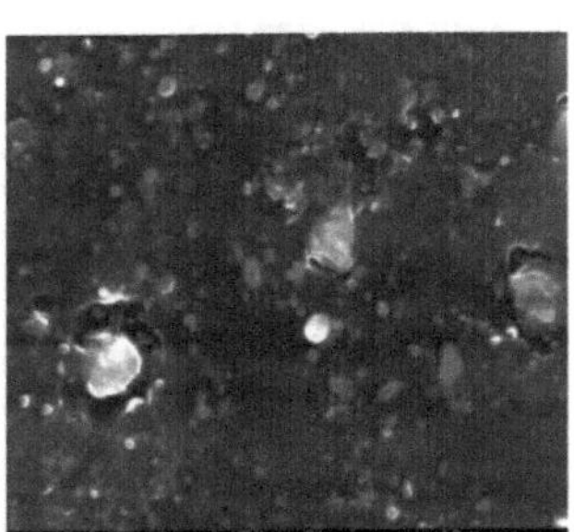

图 4. 46

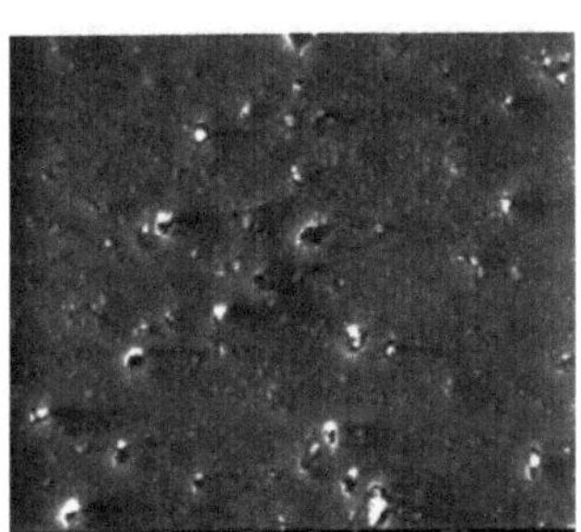

图 4. 47

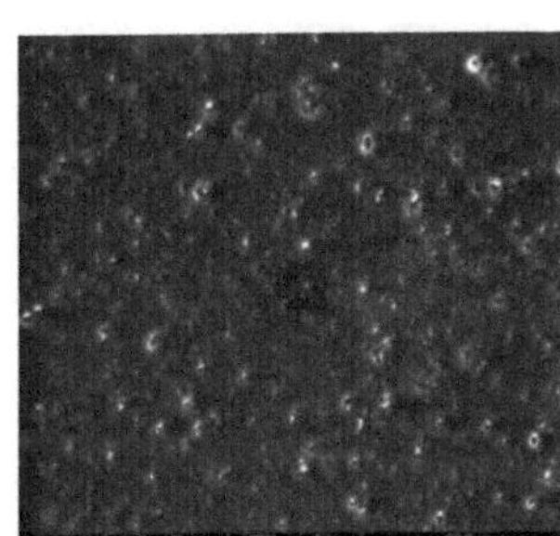

图 4. 48

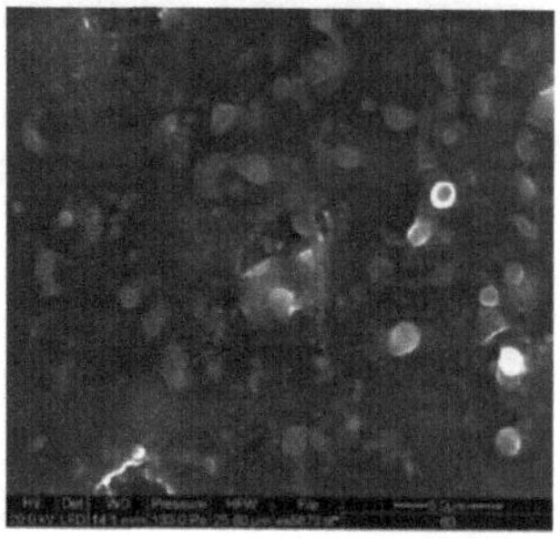

图 4.49

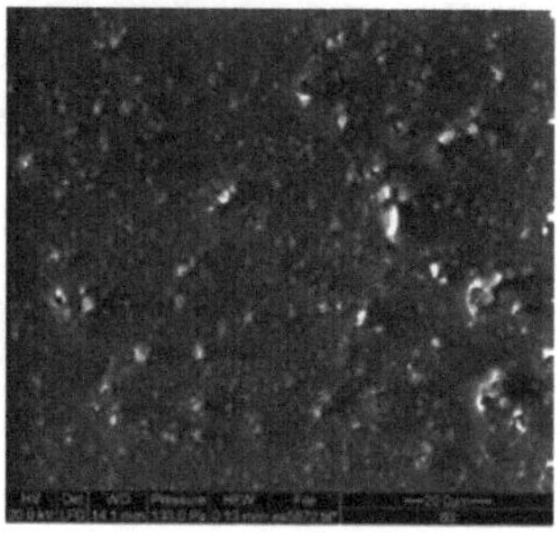

图 4.50

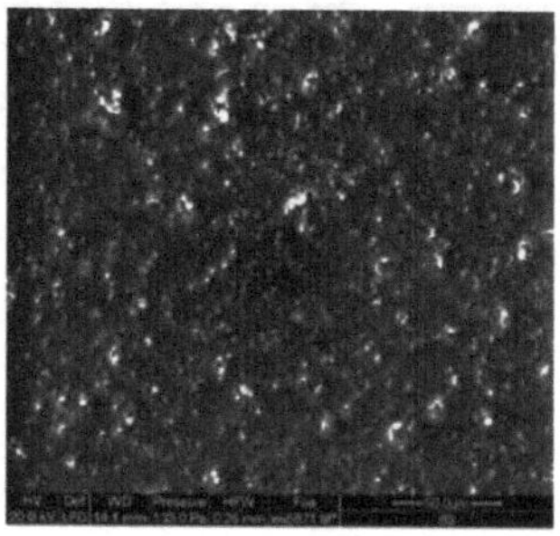

图 4.51

图 4.52

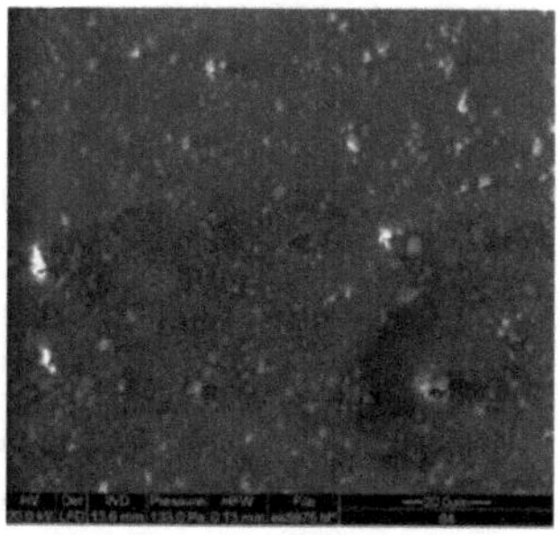

图 4.53

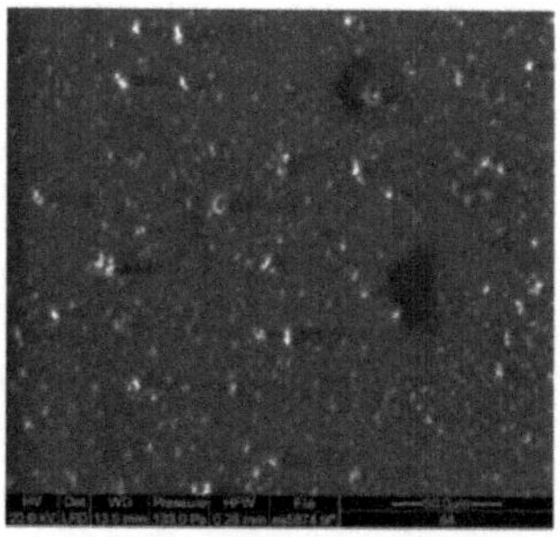

图 4.54

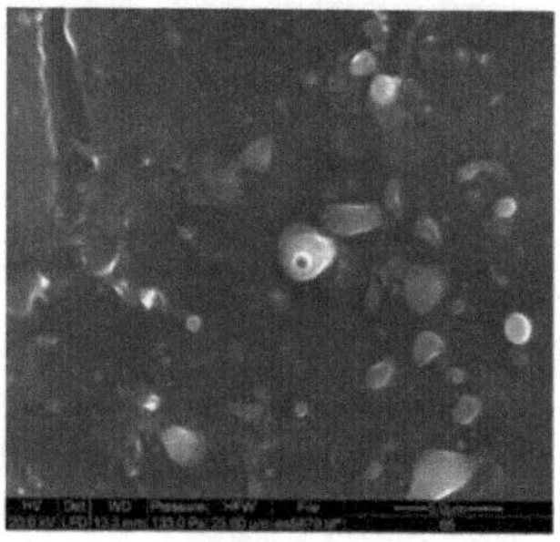

图 4.55

图 4.56

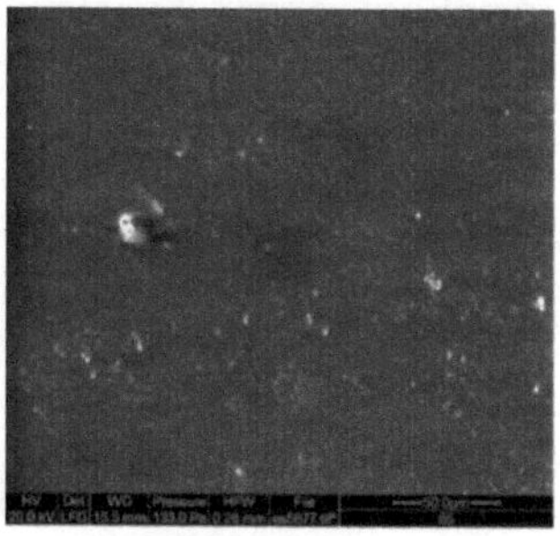

图 4.57

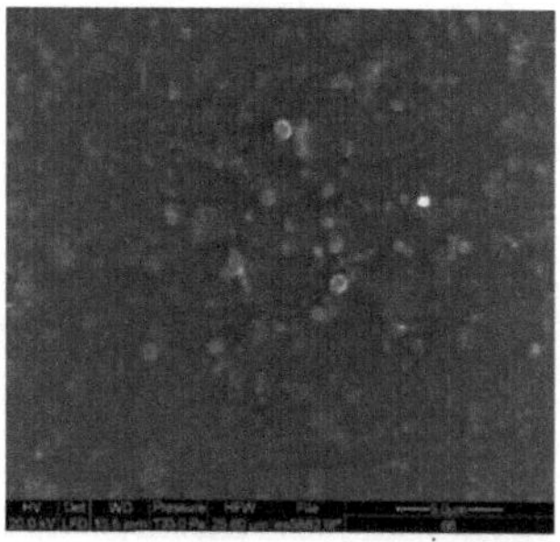

图 4.58

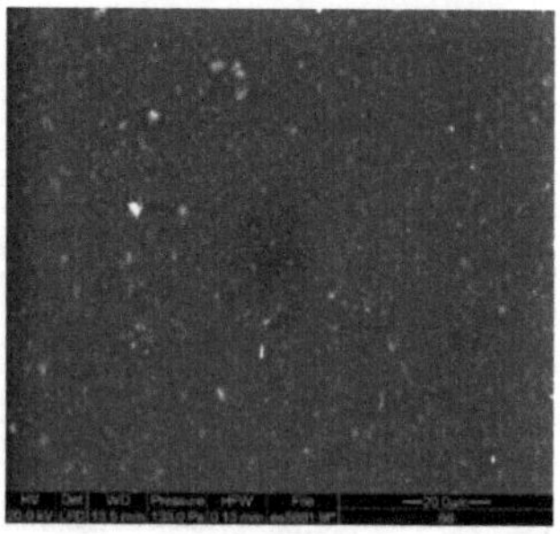

图 4.59

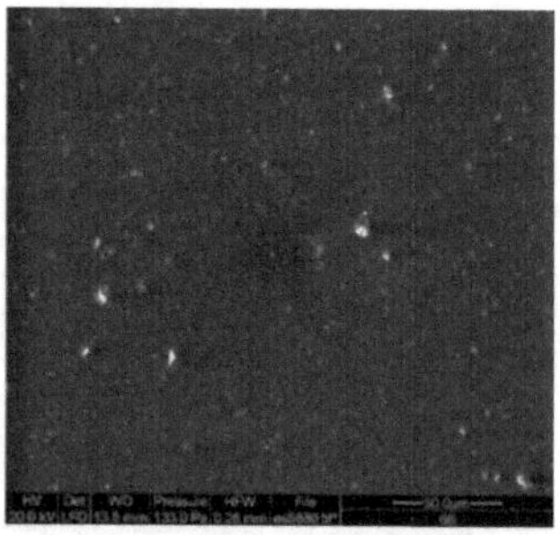

图 4.60

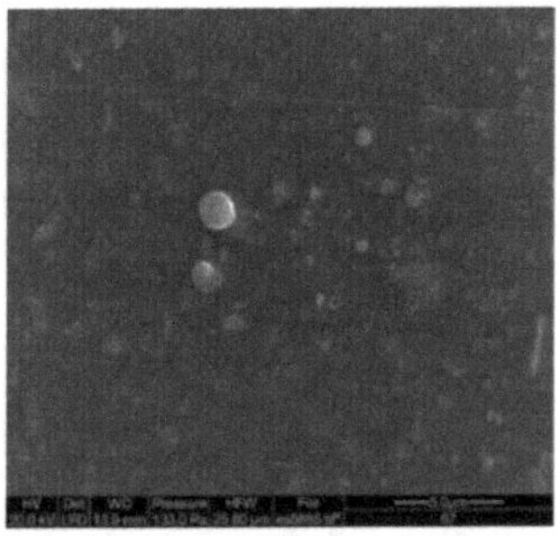
图 4. 61

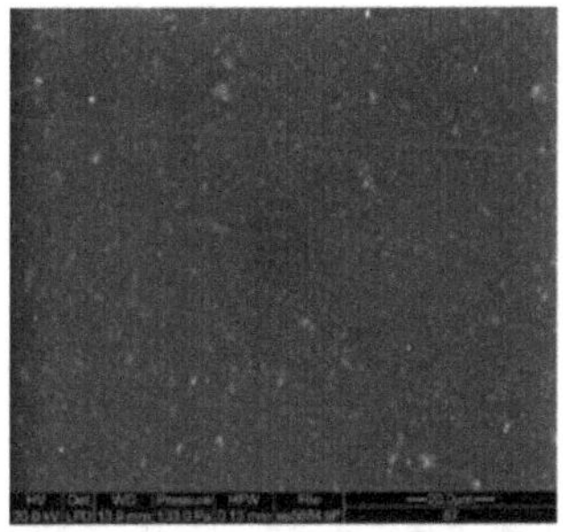
图 4. 62

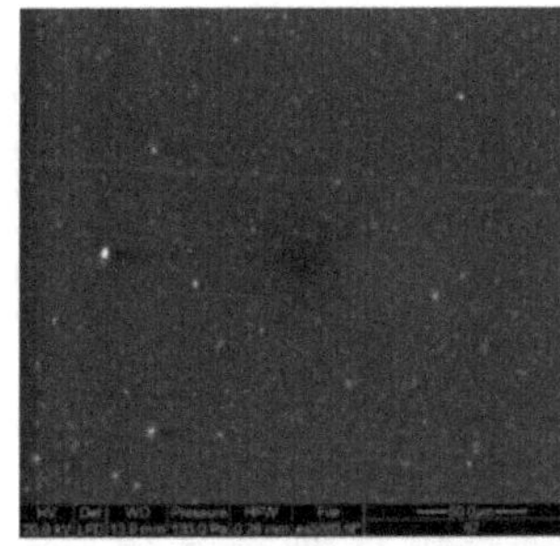
图 4. 63

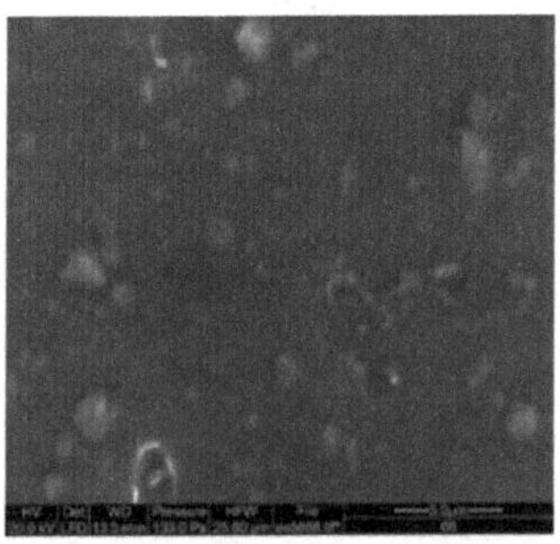
图 4. 64

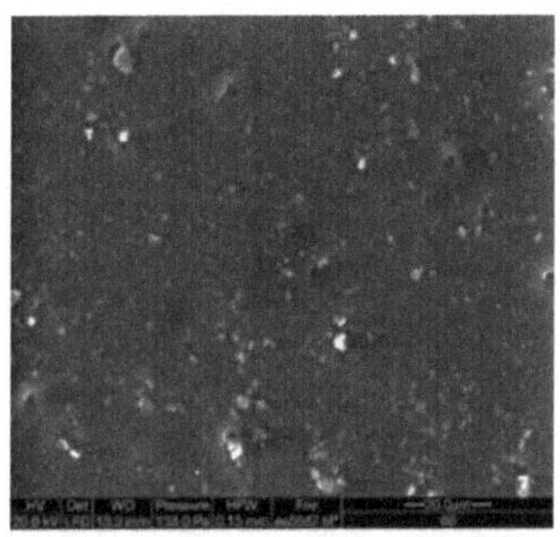
图 4. 65

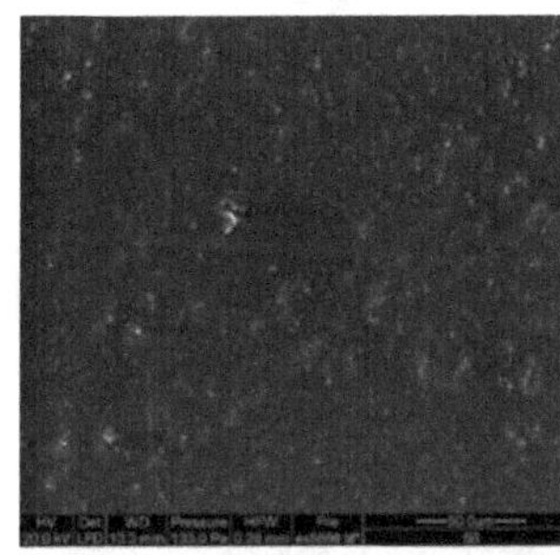
图 4. 66

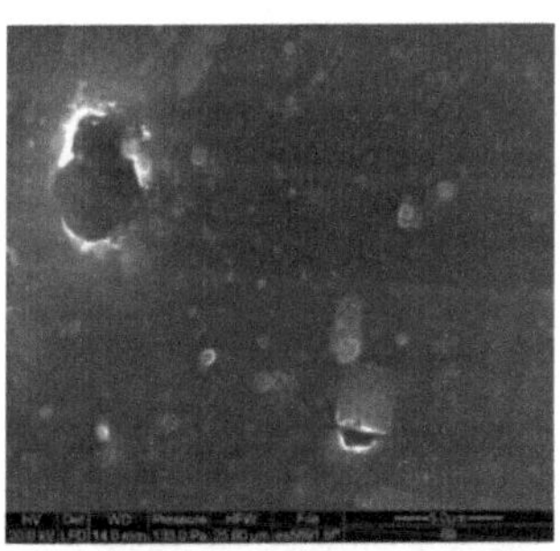
图 4. 67

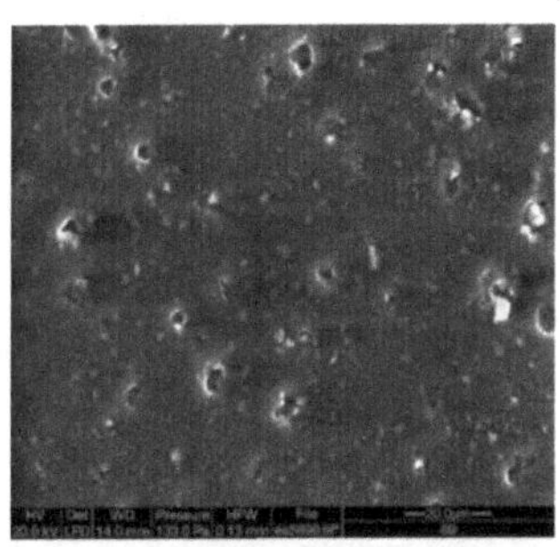
图 4. 68

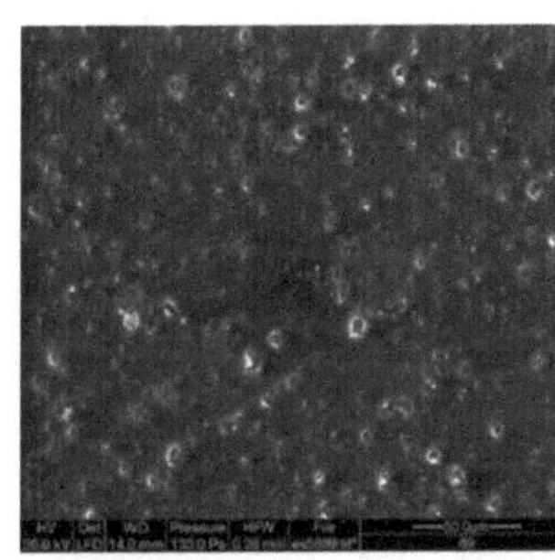
图 4. 69

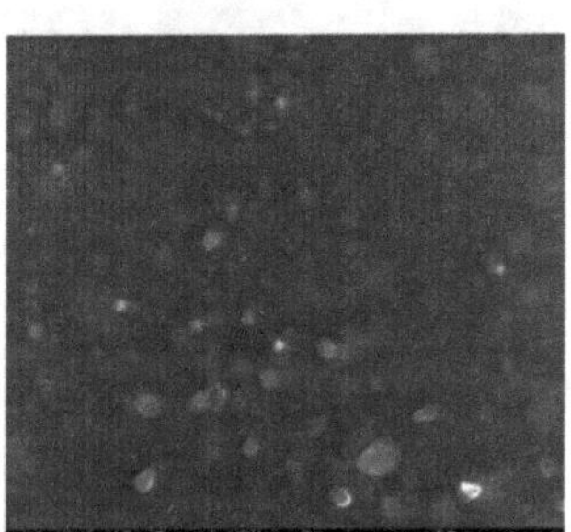
图 4. 70

图 4. 71

图 4. 72

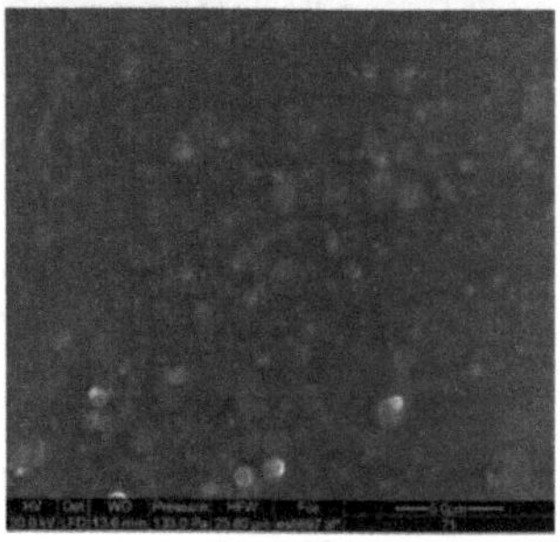

图 4.73

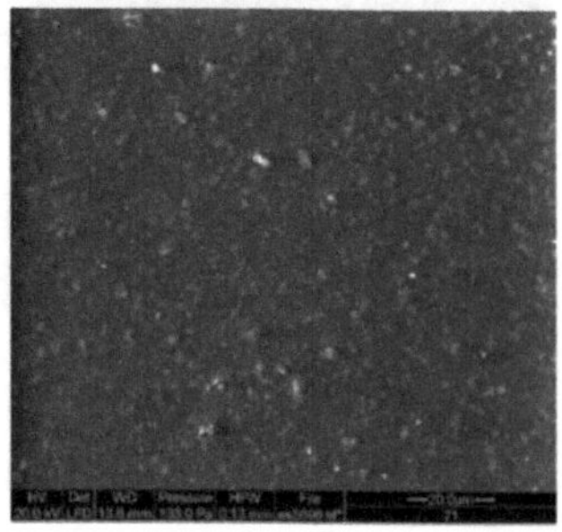

图 4.74

图 4.75

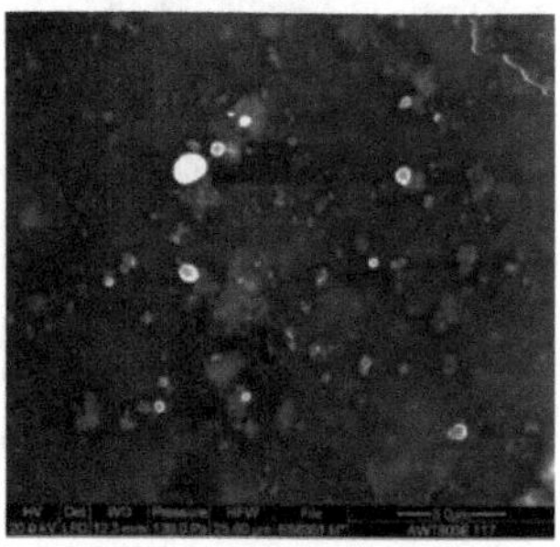

图 4.76

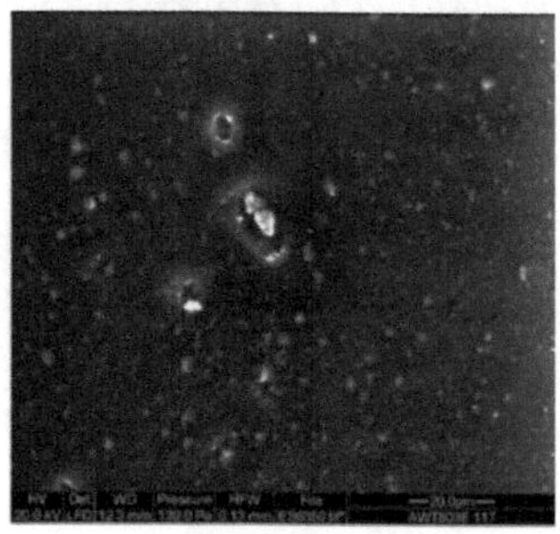

图 4.77

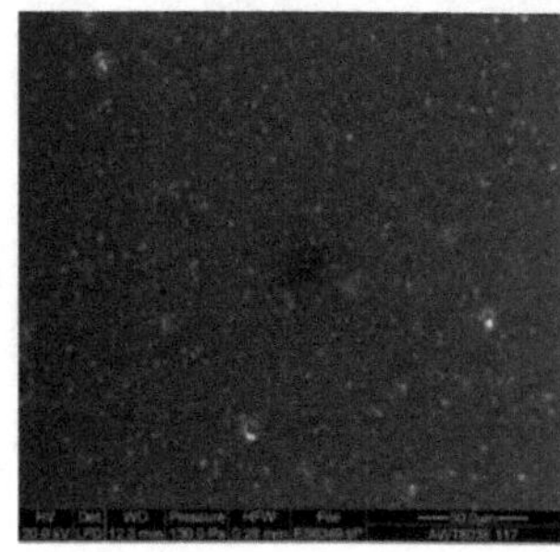

图 4.78

图 4.79

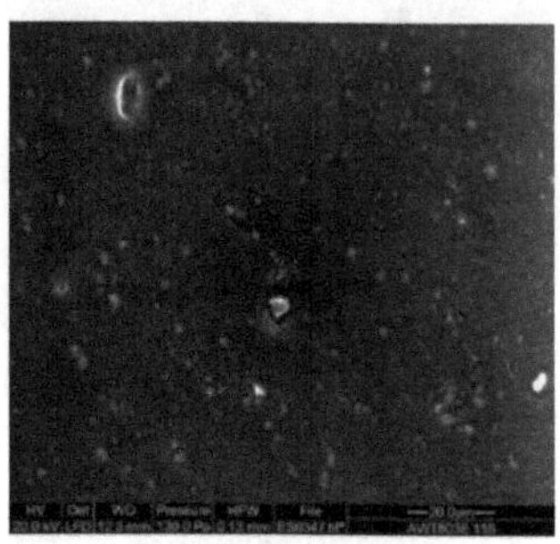

图 4.80

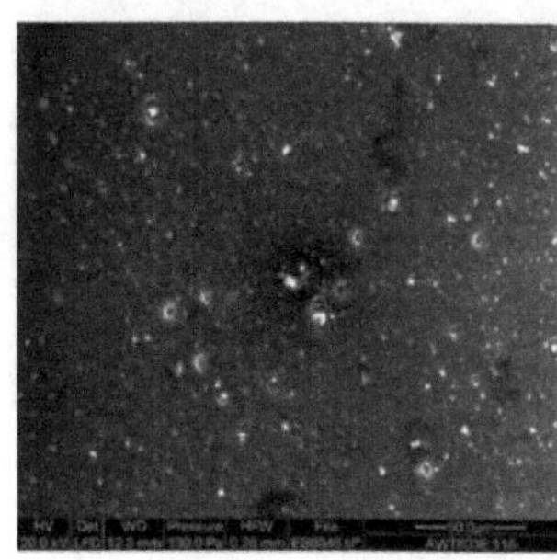

图 4.81

进一步假设样本的表面张力会影响材料对环境污染物的黏附力。因此将 zeta 电位作为此性能的表征值（图 4.82）。

为了对窗框型材表面和烟尘颗粒进行物理化学测试，进行了 zeta 电位测量。通过这种方法，可以更好地预测反应组分之间相互作用时的表面活性。因为电荷的存在通常决定了液相组分（如雨水中的离子、表面活性剂或烟尘）之间的反应，所以 zeta 电位测量是聚合物表面电化学表征的非常重要的手段。

zeta 电位是一种能够明显影响分散颗粒或与其它分散剂之间的相互作用（吸

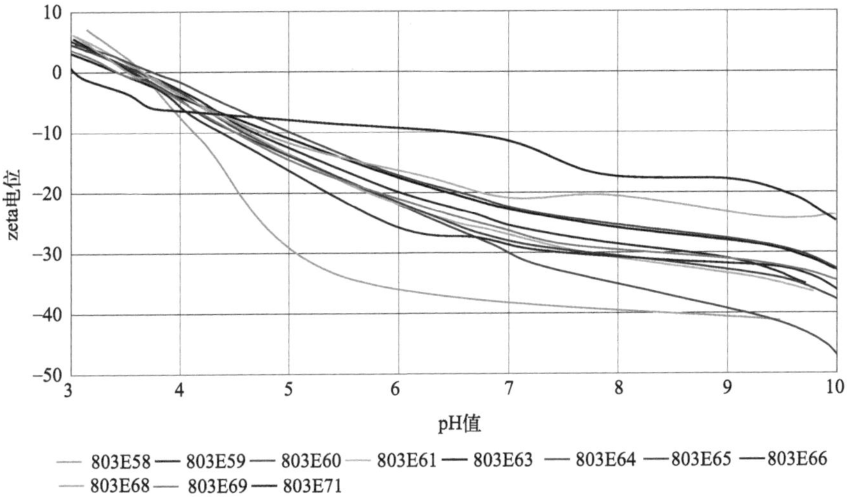

图 4.82 pH 值与电势的关系

（见彩插）

引、排斥、吸附）的电化学参数。zeta 电位的测量可以预测固体表面的亲水性能，但测量结果并不能提供与润湿行为有关的确切信息，如接触角，但能表明荷电状态对亲水性有影响。测量值及其变化可以描述表面活性物质的作用以及 pH 值变化的影响。

简单地说，zeta 电位为窗框型材的表面张力提供了一个可测量的量，而这个量与 pH 值有关。在等电点时，zeta 电位为 0mV。zeta 电位的绝对值越高，类电荷颗粒（如烟尘、锈膜或尘土）之间的斥力越强。随着 zeta 电位的下降，颗粒之间的吸附作用越来越强。新窗框型材的等电点约为 4 或稍低一点，这意味着当型材的 pH 值小于 4 时，表面电荷呈正电荷，反之为负电荷。未气候老化型材的平衡值也各不相同，该值符合 pH 值为 6 或更高的情况。导致这种差异的原因目前还不清楚，因为型材之间不仅碳酸钙含量不同，产地和质量也不同。样本 803E71 的平衡值最高，其次中等水平的样本有 803E59、61、63、64、65、66、68 和 69，其余样本的平衡值更低。

通过一系列测试得到的初步结论可表明：zeta 电位依赖于人工 Xeno 测试气候老化作用，这种气候老化作用会导致表面电位发生改变。当 pH 值小于 3 时，如果带有负电荷的环境污染物和酸雨或酸性水源[51] 与塑料型材接触，负电荷和 PVC 型材的正电荷就会产生静电作用，从而使污染物黏附在窗框上。如果雨水的酸性不大，静电吸引作用下降甚至产生静电排斥现象。假设这些结论与污染物和 PVC 表面的初次接触有关，对于实际中的任意评估，都需要考虑型材实际的表面电荷与其成分和历程（气候老化、清洁效应等）之间的关系。

4.5.5.2 模拟方法：The Bandol Wheel

为了模拟黄斑和其他污染物在塑料表面的形成过程，需要了解其形成机理。假设发生如上所述的机理[42-43]。

最常用的模拟气候老化方式如 Xeno 测试、日照测试、QUVA、QUVB 仅能以有限的方式模拟污染过程。因此，为了模拟由环境影响引起的光效应，应使用所谓的 Bandol Wheel（图 4.83），即操作者要将垂直样品架每小时旋转一周，辐照 40min，黑暗环境放置 20min。此外，将样本放置于蒸馏水中或者加入污染物的蒸馏水中，放置 20min，在这 20min 之内，进行 10min 的辐射；另外 10min 处于黑暗环境下，温度为 50℃。

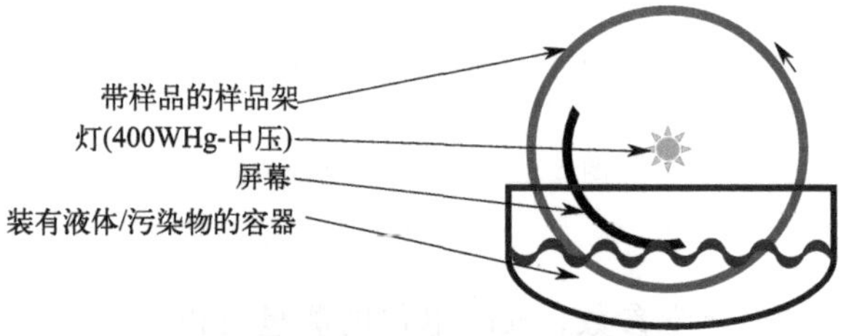

图 4.83　Bandol Wheel 的原理图和俯视图[52]

4.5.5.3 无污染物的辐照试验

在第一批辐照试验中，不加入污染物且仅使用蒸馏水辐照样本，测量的样本光泽度（图 4.84）、L 值（图 4.85）、a 值（图 4.86）、b 值（图 4.87）随辐照时间的增加分别发生了变化。

一周之后，光泽度在初始值的基础上下降了 10%，这意味着型材表面受到轻微损坏，这个阶段对进一步的（含污染物）试验非常重要。图 4.84 中所有的样品光泽度都下降了，但是在一段时间之后光泽度又再次上升（但无法达到初始值），然后又进一步下降。文献中记载了在其它的模拟气候老化过程中（如 Xeno 测试）也会有类似现象[53-55]。在辐照时间内，L 值以 2 个单位的速度递减（图 4.85），同样，a 值也会下降，但也存在一个特例：内部标准 3 号，OBS 配方（图 4.86）。对于特例样本 803E3，其 a 值在一周之后明显增大。

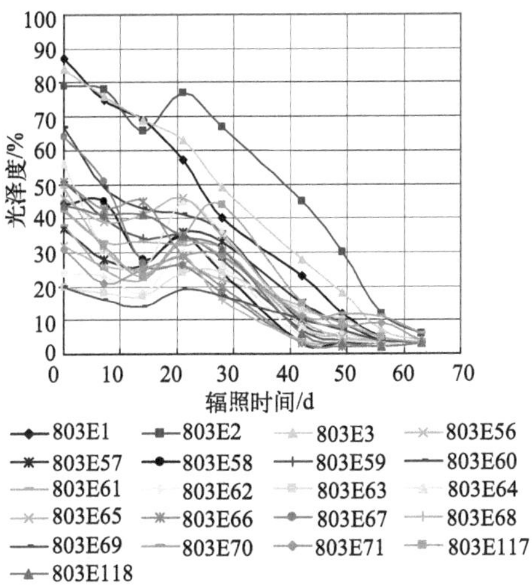

图 4.84 Bandol Wheel 试验（无污染物）中光泽度与辐照时间的关系（见彩插）

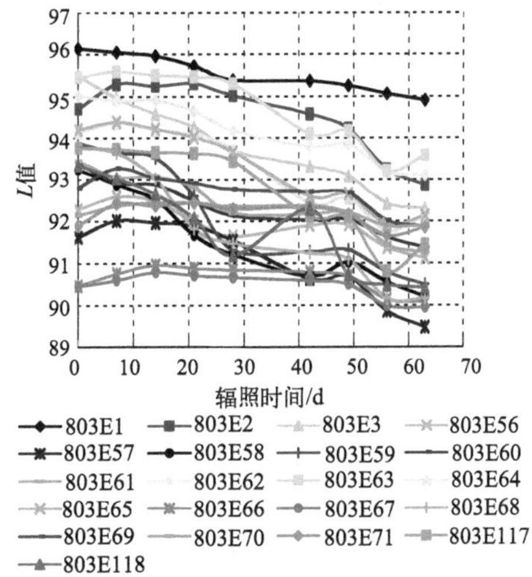

图 4.85 Bandol Wheel 试验（无污染物）中 L 值与辐照时间的关系（见彩插）

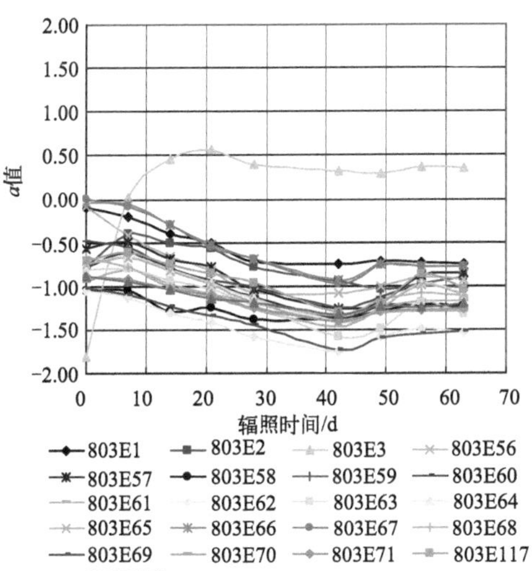

图 4.86 Bandol Wheel 试验（无污染物）中 a 值与辐照时间的关系（见彩插）

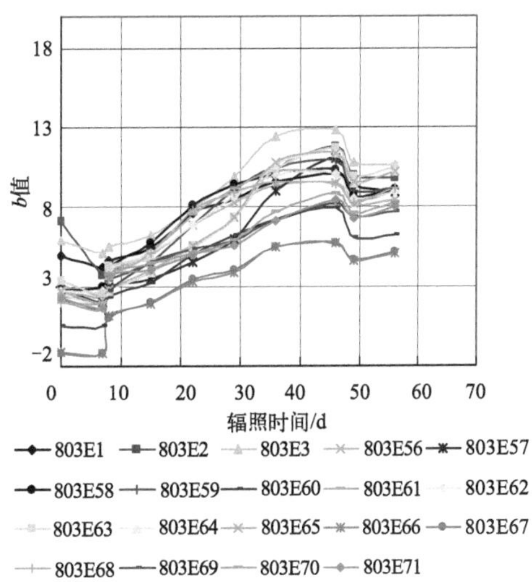

图 4.87 Bandol Wheel 试验（无污染物）中 b 值与辐照时间的关系（见彩插）

在 Bandol Wheel 试验中，也可以观察到因 b 值变化产生的光致蓝（见 4.2 节）现象（图 4.87），这种现象在试验前十天内会出现。当辐照结束，b 值增加了 4～8 个单位。

4.5.5.4 锈膜（WJ364）作为污染物的辐照试验

在此试验中，锈膜（WJ364）作为污染物，其它辐射条件与上述试验相同。将第一个样本置于蒸馏水中辐照一周（168h）且不加入 WJ364。然后向蒸馏水中加入 WJ364（按照 70.67×10^{-6}/L 的标准）或铁（按照 20×10^{-6}/L 的标准），再将此样本辐照 24h；之后在试验结束时，再用纯蒸馏水重复上述试验。试验结论和相关操作时间都根据 Klaess 的研究[56]。

图 4.88 显示了有关光泽度的测试结果。用以下配方制成的样本：803E1（Ca/Pb）和 803E3（OBS），在第 14 天后其光泽度在短时间内明显下降。

在污染后第 7 天或 8 天，可以看到样本 803E56、57、58、60、61、62、64、68 和 70 的光泽度都增高了，而其它样本却进一步失去光泽。在第 7 天到 15 天之间，所有样本的光泽度都暂时性增高。但也有极端案例，如 803E56、57、66、67、69、70 和 71，这些样本的最终光泽度都高于初始值。

这些意料外的趋势在测试其他样本（未在此提到）时也曾观测到，这些结论可能与实际操作也有关，因为在 Klaess[56] 的试验中，所有户外样本都保留着较高的光泽度。

由图 4.89 可以看出 L 值发生了改变。污染 8 天后，可以看到 L 值明显降低。第 8 天到第 35 天，L 值的进一步发展类似于图 4.85（无污染物），仅仅水平比较低。之后 L 值下降到与所有样本一致。

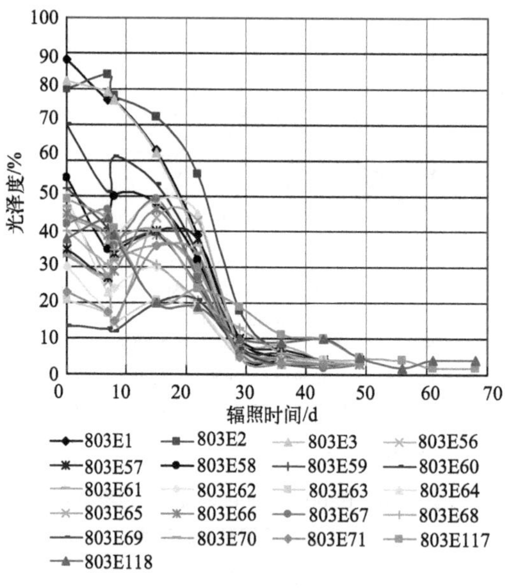

图 4.88 Bandol Wheel 试验（含锈膜 WJ364）中光泽度与辐照时间的关系（见彩插）

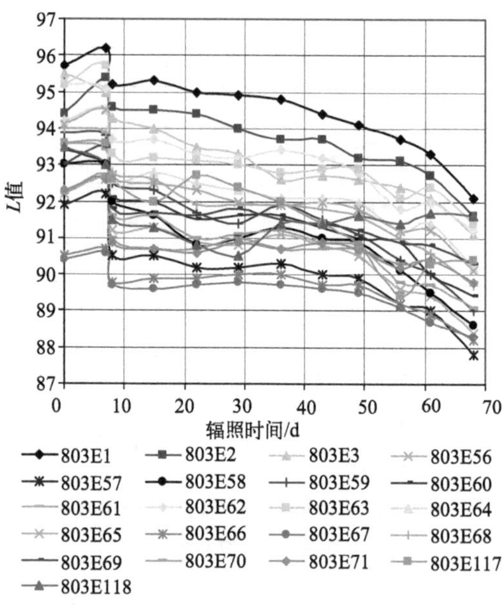

图 4.89 Bandol Wheel 试验（含污染物锈膜 WJ364）中 L 值与辐照时间的关系（见彩插）

相比于无污染物试验，含污染物样本的 a 值没有发生太大变化（图 4.86），但在 60 天后，开始上升。由图 4.90 可以看出，样本的 b 值发生了变化。另外，在开始试验的第一周内，可以观察到最初的光致蓝现象。从第 8 天起，加入污染物以后，b 值就开始上升了。

根据这些结论，尝试去定义一个参数“敏感度”（σ），用来描述型材与锈膜发生反应的敏感程度。

① 型材、试验型材以及压制板材三者的 σ 各不相同，因为它们与锈膜的反应不同。

② 由于经验太少，所以无法对此定义提供一个标准。

③ 没有实际案例来验证以上的假设。

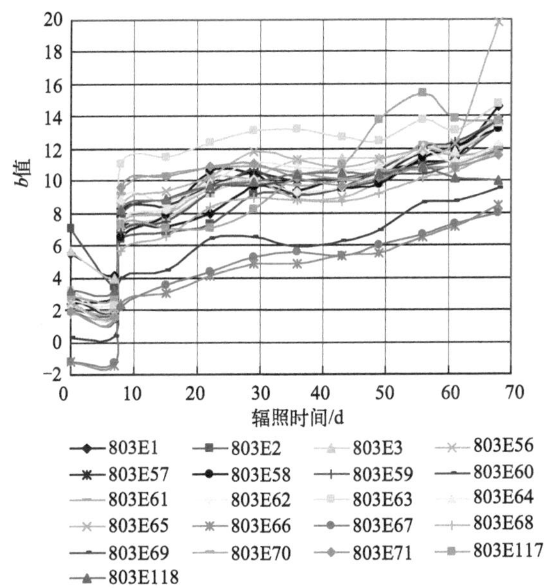

图 4.90 Bandol Wheel 试验（含污染物锈膜 WJ364）中 b 值与辐照时间的关系

（见彩插）

不过可以选择以下标准：

① b 值在几天之后才能大于 7（τ）？通过比较含污染物和无污染物的一系列试验，根据试验的有效期限得到此数据。

② 污染前后样本的 b 值之差即 Δb 多大？Δb 值非常重要，因为最初的污染改变了吸收条件以及之后的光化学反应。

③ 定义几个参数之间的关系为：$\sigma=100\times\Delta b/\tau$。

④ 若 σ 小于 25，那么此型材能够与锈膜发生反应的敏感性很小。

⑤ 若 σ 大于 25，那么此型材能够与锈膜发生反应的敏感性很大。

表 4.8 列出了各种试验型材的敏感度，根据这些数据可知，样本 803E60、66、

67 和 68 对污染物不敏感。而样本 803E57、70、71、63、64、65 和 69 都被归类为“高度敏感”。

表 4.8　样本 b 值的变化及其对锈膜的敏感度（$\sigma=100\times\Delta b/\tau$）

样本编号(803Ex,x=)	稳定剂体系	τ	Δb	σ
1	Ca/Pb	8	3.1	39
2	Ca/Zn	10	2.9	29
3	OBS	8	3.0	38
56	Ca/Pb	8	5.1	64
57	Ca/Zn	8	6.1	76
58	Ca/Pb	11	3.6	33
59	Ca/Pb	11	4.9	45
60	Ca/Pb	51	3.6	7
61	Ca/Pb	8	5.6	70
62	Ca/Pb	8	5.0	63
63	Ca/Zn	8	8.8	110
64	Ca/Zn	8	7.2	90
65	Ca/Zn	8	6.7	84
66	Ca/Pb	60	3.8	6
67	Ca/Pb	59	3.5	6
68	Ca/Pb	17	4.0	24
69	Ca/Zn+Pb	8	6.5	81
70	Ca/Zn	8	7.8	98
71	Ca/Zn	8	8.1	101
117	Ca/Pb	8	4.5	56
118	Ca/Zn	8	5.0	63

4.5.5.5　烟尘 WJ365 为污染物的辐照试验

在接下来的一系列试验中，使用烟尘作为污染物，这种烟尘来自于老式油加热器，且其中铁元素的含量较少，富含碳（WJ365，具体成分见表 4.4）。试验中的辐射条件与上述试验（WJ364 为污染物）相同，即先将样本置于蒸馏水中辐射一周（无污染物），然后向蒸馏水中加入 WJ365（按照 70.67×10^{-6}/L 标准），再辐照 24h。最后当试验结束时，再用纯蒸馏水重复上述试验。

值得注意的是，相比于含 WJ364 的试验，在含 WJ365 的试验中，样本的 b 值变化非常小。相应地，敏感度 σ 和生成黄斑的趋势都很低（表 4.9）。

表 4.9 样本在第 8 天时其 b 值、L 值的变化及对烟尘的敏感度 ($\sigma=100\times\Delta b/\tau$)

样本编号(803Ex,x=)	稳定剂体系	τ	Δb	σ	ΔL
1	Ca/Pb	20	0.4	2	−1.9
2	Ca/Zn	28	0.3	1	−1.2
3	OBS	19	0.4	2	−1.3
56	Ca/Pb	27	1.2	4	−6.3
57	Ca/Zn	32	1.0	3	−4.9
58	Ca/Pb	19	1.2	6	−5.3
59	Ca/Pb	23	1.3	6	−6.2
60	Ca/Pb	35	1.9	5	−6.5
61	Ca/Pb	21	1.5	7	−7.4
62	Ca/Pb	23	1.5	6	−7.4
63	Ca/Zn	28	1.7	6	−9.5
64	Ca/Zn	28	0.8	3	−3.4
65	Ca/Zn	28	0.9	3	−4.5
66	Ca/Pb	64	2.3	4	−7.4
67	Ca/Pb	64	2.2	3	−6.5
68	Ca/Pb	20	1.6	8	−6.9
69	Ca/Zn+Pb	36	1.1	3	−3.9
70	Ca/Zn	34	2.2	6	−9.5
71	Ca/Zn	36	2.0	6	−10.9

另外，WJ365 污染物对样本 L 值有强烈的影响（图 4.91）。表 4.9 列出了第 8 天加入污染物后样本 L 值的变化即 ΔL。在 Bandol Wheel 的一系列试验中（无污染物且仅有少量蒸馏水），第九周之后，样本 L 值的变化最大范围为 1.5～2（见图 4.85）；而在此试验中，第 8 天时，样本的 L 值变化即 ΔL 高达 11。

在本次测试中，样本 803E70、71、63（$\Delta L>8$）三个竞争者表现最差。性能最好的是根据内部标准配方压片的样本 803E1、2、3、64 和 69（$\Delta L<4$）。通过试验（以 WJ365 为污染物）可知，在对污染物的敏感度方面，含钙-锌稳定剂的型材与含铅稳定剂的型材没有什么不同。其它的观察与研究也支持上述结论[42]。

4.5.5.6 花粉为污染物的辐照试验

以花粉为污染物进行试验，其试验步骤同含污染物 WJ364 和 WJ365 的试验一样，在开始试验后的第 7 天到第 8 天之间加入污染物，然后静置 24h。试验表明，在第 8 天时，花粉对型材的 b 值产生了很大的影响，但一周之后，b 值再次下降（图 4.92）。产生这种现象的原因可能是部分花粉再次溶解或者花粉光降解为无色

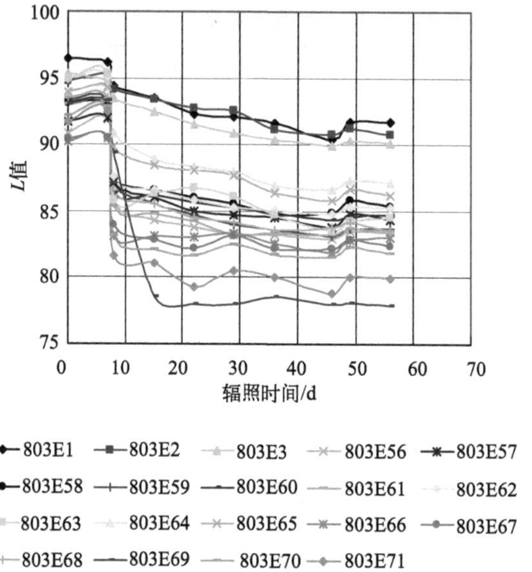

图 4.91　Bandol Wheel 试验（含污染物烟尘 WJ365）中 L 值与辐照时间的关系（见彩插）

化合物。与上述结论相符的是：敏感度 σ 和生成黄斑的趋势都很低，且所有 σ 的计算值都小于 25。然而这些结论有悖于早期的研究和观察[42]。因此，重复上述试验并且增加花粉污染物的接触时间，由 8h 增加到 168h，以验证假设。在此次试验中，再次将样本（无污染物）置于蒸馏水中辐照一周，然后向每 2L 蒸馏水中加入 2g 混合树木花粉、1g 白蜡树花粉、0.5g 向日葵花粉，再继续辐照样本（含污染物）168h，试验结束时，再用蒸馏水重复上述试验。

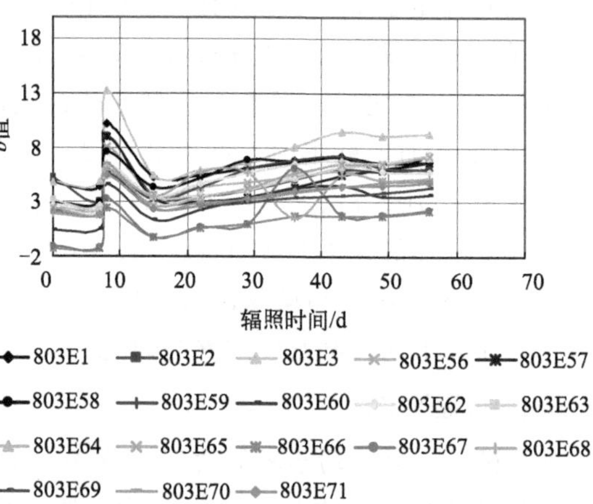

图 4.92　Bandol Wheel 试验（含污染物花粉 24h）中 b 值与辐照时间的关系（见彩插）

在试验（含污染物）开始第 8 天时，型材的光泽消失，在第 14 天后，光泽再次出现，但是并不能与未含污染物试验的型材相比较（图 4.93），这是材料的“正常行为”。型材的 L 值变化非常大（表 4.10），当加入花粉后，L 值下降，但是在进一步辐照之后，L 值再次恢复到初值。对 a 值来说，虽然不能达到最初的水平，但其变化较小（图 4.94），在接下来的几周试验中，a 值持续下降。

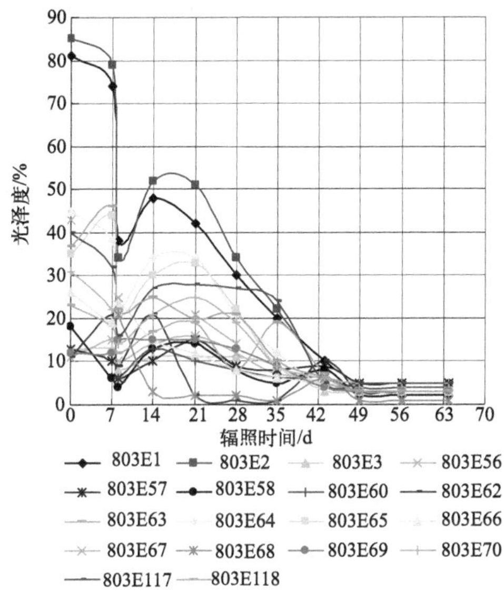

图 4.93 Bandol Wheel 试验（含污染物花粉一周）中光泽度与辐照时间的关系

（见彩插）

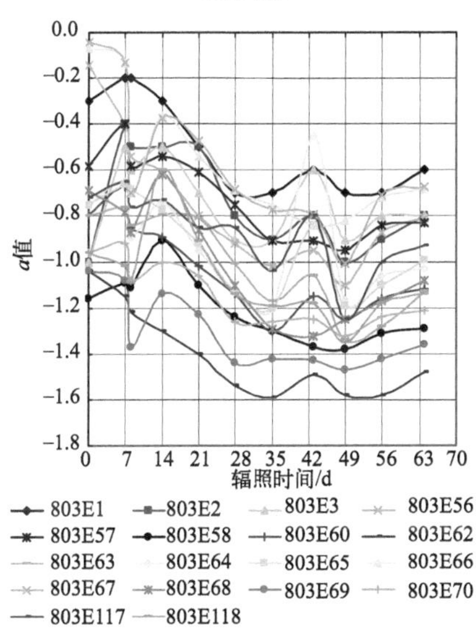

图 4.94 Bandol Wheel 试验（含花粉污染物一周）中 a 值与辐照时间的关系

（见彩插）

与预期不符的是：试验第 8 天后发现花粉对型材的 b 值有强烈的影响（图 4.95），进一步暴露几周后，b 值再次下降，这是由于花粉经稀释发生移动或者经光化学反应发生降解。相对于自然光照，Bandol Wheel 辐照光谱含紫外线的比例更大。

试验开始四周后，可以观察到 b 值先上升再下降，在 6～7 周后，b 值再次上升，之后再下降。而 b 值上下波动的现象与 PVC 窗框在实际生活中变化情况相符合。

与测试锈膜 WJ364 和烟尘 WJ365 一样，在这里用同样的计算方法来计算型材对花粉污染物的敏感度 σ（表 4.10）。

表 4.10　样本在第 8 天、第 14 天的 b 值、L 值的变化以及对花粉的敏感度 σ（$\sigma=100\times\Delta b/\tau$）

样品编号(803Ex，$x=$　)	稳定剂体系	τ	Δb	σ	ΔL(7～8 天)	ΔL(7～14 天)
1	Ca/Pb	8	6.1	76	4.4	2.6
2	Ca/Zn	8	6.6	83	4.5	1.1
3	OBS	8	6.0	75	4.0	1.1
56	Ca/Pb	8	5.2	65	3.3	1.4
57	Ca/Zn	8	6.0	75	3.9	0.7
58	Ca/Pb	8	5.7	71	3.8	4.5
59	Ca/Pb	64	5.8	9	3.6	1.1
60	Ca/Pb	8	5.6	70	3.6	0.9
61	Ca/Pb	8	7.7	96	5.0	1.3
62	Ca/Pb	8	5.5	69	3.4	0.7
63	Ca/Zn	8	8.1	101	5.9	0.9
64	Ca/Zn	64	7.3	11	3.9	0.7
65	Ca/Zn	64	7.6	12	4.0	0.7
66	Ca/Pb	8	7.1	89	5.0	6.3
67	Ca/Pb	42	2.6	6	1.2	0.8
68	Ca/Pb	8	6.5	81	4.0	0.9
69	Ca/Zn+Pb	34	6.2	18	4.1	0.9
70	Ca/Zn	8	4.9	62	3.1	6.4
71	Ca/Zn	8	6.1	76	4.4	2.6
117	Ca/Pb	8	6.6	83	4.5	1.1
118	Ca/Zn	8	6.0	75	4.0	1.1

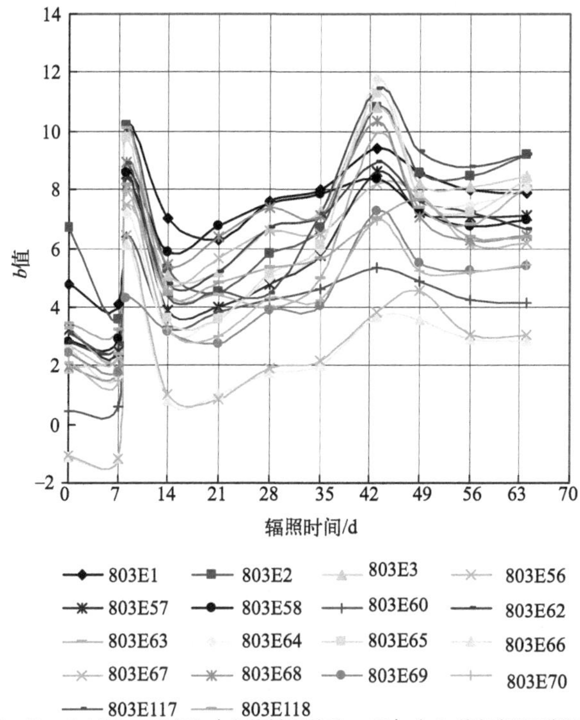

图 4.95 Bandol Wheel 试验（含花粉污染物一周）中 b 值与辐照时间的关系

（见彩插）

在之前一系列试验中样品的表现也有所不同。以下型材对花粉污染物的敏感度较小：803E59、64、65、67 和 69；而有些型材的敏感度较高：803E61、63、66、68 和 117；其余型材的敏感度介于两者之间，但更倾向于敏感。在对花粉污染物的敏感程度上，钙-锌稳定的型材和铅稳定的型材没有差别，通过研究与观察也可以证明这点[42]。但花粉导致 L 值在第 8 天下降的现象（表 4.10，右栏）无法解释。

4.5.5.7 Bandol Wheel 试验总结

① Bandol Wheel 试验可以模拟环境气候老化对窗框型材的影响，而真实的气候老化测试周期需要 2～6 年。

② 锈膜和烟尘对窗框型材的影响虽短暂（24h），但已足够称为负面影响。在花粉试验中，试验时间很充足，但已形成的黄斑在辐照（与日光照射稍微不同）下迅速变白。在花粉污染试验中，为了观察到更多的不同点，使污染物对样本作用时间至少为 168h。

③ 敏感度参数 σ 能够表征型材对锈膜的敏感程度。试验表明：试验所用型材之间对锈膜的敏感度有明显的偏差。

④ 在使用烟尘的案例中，不适合用敏感度参数 σ 表征型材对烟尘的敏感程度，

污染前后的 L 值变化，即 ΔL 更适合表征型材对烟尘的敏感程度。就对灰尘敏感度而言，试验所用型材之间差异显著。

⑤ 敏感度参数 σ 能够表征型材对花粉的敏感程度。就对花粉的敏感度而言，试验型材之间差异显著。

⑥ 就锈膜、烟尘、花粉对型材的短暂作用而言，含铅稳定剂的型材与含钙-锌稳定剂的型材表现相同。

⑦ 型材的敏感度与其它可测量量（光泽、干混料组分、表面质量或电位）之间的关系还未能及时建立。

⑧ 能够避免黄斑形成的唯一有效的方法就是定期擦拭窗框。

4.5.6 Xeno 测试

在之前（第 4.5.5.1 部分）已经介绍了在 GKV 循环试验中型材的 zeta 电位的测量结果。zeta 电位测量可提供聚合物表面电化学特性，它们对门窗型材表面的表征非常重要，这是因为电荷的存在往往决定了液相成分（例如雨水中的离子、表面活性剂、烟尘）的相互作用。之前未解决的问题是：在气候老化过程中，zeta 电位如何变化。通过以下调查解答这些问题[57]。

我们在实验室用一组加热-冷却混合器装置制备选定的干混料，通过再挤出制备 PVC 共混物（表 4.11）。选择两个市售的稳定-润滑剂“一包化”助剂作为第一组的稳定剂，一个基于钙/铅（Ca/Pb），另一个基于钙/锌（Ca/Zn）。此外，还测试了两个无铅、无锡、无锌的“有机”稳定剂的组合。一个是基于 OBS 系统（Galata 注册商标名称），其在管材中的应用价值已被证明，但至今没有在户外得到商业化应用。另一个是新型的“二代有机”单组分，它仍然在发展阶段。所有干混料的挤出流变性能相似。此外，所有样本的整体颜色比较好（表 4.11，下部）。

为了模拟自然（室外）气候老化中发生的老化过程，型材一定要经受人工气候老化。根据 EN ISO 16474-2-2013 标准，人工气候老化需采用过滤氙弧灯辐射（Xeno 测试）进行测试。在 Xeno 测试时，α 辐照装置（阿特拉斯试验）的样品在 40℃ 温度下进行辐射，相对湿度为 60%（在干燥阶段），辐照强度为 $60W/m^2$。

表 4.11 挤出配方和初始颜色

项目	AWT861E1	AWT861E2	AWT861E3	AWT861E33
悬浮聚氯乙烯($K=68$)	100	100	100	100
表面处理的碳酸钙	5	5	5	5
二氧化钛	4	4	4	4

续表

项目	AWT861E1	AWT861E2	AWT861E3	AWT861E33
基于丙烯酸酯的抗冲改性剂	7	7	7	7
基于铅的“一包化”(Ca/Pb)	5			
基于钙-锌的“一包化”(Ca/Zn)		4		
基于有机物的“一包化”(OBS)			4	
基于有机物的“一包化”(第二代)				4
初始颜色				
L	94.83	94.62	94.32	94.02
a	−0.07	−0.53	−0.84	−0.28
b	3.59	3.15	2.82	4.38
YI0	8.02	6.83	6.00	9.29

气候老化阶段选择：干燥 102min 和使用蒸馏水模拟降雨 18min（旋转模式）。

每 500h 测定一次色值 L、a 和 b，以及与未气候老化样品相比较计算出差值 ΔE。图 4.96 描绘了 ΔE 的变化。这些值表明，Ca/Pb 和 Ca/Zn 稳定型材更易满足上述对气候老化要求的标准。此外，“二代有机”稳定样品表现出非常好的气候老化性能，符合标准。与其他样品不同，只有 OBS 稳定样品无法经受 2000h 的辐照，由图 4.96 可看出 OBS 稳定样本的最大 ΔE 约为 4.8，即刚刚满足标准（标准规定：最大 $\Delta E=5$）。

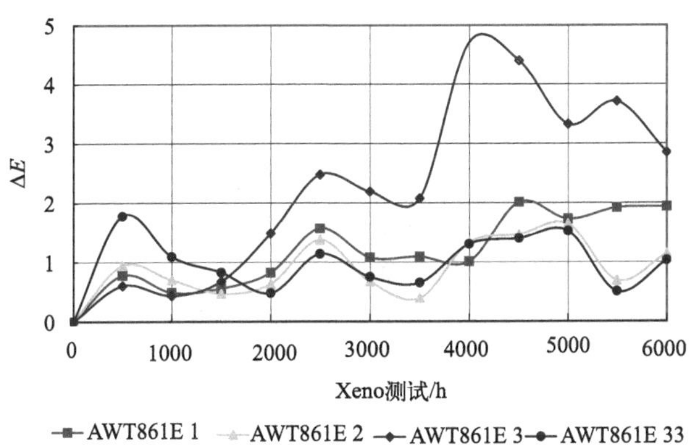

图 4.96　色差 ΔE 与气候老化时间的关系（Xeno 测试）

此外，还用红外和拉曼光谱对样品进行了测试，同时定期进行 zeta 电位测定和原子力显微（AFM）图像采集。Xeno 测试人工气候老化时，保持配方其他组分不变，采用不同方法进一步研究了四种不同稳定剂体系的 PVC 型材。考虑到 Xeno 测试中 ΔE 的变化（图 4.96），Ca/Pb、Ca/Zn 稳定剂和“二代有机”稳定的型材表面几乎没有差异。而OBS稳定的型材，显示出较强的颜色变化。通过红外光谱测试可知，无铅稳定样品含有更多水分。这可通过三种稳定剂含有较少的无机成分及较多的有机成分来解释，某些组分可提高材料吸水性（如THEIC、多元醇）。通过进一步观察可知，所有样品的碳酸盐谱带减少，草酸谱带出现（参见第4.6.1部分），但是钙/铅稳定的样品表现不同：碳酸盐谱带下降最快，且没有检测到草酸盐。通过拉曼光谱检测到多烯序列的形成，这表明样本间仅存在边界差异。无铅系统的多烯序列在2500h后形成，而Ca/Pb在3000h后才首次出现多烯。这些结果虽然有趣，但没有实际意义，因为拉曼光谱能够检测到共轭双键的最小浓度，这远早于它们颜色变化的形式被人们肉眼所察觉（参见第4.1.1）。通过粗糙度分析得出样品间存在显著差异。特别值得注意的是对型材接触角的研究，气候老化后样品的接触角变小了，这可能是由样品的粗糙度增加导致的。

当总结一系列的试验结果时，可以说，型材对于环境影响的敏感程度的不同不能用在Xeno测试中测得的颜色差异来解释。试验采用的独特方法也表明门窗型材的气候老化行为比最初预期的要复杂得多。除了稳定剂，门窗型材及其表面的气候老化也受其它参数的影响，如填料类型、用量及其粒径大小，改性剂类型，二氧化钛等级等，另外还受型材表面的一致性的影响，而表面一致性本身受到生产参数和润滑剂平衡的影响。目前还没有研究的是用于保护膜的黏合剂对环境作用敏感度的影响。从积极的一面来看，表面性质、粗糙度、接触角能够影响烟尘，锈膜，花粉和污垢的相互作用，可以用这里介绍的方法去研究。

4.5.7 修复

环境的影响如花粉、锈膜、家庭油烟、工业、交通等，都会导致门窗型材上黄色斑点及色斑的形成。由于污染模式的改变，使得这些问题在如今尤为突出，这可能是因为细粉尘的含量和终端消费者的敏感度都提高了[58]。铅和钙-锌稳定的型材表面都受到烟尘和花粉污染的影响。这些问题只能通过定期清洗受影响的门窗型材来解决，但是建筑物的窗户清洗是由清洁服务进行的，这就会导致额外成本的增加，所以很多建筑窗户通常不会得到定时的清洗。事实上，许多窗框生产商提供了清洁聚氯乙烯门窗型材的详细说明，如："正常清洁不要使用清洁剂或腐蚀性的溶剂，例如丙酮或硝基，因为它们会腐蚀窗框和密封件……可以使用玻璃清洗剂（应小心避免接触窗框、有机硅和窗户密封件）或温和的肥皂溶液，同时搭配清洁布并使用大量的水来清洁窗户。"[59]

虽然铝箔残留、混凝土，砖粉，聚氨酯泡沫，或其它残留成分可用溶剂清洗干净，但用溶剂清洗框架一直存在问题。因为这些溶剂会在窗框表面形成一层非常薄的膜，这些溶剂薄膜虽然是看不见的，但进入其表面的光将被吸收，而光化学降解过程就在其表面发生。树脂的表面开始受到光化学侵蚀，在短时间内形成可见斑点，且比之前的更明显。

如果能够降低污染物对型材表面的黏附性，那么将会大大减少这些不必要的影响。通过自清洁表面树脂（例如荷叶效应）或能够降低环境污染物黏附性的设计可以达到此目的。

通过设计添加剂或材料的组合来防止聚氯乙烯受环境影响而发生的反应也是可能实现的。为了实现此目的，现在要做的就是必须熟知每一种物质的反应机制。

根据所做的试验和经验，使用溶剂清洁被污染型材的表面并不能解决问题。通过在型材与密封件的表面涂覆一层涂层，可以大大降低环境对窗框的影响。某门窗型材生产商最近开始使用涂层的方法来改善型材的耐候性及其清洗问题，并以此创建了自己的品牌：proCoverTec[60]。

4.5.8 回顾门窗型材的变化

为什么在早期试验中没有观察到黄斑现象？那是因为不仅客户的敏感度和忍耐力发生了改变，而且 PVC 门窗的其他问题及其生产也有了显著的变化。在下面的章节中，尝试总结了几点关于 PVC 门窗型材的变化[46]。

首先，挤出速度和生产线的产量都在显著提高（图 4.97），这就降低了投资成本以及运营成本，但是也因此改变了必要的“理想”凝胶化并导致其它加工参数几乎难以控制。在这种情况下，也提出了问题：这样生产出来的型材，其完整的表面结构在松弛之后是否仍然保持最佳形态。虽然螺杆的长径比也从 13～22 增加到 22～32，但是由于生产量的显著提高，这仅部分抵消了 PVC 熔体在挤出机中停留时间的减少。

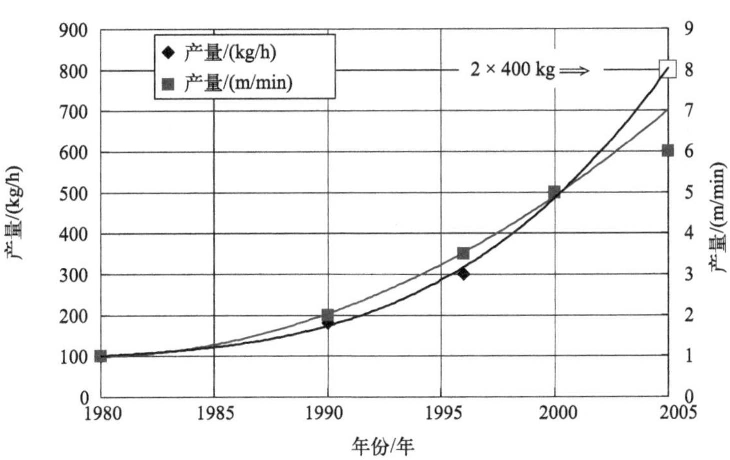

图 4.97 型材挤出产量的变化

此外，双线挤出也逐渐广泛用于门窗型材的生产，这种生产方式主要是在某种几何形状的型材连续生产中调整熔体流量和回料的平衡，一般有标准生产线及约12个月生产周期的大型制造商会采用此生产方式。双线挤出的最高生产量为800kg/min（2×400kg/min），对于精细型材的生产，此方式较为困难且难以控制，因此，此方式仅适用于小型且几何形状简易的型材的生产。

定型装置也随时代发展发生了改变，即随着生产线的提速，从最初的风冷定型发展为喷淋冷却定型。如今，现代高性能水箱式冷却线已成为标准。此外，相对于早期花费大量金钱来提供清水，现在的冷却水主要是通过冷却循环供应，通过各种化学品过滤来保持清洁。基于目前供应水的处理程序，这种方法还不能被淘汰，因为在循环过程中，金属（如铁或锌）和有机干混料成分会在水中沉积。据了解，目前尚未有人研究这些沉积物是否对黄色斑点和变色的形成有影响。通过正常生产的型材的 Xeno 测试可知：如果窗框能够得到充分清洗和养护，以上的因素对其耐候性能不会产生影响。

需要进一步考虑的门窗型材生产问题是：近年来，市场要求标准的 PVC 型材要有更好的光泽度（即更光滑、更密实、更光亮的表面），而每一个门窗型材的生产商都有其特定的光泽度。一般情况下，光滑的表面通常也更密实，反之则不一定，虽然，粗糙的表面并不一定意味着它有更多的孔。型材的光泽度也因所用润滑剂的化学结构不同而产生差异。通过对配方和原材料的优化，以及挤出技术的改进，如优化模具温度设置，型材表面进行抛光等，市场对型材更高光泽度的要求得到满足。

对于热和机械加工过程对型材表面的微观纳米结构或型材表面下的边界层的影响，目前尚未有详细的研究。基于对经热处理和未经处理型材的 SEM 研究（见4.5.5.1 部分），假设加热对型材表面的一致性有积极的影响。而另一个待解决的问题是，相对于未经改性处理的型材，在纳米尺度上的表面改性是否使型材表现出不同的光氧化行为。通常，孔穴似乎有利于环境污染物黏附到型材表面。

塑料门窗型材的主要成分将仍然是 PVC。两种与 PVC 相关的趋势和应用脱颖而出：低 K 值 PVC 的使用；增加使用 PVC/改性剂组合来代替接枝聚合物。

由于产量的增加，K 值在 66～67 的 PVC 可以取代 K 值为 68 的 PVC，而达到更快的凝胶速度。这种变化会导致型材的热稳定性有所降低且表面缺陷数增加。

聚氯乙烯接枝聚合物被取代的趋势及双组分 PVC/改性剂使用量增加，其原因如下：

随着竞争力的提高，单组分 PVC/改性剂具有成本及采购灵活性的优势。此外，在冲击/流动改性剂领域的创新使加工工艺显著提高，使制品有了更快的凝胶化和更好的光泽度。相关的新型改性剂单位成本较高，但所需的用量大幅减少了。

在过去的几十年，稳定剂体系也发生了显著变化，尤其是金属的种类和所用剂量。几十年前，通常铅-钡-镉或铅-钙稳定剂用量较高（5～8 份），而如今基于铅-

钙-（钡-锌）或钙-（镁）-锌的“一包化”助剂用量较少（3.5～5份，包括流动改性剂）。许多欧洲型材挤出机专为无铅稳定系统工作。

相比其它稳定剂体系，钙-锌稳定型材在人工气候老化试验中表现出延迟粉化行为。钙-锌稳定剂体系有较好抗粉化行为的潜在优势，但不幸的是，Sander 等无法使用他们的样品在室外气候老化试验重复出此结论[55]。

在观察期间，所提到的门窗型材稳定剂体系主要设计基本上保持不变。铅稳定剂体系主要由硬脂酸铅和二碱式亚磷酸铅组成，而无铅“一包化”助剂主要基于锌皂、水滑石、有机和无机助稳定剂，这两个系统都利用钙皂、润滑剂和流动改性剂。在过去的几十年中，润滑剂的种类已经发生改变。最初，因为挤出机、螺杆和模具的设计比较粗糙，所以内部酯类润滑剂用量较大，自 20 世纪 90 年代中期以来，更多的外部润滑剂，如石蜡和聚乙烯蜡已被使用。面对更高的挤出要求（更高的输出，更高的熔体处理温度，更高的模具温度），需要更强的外部（熔体-金属）剥离性能。内部（酯类）润滑剂通常比过去的用量少，但“一包化”稳定剂的润滑剂平衡根据每个稳定剂生产商的“配方理念”有所变化。

然而，无论采用何种稳定剂体系或稳定剂配方，都能看到黄斑的形成，除了铅和钙-锌稳定的型材形成黄斑外，铅-钡-镉稳定剂也涉及黄斑的情况。

接下来研究干混料的其它组分。

到 20 世纪 90 年代中期，几乎只有丙烯酸酯改性剂被使用，提高了性价比（尤其是耐候性能）的 CPE 抗冲改性剂的出现，促进了丙烯酸酯/CPE 共混物的使用，以及在某些情况下，在门窗型材配方中只使用了 CPE 抗冲改性剂。

碳酸钙作为填料在门窗型材配方中的作用没有发生改变，改变的是其级别和颗粒粒径。门窗型材生产商通过使用粒径更小且均匀的碳酸钙颗粒来使制品达到更高光泽度。通过增加填料量（例如，在欧洲从 4～5 份增加至 5～7 份，而其它国家早已高达 12 份，在某些情况甚至到达 20～25 份）来降低成本并增加型材的 DHC 值已成为总体趋势，这样制得的制品虽然光泽度的损失在可接受范围内或可通过挤出工艺的调整使其达到要求，但填充量的增加也是有限的。

在欧洲，二氧化钛的用量已从 4.0～4.5 份减至 3.2～4.0 份。型材生产商的气候老化结果和二氧化钛供应商对温和/大陆性气候的建议可证实：虽然二氧化钛含量降低了，但生产出的型材完全能够达到耐候标准，即满足所有欧洲标准的要求(使用钙-锌或铅稳定剂；其它稳定剂，如锡稳定剂需要明显更高的添加量)。

除了影响型材生产过程的因素外，周围环境质量也很重要。欧洲的环境条件(空气污染）已经有了明显的改善，但是这并不意味着会减轻塑料门窗型材上黄斑的形成。

在过去几十年间，欧洲灰尘污染的总负荷量已显著下降，但精细（FP）和超微颗粒物（UFP）排放量却在增加，这也导致了黄色斑点的形成。大多数工厂的加工工艺都会产生 UFP 和 FP，因为在这些颗粒物中仅沉积物的尺寸大于 10μm[61]，没有明显的团聚到更大的粉尘颗粒产生。因此，空气中弥漫着较多的超细颗粒。在过去几年，这些细颗粒携带浓缩的“活性成分”随颗粒到达型材的表面。这些“活性成分”沉积在型材表面，不会被较大的灰尘颗粒（粗颗粒物质）吸附而失活，反而会渗透到型材孔隙中。正如显微研究所显示的那样，即使型材的光泽度得以提高且表面（即表露在外的型材面）足够密实也无法屏蔽掉 UFP 和 FP。

因此，细颗粒物可以更好地吸附在现有的空隙及型材表面的粗糙点上。此外，精细和超细颗粒物显然很难被雨水冲刷掉或经擦拭去除。这种现象也因型材表面的涂层而闻名，如澳大利亚内陆的超细、天然红灰尘会迁移到几乎任何涂层的表面，从而导致不可逆转的颜色变化。

此外，所有研究表明黄变一般在局部地区产生，所以地区因素是最可能的原因。在全面介绍三元催化转化器之后（见下文），高氨浓度的交通繁忙地区或农业区（天然氨源）也可能在型材黄色斑点的形成中发挥一定的作用。

目前为止，主要讨论了灰尘和（超细）颗粒物对型材的影响，然而其他的环境因素也会影响黄色斑点的形成。例如，Stemmler 等在《自然》杂志上发表了以下研究结果：地球表面的光化学过程会显著影响大气污染物的化学成分，特别是在夏季有烟雾的情况下。在光照期间，亚硝酸被释放到地面附近的空气中。而在强烈光照下的严重污染的空气中，随后的化学反应会生成如臭氧和细颗粒物等空气污染物[62]。德国波恩的莱茵-弗里德里希-威廉姆斯大学植物研究所证实：配有三元催化转换器的汽车远远不像以前认为的那么“干净”。他们的研究表明，这些“毒”汽车在大气中释放大量的氨。直到最近才发现，该三元催化转换器中催化剂的设计是为了减少某类污染物，然而却产生大量的氨[63] 及新的空气污染物，如（超）细金属微粒（贵金属铂、钯、铑）[64]。由于缺乏系统研究，目前还没有确切结论表明这些新的空气污染物会对黄斑的产生有影响。

当试图总结关于德国、奥地利和瑞士的环境条件变化在环境污染领域的地位的现有文献时，应该明确的是在可持续发展和减少污染地区确实有了许多积极的发展。这些可以解释为，环境条件以及型材生产技术的变化在某些情况下会对塑料门窗型材的耐候性产生影响，尤其是当型材缺乏适当清洁时。关于环境对聚氯乙烯门窗耐候性能的影响研究仍处于起步阶段。在这一章中分析了几个因素，并开发出一种相对快速、便捷的实验室模拟环境影响的方法。对三种污染物即花粉、烟尘和锈膜研究的结果与讨论充分体现了这个方法。为了避免或减缓黄色斑点形成的试验也正在进行中，仍然有很多方面需要研究。

4.6 硬质 PVC 产品中碳酸钙填料对型材耐候性能的影响

碳酸钙是使用最广泛的物质之一，在许多领域都有应用（见第 2.2 节）。

在世界各地的各种矿床中，白垩矿物往往都可以被高纯度开采。这些原材料被开采、粉碎、过筛，而且表面经常被包覆。由于碳酸钙方便获取、价格低廉，故其作为填料在塑料和聚氯乙烯行业的应用较为广泛。质轻色白是碳酸钙作为填料的另一个特性，不过这可能会对型材的质量产生更大的副作用。除了颗粒粒径、粒径分布和表面涂层，碳酸钙的产地也会影响最终产品的质量，因为其形态和伴随元素会随着采矿场的不同而不同。

初步来看，伴随元素铁（Fe）似乎是非常重要的。许多刊物上也曾报道过铁元素会影响聚氯乙烯制品的耐候性能。Peake 研究了含铁颜料着色后硬质聚氯乙烯的耐候性，并试图建立耐候性能与含铁聚氯乙烯化学性质之间的关系[65]。在佛罗里达州对不同铁颜料着色的聚氯乙烯样品进行气候老化试验，并与所用颜料的特定性质（总铁含量、盐酸可提取铁、结晶相比例）进行比较，所得颜色发生了变化。从这些研究中可发现，颜料中的酸溶性铁所占比例会影响型材的变色，因此可以根据该特性来选择在气候老化条件下性质依然稳定的颜料品种。Girois 也研究了非常类似的课题[66]，他通过锡稳定剂体系壁板型材的人工气候老化试验，发现了铁含量与 PVC 型材光降解和热降解之间的关系。Schiller 等人发现锈膜通过促进黄斑的形成，对白色门窗型材的耐候性产生负面影响[42,50,58,67]。即使最低的浓度也足以产生明显的效果。基于这些结果，还研究了碳酸钙中铁元素和其它微量元素对聚氯乙烯模拟耐候性能的影响。

即使在聚氯乙烯加工过程中，掌握了许多知识、生产诀窍和碳酸钙填料的使用规则等，但是仍然会出现（或反复出现）新的或尚未经科学研究的现象，如下所述。

4.6.1 草酸钙的形成

门窗型材经自然或人工气候老化后，会偶然检测到草酸或草酸盐，然而它们并不属于干混料的组分[68]。那么酸是从何而来？与碳酸钙填料有关吗？

4.6.1.1 草酸钙和草酸：人工气候老化的影响

根据门窗型材生产的实际情况，分析了变色门窗型材中的化合物，结果显示红外特征峰（FTIR）为 780cm^{-1} 和 1620cm^{-1}，这就表明化合物中含有草酸或草酸盐。当时认为草酸或草酸钙属于稳定剂的一部分，并可能导致黄色斑点的形成。但如今根据门窗型材生产商所述，加工时所用的“一包化”助剂和干混料中都不包含草酸或草酸钙成分。因此，有上述红外特征峰的化合物，应该是在室外气候老化过程中形成的。然而特意将草酸和草酸钙添加到钙-锌稳定型材的干混料中，在实验室挤出型材，并通过 Xeno 测试对其进行气候老化试验（图 4.98）。结果表明，这两种物质似乎并没有对型材的耐候性能产生影响。

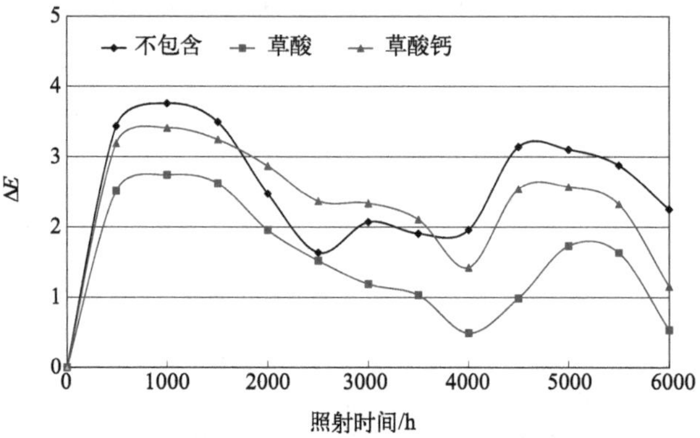

图 4.98 Xeno 测试中型材的颜色变化（ΔE）与照射时间的关系

[干混料组成：100 份 PVC（K= 68）、7 份丙烯酸抗冲改性剂、5 份碳酸钙、3 份钛白粉、5.2 份钙-锌稳定剂，未包含草酸（草酸盐）或 0.05 份草酸（或草酸盐）]

4.6.1.2 草酸钙：塑料窗框气候老化后的产物?

由于草酸和草酸钙不存在于干共混物，那么它们可以来源于环境，例如花粉中维生素 C 的分解产物，或在气候老化过程中产生。因此可以对各种稳定剂体系（铅、铅-钡-镉、丁基锡、锌-钙、OBS 及无金属体系）进行研究。即将这些稳定剂体系分别与不同的填料、各种品质的碳酸钙（表 4.12）及其它典型物质组合，其中所谓的典型物质是碳酸镁、碳酸锌、碳酸铅（白铅）和白云石。通过 QUVA 和 Xeno 测试对挤出型材进行气候老化试验。之所以要对型材进行双重测试，是因为草酸的红外波段虽然能在 Xeno 测试中检测出来，但是其形成过程要比在 QUVA 测试中慢且信号较弱。

表 4.12 试验中所用的碳酸钙特性 [D_{50} 为平均粒径（厂家数据）]

名称	碳酸钙	涂层	颗粒粒径	类型
填料 1	>99.5%	否	D_{50}：25μm，99.5%<45μm	天然，研磨的方解石
填料 2	>98.0%	是	D_{50}：1.0μm，90.0%<2μm	天然，研磨的方解石
填料 3	>98.0%	否	D_{50}：0.8μm，99.9%<45μm	沉淀的方解石和文石
填料 4	>99.0%	是	D_{50}：约 70nm	方解石沉淀物

通过图 4.99 和图 4.100 可以看出样本 1 和样本 2 的红外光谱的变化。除了在约 780cm^{-1} 处草酸谱带有增加，在 3000～3700cm^{-1} 处羟基（—OH）谱带也增加

了，这种现象可部分归因于在“露点循环”时间气候老化时型材的吸水性。在 $1620cm^{-1}$ 和 $1316cm^{-1}$ 处的 C═O 和 C—C 波段可以观察到典型的草酸盐，同时在 $845\sim890cm^{-1}$ 处还可以看到碳酸盐谱带缓慢减弱。另外，方解石和文石的 FT-IR 光谱实际上是不同的，即方解石典型的碳酸盐谱带在 $875cm^{-1}$ 处，而文石谱带在 $855cm^{-1}$ 处。碳酸锌和白铅在这个范围内没有碳酸盐谱带，但碳酸镁谱带位于 $855cm^{-1}$。

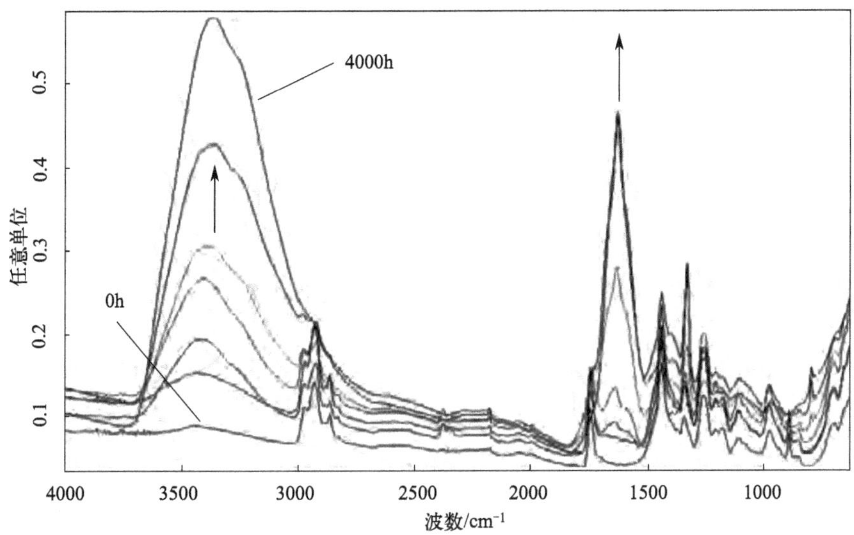

图 4.99　QUVA 气候老化中样本 1 的红外光谱变化

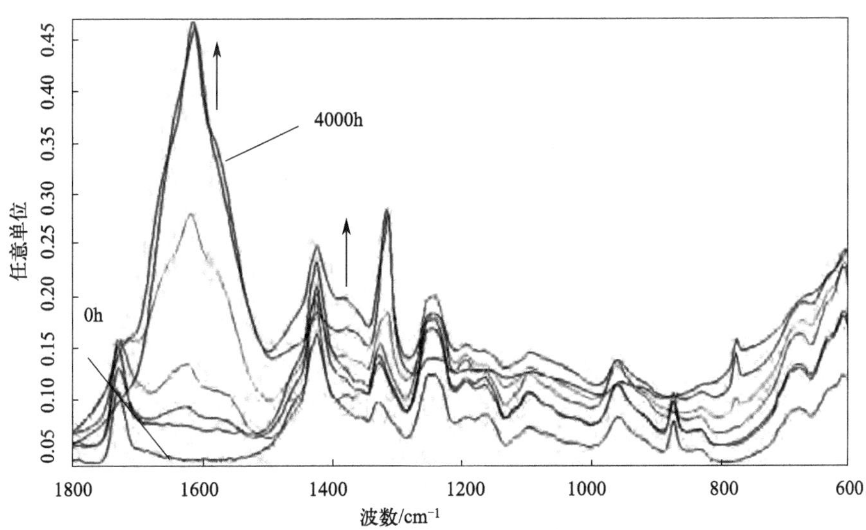

图 4.100　QUVA 气候老化中样本 2 的红外光谱变化

通过红外光谱可以计算出草酸谱带的增加量和碳酸盐谱带的减少量。图 4.101 形象地表现出这些信号的增加和减弱。表 4.13 和表 4.14 为试验结果的定性总结。可以得出以下结论：

表 4.13　碳酸钙对草酸谱带形成的影响

稳定剂	无填料	填料 1	填料 2	填料 3	填料 4
无金属	n. d.	增至约 0.6	增至约 0.5	增至约 0.6	增至约 0.5
钙锌	n. d.	增至约 0.3	增至约 0.3	增至约 0.5	增至约 0.6
铅	n. d.	增至约 0.5	增至约 0.4	增至约 0.55	增至约 0.2
OBS	n. d.	增至约 0.2	增至约 0.2	没有影响	增至约 0.1
锡	n. d.	增至约 0.2(下降)	增至约 0.45	增至约 0.5	增至约 0.6
铅-钡-镉	n. d.	增至约 0.5	增至约 0.2	增至约 0.3	增至约 0.2

注：n. d. 表示未检测到。

表 4.14　其他碳酸盐对草酸谱带形成的影响

稳定剂	碳酸盐	影响
无金属	碳酸镁	n. d.
无金属	白云岩	增至约 0.2
无金属	铅白	n. d.
无金属	碳酸锌	n. d.
无金属	额外的钛白粉	n. d.

注：n. d. 表示未检测到。

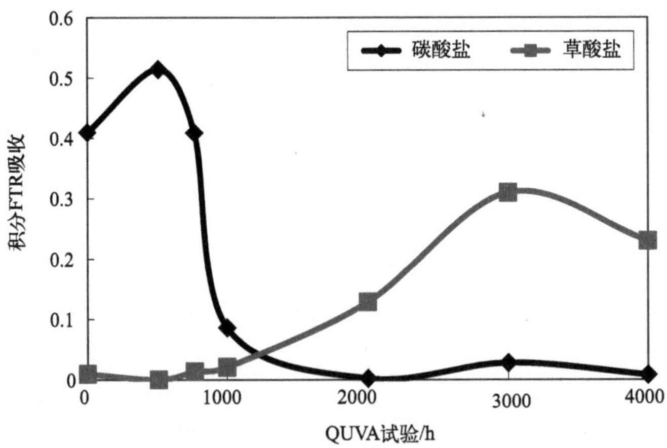

图 4.101　在 QUVA 气候老化过程中碳酸盐谱带和草酸谱带吸收强度的变化（基于图 4.99 和图 4.100）

① 在上述试验中，最初可以检测到型材中含有碳酸盐，但气候老化 1000h 后碳酸盐消失。换言之，在型材的表面未残留碳酸盐（表 4.15）。

表 4.15　在 QUVA 测试中碳酸盐谱带在红外光谱中的变化

项目	未气候老化	1000h	4000h
填料 1	强	n. d.	n. d.
填料 2	强	n. d.	n. d.
填料 3	弱	n. d.	n. d.
填料 4	强	n. d.	n. d.
碳酸镁	非常弱	n. d.	n. d.
白云岩	弱	n. d.	n. d.
碳酸锌	非常弱	n. d.	n. d.

注：n. d. 表示未检测到。

② 碳酸钙是草酸形成的先决条件。

③ 根据这些试验结果可知，铅、锌和镁的碳酸盐，似乎并没有引起草酸盐的形成。而白云石诱导生成了草酸，但含量较低。相对于其它填料，含填料 4 的型材其草酸生成率明显较慢。

④ OBS 稳定剂体系能减少甚至完全避免草酸的形成。

⑤ 铅-钡-镉稳定剂体系表现出与 OBS 类似的趋势。

4.6.1.3　关于对草酸盐形成的总结

人工或自然/室外气候老化过程中草酸和草酸盐的形成可以通过对样品表面进行傅里叶变换红外光谱研究来检测和追踪。根据目前掌握的信息，草酸盐的形成与碳酸钙的存在有关。填料类型和稳定系统将影响草酸钙的生成速度，前提是后者没有受到环境因素影响。遗憾的是，目前尚未发现草酸的形成机制。但是，无论是草酸还是草酸钙，都不会对型材的人工气候老化性能产生负面影响。

4.6.2　白垩中微量元素对气候老化的影响

在 4.6 节已经提到，除了钙，天然白垩可能还含有其他多种金属离子，这些都是天然污染物[69]。用纯石灰石作为接下来测试的标准，同时它也用于 Hydrocarb OG 产品（HOG，欧米亚制造商）的生产。除了这些天然杂质以外，研磨也可能会引入更多外来金属。因此对实验室制备的研磨样品在研磨前后都进行了铁(Fe)、锰（Mn)、镁（Mg)、铝（Al)、铜（Cu）和钠（Na）的分析。

4.6.2.1　微量元素的定向污染

在定向污染试验中，需要一种无表面涂层的白垩；因此采用了一种 HOG 型白垩。就粒径分布和金属元素分析而言，这种白垩类似于标准填料 H 95T。添加污染物后，不再对白垩进行任何的表面处理。

在“污染”处理过程中，将铁氯化物（Ⅲ）、铝氯化物和锰氯化物溶于乙醇并加入磨碎的白垩浆。为了使沉淀金属，再向乙醇溶液中加入1%氢氧化钠以中和溶液。在温和条件下，用旋转蒸发器除去乙醇。将所得产物进行煅烧，使其在玛瑙碗里从氢氧化物转变为氧化物。对每个产品中的铁（Fe）、锰（Mn）、镁（Mg）、铝（Al）、铜（Cu）和钠（Na）元素进行了分析。分析结果见表4.17。

各种白垩于标准干混机中混合（表4.16），然后在平行双螺杆挤出机中挤出。

表4.16　干共混物的成分

成分	添加量
S-PVC, $K=67$	100份
改性剂	7.0份
钛白粉	3.0份
测试物质	5.0份
稳定剂(无 β-二酮的钙-锌单组分)	4.0份

表4.17　对人工污染白垩中金属百分数分析结果

金属	H95T	HOG	白垩A	VP 17331	VP 17338	VP 17339	VP 17340	VP 17341	VP 17342	VP 17343	VP 17344	VP 17345	VP 17346
铝	0.01	0.01	0.01	0.17	0.01	0.01	0.01	0.01	0.01	0.05	0.14	0.05	0
铁	0.01	0.01	0.04	0.23	0.34	0.1	0.26	0.01	0.01	0.01	0.01	0.15	0.01
镁	0.08	0.08	0.28	0.45	0.08	0.08	0.08	0.08	0.08	0.08	0.08	0.08	0.08
锰	<0.001	<0.001	0.01	0.02	0	<0.001	0	0.08	0.1	<0.001	<0.001	0.02	<0.001
钠	0.04	0.04	0.08	0.02	0.52	0.05	0.52	0.08	0.12	0.19	0.37	0.33	0.35
说明				石灰石	HOG+铁(浓缩1)	HOG+铁(浓缩2)	HOG+铁(浓缩3)	HOG+锰(浓缩1)	HOG+锰(浓缩2)	HOG+铝(浓缩1)	HOG+铝(浓缩2)	HOG+铁+锰+铝	HOG+NaCl

上述试验主要目的是揭示这些金属对型材的初始颜色和气候老化性能的影响。通过研究可以得出以下结论（表4.18）：

表4.18　PVC试验结果（100份PVC，7份抗冲改性剂，4份锌-钙单组分，3份 TiO_2）

326H	12	13	10	1	2	3	4	5	6	7	8	9	11
碳酸钙	H95T	HOG	VP 17331	VP 17338	VP 17339	VP 17340	VP 17341	VP 17342	VP 17343	VP 17344	VP 17345	VP 17346	白垩A
说明			石灰石	HOG+铁(浓缩1)	HOG+铁(浓缩2)	HOG+铁(浓缩3)	HOG+锰(浓缩1)	HOG+锰(浓缩2)	HOG+铝(浓缩1)	HOG+铝(浓缩2)	HOG+铁+锰+铝	HOG+NaCl	

续表

326H	12	13	10	1	2	3	4	5	6	7	8	9	11
L	92.7	91.9	87.3	8.7	91.5	89.7	90.5	90.0	92.5	92.6	90.8	92.5	93.0
a	−1.7	−1.4	−1.8	0.6	−0.8	0.2	−0.8	−0.7	−1.6	−1.6	−0.7	−1.6	−1.9
b	3.6	3.9	1.3	8.9	5.5	8.2	4.3	4.4	3.6	3.8	5.9	3.7	3.7
DHC	32.5	29.5	35.5	35.0	33.5	34.0	31.5	35.0	37.5	32.5	34.0	30.0	35.0

① 铁和锰对 a 值具有相似的影响。

② 铁对 b 值的影响是锰的三倍。

③ 锰对 L 值影响是铁的两倍。

④ 铝对颜色值的影响可以忽略不计。可能对 L 值有轻微的积极影响。

⑤ 含铁（Ⅲ）氧化物的典型污染物明显与天然铁不同。天然石灰石 VP 17331（326H10）与受污染的 HOG VP 17345（326H8）具有相似的分析成分，但是两者在 L、a、b 值上存在差异，这可能是因为：人工污染只是存在于型材表面，而天然微量元素则在表面和核心之间扩散。

⑥ 烘箱热稳定性受到轻微影响，而 DHC 值（氯化氢）的变化也在实验误差内。

4.6.2.2 Xeno 测试人工气候老化结果

用 Xeno 测试对以上挤出产品进行人工气候老化试验。从图 4.102 和图 4.103 可以看到，铁作为外来金属在人工气候老化试验中对钙-锌稳定型材的颜色保持的影响最大。在铅稳定型材中，白垩 A 中铁的影响几乎可以忽略不计。因此接下来主要针对无铅稳定剂体系进行分析。ΔE 值随着铁含量的增加而增加（图 4.102）。在 4500～5500h 的气候老化下，在含铁污染物的型材及含白垩 A 的型材中都能够发现 ΔE 值再次增加（图 4.103）。在气候老化过程中，$CaCO_3$ 的市售产品类型不同其性能也不同（图 4.103）。对于未加工的石灰石样品 VP17331，其 ΔE 值的增加最明显，1000h 后，能达到最大值约 17。不过这个样品的铁含量也是最高的。对含白垩 A 的型材来讲，其 ΔE 值的增长也不能满足 ISO 标准 ISO/CD 4892-2（EN 513）的要求。更值得注意的是，使用的是不包含 β-二酮的钙-锌稳定剂体系，而 β-二酮能形成含铁盐的红褐色复合物，从而更增强对 ΔE 的影响。铝对型材的污染所造成的颜色变化比锰更差（图 4.104）。经这两种金属“污染”的型材与含未经处理的白垩的样品没有太大的区别。铝污染物和锰污染物的浓度与白垩 A 中的天然污染物类似，但都明显低于铁的浓度。用食盐对白垩进行处理后，含这种白垩的样品在气候老化 200h 后其 ΔE 值增加了，而在 3500～6000h 之间，ΔE 值的增加更明显（图 4.105）。目前还无法对这种现象做出合理的解释，因为钠污染物与铝污染样品的数量级相同，同时氯离子的引入可能也发挥了作用。

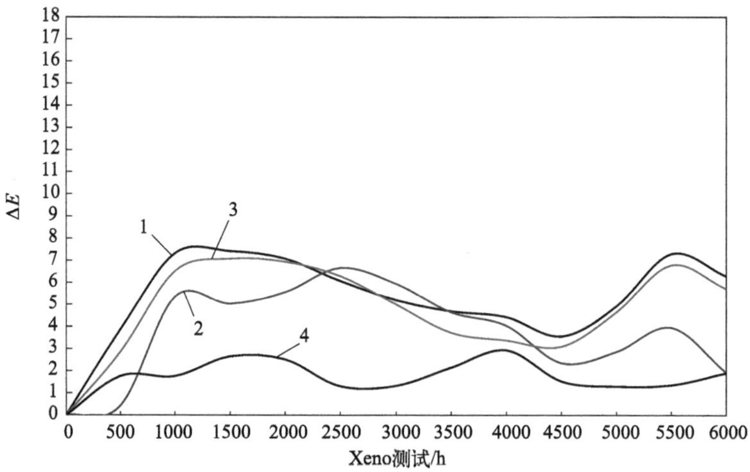

图 4.102　在 Xeno 测试中的颜色变化（ΔE）与铁（Fe）浓度的关系（一）

1—362H1（W_{Fe}=0.34%）；2—362H2（W_{Fe}=0.10%）；3—362H3（W_{Fe}=0.26%）；4—362H13（HOG）

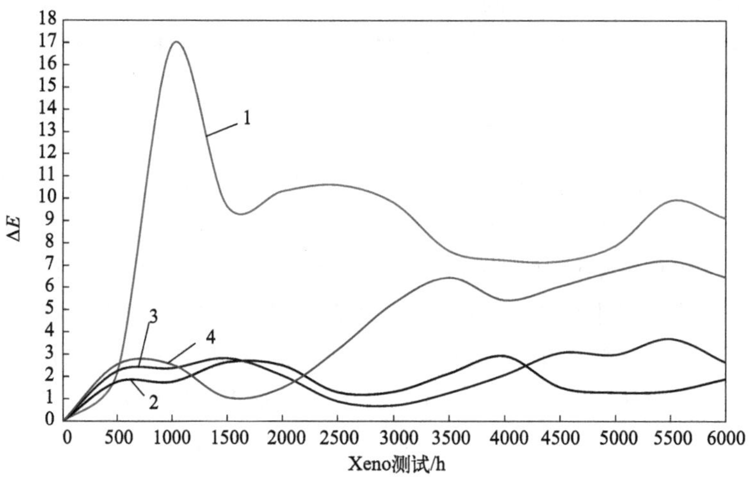

图 4.103 在 Xeno 测试中的颜色变化（ΔE）与铁（Fe）浓度的关系（二）

1—362H10（未经处理的石灰石）；2—362H13（HOG）；3—362H12（H95TOG）；4—362H11（白垩 A）

通过拉曼光谱分析，仅在 2500h 的气候老化型材中出现了多烯序列（1100～1480cm^{-1}），这些结论与先前的研究基本一致。

4.6.2.3　白垩中微量元素对 PVC 型材气候老化性能的影响

在 Xeno 测试中，外来金属铁对型材的气候老化性能影响显著，那么在自然气候老化中应该也是一样的结果。随着铁含量的增加，型材的整体色彩变化，ΔE 值也增加（图 4.102）。模拟铁污染填料干混料显示的 ΔE 变化与含有石灰石填料配方相似。在气候老化试验中，$CaCO_3$ 的市售产品类型不同，其气候老化性能也不同（图 4.102）。白垩 A 的 ΔE 值的增加将无法满足 ISO 标准 ISO/CD 4892-2（EN 513）。因此为了避免气候老化后变色，选择白垩原料时，应仔细观察其铁含量。

尽管金属铝比锰使型材的颜色变化更差（图 4.104），但是这些结果并不明显，因为这两种微量金属试样与未经处理的白垩样品表现出相似的性能。用氯化钠（食盐）对白垩处理后，样品的 ΔE 值增加了，并且在 3500～6000h 的气候老化时间内，ΔE 值明显更高（图 4.105）。目前仍无法解释这种现象，也许是同时引入的氯离子发挥了作用。

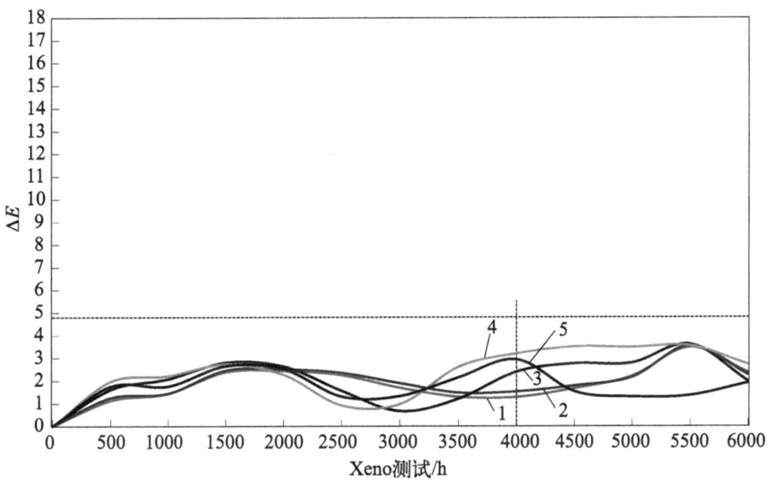

图 4.104 在 Xeno 测试中的颜色变化（ΔE）与锰（Mn）和铝（Al）浓度的关系

1—362H4（W_{Mn}=0.08%）；2—362H5（W_{Mn}=0.10%）；3—362H6（W_{Al}=0.05%）；4—362H7（W_{Al}=0.14%）；5—362H13（HOG）

4.6.3 碳酸钙填料和 PVC 管的粉化

所有的聚合物或多或少都会经历（自动）氧化降解，但是大多数的这些反应受到严重的动力学阻碍。这意味着，降解反应非常缓慢，以至于许多年都无法观察到。如果有足够的能量作用于聚合物且达到或超过降解反应的活化能，那么这些反应可能会加速。若存在光化学反应催化剂，如二氧化钛，这种效果甚至会增强。

事实上，粉化的某些定义是特指存在一般的颜料，尤其是带有光化学活性的二氧化钛[70-71]。长期粉化实际上并不是描述聚合物的化学降解，而是伴随而来的外观变化。随着聚合物基体的降解，在表面上可以观察到填料或颜料。随后表面失去光泽，覆盖着浅灰色或白色粉末，让人联想到灰尘或者碳酸钙粉尘。

PVC 制品中的碳酸钙含量越高，粉化现象出现越早且越明显。有学者已对粉

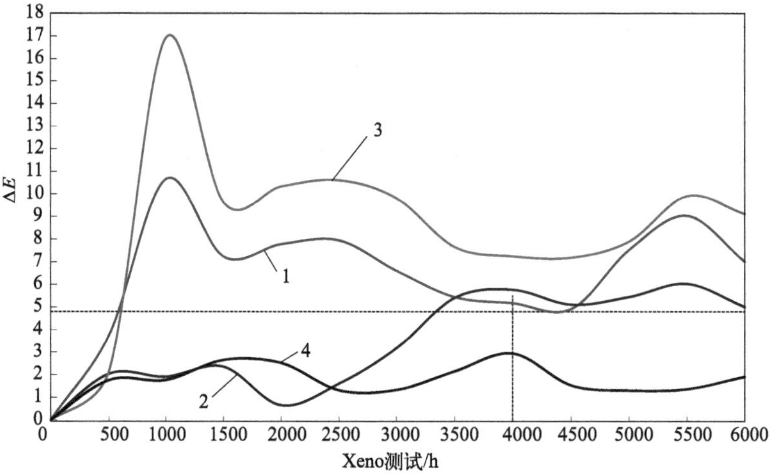

1—362H8 (Al+Fe+Mn)；2—362H9 (W_{Na}=0.35%)；3—362H10 (未经处理的石灰石)；4—362H13 (HOG)

图 4.105 在 Xeno 测试中的颜色变化（ΔE）与钠（Na）或结合铁+ 锰+ 铝浓度的关系

化现象进行了系统研究[72]。

4.6.3.1 试验材料与方法

对于硬质 PVC 产品，也有一些稳定剂体系可选用。大多数稳定剂体系都是以下三种，金属盐与金属皂的复配体系（也可见第 1 章）：

① 铅和碱土金属复配（Pb/Ca）。

② 碱土金属和锌复配（Ca/Zn）。

③ 碱土金属和有机物复配（OBS，HMF 体系）。

每一种 PVC 稳定剂体系在挤出过程和之后的使用寿命中发挥的作用略有不同。对所有这些稳定剂体系，利用唯象理论研究了增加填料量对体系的影响。

样品的颜色为研究提供了另一个视角。每种颜色会吸收不同波长的光，进而吸收的能量也不同。对不同颜色样品进行试验，可以研究颜色对光催化降解和粉化趋势的影响。关于这一点应该回顾 Draper-Grotthuss 定律（见第 4.2.2.3 部分）。

所选择的稳定剂体系不是专门设计用于日光下的，所以样品在室外气候老化过程中迅速表现出外表面的变化。试验装置包括以 Pb/Ca，Ca/Zn 和 OBS 为稳定剂的 PVC 样品，以及三种不同颜色的样品：棕色、蓝色和灰色。然后使用这些不同颜色的干混料中的每一种来制备七个 PVC 样品，其中未包覆的碳酸钙的量依次增加（表 4.19）。随着 PVC 逐渐被 $CaCO_3$ 填料取代，相对于 100 份 PVC，$CaCO_3$ 和“一包化”稳定剂的量不断增加。但计算混配物总量时，稳定剂所占比例始终保持不变。

表 4.19 通过增加 $CaCO_3$ 的含量代替 PVC，计算干混物

研究的配方(相对 100 份的 PVC 和白垩的组合量)							
PVC(K=67)	100	98	95	90	80	66	50
未包覆 $CaCO_3$		2.000	5.000	10.000	20.000	34.000	50.000
Ca/Pb 基	2.000	2.000	2.000	2.000	2.000	2.000	2.000
OBS 基	2.350	2.350	2.350	2.350	2.350	2.350	2.350
Ca/Zn 基	2.350	2.350	2.350	2.350	2.350	2.350	2.350
重新计算的配方(相对 100 份 PVC)							
PVC(K=67)	100	100	100	100	100	100	100
未包覆 $CaCO_3$		2.041	5.263	11.111	25.000	51.515	100.000
Ca/Pb 基	2.000	2.041	2.105	2.222	2.500	3.030	4.000
OBS 基	2.350	2.398	2.474	2.611	2.938	3.561	4.700
Ca/Zn 基	2.350	2.398	2.474	2.611	2.938	3.561	4.700
成分/%							
$CaCO_3$	0	2	5	10	20	33	49
稳定剂	2.0/2.3	2.0/2.3	2.0/2.3	2.0/2.3	2.0/2.3	2.0/2.3	2.0/2.3

采用实验用双螺杆挤出机通过窄缝模具制备带状样品。然后将这些样品在奥地利阿诺尔德施泰因进行室外气候老化 12 个月。第一组在欧洲冬季开始（2007 年 2 月），第二组在四个月后开始（从 2007 年 6 月）。

在两组试验中，前两个月每日日照量均呈上升趋势。第一组在后四个月日照量继续增加；而第二组在后四个月日照量则有所降低。降水的分布也不同：在前四个月，第一组的降水量比第二组少；这段时间后，两组降水量均明显减少（图 4.106）。

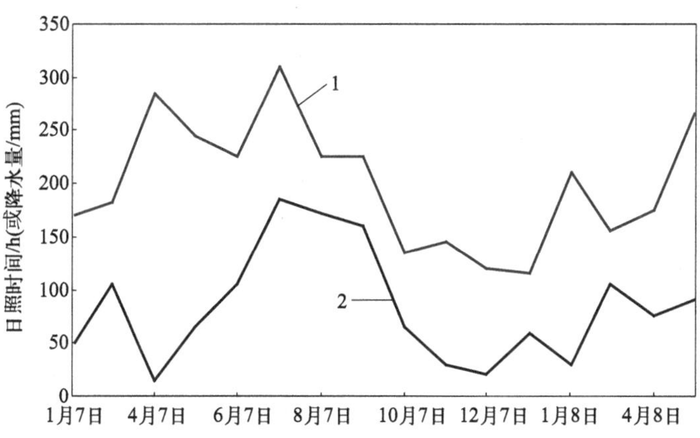

图 4.106 试验期间日照时间（1）和降水量（2）

由于室外自然气候老化需要大量的时间，因此各类人工气候老化试验方法应运而生，其中有些是已纳入标准规范。这类方法的核心难点是如何通过增强温度、光照和湿度等环境应力，实现“比户外暴露更快观察到老化效应”的目标。然而这些增加的环境负荷可能引发自然老化过程中并不会出现的老化机理。

4.6.3.2 外观影响

碳酸钙用量越大，外观变化越大，例如熔体密度增大（图 4.107）。在样品制备过程中，样条截面尺寸也发生了变化，因为填料含量较高，当冷却时挤出样条更为密实，而且更不容易弯曲。

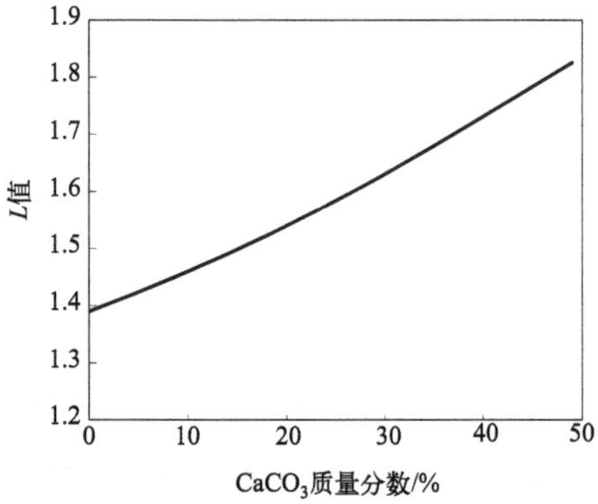

图 4.107　增加碳酸钙填料填充量时 PVC 干混料的计算密度

样品的可见颜色随填料含量增加而变浅，表面看起来更加粗糙（图 4.108）。碳酸钙填料的分散性不是很好，所以碳酸钙含量高于 49%时，填料能作为白色粒子在样品表面检测到。随着碳酸钙含量的增加，L 值也会增加，但同时从视觉上看样品粗糙度也会增加。

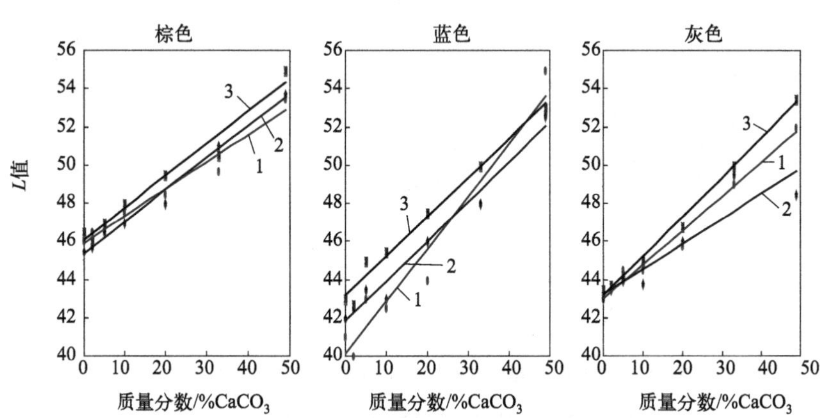

图 4.108　L 值随白垩（碳酸钙）含量的变化

1—钙/铅；2—OBS；3—钙/锌

4.6.3.3 室外气候老化结果

所有的聚氯乙烯样品被固定在一个支架上（南向偏 45°）。每个月取出一个样本来研究颜色的变化（图 4.109～图 4.111）。用 L 值来评估，因为它与亮度和白度呈显著正相关。

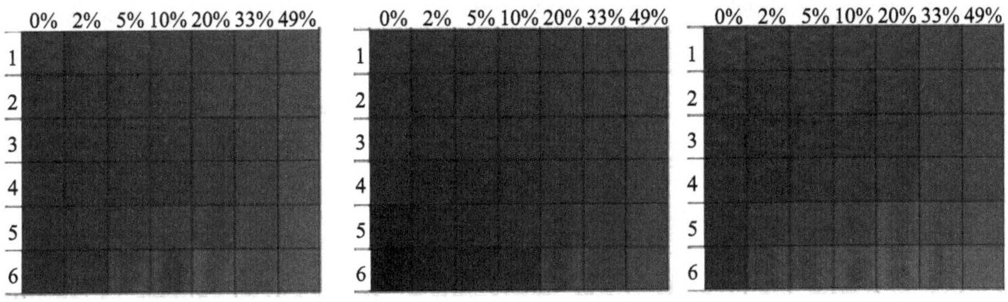

图 4.109　户外老化前六个月，不同填料用量和不同颜色的铅稳定聚氯乙烯样品的外观

（2007 年 2 月到 7 月，奥地利阿诺尔德施泰因）

（见彩插）

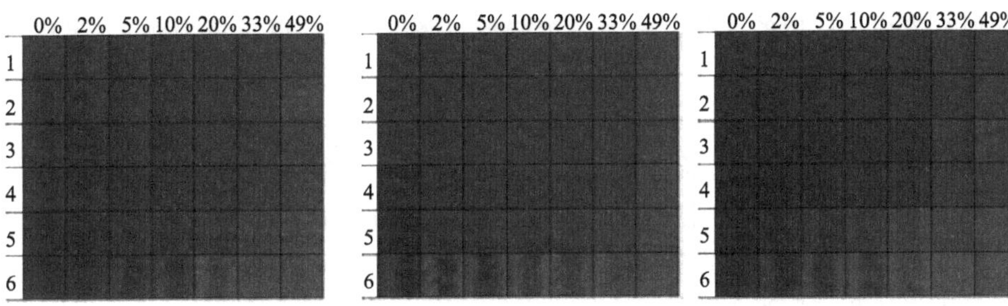

图 4.110　户外老化前六个月，不同填料用量和不同颜色的钙-锌稳定聚氯乙烯样品的外观

（2007 年 2 月到 7 月，奥地利阿诺尔德施泰因）

（见彩插）

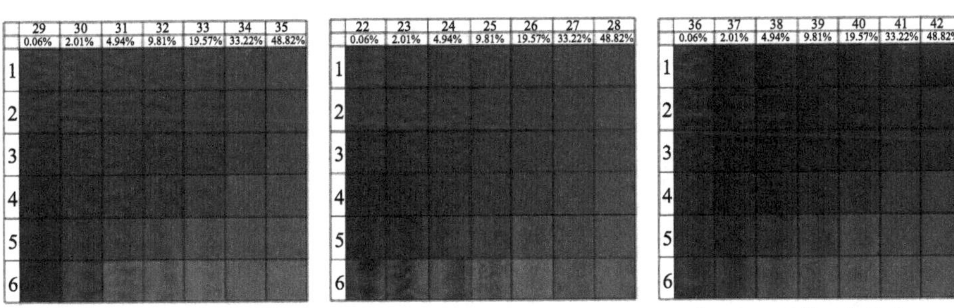

图 4.111　户外老化前六个月，不同填料用量和不同颜色的有机稳定聚氯乙烯样品的外观

（2007 年 2 月到 7 月，奥地利阿诺尔德施泰因）

（见彩插）

无论老化试验启动时间如何，从第一个月开始，就可以观察到 L 值会随填料含量不同而变化。这些变化也根据各种测试颜色的不同而不同，接下来将分别讨论每个气候老化周期。

4.6.3.3.1 2007年2月开始的测试组的观察

从视觉上，铅稳定样品可以观察到如下情况：

① 六个月后不添加任何填料的样品没有变亮而是稍微变暗，这种变暗可能是生成金属铅而造成的（光致灰化；可参见第4.4节）。

② 六个月后，棕色样品的粉化几乎是不可见的，即使填料含量接近10%。

③ 六个月后，对于蓝色和灰色样品，只要2%～5%的填料就足以产生可见的粉化。

④ 填料含量越高，粉化开始得越早。

对于钙锌稳定和OBS稳定（图4.110和图4.111）的样品来说，可以观察到相似的变化。然而，在其他配方相同的情况下，无铅稳定剂的粉化要早一个月。而铅稳定剂这一明显优势可通过光致灰影响测得。由于（黑灰）金属铅的形成，L值也会稍微下降，这抵消了由于粉化增加的L值，因此隐藏了整体的变白。

通常来说，L值的变化可分为多个阶段（图4.112，以棕色为例）。起初几乎所有样品只显现L值的一些微小变化，部分甚至出现L值下降。在第二个阶段L值变化很大，特别是对于一个中到高粉体含量的样品，可以观察到L值迅速增加。对于那些在2007年2月开始进行气候老化的样品，还能识别出第三阶段，这个阶段的L值没有进一步的变化。不含任何填料样品偏离了上述三阶段变化规律。此外，所有不加填料的铅稳定样品，其L值变化呈特殊趋势，这一现象同样可通过额外测定光致灰效应来解释。

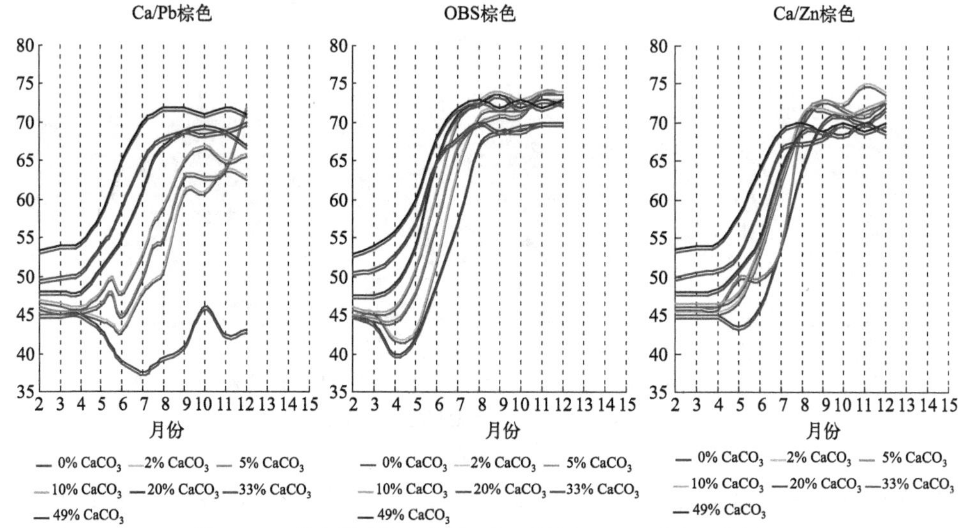

图4.112 棕色样品在稳定剂不同和填料含量不同时的L值变化

（冬季组，气候老化开始于2007年2月）

（见彩插）

4.6.3.3.2 2007年6月开始的测试组的观察

对于这一组始于相对温暖的月份的样品，也可以分为三个不同阶段。在室外气候老化之初，L 值从中等到迅速增大。第二阶段，L 值趋于稳定，甚至出现下降，过了这一阶段 L 值迅速增加（图 4.113）。

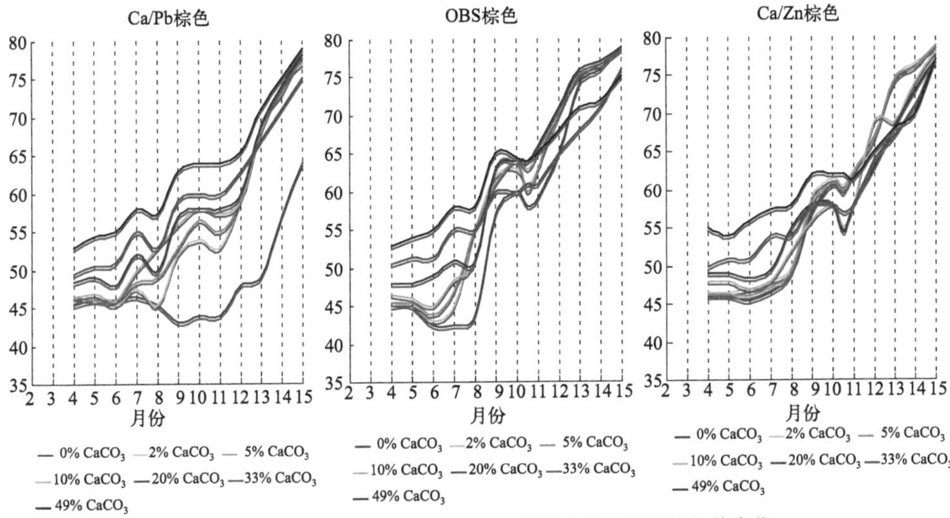

图 4.113 棕色样品在稳定剂不同和填料含量不同时的 L 值变化

（夏季组，气候老化开始于 2007 年 6 月）

（见彩插）

始于 2007 年 2 月的试验组，其 L 值变化趋势从表面上看与 2007 年 6 月有很大偏离。但考虑相关时间段的日照时间（光应力）和降水量，差异就很容易解释了。在 2007 年 11 月到 2008 年 1 月期间（北方的冬季），光照时间以及降水量都非常少。除此之外，外部的温度也很低，样品曾连续多日被积雪覆盖——尽管在阿诺尔德施泰因 2007 年和 2008 年的冬季降雪量并不大。从 2007 年 1 月起，样本 L 值出现最大值，而开始于 2007 年 6 月的样本出现停滞现象甚至呈下降趋势。L 值图表相对于仅仅反应气候老化时间段的累积日照时间，能更清晰地表明 L 值与光应力的关系（图 4.114）。如果过测量点（日照时间与 L 值的交点）做一条线，而不考虑该线的确切形状，颜色的影响将会清晰存在但仅在有限的范围内。除了光照外，热应力和雨水等也是导致样品表面观测到变化的原因。所有的因素相互影响，所以整体现象很难预先用方程计算出来。

4.6.3.4 结论

随着填料含量增加，所制备产品颜色明显变浅。增加碳酸钙填料含量，产品的加工行为受所用稳定剂体系配方的影响。试验中使用的“一包化”无铅稳定剂包含不同的润滑剂组合，使得尽管增加填料用量仍然具有稳定的流变行为。

无论室外气候老化还是人工气候老化，都明显地受到碳酸钙用量的影响。太阳

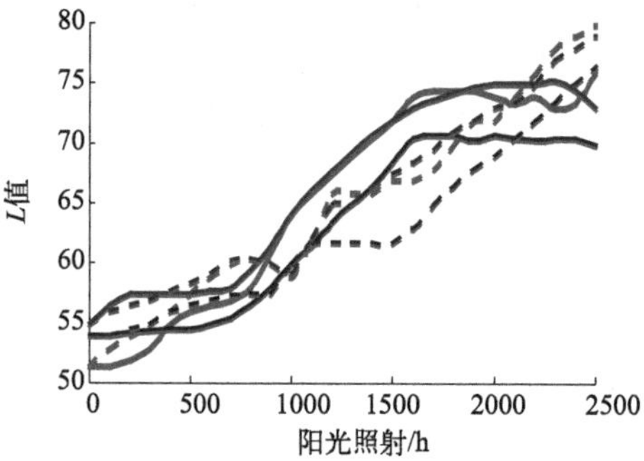

图 4.114　增加光照 L 值函数变化

（以 49%碳酸钙填充填料的钙-锌稳定样品为例）

（见彩插）

辐射的强烈影响在室外气候老化中尤为明显。在太阳辐射较强的时候，样品粉化比在太阳辐射少的时候更快并且有更强烈的外观变化。另外，温度、温度变化、降水量和降水形式也会产生影响。例如，雪覆盖样品、在覆盖期间光应力消失。

人们试图通过专门编程的人工加速气候老化试验来模拟自然老化周期，但是结果并不完全令人满意。在使用这种人工气候老化程序的试验中，如在户外气候老化中观察到的，样品的老化过程还伴随着其他降解过程。从 L 值的变化中可以看出这一点，在人工老化试验中 L 值最初确实有所增加，但随后便开始下降。但是，对于所有研究的稳定剂体系，观察到的粉化程度均相似。

参考文献

[1] B. Ranby, J. F. Rabek; Photodegradation, Photo-oxidation and Photostabilisation of Polmers, J. Wiley & Sons (1975) pp. 192-195

[2] A. Gupper, P. Wilhelm, M. Schiller; Degradation of Poly (vinyl chloride) with Different Additives Studied by Micro Raman Spectroscopy, Int. Conf. on Robust Statistics, ICORS 2002, Budapest, Hungary, Sept. (2002)

[3] A. Gupper, P. Wilhelm, M. Schiller; Degradation of Poly (vinyl chloride) with Different Additives Studied by Micro Raman spectroscopy, Ann. Meet. of the Federation of Analytical and Spectroscopic Societies (FACSS), Providence, RI, Oct. (2002)

[4] A. Gupper, P. Wilhelm, M. Schiller; Degradation of Poly (vinyl chloride) with Different Additives Studied by Micro Raman Spectroscopy, Addcon, Budapest, Hungary, Oct. (2002)

[5] A. Gupper, P. Wilhelm, M. Schiller; Degradation of Poly (vinyl chloride) with Different Additives Studied by Micro Raman Spectroscopy, Polym. Polym. Compos. 11, Feb. (2003) p. 123

[6] G. Wypych; PVC Degradation and Stabilization, 2nd ed., ChemTec Publishing, Toronto, Canada (2008) p. 196

[7] C. Anton-Prinet, G. Mur, M. Gay, L. Adouin, J. Verdu; Photoageing of Rigid PVC-Ⅰ. Films Contai-

ning Ca-Zn Thermal Stabiliser, Polym. Degrad. Stab. , 60 (1998) p. 265364 4 Uncharted Territory in the Use of PVC Products: Photo Effects

[8] C. Anton-Prinet, G. Mur, M. Gay, L. Adouin, J. Verdu; Photoageing of Rigid PVC-Ⅱ. Degradation Thickness Profiles, Polym. Degrad. Stab. , 60 (1998) p. 275; C. AntonPrinet, J. Dubois, G. Mur, M. Gay, L. Adouin, J. Verdu; Photoageing of Rigid PVC-Ⅲ. Influence of Exposure Conditions on the Thickness Distribution of Photoproducts, Polym. Degrad. Stab. , 60 (1998) p. 283

[9] C. Anton-Prinet, G. Mur, M. Gay, L. Adouin, J. Verdu: Photoageing of Rigid PVC-Ⅳ. Effects of Titanium Dioxide, Polym. Degrad. Stab. , 61 (1998) p. 211

[10] G. Abeler, W. Schramm; Zur Beurteilung der Thermischen Alterungsbeständigkeit von PVC auf Farbmetrischer Grundlage, Kunsts. , German Plastics, 66, June (1976) p. 369

[11] Kronos Titandioxid in Kunststoffen, Kronos brochure (1993) p. 19

[12] B. Ranby, J. F. Rabek; Photodegradation, Photo-oxidation and Photostabilisation of Polymers, J. Wiley & Sons (1975) pp. 231-235

[13] M. Schiller, F. Müller, C. Damm; Photo-physics of Surface-Treated Titanium Dioxides, J. Photochem. Photophys. A, 149 (2002) p. 227

[14] D. Hepp; Angew. Makromol. Chemie 171 (1989) p. 39

[15] M. Schiller, S. Cockett, R. Wohlschieß; Profilverfärbungen durch Photoreaktionen-Mechanismen und Wege zur Problemlösung, 3rd Int. Plastic-Window Congress, Berlin, Germany, Feb. (2000)

[16] R. L. West, L. H. West; Mechanism of Color Changes in PVCu, The 9th Int. PVC Conf. , Brighton, UK, April (2005) (p. 169 in the Proceedings)

[17] J. -L. Gardette, J. Lemaire; Photo-oxidation of Poly (vinyl chloride): Part 3-Influence of Photo-catalytic pigments, Polym. Degrad. Stab. 33 (1991) p. 77

[18] W. Reith; Kunstst. , German Plastics 85 (1995) p. 12

[19] P. Klaess; Aktuelle Aspekte der PVC-Stabilisierung, VDI-Fachtagung

[20] http: //en. wikipedia. org/wiki/Photoelectrochemical _ process

[21] IMI' s Allot £25M Claims, Plast. Rubber Weekly July 6 (2001)

[22] N. L. Thomas; Presentation at the BPF-Window Group Meeting, Sept. 28, 1999

[23] M. Schiller, Ö. Aksin Artok, D. Mercan, M. Başalp; Photopinking-Is there anything new? PVC formulation 2014; Duesseldorf/Germany, Feb. (2014)

[24] I. Georges-Guerand; Turning the light on unusual colorations of PVC profiles Profiles 2001, Mar. (2001)

[25] K. Nomiyama, T. Tanizaki, T. Koga, K. Arizono, R. Shinohara; Oxidative Degradation of BPA Using TiO2 in Water, and Transition of Estrogenic Activity in the Degradation Pathways, Arch. Environ. Contam. Toxicol. , 52 (2007) p. 8

[26] German patent DE 102008005339, Chemson

[27] Ö. Aksin Artok, M. Schiller, D. Mercan, M. Başalp, B. Olgundeniz, C. Damm; Pinking of organic based stabilisers in white pipes - a miracle?, PVC 2014, Brighton, UK, April (2014)

[28] H. E. Johns, G. J. Fisher, D. W. Whillans; Studies of the triplet state of pyrimidines and the resulting photochemistry, Proceedings of the 5th L. H. Gray Conf. on fast processes in radiation chemistry and biology, J. Wiley & Sons (1975) p. 215 References 365

[29] J. L. Lucas Vaz, M. Petit-Ramel, A. Boussaoud, Y. Ait Ichou; Uracil and 5-halogenouracils photo mineralization on titanium dioxide, Influence of pH and of some anions on uracil photo degradation, Analy-

sis, 2/26 (1998) p. 83

[30] M. Anheden, D. Y. Goswami, G. Svedberg; Photocatalytic treatment of wastewater from 5-fluorouracil manufacturing, J. of Solar Energy Eng. , 1/118 (1996) p. 2

[31] S. C. Wait Jr. , M. Sirota, J. C. Corelli; Effects of ultraviolet radiation on uracil derivatives, Radiat. Eff. , 1-2/35 (1978) p. 79

[32] http://en.wikipedia.org/wiki/Charge-transfer_complex

[33] http://en.wikipedia.org/wiki/Photoemission_spectroscopy

[34] WO 2014014381, Obshchestvo s Ogranichennoi Otvetstvennost' yu Servistsentr, Russia

[35] S. Saengmee-Anupharb, T. Srikhirin, B. Thaweboon, S. Thaweboon, T. Amornsakchai, S. Dechkunakorn, T. Suddhasthira; Antimicrobial effects of silver zeolite, silver zirconium phosphate silicate and silver zirconium phosphate against oral microorganisms, Asian Pac. J. Trop. Biomed. , 3, Jan. (2013) pp. 47-52

[36] G. W. Becker, D. Braun; Kunststoff Handbuch: Polyvinylchlorid 2/2, 2nd ed. , C. Hanser Publisher, Munich, Germany (1986) p. 1355

[37] R. Mayer, M. Schiller, H. Zweifel, (Eds.); Plastic Additives Handbook 6th ed. , C. Hanser Publisher, Munich, Germany (2009) pp. 437, 637

[38] M. Wensing, H. -J. Moriske, T. Salthammer; Das Phänomen der Schwarzen Wohnungen, Gefahrstoffe-Reinhalt. Luft 58 (1998) p. 463

[39] M. Wensing, H. -J. Moriske, T. Salthammer, Neue Untersuchungsergebnisse zum Phänomen der Schwarzen Wohnungen, Gefahrstoffe - Reinhalt. Luft 61, Sept. (2001) p. 387

[40] T. Reichert, U. Pohsner; Wirkung von Luftverunreinigungen auf Polymere—Teil Ⅱ: Freibewitterung, Abschlussbericht: Förderkennzeichen, UBA FB 108 07 022

[41] M. Schiller, W. Fischer, A. Egger; Environmental Influences on the Weathering of Plastic Windows, Profiles 2003 Düsseldorf, Germany, April (2003)

[42] M. Schiller, W. Fischer, P. Wilhelm, A. Gupper; Umwelteinflüsse auf Bewitterung von Kunststofffenstern, Gummi, Fasern, Kunstst. GAK, 57, May (2004) p. 309

[43] M. Schiller, D. De Souza, A. Egger; Umwelteinflüsse auf Bewitterung von Kunststofffenstern, GKV-Frühjahrstagung, Windhagen-Rederscheid, Germany, May (2004)

[44] P. Klaess; Aktuelle Aspekte der PVC-Stabilisierung, VDI-Fachtagung, Baden-Baden, Germany, Oct. (2002)

[45] http://en.wikipedia.org/wiki/Polycyclic_aromatic_hydrocarbon

[46] M. Schiller, B. Pelzl, J. -D. Klamann, P. Klaess; Umwelteinflüsse auf die Bewitterung von Kunststofffenstern (3): Was hat sich in den letzten 15 Jahren Geändert, Gummi, Fasern, Kunstst. GAK, 60, Jan. (2007) p. 30

[47] Luftschadstoff-Emissionskataster Baden-Württemberg, 2000, Report No. 4

[48] https://www.sip-windows.com/en/main/Customers/BUILDERS-REFURBISHERS/FAQ/faq.assets/Farbechtheit; downloaded (04/2014) 366 4 Uncharted Territory in the Use of PVC Products: Photo Effects

[49] http://www.lacke-und-farben.de/magazin/automobil/worauf-der-autolack-imfruehling-allergisch-reagiert/

[50] M. Schiller, B. Pelzl, R. Lavrencic, J. Woschitz, H. Schröttner, S. Schwarz; Umwelteinflüsse auf Bewitterung von Kunststofffenstern (4): Untersuchungen an Europäischen Fensterprofilen, Gummi, Fasern, Kunstst. GAK, 61, Feb. (2008) p. 88

[51] S. R. Handley, D. Clifford, D. J. Donaldson; Photochemical Loss on Organic Films: A Possible Recycling Mechanism for NOx, Environ. Sci. Technol. , 41 (2007) p. 3898

[52] Bandol Wheel in http://www.metrastat.com/, Fasern, Kunstst. GAK, 59, Jan. (2006) p. 29; 05, Oct. (2003)

[53] U. Gesenhues, J. H. Hocken; TiO2 Pigment Structure and Kinetics of PVC Weathering, J. Vinyl Addit. Technol., June (2000) p. 80

[54] U. Gesenhues; Influence of Titanium Dioxide Pigments on the Photodegradation of Poly (vinyl chloride), Polymer Degrad. Stab., 68 (2000) p. 185

[55] C. Haug, M. Sander, I. Hillmann; Kronos Titandioxid-Pigmente in PVC-Fensterprofilen des Europäischen Marktes, Kronos Information, 6-38 (2004) p. 20

[56] P. Klaess; unpublished results

[57] M. Schiller, B. Pelzl, J. Woschitz, S. Schwarz, A. Janke, P. Wilhelm, B. Chernev; Umwelteinflüsse auf die Bewitterung von Kunststofffenstern (5), Gummi, Fasern, Kunstst. GAK, 62, July (2009) p. 428

[58] M. Schiller, D. De Souza, H. Huisman, J. Woschitz; Umwelteinflüsse auf die Bewitterung von Kunststofffenstern: Versuche zur Sanierung, Gummi, Fasern, Kunstst. GAK, 59 (2006) p. 29-35

[59] Cleaning instructions translated from excerpt on http://www.fensterbausieber.de/

[60] proCoverTec from http://www.solvinaward.com/it/project/1421/procoverteccolorfast-and-dirtresistant-pvc-profiles

[61] CD Römpp Chemie Lexikon, Version 1.0, Stuttgart/New York, Thieme (1995)

[62] K. Stemmler, M. Ammann, C. Donders, J. Kleffmann, C. George; Photosensitized Reduction of Nitrogen Dioxide on Humic Acid as a Source of Nitrous Acid, Nature 440/9, March (2006) pp. 195-198

[63] http://www.innovations-report.de/html/berichte/umwelt_naturschutz/bericht-52552.html

[64] M. Salomon, U. Doyle, C. Bartolomäus, E. Schmid, A. Reichel; Luftschadstoffe und Lärm: Der Straßenverkehr im Fokus einer Qualitätszielorientierten Umweltpolitik, Fachzeitschrift Immissionsschutz 11, Jan. (2006) p. 4

[65] G. T. Peake; Weathering Performance of Rigid PVC Pigmented with Iron-Containing Pigments. The Relationship between Weathering and the Chemical Nature of the Iron Contained, Ann. Techol. Conf. Soc. Plast. Eng., (1995) pp. 3265-3268

[66] S. Girois; Effect of Iron Compounds (Oxide, Salt or Complexes) on Poly (vinyl chloride) Thermal and Photochemical Stability, Ann. Tech. Conf. Soc. Plast. Eng., 3 (1999) pp. 3604-3608

[67] M. Schiller, B. Pelzl, R. Lavrencic, J. Woschitz, H. Schroettner, S. Schwarz; Environmental Factors on Weathering of Plastic Windows: Investigations of European Window Profiles, Gummi, Fasern, Kunstst. GAK, 61, Feb. (2008) p. 88 References 367

[68] M. Schiller, H. Huisman, B. Pelzl, P. Klaess, P. Wilhelm, B. Chernev; Kreide als Füllstoff: Einfluss auf die Bewitterung, Kunstst./German Plastics, May (2008) p. 102

[69] M. Schiller, B. Pelzl; Einfluß von Spurenelementen in Kreiden auf die Bewitterung, GAK, 64, June (2011) p. 369

[70] R. Mayer, M. Schiller, H. Zweifel (Eds.); Plastic Additives Handbook, 6th ed., C. Hanser Publisher, Munich, Germany (2009) p. 839

[71] http://en.wikipedia.org/wiki/Factors_of_polymer_weathering

[72] M. Schiller, H. Huisman, B. Pelzl; The Miracle: Calcium Carbonate Load in uPVC and Chalking of Pipes, Brighton PVC 2008, Brighton, UK (2008)

第 5 章

PVC 和可持续性

5.1 变化中的世界
5.2 从商业到商业
5.3 从商业到社会
5.4 变化世界中的化学物质
5.5 与 PVC 的相关性
5.6 科学评估视角下的 PVC
5.7 欧洲 PVC 工业参与可持续发展
5.8 源于 TNS 构架的可持续性挑战
5.9 生物多样性——第六个挑战?
5.10 可持续未来计划
5.11 我们接受挑战吗?
5.12 Vinyl 2010 和 Vinyl Plus 的协同发展
5.13 创新的进步
5.14 积极促进可持续发展的进一步优势
5.15 PVC 的起源
5.16 真实的可持续性
5.17 PVC 和未来
参考文献

5.1 变化中的世界

我们生活在瞬息万变的时代。三十年前，大部分行业描述可持续发展理念，仅停留于地球绿化领域。可持续发展的支持者常常被描述为损害公司利益的人或仅仅是危言耸听者。人为引起的气候变化是个神话、传说或是件相当离谱的事。如果化学物质被实验室试验证明损害健康或者破坏环境，通常才被认为是危险的。社会或多或少刚刚从最近的能源危机中恢复过来，只有相对小的调整，旧有的浪费的习惯又重新开始。

事后看来，很明显这些问题不仅真实存在，而且影响重大。与此同时，我们也必须意识到这些变化不仅发生在我们自己孤立的经济体中。我们现在认识到，改变已成为新常态。在市场上、在成本结构上、在自然资源的可用性上、在投资者的期望上、在愈发严格的规定上、在创新的必要性或市场对性能的要求不断变化中，变化时刻发生。我们如果更进一步回顾，可以把变化视为人类历史的一个恒定特征。

气候变化的话题往往与基本的商业决策有直接的冲突。今天的商业行为的许多基础都是在两个多世纪前欧洲工业革命初期建立的。人类学会了从自然周期和化石原料中获取能量，来制造有用的和有市场销路的产品。

如图 5.1，1750 年时世界人口总数小于 10 亿。在工业革命时期，自然资源十分丰富，从大片森林、牧场、农田、鱼类、化石能源，到为工业机械提供动力的矿产资源。大自然吸收废物的能力似乎是无止境的，没有边界。然而，在新工业时代，对新兴行业产生明显限制的是市场规模和人力资源的可用性。工业创新一直面临这样的问题：由于农业机械化程度的提高，农村人不得不放弃他们在农场的工作，迁移到城市生活、居住、工作。

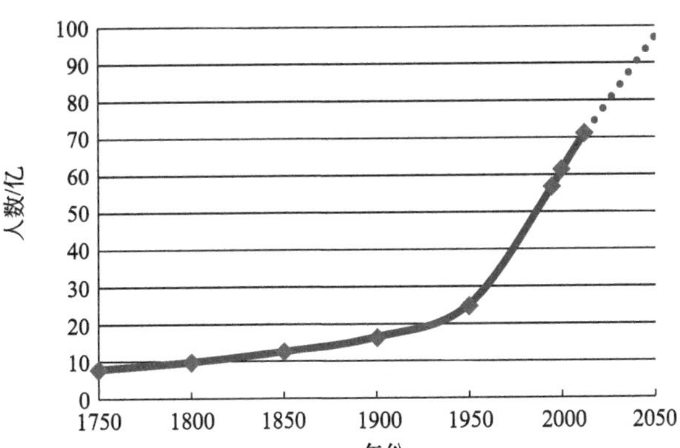

图 5.1　1750 年至 2015 年人口增长情况及 2050 年发展展望

5.2 从商业到商业

快速发展的后果是市场经济的基础被遗忘了。资源永无止境和环境无限吸收废物的思想不符合现实。更多生产、更多产品和更多材料的需求是发展的基础，在有限的世界人口中需要更高的物质流和吞吐量。当今现实是与众不同的，资源不是无限可用的。如图 5.1，世界人口到 2050 年将有 90 亿到 100 亿[1]，劳动力绝对不是稀缺商品。

是否有足够的能源及原材料、足够的新鲜空气、足够的干净水或足够的废物处置场？自 1972 年联合国人类和环境会议和联合国世界保护战略（联合国环境规划署）发起以来，人们的观点改变了。随着对气候、环境和可持续发展问题的原因进行更深入的调查，问题变得更加明显。许多工业企业对于我们利用的资源是什么、如何利用、资源还有多少这些问题的声称都未必是真的。今天的问题是无法与 18 世纪的问题相提并论的。

为了降低成本，工业界面临着越来越多的产品生产转移的压力。这些成本节约项中，一部分来自对资源以及废物及其清理处置的成本，而不考虑对人类或环境的影响。

今天，法律和道德的影响促使所有公司承担更多的责任，包括健康和安全、废物管理和环境保护等方面。更有前瞻性的公司往往远远超出法律规定的要求。他们知道，在这个瞬息万变的世界里，法规和规定远远不能提供豁免权。对这些公司来说，“眼不见心不烦”的原则已不复存在。但即使对他们来说，可持续性也常常被视为核心业务的附属品，而不是不可或缺的一部分。对投资者和所有者来说，不得不做的事是在尽可能短的时间内实现投资回报。因此，在可持续发展成为公认的商业模式之前，似乎还有很长的路要走。

商业活动的基本原则仍然是赚钱，而不是为社会提供积极的和可持续发展的贡献。降低成本仍然是隐性的激励，这也包括与环境和社会有关的成本。这种方法呼应了一个时代早已远去的思维，当时社会的进步被视为与利润同义。在过去的时代，地球不可再生的资源还没有被认为是重要的或有限的资源。这一点主要来自于经济因素，如原材料价格、生产能力、意向性竞争和顾客偏好。对于这一观点，经济定义是适用于公司层面还是针对一个地区（国家、经济体，如欧盟或北美自由贸易协定）是一个问题。即使在近几年，大多数关于经济发展的预测和趋势分析通常也没有表明要将重点集中到可持续性领域。

例如，我们在哪里可以找到将生物多样性的丧失，与维持生命和自然的必要性以及在有限的自然资源可获得性的情况下将再生自然资源联系起来的商业分析师？这些商业分析师是否能将这些问题与社会和环境相关话题上快速变化的社会态度联系起来？这些深刻议题的诸多方面，现在仍然没有考虑在经济预测中。然而，一个显而易见的事实是：这些因素与那些经常被认为对企业至关重要的因素一样“真实”。此外，这些因素决定着基础资源和生产设施的状况，而设施和资源又反过来支撑和保障着消费品生产、废物处置、能源供应，以及整个商业世界所依赖的社会和经济稳定性。

这种过时的观点持续存在，是相当令人费解的。只有少数人花时间考虑资源减少的速度和对可能危险物质的接受程度的变化。只有他们认识到公众对气候变化的担忧日益加剧，环境吸纳人类垃圾的能力也在萎缩。可持续发展并非是一种时尚，因此，可以合理地得出上述事实与经济风险管理并不矛盾的结论。更合乎逻辑的是，在工艺规划中不应忽视这些因素。但是，试图在以后业务流程解决这些累积的和可预测的问题是不合逻辑的。

因此，这些资源、环境和社会相关的主题必须成为任何谨慎的商业策略的中心。当然，企业领导层一般不应该因为对可持续发展目光短浅的外部化而受到谴责。毕竟，我们是工业遗产的产物，其中包括上文提到的不合时代的假设。此外，执行董事会的成员很少会让科学家参与他们的决策，而这些科学家却可以证明上述的相互关系。

5.3 从商业到社会

上面所说的内容当然也可以转移到企业通常如何看待非政府组织（NGO）。尽管支持可持续发展和评估可能的生态威胁是政府的任务之一，但在日常交易中仍然保持现状，从而确保社会和企业的平稳运转。政府大多比较保守。因此，非政府组织的一般任务仍然是警惕由人为引起的气候变化和社会变化可能造成的危险，并强烈要求对可持续发展的必要性有深刻的认识。但是，非政府组织与企业之间仍然存在传统冲突。在这场冲突中，非政府组织被描绘成非理性的恐慌制造者，商业代表被描绘成自私自利的人，两种观点都有些道理。对投资进行经济安全的保护是可以理解的，但可能会让投资者对可持续性问题视而不见。与此同时，这些非政府组织在没有任何证据的情况下会发出虚假警报。然而，立法者在可持续性问题上所采取的更为合理的做法是值得注意的。这种合理的做法主要关注那些早已为人所知的话题，这些话题通过妥协和淡化，在冗长的立法程序中生存下来。

如果我们认为世界在变化，而且变化的速度越来越快，那么各种各样的期望就会由此产生。这些期望是有限的资源需要满足越来越多的人的要求，促使我们的市场发生比现行法律所反映的更大的变革。一个具有战略眼光的企业领导必须意识到，社会向可持续发展的必要转变可以形成一个综合的框架，这个框架可以结合大多数不同的主题。不仅要准备好得到有利的机会，也要准备好遭受反击。

对于紧迫的话题，需要进行批判性的评估，而不是仅仅对倡导团体施加压力。

活动人士、非政府组织、媒体和其他代表就未来几年哪些话题可能引发关注提供了线索。这种情况可与许多历史议题相提并论，这些历史议题过去曾出现在我们社会视野中，如今被认为是不可接受的，例如奴隶制，天真地使用滴滴涕和多氯联苯以及毛皮贸易。

因此，一些环保组织完全错误地认为，企业缺乏任何感情，只是不惜一切代价追求利润。此外，如果企业能够更加关注来自于社会的可衡量的科学信号，那么企业也会受益。不幸的是，许多行业管理者仍然认为非政府组织与社会主流有些脱节，即使毫无疑问，情况也恰恰相反。

然而，我们都是同一个多元化社会的一部分。在这个社会里，任何一个特定的部门都可以从某种特定角度来看待，而这一点对于另一个观察者来说可能并不明显。

企业对活动家的反感，往往是基于过去一些理念滞后的非政府组织的挑衅和追求利益的策略。对企业的反感通常是基于对工业及其近几十年来运行模式的强烈排斥。我们再也不能为这种持续的社会分歧辩护了，在这种分歧中，所有的参与者都声称有一种诚实和正当的利益——朝着可持续性的方向迈出了创新的步伐。综上所述，社会是不断变化的，我们的核心业务必须适应这些变化。虽然我们可以用惯常的方式来应对这些问题，但由于资源的减少和人口的增长，采取行动的压力越来越大。这些不仅给予可持续发展更高的优先地位，而且为我们必须接受的挑战确定了框架。可持续发展是未来变革的关键，它可以为战略规划提供依据，而有远见的企业才能从中获利。人类引起的气候变化可以作为一个例子，这在多年前还没有听说过。那时候，商业界肯定没有注意到这一点。

对即将到来的气候变化，各国在政治和经济上的接受度增加。在许多国家，气候变化已经成为政治和立法不可分割的一部分。这项艰巨的任务包括努力实现二氧化碳中和，以及符合经济、生态和社会的期望。

因此，“碳中和”是 PVC 行业在可持续性方面面临的五大战略挑战中的第一个[2]，这是由倡导团体瑞典非政府组织（The Natural Step，TNS）于 2000 年发表的。下面将更详细地讨论这一主题。尽管最初这一挑战并未得到明确认可，甚至被视为对能源密集型、以石油为基础的工业造成压力，但如今，在气候变化的背景下，碳中和在政治和工业中已变得更加重要。

这强调了可持续发展可以给经济带来的好处，将可持续性因素纳入其中是通过战略规划来实现的，而不仅遵循在今天趋势的基础上进行预测的惯常习惯。这种传统的预测假设未来主要是当前条件的线性延续。更好的预测基础有助于根据不同的影响和潜在干扰来确定未来的发展方向，这些影响和干扰是当今不断变化的世界所固有的。如果一家公司致力于明确基于开放、务实的态度并具有长期的可持续性目标，那么收益就会增加。这样的公司将更好地应对气候变化和社会变化，因此能够做出更恰当的反应。这种影响的压力是通过市场机制表现出来的；它们并非源于表面上纯粹的社会或环境问题。作为汽车行业的一个例子，值得注意的是，在气候问题日益严重和油价/燃油价格居高不下之际，SUV 在美国的销量大幅下滑，而与此同时，丰田的混合动力技术也获得了其他汽车制造商更多的关注和兴趣。从 20 世纪 90 年代后期到 21 世纪的头五年，大众汽车的销售量一度下降。然而，传统的卡车 SUV 正逐渐被跨界 SUV 所取代，如今，该跨界 SUV 使用汽车平台来减轻重量和提高燃油效率。尽管汽油价格居高不下，到 2010 年，全球 SUV 销量仍在增长。

这种基于长远的风险管理的主动行为可以增加公司的声誉和股东的信任，也可以影响客户的偏好。此外，它还可以减轻立法所带来的负担。毫无疑问，它也是创新和效率的驱动力，也是控制市场变化以及产品和工艺资源成本增加的发动机。此外，还产生了对新技术有价值的知识产权。

5.4 变化世界中的化学物质

从 20 世纪 60 年代开始，化学工业发生了许多丑闻，最初聚焦于环境问题，后来逐渐涉及可持续发展问题，这些提高了公众意识。雷切尔·卡森（Rachel Carson）[3] 的《寂静的春天》（*Silent Spring*）一书使环境意识得以普及，该书论述了农药的过度使用及其对环境的巨大影响。其他具有里程碑意义的灾难包括日本水俣湾重金属堆积造成的可怕的人类痛苦，英国西南海岸（Torrey Canyon）油轮泄漏造成的毁灭性漏油灾难，拉夫运河（Love Canal）（美国纽约州尼亚加拉瀑布郊区）的有毒废物丑闻，大量使用（和释放）氟氯烃（HCFC）导致臭氧空洞的增加，印度博帕尔市联合碳化物化工厂爆炸，以及其他类似事件。当时的行为在今天会被认为是肮脏、不负责任、不可接受的。然而，具有讽刺意味的是，同一个社会，在不赞成这些行为的同时，却在化妆品、工业、农业和家庭中越来越多地使用化学品。从那时起，化学品的生产、使用、处置和批准都变得更加严格。与此同时，人们逐渐意识到，不是化学工业不好，而是社会的认知必须不断发展，以便更好地理解使用化学品的后果。但是，化学工业所留下的污名在一定程度上仍然存在，因此这个行业一再成为激进主义者和媒体的攻击目标。

社会对化学和化学工业的认识的这些变化，很好地说明了在可持续性问题上压力如何累积，以及这种压力又如何成为社会的一部分。在其他领域，例如林业、农业、城市规划和建筑业，也可进行类似的分析。

大概我们今天都能认同，化学工业面临的各种挑战已经变得越来越明显。我们或许同样达成共识，随着可持续性的推进及其在市场和立法中认可度的日益提升，我们有理期待取得更大的进步。其中包括：

① 碳中和，这是当今许多社会和工业界的一个重要目标。

② 通过改进再利用和循环利用大大减少废物，这有助于减少宝贵资源的浪费和可能有问题的物质的释放。

③ 通过改变工艺和产品来避免持久性有机污染物（POP）。

当今大多数常用化学产品的源头非常复杂，因此我们需要考虑开发这些产品所需的所有成分。因此，单个公司不能再独自经营，因为价值链中任何主体的行为都可能决定化学品的整体命运及其声誉。

5.5 与 PVC 的相关性

在前面的章节中，我们研究了可持续性的各个不同方面，但没有特别关注 PVC。过去，激进主义者声称，PVC 是可持续性方面的特例，这是因为 PVC 应该不同于所有其他聚合物。这些指控导致人们将诸多环境和健康方面的负面属性与这种聚合物联系起来。反过来，这又被用来激起消费者的焦虑情绪。尽管 PVC 有许多有用和有效的用途，可以满足各种基本需求，例如在饮用水供应、废水处理、建筑和各种医疗应用，但这种指责仍然盛行。考虑到过去的生产方法（如今已不再被认为是可持续的）或镉等有毒稳定剂成分（世界许多地区已不再使用），这些担忧似乎是合理的。不管塑料生产取得了哪些重大的总体进步，PVC 与其他塑料在本质上并没有什么不同。然而，公众关于替代材料、塑料或其他材料的讨论往往没有提出像聚氯乙烯这样严格的问题。

对 PVC 的生产、使用和处理的特别关注可以追溯到 20 世纪 80 年代非政府组织的宣传活动，这些活动强调了与氯化学和有机氯化合物的使用有关的可能问题。今天，很少有人会支持随意使用基于氯化合物的杀虫剂，因为这类化合物具有持久性的、生物累积性的破坏性，这一影响已被广泛报道[3]。大约在同一时期，在冷却系统和推进剂中使用氟氯烃（HCFCs）的问题上，全球的立场开始出现。这个新的态度是由发现氟氯烃对大气中臭氧层的影响而引发的，并导致根据 1987 年《蒙特利尔议定书》逐步淘汰氟氯烃[4]。多氯联苯（PCBs）是另一类合成有机氯化合物，曾广泛应用于电气绝缘。由于对这些化合物的评估提出了许多严重的健康和环境问题，从 1973 年开始逐步淘汰了这些化合物。不管与这些化学物质有关的问题是什么，就氯化学得出任何结论一般而言都是不合逻辑的，也是不被允许的。

尽管如此，各种非政府组织仍然错误地将 HCFCs/PCBs 与 PVC 联系在一起。这很可能是因为在 20 世纪 80 年代和 90 年代初，这些非政府组织看到了一个通过关注特定的含氯物质，来制定新的、范围广泛的战略的机会。聚氯乙烯是一个明显的目标，因为其生产使用的氯约占工业世界需求的三分之一。Leadbitter 等于 2002 年在 PVC 生产历史的背景下首次举办了有关 PVC 和可持续性的科学讲座[5]，对 PVC 和 PVC 产品在英国和斯堪的纳维亚半岛的声誉产生了重大影响。

鉴于对聚氯乙烯的攻击，一些零售商和生产商在没有对替代聚氯乙烯的材料的所谓优点进行适当分析的情况下就宣布退出使用。从真正的可持续发展的角度来看，这种下意识的反应是应该受到谴责的，因为它没有得到对替代材料影响的正确分析的支持。实际上，这无非是最便捷的“绿色洗涤”方式，但是无视了可持续性方法的重要性。

英国的一些零售商决定不过度反应，而是合作开展一项对可持续材料需求的公正调查。现实情况支持了这一决定：广泛地替代 PVC 会引起关于替代塑料的问题，这可能是非政府组织（NGO）的下一个目标。在没有有效理由的情况下替代这种通用且有用的材料将是不负责任的，而且成本很高。因此，一个零售商联盟——PVC 零售商工作组成立于 1996 年 9 月，以评估 PVC 材料“问题”。

为了给这个计划一个客观的、科学的基础，该联盟委托英国国家商业和生态中心（NCBE，索尔福德）创建一个企业机构，在这个机构中，20～30 个学者及其在曼彻斯特地区的分支机构可以合并成一个网络。他们的任务是收集和评估关于 PVC 对人类健康和环境影响的证据，以概率论为基础，并特别关注包装和建筑领域。

5.6 科学评估视角下的 PVC

NCBE 研究发表于 1997 年 6 月[6]。总之，这项研究没有找到零售商不应该继续使用聚氯乙烯的单一科学依据。调查小组在权衡所有调查结果后得出结论，在聚氯乙烯产品的生产、使用、再利用和处置过程中，与这种材料有关的所有风险尽管不是完全可以避免的，但都是可以控制的。NCBE 的报告鼓励零售商战略性地调整他们对 PVC 的看法。英国零售商联盟因此在 1998 年恢复为“PVC 协调小组”。当时的英国 PVC 生产商 EVC 和 Hydro Polymer 以及英国环境署都被邀请加入该组织。Jonathon Porritt 是一位受人尊敬的可持续发展倡导者，他也被邀请以独立专家的身份加入该组织。零售商与 PVC 行业共同寻找积极的解决方案。

该组织委托 NCBE 为英国 PVC 生产商编写一份《环境宪章》[7] 和一份《PVC 制造生态效率行为准则》，作为生产 PVC 的一般指南[8]。这两项都是由该组织和英国 PVC 工业在 1999 年共同商定的，这是非常重要的一步。两家英国聚氯乙烯生产商 EVC（今天的 INEOS ChloVinyls）和 Hydro Polymer（自 2008 年起也叫 INEOS ChlorVinyls）根据上述章程对其运营情况进行了监控。该监测和报告是独立进行的，证明了两家公司的实际承诺。

PVC 零售商联盟和 PVC 协调小组的一个重要发现是 PVC 与其他塑料基本上没有区别。这一结论得到了其他研究的证实，其中包括澳大利亚的两项研究，这两项研究是为响应绿色和平组织（Greenpeace）关于 2000 年悉尼奥运会无聚氯乙烯基础设施的呼吁而进行的。

1994年的第一份报告讨论了用其他建筑材料取代PVC的影响，这使澳大利亚乙烯基理事会严重怀疑PVC的替代方案是否可行。联邦科学与工业研究组织（CSIRO）1996年发表的一份报告证实了这一点。该报告将PVC建筑产品与现有的、商业上合理的替代品进行了气候方面的比较。报告指出，对于在建筑中使用聚氯乙烯，任何与环境相关的不利影响都非常小，且并不大于任何替代品材料。数据的整体评估表明，对于重要的建筑产品，没有任何一种替代材料对环境的整体影响小于PVC。根据CSIRO的报告，澳大利亚新南威尔士州公共工程部长（NSW）在1997年承认，PVC是经CSIRO报告的具有生态特性的可靠且有价值的原材料，并且仅根据其真实性和可比性来判断PVC和其他塑料在未来的国家建筑项目中的使用。

新南威尔士州政府在1999年的采购政策中规定，对所有产品的评估应无偏见，且仅基于其性能、成本和环境影响。专家和科学推理应该为这种比较提供依据。此外，CSIRO在1999年发布的另一份报告中审查了该报告的结论。自1996年的报告发表以来，来自科学、工业和公众的最新见解被考虑在内。

这项新的CSIRO研究评估了所有作为建筑材料的PVC的可降解性，不包括处理方面。1996年报告的结论得到了证实：任何反PVC法规声称PVC（最彻底调查的块状塑料）比任何替代品对环境的危害大得多，是没有科学依据的。

事后看来，基于对PVC和替代塑料的客观科学评估，很难理解2000年悉尼奥运会建筑中减少使用PVC的规定会有什么好处。最终，这项规定确实实现了悉尼奥运会建筑80%不含PVC。悉尼的体育场馆和奥运村建设完成后，发表了一份报告，阐述了替代聚氯乙烯对以下三种关键应用的影响：

① 下水道、排水沟、下水管和其他一般排水、废物、排气口（DWV）应用。

② 电线电缆及数据传输电缆。

③ 屋顶膜和片，遮阳篷，天篷，油布和帐篷（这些应用没有使用PVC替代品）。

Homebush Bay的奥运场馆使用不含PVC产品的额外成本约为1000万美元，其中包括39%的劳动力成本。根据CSIRO的说法，这些额外的费用在环境方面并没有带来任何好处。这些结论在英国环境、交通和地区部委托撰写的一份报告[2]和欧洲委员会发起的一份欧洲报告中得到了回应[9]。

所有替代材料在可持续性方面都有自己的具体问题。在可持续发展的背景下，所有的塑料都应接受相同的调查。这些调查必须在更大的社会变化背景下进行。妖魔化任何材料，无论有没有理由，都意味着默许全面制裁它。在可持续性方面，不仅缺乏与替代品的比较，而且社会在使用这些材料时的粗心和处置习惯，也是造成今天可持续发展有关问题的原因之一。

5.7 欧洲PVC工业参与可持续发展

各利益集团的活动震动了欧洲PVC行业，因此大多数公司在成本、健康和安全方面重新评估了其生产方法和工艺。此外，还引入了质量和环境管理程序。对于某些公司而言，致力于可持续发展可能会带来战略优势。尽管英国 PVC 制造商的《环境宪章》已经涵盖了一些可持续性问题[7]，但《PVC 制造生态效率行为准则》定义了生产 PVC 的一般指南[8]。“可持续发展”这一更大的领域并不包括在这些宪章中。它们都缺乏一个可以客观地定义为可持续的开放性目标。

因此，尽管有研究的结论是任何替代品都必须按照与聚氯乙烯相同的标准进行评估，但人们认识到，这场辩论并未赢得胜利。事实上，在欧盟（EU）的一些成员国，尤其是丹麦和瑞典，仍然存在着对 PVC 的反感，这与欧盟法规对聚氯乙烯的禁令相关。欧盟聚氯乙烯行业必须认识到他们关于可持续性的未解决的问题，并对此做出反应。因此，人们越来越意识到有必要解决聚氯乙烯工业中的相关环境和伦理问题。

尽管 PVC 行业中的一些公司已自行发起相关举措，但同时也有力量支持采取联合行为。其中最有影响力的是自愿自我承诺的“Vinyl 2010”。该倡议将欧洲与 PVC 相关的四个部门合并在一起：

① 欧洲乙烯基制造商理事会（ECVM）；

② 欧洲塑料加工协会（EuPC）；

③ 欧洲杀虫剂和中间体委员会（ECPI）；

④ 欧洲稳定剂生产商协会（ESPA）。

Vinyl 2010 在 2000 年确定了欧洲 PVC 工业在未来 10 年内朝着更好的可持续性道路发展[10]。Vinyl 2010 的自愿承诺旨在通过改进技术、生产、工艺和产品，最大程度地减少排放并在其生命周期结束时收集并回收 PVC 产品来提高欧洲 PVC 工业的稳定性。尽管 Vinyl 2010 被认为是在 PVC 行业之外的主要尝试，是为了避免采取更为严格的欧洲法规，但事实证明，Vinyl 2010 对于与 PVC 相关的行业进行类似合作确实是一个真正的进步。Vinyl 2010 合作的贡献如下：

① PVC 产品生命周期结束时的控制收集和回收；

② 不再在 PVC 稳定剂中使用有毒重金属；

③ 从使用低分子量邻苯二甲酸盐（DEHP/DOP、BBP、DBP、DIBP，在欧盟中被归为高度关注物质）转变为未分类的高分子量邻苯二甲酸盐（DINP、DIDP、DPHP）和非邻苯二甲酸酯类增塑剂；另请参阅图 2.43。

与此同时，PVC 协调小组为提高英国 PVC 生产的生态效率作出了重大贡献，但也有人认为，光靠这些改进并不能实现完全的可持续性。为了实现真正的可持续性，需要的不仅仅是一些额外的改进（这些改进只有在当前的环境方面才是合理的），还需要更多的努力。由于许多关于长期可持续 PVC 行业的问题仍然悬而未决，包括 NCBE 报告[6] 中的问题，Jonathon Porritt 敦促 PVC 协调小组进行分析，确定当今 PVC 和完全可持续 PVC 之间的差距。因此，PVC 协调小组在 1999

年决定委托 TNS 进行此分析[11]。TNS 可持续性分析的目的是通过科学方法评估 PVC，包括生产、加工、应用和产品周期结束时的所有相关因素。

在 Vinyl 2010 计划取得成功的基础上，欧洲 PVC 行业于 2011 年 6 月启动了下一个计划——VinylPlus[12]。VinylPlus 是欧洲 PVC 行业的新十年自愿承诺。它继续并扩展了成功的 Vinyl 2010 计划。VinylPlus 计划源自 TNS 建立的框架，它围绕“4+1”挑战框架，参见图 5.2。

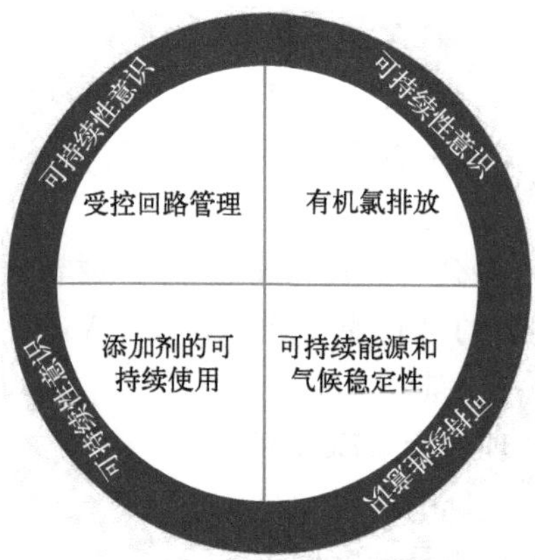

图 5.2 VinylPlus 计划的 4+1 挑战框架[12]

5.8 源于 TNS 构架的可持续性挑战

文献中详细解释了支持 TNS 的访谈和分析[13]。基于这份以科学为依据，聚焦 PVC 与可持续性发展的 TNS 分析，提出五个关键要求。

（1）聚氯乙烯使用原油作为原料和能源

长期目标应该是聚氯乙烯行业致力于实现碳中和。这个包括：

① 在生产过程中提高能源效率。

② 可再生能源比例逐步增加。

③ 减少运输的能源需求。

④ 研究使用生物质代替石油作为原料和能源的可能性。

⑤ 回收率大幅提高。

⑥ 达成关于二氧化碳排放的共同目标。

（2）PVC 行业应长期致力于 PVC 废物管理的闭环系统

在 2000 年，英国 90%的聚氯乙烯废料被填埋。这种填埋方式导致氯化烃（包括加入的添加剂）在地壳中逐步累积。将来可能会有越来越多的人对在垃圾填埋场存放聚氯乙烯产生怨恨。一个更好的方法是进行有效的、经济的、环保的回收利用。可以利用 PVC 再次熔融的方法（物理方法）或者化学方法（高温裂解、合成气制造、单体回收或者其他新方法）使其循环。这包括：

① 合作和共同开发回收再利用技术。

② 对填埋场沉积的可持续性指标进行分析。

③ 评估和改善基础设施和回收方法的可持续性。

④ 发展 PVC 原料回收的基础设施、融资和企业机构。

（3）聚氯乙烯工业应作出长期承诺，以确保现有有机污染物（POPs；另见文献［14］）的误用不会导致其在自然界中的系统性积累

有机氯化合物及其残留物可能是聚氯乙烯生产工业中最有争议的方面，尤其是在其毒性、偏析性和土壤酸方面。基本原则是建议将生产过程和最终处理中零污染作为目标。这包括：

① 在生产过程中消除有机氯化合物的排放。

② 在聚氯乙烯产品的整个生命周期及之后完全避免任何有机氯化合物、其他的持久性有机污染物和/或者有毒物质的浓度系统性增加。

（4）聚氯乙烯行业应审查聚氯乙烯产品中包含的所有添加剂（填料、增塑剂、稳定剂、润滑剂、颜料等）的可持续性，并承诺逐步淘汰那些不可降解的添加剂，或有毒及可合理怀疑有其他威胁的添加剂

2000 年一篇关于 PVC 的文章《PVC：基于自然步骤进行的评价》发表，其中仅揭露了一些关于 PVC 添加剂可持续发展指标的有限信息。这一情况促使研究团队确定了几个领域，以便采取短期的行动，以实现更好的可持续性。这些包括：

① 要求了解一些重要的添加剂的可持续因素，以实现全面可持续性，也要考虑到循环和闭环系统[13]。

② 总结这些添加剂在其他产品中的应用。

③ 为那些有害添加剂寻找生态环境友好的替代品。

④ 避免添加剂在自然界中浓度的增长。

⑤ 研究汇编涵盖由添加剂引起的危害的报告。

（5）聚氯乙烯行业应致力于提高整个行业对可持续发展的认识，并提高其供应链对可持续性要求的敏感性

对可持续发展的真正承诺有助于避免为反击利益集团的攻击而作出的代价高昂的反应。它还可以对 PVC 用户和其他合作伙伴起到激励作用，他们在实现完全可持续性方面起到了重要作用。真正的变革是一个发展过程，包括加强意识和确保所有行业成员的参与。因此，建议聚氯乙烯行业开展一项提高认识的活动。这将包括所有与聚氯乙烯产品生命周期有关的人，如添加剂供应商等。执行这些基本规则没有时间框架。TNS 对 2000 年的分析仅为该行业提供了一个计划，该计划的重点是

可持续性。变化的立法、经济形势、技术可能性、创新方向和所有这些变化的同步性是决定行业必须采取的实际措施的相关要素。

同时，这也确定了推进可持续发展的步骤顺序。变化过快会导致 PVC 生产商在短期内失去竞争力，而行动较慢的企业则面临因新出台的法规要求而面临市场份额流失。若企业迟迟不采取措施，不切实致力于可持续发展，将会受到环境游说者和媒体的指责，指责他们试图进行漂绿。另外，禁止 PVC 的呼声再次出现的真正危险仍然存在。因此建议采取这些措施，并必须朝着实现 PVC 全生命周期可持续方向推进。

这些 TNS 对可持续 PVC 的挑战揭示了 PVC 行业当前行为与完全可持续发展目标之间的差距。不过，目前没有其他塑料符合可持续发展标准，这也是事实。这主要是因为可持续性的许多挑战也与社会本身的消费习惯密切相关。

5.9 生物多样性——第六个挑战?

早期的决定可以根据新的科学事实重新评估。自从发表了《PVC：使用自然步骤框架的评估》以来[15]，随着时间的推移，Everard 有可能与 Hydro Polymer（今天的 INEOS 氯乙烯基）密切合作。此次合作的重点不仅是在可持续性领域为公司提供支持，而且还与战略原材料供应商合作，以调查其材料的可持续性挑战。Everard 还与一些重要的 PVC 客户合作，他们愿意在 TNS 方法的基础上推进自己的可持续发展承诺。很明显，前面提到的五个可持续性要求都没有过时或无效。他们仍然可以成为公司创新的重要推动者。

此外，Everard 建议，对生物多样性的直接和间接影响也应提高到聚氯乙烯可持续性要求的水平。例如：对植物纤维的需求加重了生态系统的负担，比如用于木塑复合材料（WPC）的植物纤维，或是矿物填料（如碳酸钙）的开采活动。PVC 价值链对生物多样性的影响在 Everard 的工作中有详细讨论[16]。

5.10 可持续未来计划

TNS 可持续挑战是受 PVC 工业欢迎的，即使它确实是一个挑战。TNS 为 PVC 工业可持续性挑战提供了一套特殊的严格措施来处理在通向原料可持续发展的道路上遇到的问题。讽刺的是，过去曾被绿色和平组织严重攻击的行业，现在却是首批拥有 TNS 进程这一可持续发展计划的行业之一。

回顾过去，考虑到当今欧洲对可持续性主题的接受度，很难理解过去欧洲 PVC 行业面临的这些挑战有多严重。在与可持续性挑战相关的关键问题上，世界已经发生了很大的变化。下面将进一步讨论这些与五大可持续性挑战和生物多样性挑战相关的显著变化的例子。

TNS 为 PVC 提出的第一个可持续性挑战涉及行业自身的承诺，即长期实现碳或更准确地说是二氧化碳中和。以前一直对该主题在行业中的重要性存在重大疑问，但如今在欧洲只有极少数人质疑它的重要性。今天，在评估气候变化的可能原因时，我们有了更大的把握。政府间气候变化专门委员会（IPCC）已对此主题做出了重要贡献，例如 2007 年 2 月发布的《第四次气候变化物理科学评估决策者摘要》[17]。第五份评估报告提供了与气候变化有关的科学认知现状和最新的观点[18]。它由三个工作组报告和一个综合报告组成，该报告将工作组报告中的材料整合并综合起来，供决策者使用。综合报告于 2014 年 10 月 31 日完成[18]。

2006 年 10 月，所谓的《斯特恩报告》（斯特恩气候变化经济学评论）出版[19]。该报告强调，与未来可能出现的巨大成本相比，如果现在解决这个问题，将产生相对适度的成本。因此，斯特恩得出结论，这项任务迫在眉睫，哪怕拖延一二十年都可能是危险的。与气候变化影响相关的资金机制已在世界各地推动各国政府开展相关行动。例如，英国在 1999 年将英国政府的气候变化税纳入预算，并于 2001 年开始实施。这是一项与能源使用有关的税收，旨在刺激能源需求和使用的减少。在欧洲，我们也知道排放交易是一项重要的政策工具（排放交易计划，ETS），这项政策已于 2005 年由欧盟成员国实施。不断攀升的油价推高了运输、取暖、生产、原材料供应和服务的成本。欧洲环境署（European Environment Agency）在 2006 年得出结论，要实现在 2030 年之前将所谓的温室气体排放量减少 30%，政策驱动力至关重要。相同地，也有更多的与气候变化相关的宏伟目标被其他的国家提出。

甚至是娱乐行业也接受了这个趋势。我们可以想到一系列电影，如 2004 年上映的《后天》，2006 年的《难以忽视的真相》和 2007 年的《第 11 小时》。汽车制造商建议把降低温室气体排放作为汽车的评价指标。鲁伯特·默多克新闻公司宣布到 2010 年实现“碳中和”（二氧化碳中和）[20]，这个公司提出的目标于 2011 年实现。市场和零售业也都做出了保证。在 2008 年英国布莱顿举行的 PVC 峰会上 PVC 稳定剂生产商 Chemson Polymer-Additive AG 介绍了他们在欧洲地区实现碳中和的描述[21]。对可再生能源的投资达到前所未有的水平，这已成为新的趋势。英国电信公司已经开启了为期 9 年的项目，在已经盈利的节能战略基础上，将碳排放量降低 80%。甚至曼彻斯特足球俱乐部也宣布将采用一座高达 85 米的风力发电机产生的可再生能源照亮他们的体育场。但是出于安全考虑这个风力发电机的计划被放弃了[22]。

TNS 为 PVC 提出的第二个可持续性挑战是强烈建议行业在废弃物管理领域主动作出承诺，以阻止浪费、污染和资源的消耗。

自这一挑战发布以来，涵盖退货政策和生产者责任的全新一代环境法规开始生效。举几个欧洲的例子：

① 欧洲议会于 2001 年 5 月通过的欧盟指令《电气和电子设备废弃物》（WEEE）2002/96/EC。

② 欧盟报废车辆指令 2000/53/EC 和包装废料指令 94/62/EC 都提出了不同的再生、再利用和回收目标。最后提到的欧盟指令还涉及最终处置。

除了一般的欧洲法规外，英国政府在 2008 年 4 月根据每吨垃圾的类型征收 25～120 欧元（约 18.6～89.4 美元）的额外填埋税（入门费、英国垃圾填埋税），这是为了鼓励再利用或回收，并将根据通胀情况每年进行调整。除这些现有法规外，欧盟立法朝着综合产品政策（IPP）的方向发展，该政策旨在协调现有的立法。IPP 还涉及可再生资源和废物管理。另一个目标是扩大生产者在其产品的整个生命周期内应对气候变化影响的责任。由于这些限制因素和市场力量，目前英国有许多塑料再利用和再循环倡议，包括：

① RECOUP（废旧塑料容器回收有限公司），旨在促进最终用户对塑料废物的回收利用。

② CARE（汽车回收联合会），涉及英国汽车制造商、进口商和处理公司，以调查废旧汽车及其零部件和废物的再利用和再循环。

③ ACORD（汽车回收和拆解联合会），该公司制定了一项全行业的战略，以改善目前汽车废物的处理流程。

④ WRAP（废物和资源行动计划）[23]，一个由政府支持的伙伴关系计划，旨在激励和帮助管理层和消费者更好地使用和回收材料。

欧洲和世界其他许多地区也采取了类似的举措。

TNS 为 PVC 提出的第三个可持续性挑战是鼓励 PVC 行业长期致力于防止持久性有机污染物在聚氯乙烯整个生命周期中的排放，以避免在自然界中积累。《关于持久性有机污染物的斯德哥尔摩公约》（以下简称《斯德哥尔摩公约》）于 2001 年 5 月生效。它表示国际社会承诺停止使用某些类别的持久性有机物质，这些物质为对人类和自然构成危害的物质。《斯德哥尔摩公约》还针对合成性、持久性和生物累积性物质提出了重要规定，并对现有法律进行了重新解释和重新发布，例如：

① 欧盟废物管理指令（欧盟废物框架指令，WFD）。

② 召回欧盟管理废油的指令（欧盟废油指令；75/439/EEC）。

③ 对危险废物指令的整合（危险废物指令；91/689/EEC）。

《OSPAR 协定》（1992 年《保护东北大西洋海洋环境公约》）确定了危险物质清单，2011 年，所列化学品的数量已从最初的 12 种增加到 40 多种[24]，其中一些至今仍在商业上使用。在世纪之交，欧洲化学品指令 REACH（化学品的注册、评估、授权和限制）于 21 世纪初引入，并于 2007 年 6 月 1 日实施[25]。REACH 包括对化学品具有约束力的法规，在所有欧盟成员国都有效。通过 REACH，以前支离破碎的化学法规从根本上得到了统一和简化。REACH 系统基于行业自我负责的原则。根据“无数据，无市场”的座右铭，只有先前在 REACH 下注册的化学品（需要提供基本数据集）才允许在欧盟进行市场交易。每个想要在欧盟范围内交易或使用化学物质的制造商或进口商必须拥有这些物质的注册号。

因此，欧洲以外的化学行业也受到部分影响。最后但同样重要的是，我们必须澄清 REACH 不仅仅是一个注册工具，它还评估化学物质的数据集及其对人类健康和环境的潜在影响。

TNS 为 PVC 提出的第四个可持续性挑战影响到在 PVC 加工的所有添加剂，因此可能以正面或负面的方式影响 PVC 产品的可持续性。在 TNS 挑战中要求添加剂生产商评估其添加剂的可持续性。建议添加剂生产商长期承诺停止生产这种可在自然界中积累、已知有毒或对它们的无害性有质疑的物质。根据欧洲 PVC 行业在 Vinyl 2010 的自愿承诺，在 2001 年，含镉添加剂已在欧洲完全淘汰[10]。欧盟 27 国集团在 2015 年之前完成铅基聚氯乙烯稳定剂的自愿退出。世界上其他几个国家也颁布了类似的限制、协议或立法。一些 PVC 添加剂，如碳酸钙（白垩）和其他矿物填料，或作为白色颜料和紫外线吸收剂的二氧化钛，都是通过开采直接提取或作为原料提取的。因此，他们在英国受到 2002 年开始征收的附加税（征收税总额，其中包括采石场门税）的影响。征税所得的款项用于综合征费可持续性发展基金（ALSF）。采石场税用于调解采矿作业对当地环境和社会造成的损害。

TNS 为 PVC 提出的第五个可持续挑战敦促 PVC 行业致力于在其供应链中推广可持续发展理念，并提高供应商行业的认知和敏感性。这一倡议源于 20 世纪 80 年代和 90 年代一些环保组织发起的强烈的反聚氯乙烯运动，当时他们主张完全停止使用聚氯乙烯。

尽管 PVC 行业在可持续性方面采取了更积极的立场，针对 PVC 的压力仍然存在，只是压力明显下降。不过，这种危险还没有消失，如果 PVC 行业再次陷入守势，也不能指望危险会保持在较低水平。

21 世纪之交发表的技术类文献，传递出了非常积极的观点[26-29]。其中证明了 PVC 在耐用产品和应用中的可持续发展优势，例如饮用水、污水和其他管材以及窗框。产品的寿命长、经久耐用、低维护或者不需要维护的性能被重点强调，同时强调了其蕴含的能量和化学物质、低成本、资源节约型生产和性能（用于电缆绝缘材料、型材、管材等）以及高的可回收潜能。

因此，我们可以观察到对塑料“好”与“坏”的片面判断普遍减少。我们还可以看到，人们在选择材料时越来越注重材料评估系统的必要性，以实现最佳社会效益、最低成本和对环境最小影响的结合。与其他塑料相比，PVC 是一种完全不同的材料的想法正在缓慢消失。在公共领域也出现了一些积极信号，例如 2007 年 3

月在伦敦科学博物馆举办的大型展览“塑料-塑料制造 100 年”。这个展览展示了从 100 年前塑料发现以来的很多好处和优异性能，而且呈现了塑料 100 年以后的样本，其中包含很多关于可持续发展的重要信息。人们对于塑料对生物多样性的影响更加关注。同时也关注了我们之前关注的综合征费以及废物处理的主题。这些都对生态环境有影响。联合国发表了一项关于生物多样性的研究，或者更准确地说是关于自然资源和生态系统价值的研究，标题为《千年生态系统评估》[30-31]。为了设想未来可能出现的情景，在此研究背景下开发了四个模型，这些模型在展示了极端情况下的未来世界。这些情景在内部是一致的，但并不能作为对未来的预测。它们只是展示了四种合乎逻辑的不同的发展可能性。这些情况中的任何一种是否会成为现实取决于国际社会的政策[30]。欧盟、英国政府[32-33] 和世界上越来越多的其他政府宣布了对生态系统方法和生态系统服务的各种承诺。2001 年的欧洲战略环境评估（SEA）指令[34] 要求对某些可能对环境产生重大影响的计划进行正式的环境兼容性评估。SEA 高度重视欧洲对于环境的考虑与认识。

在本章的引言部分，我们探讨了塑造当今世界的各种变革，分析了这些议题如何进入公众视野。我们进一步关注了气候变化和化学合成（无毒，无害的性能）、资源的浪费，以及资源的利用效率、内在能量的应用和内在能量的释放这些以前从来没有或者基本没有被考虑过的话题。这已经表明我们可能都达成共识：化学工业正面临着不同程度的挑战。我们或多或少地也认同，这些挑战与 TNS 提出的五条对策之间具有匹配度。在 2000 年，《PVC：基于自然步骤框架的评估》出版后的一段时间，世界所发生的深刻变化被进一步证明。关于积极参与可持续发展的必要性，无论怎么强调都不为过。

5.11 我们接受挑战吗?

参与 TNS 分析的两家英国公司之一 Hydro Polymer 将 PVC 行业面临的五大 TNS 可持续性挑战纳入公司战略。公司认识到这五大挑战所带来的长期机遇，并启动了面向英国和斯堪的纳维亚员工的“PVC for Tomorrow”项目。在这个项目实施的过程中，在 1400 名 Hydro Polymer 的员工中，约 10%接受了根据 TNS 框架进行的可持续性主题的培训。在这些培训中，员工接受了基于科学的 TNS 基本规则和工具、PVC 的 TNS 分析以及相关的可持续性方面的培训。另一项重要成果是 2002 年 J. Leadbitter 发表的科学研究《PVC 和可持续发展》，J. Leadbitter 是将可持续性原则和 TNS 框架引入 Hydro Polymer 的最重要人物之一[5]。

在“PVC for Tomorrow”项目里 Hydro Polymer 也号召他们的员工提出更多的好点子。最初这些员工也怀疑这个项目的必要性，但在基本了解了 TNS 原则及其应用后，这些员工也为自己的成就而感到自豪。他们开始意识到这些项目的价值，认为这是一种积极的、先发制人的策略，而不是被动等待非政府组织下一轮反对 PVC 攻击和运动。

为了在可持续发展方面取得真正的进展，并表明对该项目的重视，Norsk Hydro（当时的 Hydro Polymer 总部）从 2002 年开始每年提供 2500 万挪威克朗（约 300 万欧元或 220 万美元）的预算，为期三年。事后看来，这笔投资带来了很高的经济回报。根据 TNS 为 PVC 提出的可持续性挑战，一个跨部门团队从众多建议中选出了最佳项目。因此，Hydro Polymer 在可持续发展的各个方面取得了很大的进步，例如在二氧化碳减排方面。在很多方面该公司都成了整个 PVC 行业的标杆［详情见《PVC：实现可持续发展》（*PVC：Reaching for Sustainability*）］[13]。2008 年其并入 INEOS 集团。

5.12 Vinyl 2010 和 VinylPlus 的协同发展

自从 2000 年《PVC：基于自然步骤框架的评估》发表以来，欧洲的 PVC 产业承诺它们将更多从事于和 Vinyl 2010 相关的，而不是将重点放在基于 TNS 的评估。一些有关 TNS 可持续发展的挑战的问题在 Vinyl 2010 中并未涉及，比如二氧化碳中和的问题。当时，这一方面被认为不是最紧迫的问题，但随着世界的改变，这些问题已经被多次重复提及。

Hydro Polymer 的策略支持着整个欧洲聚氯乙烯行业的 Vinyl 2010 的发展。此外，基于科学基础和企业可持续管理的长期目标的 TNS 评估，加深了对可持续发展挑战的理解。策略中“可持续发展”的项目目标的实现被认为是公司资源以及创造力的有效利用，这有助于抢占先机，应对任何预期的未来变化，包括监管和公共舆论，尤其是在斯堪的纳维亚市场。

Vinyl 2010 的许多措施实际上与 TNS 的可持续性挑战相匹配。回收利用就是一个很好的例子。TNS 可持续发展挑战之二是：该行业应长期致力于建立闭环 PVC 废弃物管理体系。Vinyl 2010 开始将 Recovinyl 作为这个项目的平台[35]。Recovinyl 通过提供财政刺激，促进建筑和拆除行业对 PVC 废弃物的回收。这一项目致力于保证对欧洲回收 PVC 废弃物后期处理的持久支持，尤其是针对非正规的废弃渠道。非正规的渠道被认为不受任何欧洲的立法指令保护，比如封装指令、报废汽车指令、报废电子电气指令等可循环指令。Recovinyl 因此和不同的参与者合作，比如消费者、市政当局、企业，特别是那些可循环及废弃物管理单位，还有欧盟委员会、国家政府机构。自 2005 年以来，可回收 PVC 的比例持续上升。到 2008 年 PVC 废弃物交付注册总计 12365 项，198000 吨注册的 PVC 废弃物被记录并循环利用（图 5.3）。2011 年这一数字上升到了 253000 吨，2012 几乎是 352000 吨。

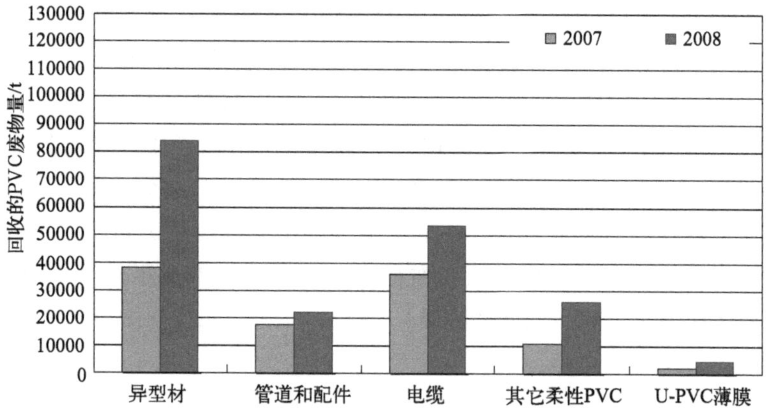

图 5.3 Vinyl 2010 框架内回收的 PVC 废物[36]

Leadbitter[5]、Brennan[26] 和 Everard[13] 报道了更多关于 Hydro Polymer 的可持续发展路线的细节以及该公司针对 PVC 材料应对 TNS 可持续性挑战的承诺。

5.13 创新的进步

Hydro Polymer 及其战略原材料供应商所实现的与可持续发展相关的创新绝不是利他主义的。他们的目的是在艰难的商业环境下实现可持续发展。《PVC：实现可持续发展》描述了很多相关的例子。这些将不再一一赘述，而是作为以下五大可持续性挑战的部分内容。

首先，让我们从 TNS 为 PVC 提出的第一个可持续发展挑战开始，即最终产品的固有能量和二氧化碳的总量。Hydro Polymer 通过一些改进获得显著的成效。其中废热发电单元的安装，改变蒸馏塔的运行明显节约大量的能量，提升车辆运输的效率，安装热交换的装置及其他改进的设计使得裂解过程能源效率提升。上述的方法使得更多能量被节约并导致排放减少和成本降低。Hydro Polymer 的供应商也同样接受了这一挑战。一个例子就是英国的碳酸钙制造商欧米亚公司（Omya U K）发明了一种方法，实现环境平衡以及使碳酸钙填料的来源合理化。英国欧米亚公司目前也研究了通过风力涡轮发电的可能性。增塑剂生产商 Perstorp 正试图从其他来源获得用于生产的乙醇，目前是从石油基乙烯中提炼的。这一为今后利用生物材料中的乙醇奠定了基础。

TNS 可持续发展的第二点挑战是将“可控的闭环流程”列为核心目标。Hydro Polymer 及其母公司英力士公司（INEOS）是 Recovinyl 计划的重要参与者，该计划正是 Vinyl 2010/VinylPlus 的组成部分。Hydro Polymer 的一项新举措是开发新产品线 EcoVin®。有别于传统新材料的使用方式，该产品线原料主要来自消费者产生的工业化新加工的 PVC 废弃物。在 2003 到 2007 年期间总计 4000 吨的 EcoVin 被生产出来，同期，还从其他渠道回收利用了 6000 PVC。该公司还制定了关于回收含有其他塑料的 PVC 废料的研究目标。Unger Surfactants 是在 PVC 糊中作为辅助材料的乳化剂的供应商，专注于天然油脂乳化剂的生产，这种乳化剂能完全生物降解，因此不会对回收过程造成不利的影响。

PVC 在整个生命周期的持续性有机污染物的排放是 TNS 可持续发展挑战第三点的焦点。Hydro Polymer 已经开始进行关于减少 PVC 产品的潜在持续性物质的排放的重要研究。由于裸露的橡胶表面有形成二噁英的趋势，橡胶密封圈已被钛密封圈取代。同时，Synthomer，一个提供用于 PVC 悬浮聚合的悬浮添加剂的供应商，决定推广使用更低剂量的水基悬浮添加剂。

添加剂的使用是 TNS 对 PVC 可持续发展挑战的第四点的主题。这些添加剂不仅在使用过程中，而且在整个产品的生命周期和之后回收过程之中，都会影响可持续发展。在 Hydro Polymer 的领导下，与战略原料供应商合作，开展了广泛的调查研究，所有相关方面和结果均可在文献中找到。在这个联合调查计划中，组织了三次战略供应商研习会。当 Hydro Polymer 决定停用铅稳定剂时，许多创新举措应运而生，在 PVC 行业的自愿自我承诺中抢占了先机。这个效果的主要贡献来自于稳定剂生产商 Chemson，该公司开发和改进了基于钙-锌和有机成分（OBS®）的替代稳定剂体系。在一个与 Hydro Polymer 联合的项目上，Chemson 依照 TNS 框架评估了管道应用的原材料、工艺和产品，并得出结论：两种稳定剂替代品都具有完全可持续性的巨大潜力[37]。奥地利 Chemson 的聚合物添加剂公司更进一步，并于 2008 年在布莱顿举办的 PVC 会议提交了它们根据 TNS 标准的评估和它们关于可持续性的构想。这些评估也适用于窗框型材稳定剂[38]。有一个问题，可能不仅是 Chemson 经常问的，那就是关于可持续发展的成本的问题。有时会通过一些不可思议的方式得到回报：澳大利亚的 Dincel 建筑有限公司，Chemson 关于管材稳定剂的持续性分析引起了极大兴趣，随后双方共同开发了一种用在新的 PVC 异型材上的有机稳定剂体系[39]。Chemson Pacific 不但在澳大利亚建筑应用领域获得了新顾客，还对可持续性有额外的贡献[40]。Everard 和 Schiller 将他们关于金属在 PVC 稳定剂中的应用和它们的可持续性潜力的结论发表在文章 *Metals in PVC Stabilization Considered under the Aspect of Sustainability——One Vision* 中。他们总结道："如果 PVC 产品是在闭环循环中再利用，除了镉和铅外，其他金属包括钠、镁、铝、钙、镧、钡和锌都在完全可持续上有很大的潜力。"[41] 近年来，Kronos，一个二氧化钛颜料制造商，通过将传统上认为的废料转化为市售产品令他们的产品系列多元化。因此，他们生产二氧化钛的过程中几乎不再产生任何废料。

TNS 面临的第五个挑战是致力在整个 PVC 行业领域推广可持续发展的理念。因此，为了将可持续性建议带进整个供给链中，Hydro Polymer 不仅与他们的战略供应商合作，还与重要的顾客合作。为了宣传 Hydro Polymer 对持续性发展的支持，以及 TNS 概念及其在 PVC 行业的应用，Hydro Polymer 在 2005 年 4 月将名称为 *Creating a More Viable Society* 的 DVD 分送给所有的战略原料供应商。与 Rohm & Haas（今天 DOW Chemical 公司的一部分）一起，Hydro Polymer 在瑞典卡尔斯克鲁纳市的布莱津理工大学创办了培训课程。这个远程教育课程加速了 PVC 行业在可持续发展方向的进程。Hydro Polymer 的重要供应商和顾客都参加了这个课程。同时，Rohm & Haas 承担了一部分可持续原料和添加剂的供应的倡议。DOW Chemical 也与 TNS 合作通过进阶教育课程强化意识来促进可持续概念在公司中的发展。

考虑到对生物多样性的影响，TNS 的第六个可持续性挑战也可以与创新带来的成功机遇相挂钩。Hydro Polymer 积极监测它们生产基地的生物多样性。主要关心的是了解什么活动会对生物多样性有潜在的风险，比如效率持续提升的水资源管理，控制从储罐和采矿的溢出，以及如何减少和避免这些。碳酸钙生产商 Omya 和二氧化钛生产商 Kronos 在这个问题上开展了各自的调查。在这些情况下，其目的也是在采矿活动结束后减少对自然界的干扰，并完善对新环境的规划。这些例子只是 PVC 价值链中各种供应商和重要顾客的研究的众多问题的冰山一角，不仅是为可持续发展做贡献，还为了实现效益增长。这也显示了可持续发展的战略概念如何能够实现投资回报，前提是要遵循长期可持续发展并以务实的态度逐步推进。对迄今为止取得的进展的简要梳理表明，即使是供应链中的重要成员，也不可能通过单一的行动来实现可持续发展，但只有通过这些重要参与者的合作才能取得更大的成效。

当然，这也包括影响 PVC 行业以外的社会层面的必要性，以更高效的方式让公众理解和支持可持续生活方式，而不是仅仅通过监管和纯粹地考虑经济因素来实现。正如 Freddie Mercury 在其歌曲中所唱到的：“时间不待人。我们必须共同规划我们的希望。不然我们将失去未来……为所有人打造一个崭新的未来”[42]。

5.14 积极促进可持续发展的进一步优势

负面宣传活动在促进欧洲 PVC 行业与可持续发展方面发挥了重要作用。然而，如果认为取得的大多数成就都是出于防御立场，那就错了。正如我们多次观察的，世界正在改变而且它会进一步变化，因此越来越多的投资会流入可持续投资中，例如用于满足 PVC 的 TNS 可持续发展挑战。这些投资是根据客户需求、法律法规、资源和公众舆论、知识产权等多方面的变化，新产品和新工艺开发的第一步尝试，也是谨慎的一步。

正如我们所见，整个社会正面临着若干可持续发展挑战。这不仅从长远来看是正确的，而且越来越多的现象证明它就在我们身边。这些变化的压力意味着我们不能继续假设目前的市场状况将保持下去。提供环境友好的、可靠的商品和服务的压力不断增长，这必将通过改革创新不断完善。这种创新的一个例子或许是建立“单位社会价值”（包括对可持续性的贡献、客户需求和股东的保障）的统一衡量标准。在过去所有的行业中，我们都低估了决定我们日常生活的资源的重要性。然而，如今如何为人类社会公平分配资源的问题受到公众和政府越来越多的关注。我们将会面对越来越多的关于避免浪费和资源管理方面的问题。

与替代品相比，使用寿命更长、耐腐蚀性更好或需要更少维护的材料代表了真正的可持续性，这是我们所提倡的。这包括定期对可能引起问题的物质进行监测。耐久性和低的维修需求让其在作业和使用过程中较少发生故障。耐久性能够减少废料的产生。

塑料管道系统可以作为一个很好的例子，由于其耐用性，减少了土方工程，从而减少了挖掘机等重型机械的使用。管道的安装只会造成最小的破坏，例如使用无沟槽技术，可以提供更多的可持续性。在成本、承包商的声誉以及产品方面也有很多优势。更不用说使用传统方法时长达数英里（1 英里＝1.609344 千米）的交通堵塞和相关的温室气体排放，而这些又会在安装、维修或更换期间影响气候、环境和健康。所有这些影响都比耐用性差的材料要低。对此类产品的需求，既满足我们的要求，又具有可持续发展的压力，可以通过采用耐用、多功能、轻质和柔韧的 PVC 材料来满足。一旦 PVC 管被埋在地下，就不会有更多的化学降解。通过蠕变断裂试验，预测了 PVC 饮用水压力管道在压力下的预期使用寿命，大约为 50～100 年[43]。其他（非压力）地下 PVC 管道的预期使用寿命估计要高得多（甚至可能超过 1000 年）[43]。除此之外，PVC 管能反复地回收利用，并且没有或仅有略微的性能损失，如果需要的话，可以通过添加稳定剂来补偿。如果第一代 PVC 管已过其使用周期或因需求变化而简单更换，则该材料可进行循环利用。很多 PVC 应用都具有这些优势，除了上面提到的 PVC 管材外，还有窗框和工艺建筑产品，如工艺型材[39]、地板、绝缘电缆、医学用品等。

我们必须调研新兴市场，探索如何更好地满足相对不发达国家客户的基本需求。这包括供水、灌溉、能源、通信、教育和成本效益、持久且高效的基础建设。发达国家必须携手合作，帮助这些国家的民众实现这些基本需求。在“联合国千年发展目标”（MDG）[44] 框架下，明确了推动这一过渡进程的国际承诺，八国集团和国家政府也相继做出相关承诺。

持续加强人民的作用当然与只援助、不开展贸易的旧方法相去甚远，这可能意味着需要重新发掘适应当地实际的传统土地利用方式、手工业和贸易形态。在这种情况下，这也可能催生出减少环境破坏的新路径。无论哪种方法都将使人民生活得更好。一个实际的例子是用塑料管道制得的灌溉系统，能避免水从沟里蒸发，让紧缺的水资源得到充分的利用。其它的适用性例子还有非洲祖鲁部落将雨水收集在传统圆形建筑的弯曲的雨水收集器中。在提供基础设施方面，我们还面临着许多挑战。这些基础设施需要经济实惠，长久耐用，还要便于操作，而且还要求必须安全且便于安装。这些挑战是基于新的自适应技术、高效的材料、改善公共健康水平的设施以及对创新产品不断增长的市场需求。这将有助于当地民众在不超出当地环境负载条件下实现“自我赋能”。特别是在供水和污水处理时需求的耐用、柔韧、质量轻、免维护和自适应的材料变得至关重要。为当地提供新产品和服务的是一个新兴的市场，而且这些关于工艺和资源的新产品和服务必须高效化。另外他们需要适当调整，令产品和服务适应当地民众的需求。产品最终必须不损害自然环境或生物多样性。PVC 能在脱离贫困上做出很多贡献。已经确定的是，为了满足越来越多的人的需求，新兴市场为可持续性产品、服务和材料提供了真正的和正在增长的机会。

5.15 PVC 的起源

PVC 在可持续性上取得的进步并没有将人们的注意力从 PVC 带来的问题上转移，而是整个 PVC 价值链为新兴的、协调一致的可持续性努力的一部分。尽管这个议题最初是由非政府组织发起的，但欧洲 PVC 行业的领军力量接受了可持续发展的承诺，并取得了显著的实际性进展。这反过来又导致 PVC 行业的投资将积极考虑可持续性的更大的挑战。同时，英国零售商协会（PVC 零售商工作组）和它们的下级组织 PVC 协调小组已经退出了这一进程。

假设 PVC 现在暴露出很少弱点给一些非政府组织，就会导致 PVC 零售商和生产商回到以最低的价格水平为目标的无限制采购的市场，这具有很大的风险，不仅对 PVC 行业来说，对零售商也一样。可持续发展的投入，是负责的 PVC 企业所做的重要投资。在日益全球化市场中，其它供应商可能会规避这些成本，降低供应价格，因为他们不用考虑那些生态和道德这些可持续性产品所必须具有的要素，因此能够以更低价格售卖产品。

因为加工者、生产商和零售商希望购买尽可能便宜的 PVC 和 PVC 产品，因此会较少选择可持续性倾向的市场，可持续生产的 PVC 有竞争劣势。基于我们现在对于可持续性和企业责任的认识，断言 PVC 供应链的可持续性无关紧要或不再重要，在道德上肯定是不合适的。

PVC 的用户，包括加工者、零售商、建筑商、所有者、公共用户或其他用户，不能免受使用不可持续产品时导致的问题。比如一个 PVC 生产商，不能为了践行正确理念而导致亏损，零售商和加工者同样要确保使用的 PVC 的质量。问题在于怎样建立对类似的分子或类似的混合物或产品的评价？幸运的是现在已经开发出且能在市场落地的解决方案。

在这里有一个典型的例子是森林管理委员会（FSC），它已经发布了许多关于木质材料（木板、纸、纸板、报纸或其它用途）的生态和社会标准[45]。就像 PVC 一样，两块相似的木头可能在生态足迹、对环境和人类福祉方面的影响有明显的区别。森林管理委员会在 1994 年由相关方组成的联盟建立，这在当时并不是一个常见的事。这个联盟由环境非官方组织（如世界自然基金会、地球之友、绿色和平组织）、原住民、林业科学家和大型零售商（如瑞典的 IKEA 和英国的 B&Q）等构成。他们都认为有必要建立一个运作体系以推动森林管理责任并建立一个明确的市场定位。这大胆的和创新的引领作用催生了一个项目，它不仅包括各国政府和国际组织已经确立的内容，而且还包括森林管理委员会所设想到的所有方面。这对于使森林管理委员会条例切实可行是非常重要的。森林管理委员会条例本身是较简单的(至少在理论上，而不是在实际的贸易中)，它独立且易懂：名字为森林管理委员会，它的缩写 FSC 和注册商标未经批准授权不得使用。只有合格的产品才能允许携带 FSC 商标。FSC 商标证明相关森林的管理旨在确保长期供应木材的同时保护环境、森林的生态系统。一个监管系统（产销监管链）负责追踪林业产品从源头到供应链直至最终用户的整个过程。如今，森林管理委员会鉴定合格是一个标签，能引导消费者对木材产品做出选择，减少全球森林的破坏。来自产品链中的加工者、造纸商、印刷商、出版商、进口商、零售商、建筑师、城镇规划师、施工人员等众多参与者都在 FSC 的认证体系内。得益于森林管理委员会的努力，如今越来越多的木材加工工业源自可持续管理的森林。而众多利益团体加入了森林管理委员会，表明森林的可持续管理的承诺是有道理的。

截至 2008 年 4 月，全世界分布在 79 个国家的超过 1 亿公顷的森林都确认通过了 FSC 标准的认证。这大约是全世界用于生产利用的森林的 7%。它们都经过了 FSC 认证机构的独立评估。经过长时间和成功的经营后，FSC 证明了它的价值，一个好的例子是各种利益团体为了可持续木材和林业经营这一共同目标进行成功的合作。这里还有非常有趣的木塑复合材料（WPCs）这一新兴应用。但最大的挑战仍然是认证产品市场的发展，同时让可持续性成为社会规范和市场需求。绿色和平环保组织声称全世界每年仍有 2500 万英亩（1 英亩＝4046.856 平方米）的雨林被破坏。

正如木头和 PVC 这两种相当不同的原料，它们表现出不一样的生态足迹，该概念也可以用到海洋和水产养殖产品中。海洋管理委员会（MSC）是其中一个例子[46]。MSC 成立于 1997 年，组织模式与 FSC 相似，由联合利华和世界自然基金会（WWF）共同创立，是一个独立的全球非营利组织。联合利华作为一个世界范围内最大的食物和家具制造商，可持续性鱼类群体对联合利华的优势非常明显。联合利华购买了约 20%的欧洲捕捞量。MSC 的目标是找到鱼群种类下降这一重要问题的解决办法及提供一个既生态环保又在经济上可接受的捕鱼方法，保护海洋的生物多样性和生态过程。在这里，渔业的可持续性是决定性因素。

MSC 认证提高了实际消耗鱼类来源于可持续渔业中的概率。这个系统与 FSC 的产销监管链类似，能对从抓捕到餐桌整个过程进行监管。

鱼是世界上数亿人口的稳定食物。渔业为大约 2 亿人提供了工作机会。倘若鱼类种群数量减少甚至灭绝，这些现实情况将引发更多问题。因此对于生态环保人士、渔民、批发商、商人、消费者及生产鱼油、鱼肉和更多海洋衍生品的企业来说，确保作为他们业务基础的生态系统容量得以维持至关重要。发展和促进世界范围内通用的渔业标准，通过产品的独立认证和标记对其进行保护，是 MSC 的战略。研究证实了渔业认可，包括评估鱼群种类及渔业和捕抓方法对整个生态系统的影响的研究。

MSC 可以认证单个渔业公司，也可以认证企业实体，如渔业行业协会。当被授予证书后，鱼类或基于鱼类的产品就能使用 MSC 的商标。此时，从渔场到商家这一监管链已经开始构建：如果这一监管链已经被批准，最终产品也能标上 MSC 商标。MSC 认证是完全自愿的行为。虽然如此，来自消费者的日益增长的压力会推动这一个认证过程。除此之外，MSC 认证还可以避免对为防止过度捕捞而颁布的监管法令做出反应的必要性。MSC 为海洋渔业的可持续性作出了重要的贡献。联合利华作为 MSC 的创办会员，逐步退出濒危物种产品的加工，如北大西洋鳕鱼。

FSC 和 MSC 都不是完美的，两者的制度都有它们的缺点和限制。但是，它们是切实可行的、与市场化密切相关的，如今更成为具备公信力的工具。

Everard 在 PVC 协调小组会议上，在略微恼怒的听众面前建议建立一个乙烯基管理委员会（VSC）。与此同时，由于可持续发展理念的优势对所有从事可持续发展工作的人来说越来越明显，而且可持续发展理念现在在许多 PVC 市场上发挥着重要作用，因此，这一理念的吸引力已经深入人心。一个关于 PVC 可持续发展利益相关方论坛早就在 2004 年建立，核心成员大多数是已经停止运行的 PVC 协调小组的老成员。这个新成立团体的目标是提高 PVC 产品的零售商和 PVC 使用和生产者的可持续发展的意识。

2005 年，可持续性理念在市场渗透方面取得的重大进步，因此有必要针对 PVC 行业的未来趋势提出可持续性理念。因此，建议将 PVC 利益相关方论坛转型为正式的咨询委员会。目的是使 PVC 行业的决策过程对重要的公众舆论领袖来说更加透明性，从而有助于在保障 PVC 的未来方面取得进一步的进展。组建相关咨询委员会在英国和欧洲的其他行业中得到普及。这类委员会在管理、信息披露和信任构建方面起着重要的作用。对于 PVC 行业而言，PVC 利益相关方委员会似乎有助于推动行业落实 TNS 可持续发展挑战的承诺，且为 Vinyl 2010 的自愿自我承诺提供支撑。这将进一步改善关注 PVC 生命周期可持续性的参与者之间的合作。此外，可以为“最重要或紧迫问题”找到共同解决方案，并可以保证实现可持续发展的一般承诺具有透明性。不幸的是，自 PVC 利益相关方委员会成立以来所取得的进展微乎其微。造成这种情况的主要原因是英国和欧洲 PVC 工业的所有权变更和其他重大动荡。尽管如此，欧洲 PVC 行业仍然与其他行业一起支持对可持续发展的承诺，并继续沿着这一过程前进。

与此同时，其他地理位置更偏远的地区，包括美国，对这一想法越来越感兴趣。

在澳大利亚，PVC 的国际供应形势和当地新兴的“绿色”建筑行业导致了 PVC 产品的“品牌”差异化，与上述建议非常接近。在 20 世纪 80 年代和 90 年代，关于 PVC 的性能及其对环境和健康的影响的各种说法影响了 PVC 作为安全材料的声誉，澳大利亚乙烯基行业协会（VCA）严格检查行业的行为以便提高澳大利亚销售的 PVC 产品的可持续性。因此，在 2002 年，VCA 启动了一个自愿的行业倡议以鼓励通过 PVC 价值链管理 PVC 产品[47]。澳大利亚的 PVC 行业为产品管理计划做出了一系列承诺，以处理与 PVC 的使用周期相关的环境和健康问题。所涉及的大多数问题都与欧洲关于 PVC 的可持续性的理念密切相关。

经过多年的运行后，产品管理计划取得的成果得到了澳大利亚绿色建筑协会的认可，被用于辨别“最佳实践 PVC 产品”的标准。“最佳环境实践”（BEP）PVC 标识（见图 5.4）于 2010 年诞生。任何制造商和供应商都可以提出申请，只要其符合相关要求[48]，包括：

图 5.4　澳大利亚最佳环境实践（BEP）的 PVC 商标[47]

① 氯：在制备 PVC 所需的氯时避免使用汞。

② 使用无汞工艺合成聚氯乙烯单体。

③ 悬浮聚合聚氯乙烯的残留 VCM 不能超过 1×10^{-6}。

④ 生产现场需要现代化工厂管理和废物处理，VCM 的排放要受到严格限制。

⑤ 稳定剂：避免使用镉和铅。

⑥ 增塑剂：避免使用短链邻苯二甲酸酯。

⑦ PVC 产品能且应该被回收，避免在垃圾场填埋处理。

⑧ 应落实延伸供应商责任（回收利用）。

产品合规性通过独立审计进行验证，依据的是澳大利亚绿色建筑委员会在绿色之星建筑评级工具中制定的 PVC 最佳实践标准，具体参照 PVC 信用条款。图 5.4 这个商标有助于识别那些达到最佳实践的产品。

未来，我们将关注两个方向：一是这些理念如何在国际层面发展，如何被国际供应链上的评论家、进口商和潜在的市场参与者接受；二是观察这些理念是否被曲解——是否仅被看作保护国内产品免受进口产品影响的贸易壁垒，或是仅作为推动 PVC 可持续发展的表面工具。事实上，根据澳大利亚人的经验，没有理由认为 VSC 不能像 FSC 一样，能发展为国际准则。

VSC 模式的吸引力在于其引起了诚心诚意投入可持续发展的人们的广泛兴趣。这也隐含着一种期待——当企业不加甄别地采用那些成本最低但伦理与环境资质存疑的 PVC 等材料时，公众舆论的压力与谴责必将随之而来。一些非政府组织随着可持续发展和 PVC 产业的进步，当产业有偏离它们预定的可持续发展目标和有回到旧的模式的趋势时，会对其敲响警钟。这样一个全球的结构清楚的 VSC 模式，能证明企业和其它组织认真地投入到了可持续发展中。PVC 责任管理能确保我们所生产的产品的溯源可靠性和避免不可预测的风险。这一点在 2008 年国际金融危机预算缩紧的时期显得非常重要。商业直觉总是指向通过消减成本来维持生存，但高风险性的股票投资和无道德的企业行为才是造成金融危机的真正原因。负责的和有远见的企业活动者通过合作，建立了以可持续性原则为基础的市场。可持续性原则为企业提供了在不稳定局面和风险时期提高安全性的前景。

5.16 真实的可持续性

自可持续发展这一术语在公众和 Brundtland 报告出现以来[49]，在商业界，人们越来越意识到必须将可持续性作为主流，它作为一个驱动力而不再作为一个因果关系适应预先确定的金融决策。除此之外，人们对经济、生态和社会这三个相关的方面也有了基本的认识。这些基本的认识令这三个支柱按一定的方式组合成种种关于资源效率和社会责任的主题。但是，对于如何实施可持续发展，处于经济领导地位的人士的心中仍然存在严重的不安全感。

总的来说，社会变革速度在不断加快。直接的和间接的可持续性压力日益增强。一些大型企业意识到了这些变化并建立风险管理程序以应对由此带来的潜在威胁。迄今为止，我们在风险管理方面的经验表明，在既定的企业流程中，可持续发展不需要任何异想天开。可持续发展是根据 TNS 框架的提议，在科学的基础上积极地、有组织地、战略性地应对所有关于最多元化的问题和难题的未来风险。正如生态、伦理和社会问题必然成为变革的驱动力一样，可持续性的重要性也越来越成为企业战略的中心。

PVC 行业已经认识到，要想获得竞争优势，就必须建立一个以可持续发展为市场决定因素的体系。Johnston 等在国际绿色和平组织的领导下，写了一篇关于如何以健康的、科学的方式实现可持续发展的值得一读的文章[50]。这篇文章总结出在科学的基础上可采用的、严格的但又好用的自然步骤（natural step）[11]。而关于 TNS 起源、它是如何应用到 PVC 及其添加剂和部分应用都记录在《PVC：实现可持续发展》一书中。

我们现在不仅仅拥有了处理可持续发展实践层面问题的工具，还可以控制企业实践中可能遇到的风险。可持续发展不再被认为是难以触及的机构和虚构的事物。

5.17 PVC 和未来

PVC 行业在可持续性上的进展是引人注目的。然而，对照可持续性的目标，行业需要进一步的实践活动，不仅仅是应对公众和媒体的压力，还因为可持续性是未来提高生态、社会和经济环境的必要路径。

2009 年 5 月，欧洲乙烯树脂制造商协会（EVCM）在德国柏林召开了一次会议[51]，来自德国政府、欧洲议会、工业和非政府组织高级代表，其中包括 TNS 的创始人 Karl-Hendrik Robért，在会议上分享了关于技术问题的最新发现。此外，大会还为聚氯乙烯行业提供了一个机会去讨论在 Vinyl 2010 自愿承诺到期后的几年里应采取哪些新战略。今天我们知道，VinylPlus 是欧洲 PVC 行业自愿承诺[12]的继续。

2000 年提出的 PVC 的五个 TNS 可持续性挑战仍然保持不变。第六个挑战是保护生物多样性，这为创新提供了更多选择。参与可持续发展将带来经得起未来考验的投资和社会环境。世界不会停止改变，我们能发现的是世界改变的速度正在加快，我们必须更警觉，采取更明智的战略参与其中。因为我们知道“时间不等人”。在参考文献［52-55］中可以找到推荐的其他文献。

参考文献

［1］ http：//en. wikipedia. org/wiki/World _ population；downloaded（10/2013）

［2］ Entec UK Limited and Ecobalance，Life Cycle Assessment of Polyvinyl Chloride and Alternatives，Final Report，Dept. of Environment，Transport and the Regions（DETR），London，UK（2000）

[3] R. Carson; Silent Spring, Houghton Mifflin (1962)
[4] http: //en. wikipedia. org/wiki/Montreal _ Protocol; downloaded (10/2013)
[5] J. Leadbitter; PVC and sustainability, Prog. Polym. Sci. , 27 (2002) p. 2197
[6] Summary Report for PVC Retail Working Group, National Centre for Business and Ecology (NCBE) Manchester, UK (1997)
[7] Environmental Charter for UK PVC Manufacturers, National Centre for Business and Ecology (NCBE) Manchester, UK (1999)
[8] Eco-efficiency Code of Practice for the Manufacture of PVC, National Centre for Business and Ecology (NCBE) Manchester, UK, (1999)
[9] Life Cycle Assessment of PVC and of Principal Competing Materials, PE Europe, Commissioned by European Commission (2004) (or http: //ec. europa. eu/enterprise/sectors/chemicals/files/sustdev/pvc-extended_summary_lca_en. pdf)
[10] www. Vinyl2010. org; downloaded (10/2013)
[11] www. thenaturalstep. org/; downloaded (10/2013)
[12] www. vinylplus. eu/; downloaded (01/2014); the commitments in particular: www. vinylplus. eu/en _ GB/about-vinylplus/our-voluntary-commitment
[13] M. Everard; PVC: Reaching for Sustainability IOM3 with The Natural Step (2008)
[14] Stockholm Convention on Persistent Organic Pollutants or http: //www. pops. int/
[15] M. Everard, M. T. Monaghan, D. Ray; PVC: An Evaluation Using the Natural Step Framework, The Natural Step (2000)
[16] M. Everard; The Business of Biodiversity, WIT Press, Ashurst, London, UK (2009)
[17] Summary for Policymakers of the Fourth Scientific Assessment of the Physical Science of Climate Change, Intergovernmental Panel on Climate Change (IPCC), Feb. (2007)
[18] http: //www. ipcc. ch; downloaded (07/2014)
[19] Stern Review on the Economics of Climate Change, UK Government, Oct. (2006)
[20] R. Murdoch; I' m proud to be green, The Independent, May 13, 2007 or http: //news. independent. co. uk/environment/article2536869. ece
[21] M. Schiller, B. Pelzl, P. Dolan, A. Hofer, W. Messner; How Can I Go On-Towards a Sustainable PVC Stabiliser? PVC 2008, Brighton, UK (2008)
[22] City stadium turbine plan backed, BBC News, Sept. 28, 2006; Retrieved Sept. 30, 2006; downloaded (07/2014)
[23] Waste and Resources Action Programme (WRAP), www. wrap. org. uk References 409
[24] OSPAR Convention for the Protection of the Marine Environment of the North East Atlantic, OSPAR list of chemicals for priority action, Update 2006, Reference Number 2004-12 or http: //www. ospar. org/documents/dbase/decrecs/agreements/04-12e _ List%20of%20Chemicals%20for%20Priority%20action. doc
[25] Registration, Evaluation, Authorisation and Restriction of Chemicals, Regulation (EC) No 1907/2006 or Directive 2006/121/EC
[26] J. Brennan; Norsk Hydro ASA: Sustainable PVC at Hydro Polymers? Unpublished report of the London Business School or http: //forum. london. edu/lbspress. nsf/AllDocs/361CD187FB218C66802572FF00326AE8/ $ File/EABIS+press+release+May+2007. pdf
[27] Recovinyl, Recovinyl News, 13 (2007), www. axionrecycling. com/files/download. asp? filename =

861 _ Recovinyl%20newsletter%2013. pdf

[28] Life-cycle assessment of Polyvinyl chloride and alternatives, Summary Report, Entec UK Ltd and Eco-balance UK, Dept. of the Environment Transport and the Regions 00 EP1247 (DETR) (2001)

[29] The PVC Stakeholder Forum next steps-April 2007, The Natural Step and Forum for the Future, unpublished, (2007)

[30] http: //www. maweb. org/documents/document. 332. aspx. pdf or http: //www. nachhaltigkeit. info/artikel/szenarien _ des _ millennium _ ecosystem _ assessment _ 1148. htm; see links at bottom of page for English reports

[31] http: //www. millenniumassessment. org/en/index. aspx

[32] Securing a Healthy Natural Environment: An Action Plan for Embedding an Ecosystems Approach, Dept. for Environment, Food and Rural Affairs (DEFRA) (2007) London or http: //www. defra. gov. uk/wildlife-countryside/natres/pdf/eco _ actionplan. pdf

[33] An Introductory Guide to Valuing Ecosystem Services, Dept. for Environment, Food and Rural Affairs (DEFRA) (2007) London or http: //www. defra. gov. uk/wildlife-countryside/natres/pdf/eco _ valuing. pdf

[34] EU Strategic Environmental Assessment Directive 2001/42/EC on the assessment of the effects of certain plans and programs on the environment, or www. sea-info. net

[35] http: //www. recovinyl. com/

[36] http: //www. recovinyl. com/news/results-recovinyl-2012 (latest)

[37] K. E. Lunde, J. Leadbitter, M. Schiller; Sustainability assessment of stabiliser systems for use in PVC pipes, Plast. , Rubber Compos. , 3 (34/2005) p. 155 or http: //www. chemson. com/uploads/media/Sustainability _ assessment _ of _ stabiliser _ systems. pdf

[38] M. Schiller, B. Pelzl, P. Stern, A. Egger; Sustainable Stabilisers for PVC Window Profiles-Vision and Reality; 7th International Plastic-Window Congress Würzburg, Germany, (2009)

[39] http: //www. dincelconstructionsystem. com/

[40] http: //www. dincelconstructionsystem. com/system _ benefits _ Society. php

[41] M. Schiller, M. Everard; Metals in PVC Stabilization Considered under the Aspect of Sustainability-One Vision, J. Vinyl Addit. Technol. , Vol. 19 Issue 2, June (2013) pp. 73-85410 5 PVC and Sustainability

[42] F. Mercury: Time, Solo-LP (1986)

[43] http: //www. pvc4pipes. com/faq/physical-properties

[44] http: //www. un. org/millenniumgoals; particularly Goal 7

[45] Forest Stewardship Council: www. fsc-uk. info or www. fsc. org

[46] Marine Stewardship Council. www. msc. org

[47] http: //vinyl. org. au/pvc-the-environment/product-stewardship

[48] http: //www. gbca. org. au/green-star/revised-green-star-pvc-credit-download: The Green Star PVC Credit and Literature Review and Best Practice Guidelines for the Life Cycle of PVC Building Products

[49] World Commission on Environment and Development: Our Common Future, Oxford University Press, Oxford, England (1987)

[50] P. Johnston, M. Everard, D. Santillo, K.-H. Robèrt; Commentaries: Reclaiming the Definition of Sustainability, Environmental Science and Pollution Research, 14-1 (2007), p. 60

[51] http: //www. pvcconstruct. org/PVC. org/The-PVC-Industry/Event-Calendar/talkingsustainability-for-PVC

[52] M. Everard; Pipe dreams, The Environmentalist, 43 (2006) p. 24
[53] M. Everard; A cause to sustain, Fenestra J. , May (2007) p. 33
[54] M. Everard; Paying the piper, The Environmentalist, 45 (2007) p. 24
[55] Report from the European Parliament on the vote to extend a list of pollutants earmarked for priority control action under the EU Water Framework Directive, http://www.europarl.europa.eu/news/expert/infopress_page/064-4607-086-03-13-911-20070326IPR04593-27-03-2007-2007-false/default_en.htm (2007)

作者简介

Dr. Michael Schiller 在国际 PVC 产业研究与开发方面有 20 年以上的经验。他的研究包括：新型 PVC 稳定剂和其它添加剂的开发、不常见现象（析出、光电效应等）研究、PVC 产业的可持续性方面理解、技术产品管理。Michael 是“PVC 稳定剂”一书的作者，是 150 多篇论文的作者和合著者，参与《塑料添加剂手册》英文、俄文和德文版的联合编辑，申请了超过 50 项专利。他现任土耳其伊兹密尔的 Akdeniz Kimya 创新可持续发展中心的带头人。Michael 有一个幸福的婚姻，是两个女儿自豪的父亲，喜欢“皇后乐队”的音乐。

Izmir（土耳其）　2014 年 10 月

译者致谢

我与丁筠老师及团队历时多年，终于完成了《PVC 助剂：性能、化学特性、发展及可持续性》一书的翻译工作。由于种种原因，本书翻译工作历时良久：从前期初译时的整理文稿、核对术语，到中期校对译文、规整格式，再到后期完善文稿、标注图表，每一步都离不开我们团队的共同努力。

特别致谢 2015 年至 2024 年期间，我和丁筠老师的在读研究生同学们。你们都积极参与了本书的翻译。虽无法一一提及每位同学的姓名，但每位同学严谨、细致的工作，都为书稿的稳步推进筑牢了基础。这份热忱与付出，已融入书中的字里行间，在此谨向你们表示衷心感谢。

同时，我还要向安徽道润新材料科技有限公司的周国庆技术总监表达由衷谢意。他曾于 1999—2003 年就读于北京化工大学材料科学与工程学院，那时我担任他的班主任。经过多年历练，他已成为 PVC 助剂领域的资深专业人士，也曾与本书原作者有过专业技术交流。感谢他在百忙之中抽出时间，从技术角度对全书进行严格把控、完成全书校对，使本书能以更专业的面貌呈现给读者。

在本书的翻译过程中，我还得到了很多同事、同学们的大力帮助。

本书内容丰富，具有专业性和实用性两大特点，既可作为 PVC 行业科研、生产销售人员手头的工具书，也可作为高等学校相关专业老师与学生的参考书。由于涉及 PVC 的知识体系过于庞大，译本中欠妥及疏漏之处在所难免，敬请专家与读者予以指正。

乔辉

2025 年 10 月

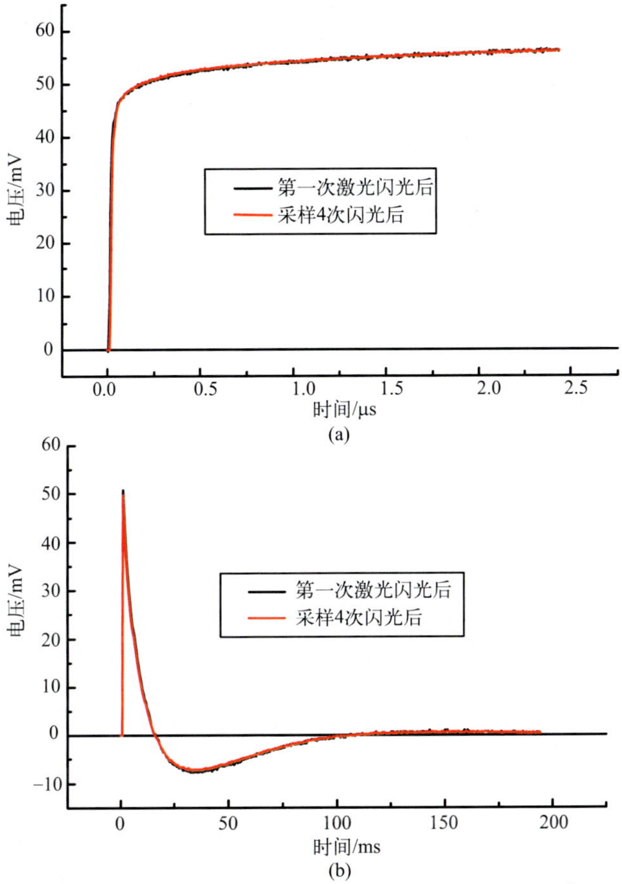

图 2.55　非表面处理锐钛矿的 PEMF 信号（Kronos 3000）

（a）0～2.5μs；（b）0～200ms[54]

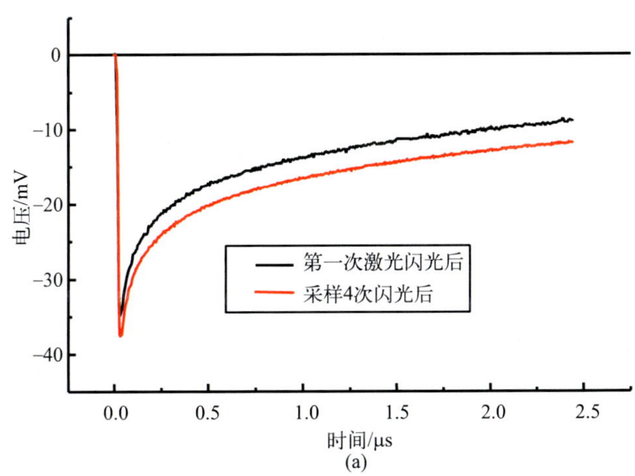

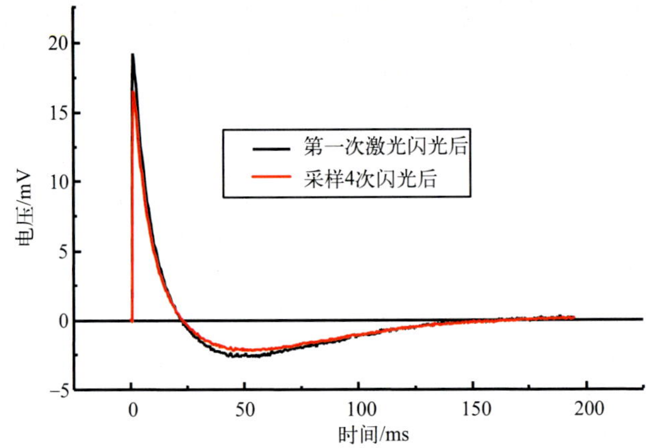

(b)

图 2.56　非表面处理金红石的 PEMF 信号（Kronos 3025）

（a）0～2.5μs；（b）0～200ms[54]

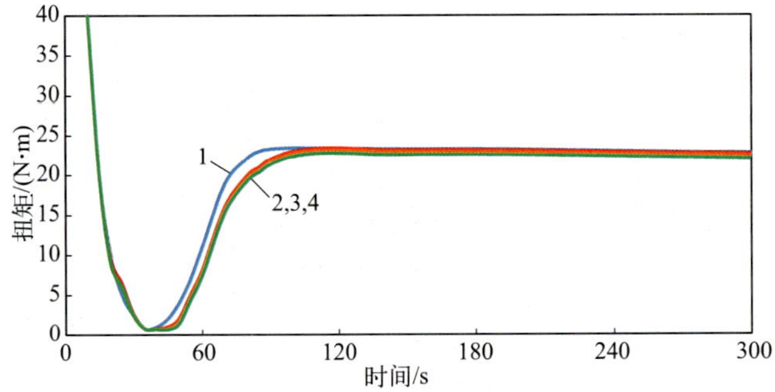

图 2.61　同剂量改变链长流动改性剂对凝胶化行为的影响

1—PRO60（中分子链）；2—PRO30（短）；3—PRO40（中）；4—PRO45（长）

Akdeniz Kimya；使用钙锌稳定剂的门窗型材干混料

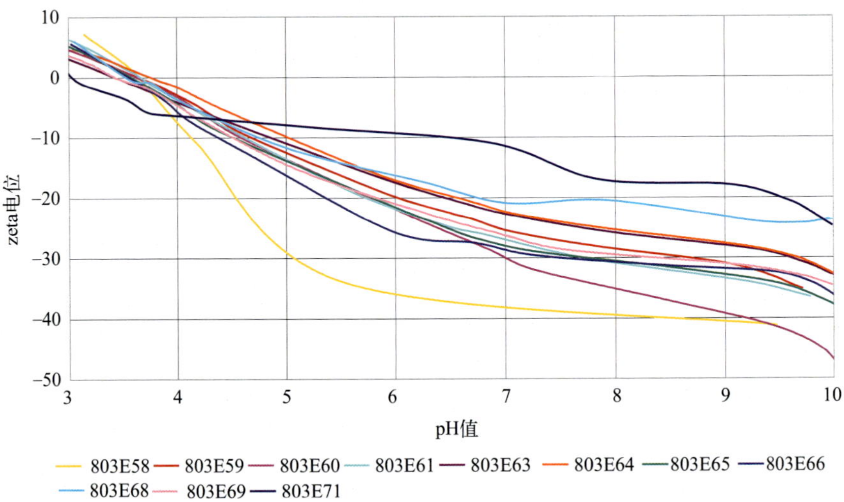

图 4.82　pH 值与电势的关系

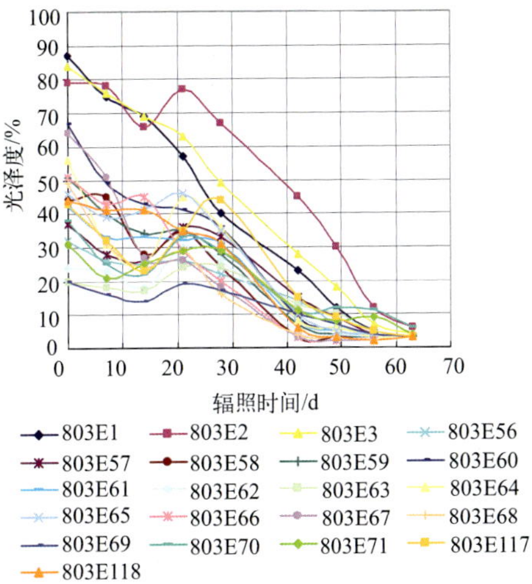

图 4.84 Bandol Wheel 试验（无污染物）中光泽度与辐照时间的关系

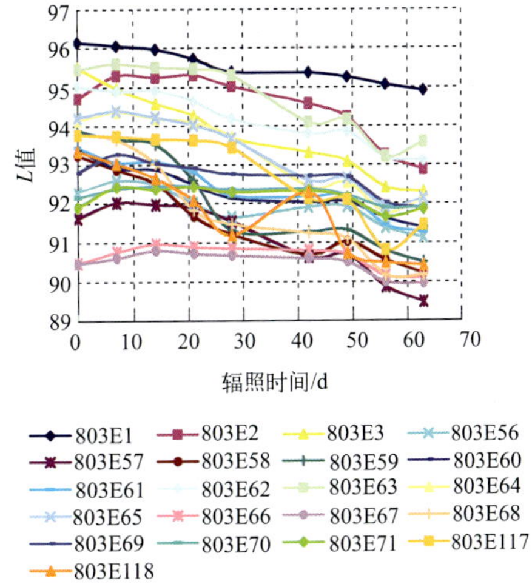

图 4.85 Bandol Wheel 试验（无污染物）中 L 值与辐照时间的关系

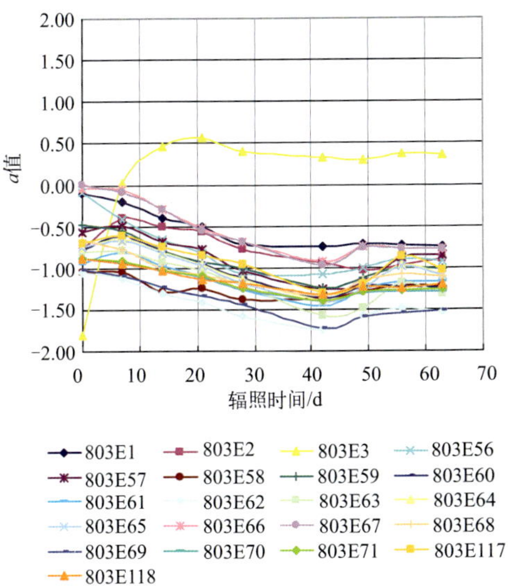

图 4.86 Bandol Wheel 试验（无污染物）中 a 值与辐照时间的关系

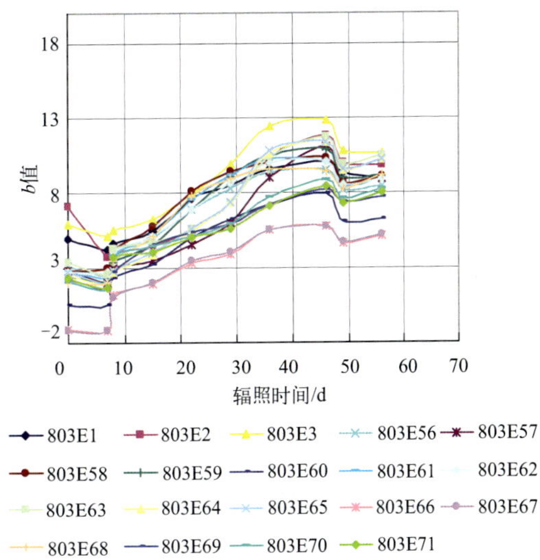

图 4.87 Bandol Wheel 试验（无污染物）中 b 值与辐照时间的关系

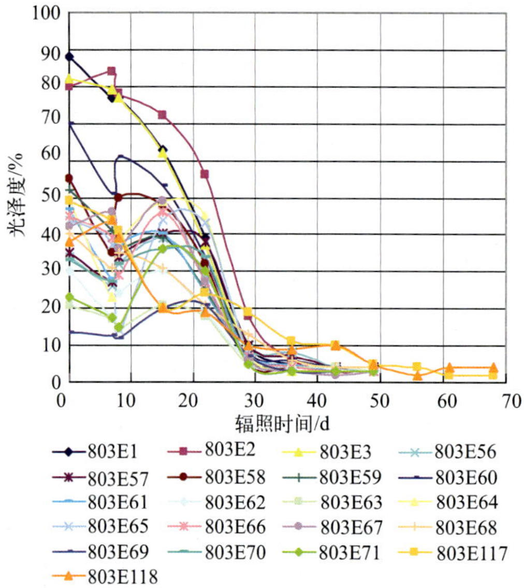

图 4.88　Bandol Wheel 试验（含锈膜 WJ364）中光泽度与辐照时间的关系

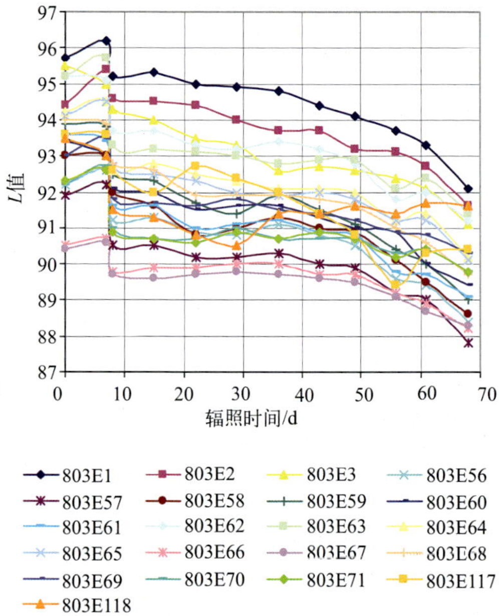

图 4.89　Bandol Wheel 试验（含污染物锈膜 WJ364）中 *L* 值与辐照时间的关系

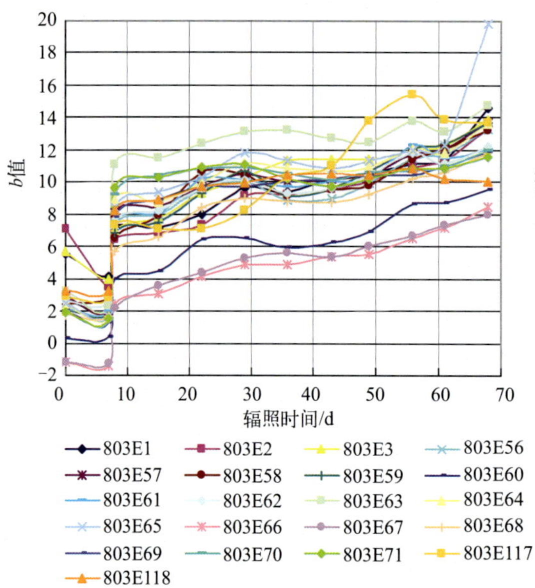

图 4.90　Bandol Wheel 试验（含污染物锈膜 WJ364）中 *b* 值与辐照时间的关系

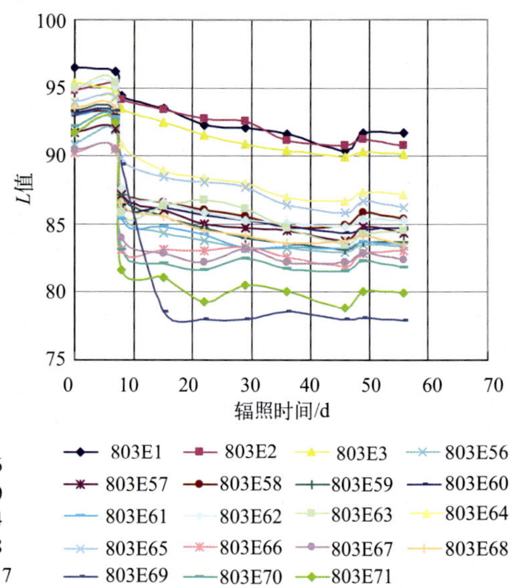

图 4.91　Bandol Wheel 试验（含污染物烟尘 WJ365）中 *L* 值与辐照时间的关系

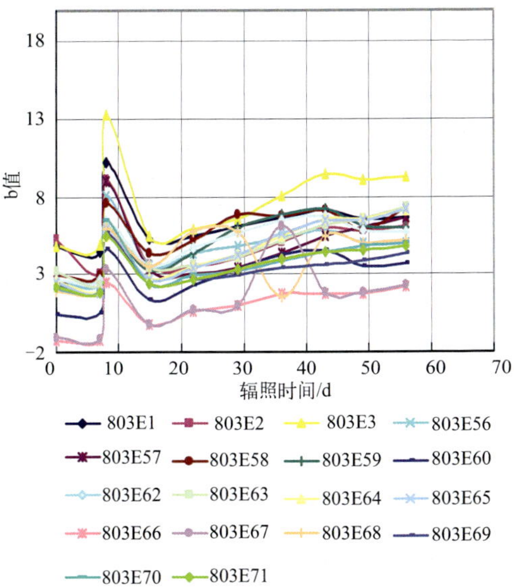

图 4.92 Bandol Wheel 试验（含污染物花粉 24h）中 *b* 值与辐照时间的关系

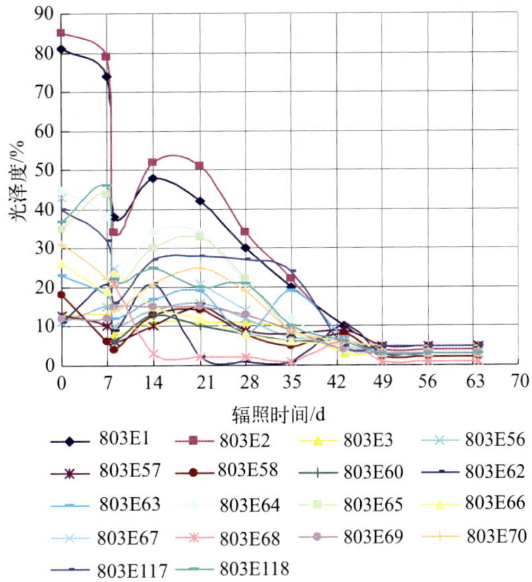

图 4.93 Bandol Wheel 试验（含污染物花粉一周）中光泽度与辐照时间的关系

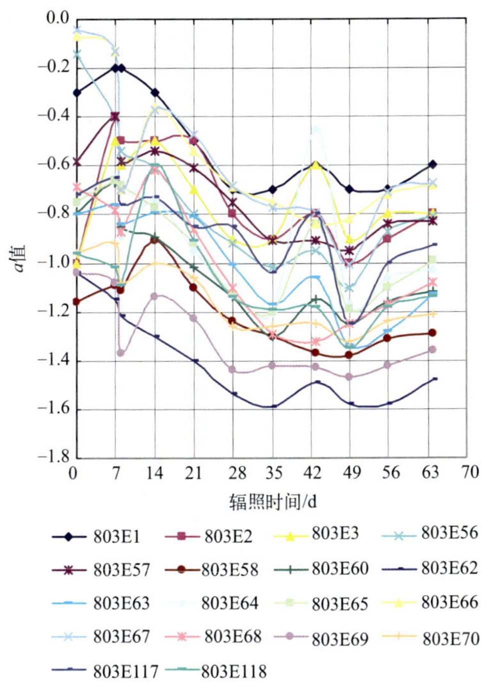

图 4.94 Bandol Wheel 试验（含花粉污染物一周）中 *a* 值与辐照时间的关系

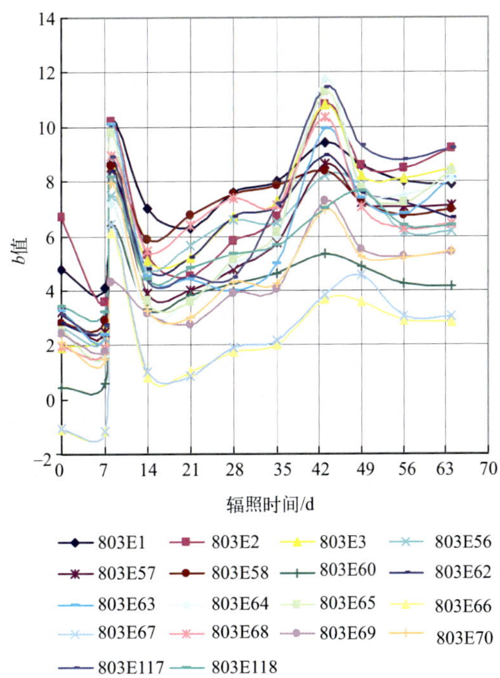

图 4.95 Bandol Wheel 试验（含花粉污染物一周）中 *b* 值与辐照时间的关系

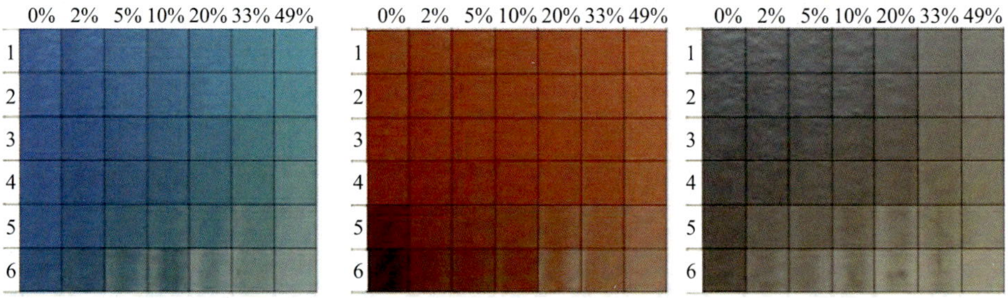

图 4.109　户外老化前六个月，不同填料用量和不同颜色的铅稳定聚氯乙烯样品的外观

（2007 年 2 月到 7 月，奥地利阿诺尔德施泰因）

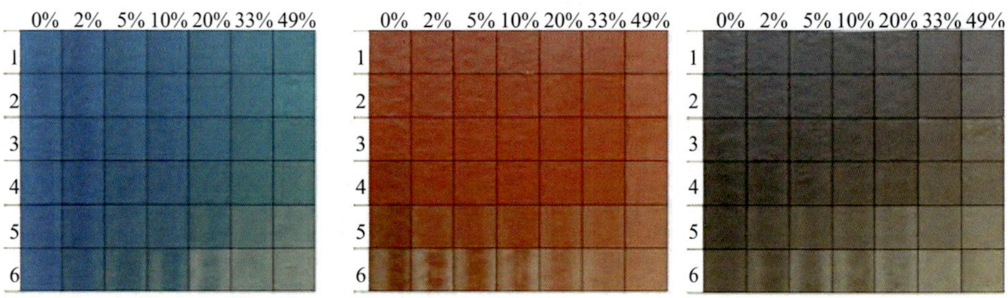

图 4.110　户外老化前六个月，不同填料用量和不同颜色的钙-锌稳定聚氯乙烯样品的外观

（2007 年 2 月到 7 月，奥地利阿诺尔德施泰因）

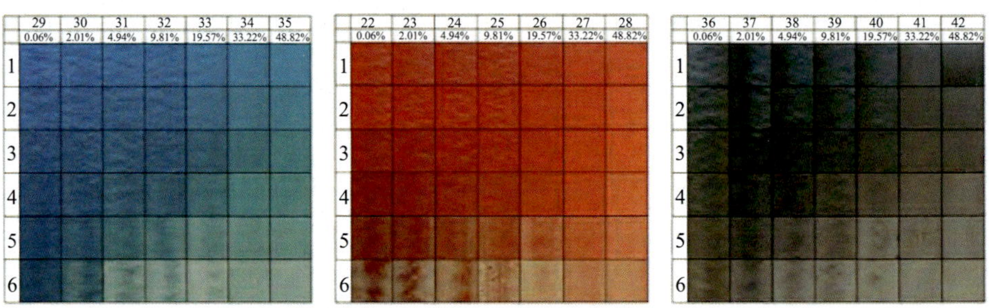

图 4.111　户外老化前六个月，不同填料用量和不同颜色的有机稳定聚氯乙烯样品的外观

（2007 年 2 月到 7 月，奥地利阿诺尔德施泰因）

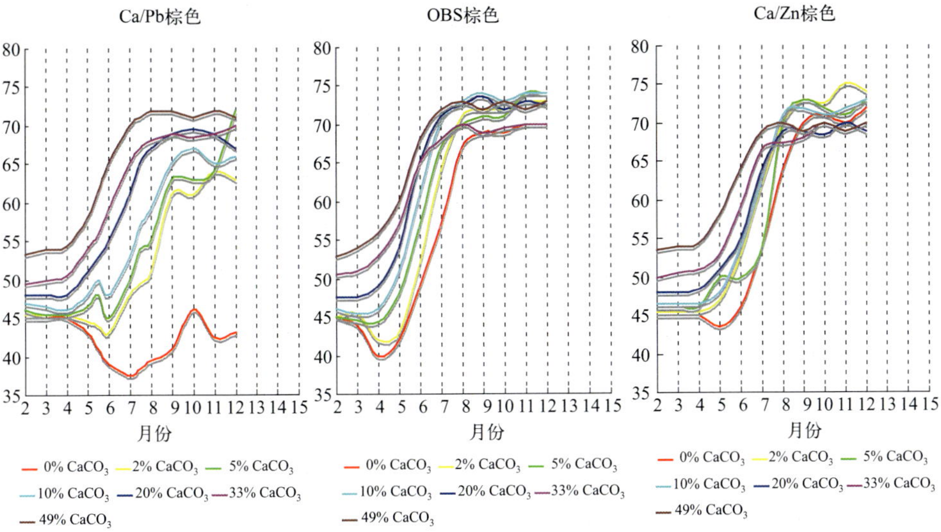

图 4.112 棕色样品在稳定剂不同和填料用量不同时的 L 值变化

（冬季组，气候老化开始于 2007 年 2 月）

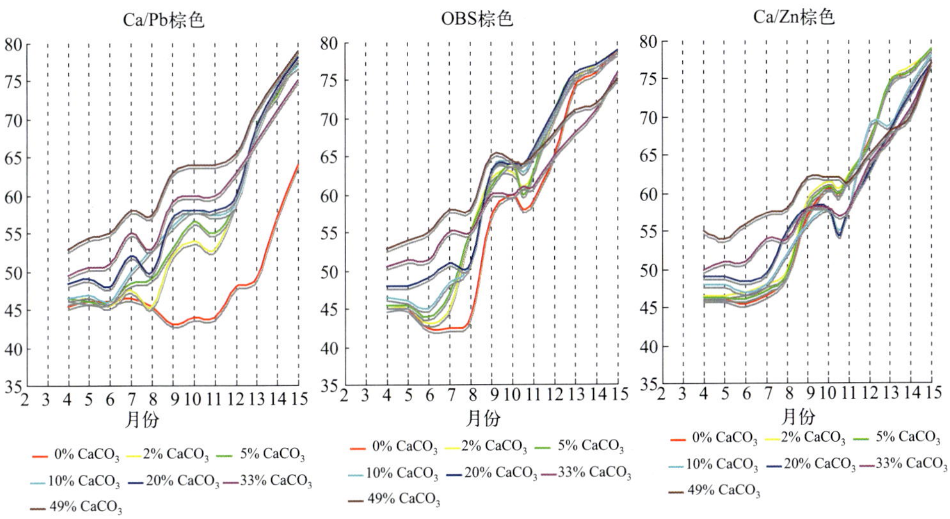

图 4.113 棕色样品在稳定剂不同和填料用量不同时的 L 值变化

（夏季组，气候老化开始于 2007 年 6 月）

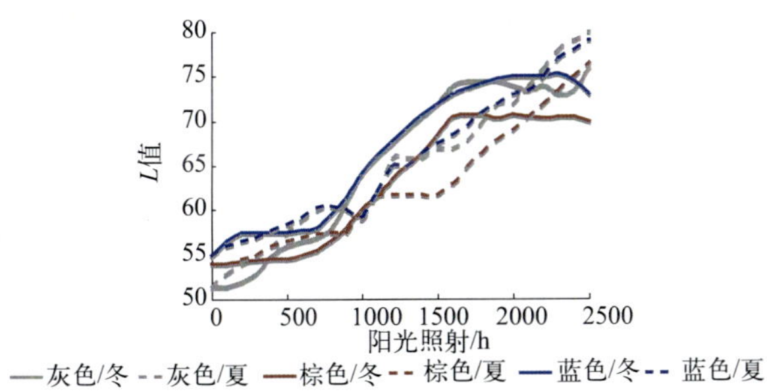

图 4.114 增加光照 L 值函数变化

（以 49% 碳酸钙填充填料的钙-锌稳定样品为例）